数学·统计学系列

Extremum Theorem and Analytic Inequalities

最值定理与分析不等式

U0333154

哈尔滨工业大学出版社
HARBIN INSTITUTE OF TECHNOLOGY PRESS

● 张小明 著

内 容 简 介

本书首先介绍并证明了最值压缩定理和最值单调定理,随后系统地论述了这两个定理的思想并详尽介绍了它们的广泛应用,包括加强和改进了著名的 Carleman 不等式、Hardy 不等式、Hardy-Hilbert 不等式和 Van Der Corput 不等式等.本书充分展示了最值压缩定理和最值单调定理加强和发现多元不等式的魅力和威力.

本书能够促使读者更好地掌握相应的知识点,适合大中师生及数学爱好者参考阅读.

图书在版编目(CIP)数据

最值定理与分析不等式/张小明著.—哈尔滨:
哈尔滨工业大学出版社,2023.2
ISBN 978 - 7 - 5767 - 0304 - 7

Ⅰ.①最… Ⅱ.①张… Ⅲ.①函数-定律 ②不等式
Ⅳ.①O174 ②O178

中国版本图书馆 CIP 数据核字(2022)第 136531 号

ZUIZHI DINGLI YU FENXI BUDENGSHI

策划编辑	刘培杰 张永芹
责任编辑	刘家琳
封面设计	孙茵艾
出版发行	哈尔滨工业大学出版社
社 址	哈尔滨市南岗区复华四道街 10 号 邮编 150006
传 真	0451—86414749
网 址	http://hitpress.hit.edu.cn
印 刷	哈尔滨市工大节能印刷厂
开 本	787 mm×1 092 mm 1/16 印张 16 字数 305 千字
版 次	2023 年 2 月第 1 版 2023 年 2 月第 1 次印刷
书 号	ISBN 978 - 7 - 5767 - 0304 - 7
定 价	78.00 元

张小明,浙江广播电视大学海宁学院数学教授,浙江省海宁市高级中学教师.

我和张小明的交往始于张小明加入"中国不等式研究小组"的 2003 年,至今已有近 20 年.张小明加入"中国不等式研究小组"后,他开始从事分析不等式的研究,刻苦钻研,大胆创新,成绩斐然,8 年间在国内外发表学术和教学论文近 80 篇,其中 13 篇被 SCI 收录.张小明的学术成就归纳起来,主要有以下三个方面:

(1)系统地研究了几何凸函数理论,撰写了颇具影响的专著《几何凸函数》.

(2)完善了 Schur 几何凸函数的定义及判定,完成了《解析不等式新论》一书.受其影响,国内学者又相继提出 Schur 调和凸函数和 Schur 幂凸函数等概念,从而丰富了受控理论.

(3)创立了最值压缩定理和最值单调定理,并得到国际同行的认可.

我们知道 Schur 凸函数判定定理是受控理论最重要的定理,其作用巨大,但也有其局限性,即要求所考虑的函数对称.张小明的两个定理不受此限制,并且在某些方面弥补了其他一些处理多元不等式方法的不足.例如,Hölder 不等式无法体现出变量的变化

◎ 序

1

规律;李广兴方法无微分判别准则,步骤繁多;磨光法(又称局部调整法)无微分判别准则.

　　本书是张小明的第三本专著,他将其近些年发表的30多篇有关最值压缩定理和最值单调定理的论文加以整理,系统地论述了这两个定理的思想并详尽介绍了它们的广泛应用,包括加强和改进了著名的 Carleman 不等式、Hardy 不等式、Hardy-Hilbert 不等式和 Van Der Corput 不等式等.本书充分展示了最值压缩定理和最值单调定理加强和发现多元不等式的魅力和威力.

　　张小明曾任"第二届全国不等式研究会"理事会秘书长、常务理事,现任"第三届全国不等式研究会"理事会副理事长.在繁忙的教学、科研之余,他为"第四届全国不等式学术年会"在海宁顺利召开,为编写《不等式研究通讯》无偿付出了大量的心血.在物欲横流的当下,张小明潜心学问,乐于奉献,并持之以恒,实属难能可贵!

　　2014年张小明从高校调入中学,他以高等数学为指导,积极探索高中数学教学与竞赛研究,成为国内不等式、平面几何、初等数论等方面颇有声望的专家.

石焕南
2022 年 5 月 1 日

◎
前言

2006 年 9 月和 2008 年 1 月,我发现了最值压缩定理和最值单调定理,随后与两位合作者完善其证明、寻找其较佳应用实例,将其发表在参考资料[14][19][22]中.关于这两个定理的应用,近几年来,我与合作者在"全国不等式研究小组"(现更名为"全国不等式研究会")主办的《不等式研究通讯》(内部杂志)连续发表了 30 多篇文章.同时,我还在浙江省电大系统做了多场讲座,现将这些论文和讲稿较系统地整理一番,编成此书.

1990—1993 年,我在安徽大学数学系攻读基础数学硕士学位,研究方向为泛函微分方程,取得了相对不错的研究成果,最后一个学期,由于身体极其虚弱,放弃考博.我于 1994 年在家乡海宁市(浙江广播电视大学海宁学院)落实了工作,学术研究工作就此中断.1997 年一次偶然的机会,通过《中学教研(数学)》杂志,我认识了刘保乾先生(西藏自治区),经其介绍,加入"中国不等式研究小组".1997—1999 年,我在杨学枝等老师的帮助下,研究一些三角形不等式.

2003 年后,得益于"中国不等式研究小组"重新活动、互联网的发展和石焕南教授的帮助,我开始从事分析不等式的研究.

2011 年起,我的研究方向转向中学数学竞赛.2014 年,我申请调入中学,从事中学数学竞赛研究.

本书涉及的最值单调定理和最值压缩定理,翟德玉先生(安徽省)都给出了另证.而后,严文兰(广东省)和孙世宝(安徽省)两位先生也先后给出最值压缩定理的证明.感谢他们的参与和讨论.

我衷心地感谢杨学枝等老师创建"中国不等式研究小组",感谢郑祖麻教授、石焕南教授、褚玉明教授、杨路教授、杨学枝老师、萧振纲教授、李世杰老师、祁锋教授、杨必成教授、匡继昌教授和徐宪民教授以及挚友尹华焱、张志华、褚小光、刘保乾、席博彦、郑宁国、吴跃生和孙文彩等对本人在学术和工作上的帮助.

张小明
2022 年 11 月 1 日

第 0 章　基础知识　// 1

　　0.1　几个常用不等式　// 2

　　0.2　一些著名的级数不等式　// 4

　　0.3　凸集与凸函数　// 6

　　0.4　实向量的控制　// 9

　　0.5　Schur 凸函数的定义及判别　// 11

第 1 章　最值单调定理与平均不等式　// 13

　　1.1　最值单调定理　// 13

　　1.2　与李广兴方法的比较　// 15

　　1.3　最值单调定理与一些著名不等式的统一证明　// 18

　　1.4　若干 n 元不等式的统一证明(1)　// 25

　　1.5　若干 n 元不等式的统一证明(2)　// 29

　　1.6　一些分式型不等式的统一证明　// 36

　　1.7　一些加权不等式的统一证明　// 40

　　1.8　若干三元不等式的统一证明　// 45

　　1.9　新建一些不等式　// 48

第 2 章　最值单调定理与一些级数不等式的加强　// 53

　　2.1　Hardy 不等式和 Carleman 不等式统一简证　// 53

　　2.2　关于 Hardy 不等式的一个加强　// 58

目

录

2.3 $p \leqslant -1$ 的 Hardy 不等式的一些研究　// 66

2.4 $-1 \leqslant p < 0$ 的 Hardy 不等式的两个新表达式　// 73

2.5 Carleman 不等式的两个加强式　// 82

2.6 Van Der Corput 不等式的推广　// 89

2.7 Copson 不等式的加强　// 96

第 3 章　有限项 Hilbert 型不等式的非严格化　// 107

3.1 关于 $\pi \sum\limits_{n=1}^{N} a_n^2 - \sum\limits_{n=1}^{N} \sum\limits_{m=1}^{N} \dfrac{a_n a_m}{n+m}$ 的一些不等式　// 108

3.2 关于 $\pi \sum\limits_{n=0}^{N} a_n^2 - \sum\limits_{n=0}^{N} \sum\limits_{m=0}^{N} \dfrac{a_n a_m}{n+m+1}$ 的一些不等式　// 111

3.3 关于 $\left(\dfrac{\pi}{\sin(\pi/p)}\right)^p \sum\limits_{n=1}^{N} a_n^p - \sum\limits_{n=1}^{N} \left(\sum\limits_{m=1}^{N} \dfrac{a_m}{m+n}\right)^p$ 的 一些不等式　// 114

3.4 关于 $\left(\dfrac{\pi}{\sin(\pi/p)}\right)^p \sum\limits_{n=0}^{N} a_n^p - \sum\limits_{n=0}^{N} \left(\sum\limits_{m=0}^{N} \dfrac{a_m}{m+n+1}\right)^p$ 的 一些不等式　// 122

第 4 章　最值压缩定理与平均不等式　// 130

4.1 最值压缩定理的证明　// 131

4.2 一些已知不等式的统一证明　// 136

4.3 新建几个平均不等式　// 141

4.4 关于陈计型不等式的一些研究　// 153

4.5 有关 $A(\boldsymbol{a}) - G(\boldsymbol{a})$ 的上、下界的不等式(1)　// 159

4.6 有关 $A(\boldsymbol{a}) - G(\boldsymbol{a})$ 的上、下界的不等式(2)　// 168

4.7 有关 $A(\boldsymbol{a}) - H(\boldsymbol{a})$ 的上、下界的不等式　// 178

4.8 $n-1$ 元最值压缩定理的一些应用　// 187

4.9 "代数不等式新旧方法"的几个结果统一加强与证明　// 196

第 5 章　最值定位定理及其应用　// 204

5.1 最值定位定理　// 204

5.2 Carleman 不等式的新证法　// 209

5.3 Hardy 不等式的新证法　// 213

参考资料　// 217

基础知识

本章介绍几个经典不等式、一些凸函数及其控制知识. 其中大多数定义和定理都能在参考资料[1]～[6]中查到出处及证明.

先列举一些常用的记号: 不加特殊说明, 本书一般都设 $\mathbb{N}$ 为自然数集, $\mathbb{N}_{++}$ 为正自然数集, $n \geqslant 2, n \in \mathbb{N}_{++}$, $\mathbb{R}$ 为实数集, $\mathbb{R}_+$ 为非负实数集, $\mathbb{R}_{++}$ 为正实数集, $\mathbb{R}^n$ 为 n 维实向量空间, $\mathbb{R}^n_+$ 为 n 维非负实向量集, $\mathbb{R}^n_{++}$ 为 n 维正实向量集. 设 $I_1, I_2, \cdots, I_n$, I 为区间, 记

$$I^n = \{(a_1, a_2, \cdots, a_n) \mid a_k \in I, k = 1, 2, \cdots, n\}$$
$$I_1 \times I_2 \times \cdots \times I_n = \{(a_1, a_2, \cdots, a_n) \mid a_k \in I_k, k = 1, 2, \cdots, n\}$$

若 $\boldsymbol{a} = (a_1, a_2, \cdots, a_n) \in \mathbb{R}^n$ 和 $r \in \mathbb{R}$, 记 $\boldsymbol{a}^r = (a_1^r, a_2^r, \cdots, a_n^r) \in \mathbb{R}^n$ 和 $A(\boldsymbol{a}) = \dfrac{1}{n}\sum_{k=1}^n a_k$ 为 $\boldsymbol{a}$ 的算术平均; 若 $\boldsymbol{a} = (a_1, a_2, \cdots, a_n) \in \mathbb{R}^n_{++}$, 记

$$G(\boldsymbol{a}) = \sqrt[n]{\prod_{k=1}^n a_k}, \quad H(\boldsymbol{a}) = n\left(\sum_{k=1}^n a_k^{-1}\right)^{-1}$$

分别为 $\boldsymbol{a}$ 的几何平均和调和平均.

对于 $\boldsymbol{x} = (x_1, x_2, \cdots, x_n) \in \mathbb{R}^n$, $\boldsymbol{y} = (y_1, y_2, \cdots, y_n) \in \mathbb{R}^n$, 定义 $\mathbb{R}^n \times \mathbb{R}^n \to \mathbb{R}^n$ 的映射 $\boldsymbol{x} \cdot \boldsymbol{y} = (x_1 y_1, x_2 y_2, \cdots, x_n y_n)$, 定义 $\mathbb{R}^n \to \mathbb{R}^n$ 的映射 $\mathrm{e}^{\boldsymbol{x}} = (\mathrm{e}^{x_1}, \mathrm{e}^{x_2}, \cdots, \mathrm{e}^{x_n})$; 若 $\alpha \in \mathbb{R}_{++}$, $\boldsymbol{x} \in \mathbb{R}^n_+$, 定义 $\boldsymbol{x}^\alpha = (x_1^\alpha, x_2^\alpha, \cdots, x_n^\alpha)$; 若 $\boldsymbol{x} \in \mathbb{R}^n_{++}$, 定义 $\ln \boldsymbol{x} = (\ln x_1, \ln x_2, \cdots, \ln x_n)$.

0.1 几个常用不等式

本节将讲述一些与本书有关的常用不等式,对定理 0.1.1 和定理 0.1.4 的新证明可见第 1 章第 3 节或第 3 章第 3 节. 以下设 $a=(a_1,a_2,\cdots,a_n)\in\mathbb{R}_{++}^n$.

定理 0.1.1(幂平均不等式)　设 $r\in\mathbb{R}$,记

$$M_r(a)=\begin{cases}\left(\dfrac{1}{n}\displaystyle\sum_{k=1}^n a_k^r\right)^{1/r},r\neq 0 \\ \sqrt[n]{\displaystyle\prod_{k=1}^n a_k},r=0\end{cases} \tag{0.1.1}$$

为 a 的幂平均,则 $M_r(a)$ 关于 r 连续且单调递增,且当 $a_k(k=1,2,\cdots,n)$ 不全相等时,$M_r(a)$ 关于 r 严格单调递增.

在上述定理中令 $r=-1,0,1$,可得推论 0.1.2.

推论 0.1.2

$$H(a)\leqslant G(a)\leqslant A(a) \tag{0.1.2}$$

等式成立当且仅当 $a_1=a_2=\cdots=a_n$.

其中 $A(a)\geqslant G(a)$ 常被称为算术－几何平均不等式.

推论 0.1.3

$$a_1^n+a_2^n+\cdots+a_n^n\geqslant na_1a_2\cdots a_n \tag{0.1.3}$$

等式成立当且仅当 $a_1=a_2=\cdots=a_n$.

若把 a_k 记为 $a_k^n(k=1,2,\cdots,n)$,则由式(0.1.2)知式(0.1.3)成立.

定理 0.1.4(离散型 Hölder 不等式)　若 $x_k,y_k\in\mathbb{R}_{++},k=1,2,\cdots,n,p,q>1,1/p+1/q=1$,则有

$$(x_1^p+x_2^p+\cdots+x_n^p)^{1/p}\,(y_1^q+y_2^q+\cdots+y_n^q)^{1/q}$$
$$\geqslant x_1y_1+x_2y_2+\cdots+x_ny_n \tag{0.1.4}$$

等式成立当且仅当 $x_1^p/y_1^q=x_2^p/y_2^q=\cdots=x_n^p/y_n^q$.

由定积分的定义和定理 0.1.4 易知定理 0.1.5 成立.

定理 0.1.5(连续型 Hölder 不等式)　设 $f,g:[c,d]\subseteq\mathbb{R}\to\mathbb{R}_+$ 为可积函数,常数 $p,q>1,1/p+1/q=1$,则有

$$\left(\int_c^d f^p(x)\mathrm{d}x\right)^{1/p}\left(\int_c^d g^q(x)\mathrm{d}x\right)^{1/q}\geqslant\int_c^d f(x)g(x)\mathrm{d}x \tag{0.1.5}$$

等式成立当且仅当存在实数 k,使得 $f^p(x)\overset{\text{a. e.}}{=}kg^q(x)$ 或 $g^q(x)\overset{\text{a. e.}}{=}kf^p(x)$.

由定理 0.1.4 易知下述推论成立.

推论 0.1.6(离散型 Cauchy 不等式)　设 $x_k,y_k\in\mathbb{R},k=1,2,\cdots,n$,则有

$$\Big(\sum_{k=1}^{n} x_k^2\Big)\Big(\sum_{k=1}^{n} y_k^2\Big) \geqslant \Big(\sum_{k=1}^{n} x_k y_k\Big)^2 \qquad (0.1.6)$$

等式成立当且仅当 $x_1/y_1 = x_2/y_2 = \cdots = x_n/y_n$(其中当分母为 0 时,分子亦要求为 0).

定理 0.1.7(Minkowski **不等式**) 设 $(x_1, x_2, \cdots, x_n)$, $(y_1, y_2, \cdots, y_n) \in \mathbb{R}_{++}^n$,则:

(1)当 $p > 1$ 时,有

$$\Big(\sum_{k=1}^{n} x_k^p\Big)^{1/p} + \Big(\sum_{k=1}^{n} y_k^p\Big)^{1/p} \geqslant \Big(\sum_{k=1}^{n} (x_k + y_k)^p\Big)^{1/p} \qquad (0.1.7)$$

(2)当 $p < 1$ 且 $p \neq 0$ 时,不等式(0.1.7)反向. 等式成立当且仅当 $x_1/y_1 = x_2/y_2 = \cdots = x_n/y_n$.

定理 0.1.8(**离散型** Chebyshev **不等式**) $a_1 \geqslant a_2 \geqslant \cdots \geqslant a_n, b_1 \geqslant b_2 \geqslant \cdots \geqslant b_n$,则

$$n \sum_{k=1}^{n} a_k b_k \geqslant \sum_{k=1}^{n} a_k \cdot \sum_{k=1}^{n} b_k \geqslant n \sum_{k=1}^{n} a_k b_{n-k} \qquad (0.1.8)$$

证明 对任意的 $k, j \in \{1, 2, \cdots, n\}$,都有

$$(a_j - a_k)(b_j - b_k) \geqslant 0$$

$$a_j b_j + a_k b_k \geqslant a_j b_k + a_k b_j$$

$$\sum_{j=1}^{n} \sum_{k=1}^{n} (a_j b_j + a_k b_k) \geqslant \sum_{j=1}^{n} \sum_{k=1}^{n} (a_j b_k + a_k b_j)$$

$$n \sum_{j=1}^{n} a_j b_j + n \sum_{k=1}^{n} a_k b_k \geqslant \sum_{j=1}^{n} \sum_{k=1}^{n} a_j b_k + \sum_{j=1}^{n} \sum_{k=1}^{n} a_k b_j$$

$$2n \sum_{k=1}^{n} a_k b_k \geqslant \sum_{j=1}^{n} a_j \sum_{k=1}^{n} b_k + \sum_{k=1}^{n} a_k \sum_{j=1}^{n} b_j$$

$$2n \sum_{k=1}^{n} a_k b_k \geqslant 2 \sum_{k=1}^{n} a_k \sum_{k=1}^{n} b_k$$

同时

$$(a_j - a_k)(b_{n-j} - b_{n-k}) \leqslant 0$$

$$a_k b_{n-j} + a_j b_{n-k} \geqslant a_k b_{n-k} + a_j b_{n-j}$$

$$\sum_{1 \leqslant j, k \leqslant n} (a_k b_{n-j} + a_j b_{n-k}) \geqslant \sum_{1 \leqslant j, k \leqslant n} (a_k b_{n-k} + a_j b_{n-j})$$

$$\sum_{j=1}^{n} \sum_{k=1}^{n} a_k b_{n-j} + \sum_{j=1}^{n} \sum_{k=1}^{n} a_j b_{n-k} \geqslant \sum_{j=1}^{n} \sum_{k=1}^{n} a_k b_{n-k} + \sum_{j=1}^{n} \sum_{k=1}^{n} a_j b_{n-j}$$

$$\sum_{j=1}^{n} b_{n-j} \sum_{k=1}^{n} a_k + \sum_{j=1}^{n} a_j \sum_{k=1}^{n} b_{n-k} \geqslant n \sum_{k=1}^{n} a_k b_{n-k} + n \sum_{j=1}^{n} a_j b_{n-j}$$

$$2 \sum_{k=1}^{n} a_k \sum_{k=1}^{n} b_k \geqslant 2n \sum_{k=1}^{n} a_k b_{n-k}$$

式(0.1.8)得证.

相应地,连续型的 Chebyshev 不等式为下述定理 0.1.9.

定理 0.1.9(连续型 Chebyshev 不等式)   设函数 f,g 为 $[c,d]$ 上的可积函数,若任取 $x_1,x_2 \in [c,d]$,都有 $(f(x_1)-f(x_2))(g(x_1)-g(x_2)) \geqslant (\leqslant)0$ 成立,则

$$(c-d)\int_c^d f(t)g(t)\mathrm{d}t \geqslant (\leqslant)\int_c^d f(t)\mathrm{d}t \int_c^d g(t)\mathrm{d}t \qquad (0.1.9)$$

定义 0.1.10   记

$$E_n(\boldsymbol{a},0)=1, E_n(\boldsymbol{a},k)=\sum_{1 \leqslant m_1 < \cdots < m_k \leqslant n} \prod_{j=1}^k a_{m_j} \qquad (0.1.10)$$

为 $\boldsymbol{a}$ 的 k 次初等对称函数,和

$$P_n(\boldsymbol{a},k)=\left[\binom{n}{k}^{-1} E_n(\boldsymbol{a},k)\right]^{1/k} \qquad (0.1.11)$$

为 $\boldsymbol{a}$ 的 k 次初等对称平均,其中 $1 \leqslant k \leqslant n$.

定理 0.1.11(Maclaurin 不等式)

$$G(\boldsymbol{a})=P_n(\boldsymbol{a}) \leqslant P_{n-1}(\boldsymbol{a}) \leqslant \cdots \leqslant P_2(\boldsymbol{a}) \leqslant P_1(\boldsymbol{a})=A(\boldsymbol{a})$$

这个定理的一个新的证法可见第 2 章第 3 节.

定理 0.1.12(余元等式[6]399)   对于 $0<x<1$,有

$$\int_0^{+\infty} \frac{y^{x-1}}{1+y}\mathrm{d}y=\frac{\pi}{\sin(\pi x)}$$

定理 0.1.13(Stirling 公式[6]91)   设 n 为一正自然数,则

$$n!=\sqrt{2\pi n}\left(\frac{n}{\mathrm{e}}\right)^n \cdot \exp\left(\frac{\theta_n}{12n}\right), \text{其中 } 0<\theta_n<1$$

0.2   一些著名的级数不等式

本节介绍几个著名的级数不等式,在第 2 章中,我们将对它们给出证明或加强.

著名的 Hardy 不等式在分析学中有许多应用(见参考资料[7]),其指的是:

设 $a_n>0(n=1,2,\cdots)$,$p>1$,$\sum_{n=1}^{\infty} a_n^p$ 收敛,则

$$\left(\frac{p}{p-1}\right)^p \sum_{n=1}^{\infty} a_n^p > \sum_{n=1}^{\infty}\left(\frac{1}{n}\sum_{k=1}^n a_k\right)^p \qquad (0.2.1)$$

其中系数 $(p/(p-1))^p$ 为最佳.

近几十年来,对其推广和加强也出现了较多结果,如参考资料[31]~

[34],特别是不等式专著参考资料[8],对 2005 年前的一些研究做了总结.

1922 年,Torsten Carleman(1892—1942) 在参考资料[35]中发表不等式:

设 $a_n > 0, n = 1, 2, \cdots,$ 且 $\sum\limits_{n=1}^{\infty} a_n$ 收敛,则有

$$\sum_{n=1}^{\infty} \left(\prod_{k=1}^{n} a_k\right)^{1/n} < e \sum_{n=1}^{\infty} a_n \qquad (0.2.2)$$

后来人们称其为 Carleman 不等式,并且对这个不等式进行了众多研究,如参考资料[36]～[47],它们也不过是大量资料中重要的一部分.

设 $n \in \mathbb{N}, S_n = \sum\limits_{k=1}^{n} 1/k$ 和 $a_n \geqslant 0,$ 且 $0 < \sum\limits_{n=1}^{\infty} (n+1) a_n < \infty,$ 则 Van Der Corput 不等式指的是

$$\sum_{n=1}^{\infty} \left(\prod_{k=1}^{n} a_k^{1/k}\right)^{1/S_n} < e^{1+\gamma} \sum_{n=1}^{\infty} (n+1) a_n \qquad (0.2.3)$$

其中,$\gamma = 0.577\ 215\ 66\cdots$ 为 Euler 常数,系数 $e^{1+\gamma}$ 为最佳(见参考资料[48]).

1908 年,德国数学家 D. Hilbert 证明了如下著名不等式(见参考资料[18]):若 $\{a_n\}_{n=1}^{+\infty}$ 和 $\{b_n\}_{n=1}^{+\infty}$ 为实数列,满足 $0 < \sum\limits_{n=1}^{\infty} a_n^2 < \infty$ 及 $0 < \sum\limits_{n=1}^{\infty} b_n^2 < \infty,$ 则有

$$\sum_{n=1}^{\infty} \sum_{m=1}^{\infty} \frac{a_n b_m}{n+m} < \pi \left(\sum_{n=1}^{\infty} a_n^2 \sum_{n=1}^{\infty} b_n^2\right)^{1/2} \qquad (0.2.4)$$

这里,常数因子 π 为最佳值.我们称式(0.2.4)为 Hilbert 不等式.其常数因子 π 的最佳性证明是由 Schur 于 1911 年在参考资料[50]中完成的. 1925 年,Hardy 与 Riesz 引入一对共轭指数 $(p, q)(1/p + 1/q = 1)$,把式(0.2.4)推广为如下 Hardy-Hilbert 不等式(见参考资料[7]):若 $\sum\limits_{n=1}^{\infty} a_n^p$ 和 $\sum\limits_{n=1}^{\infty} b_n^q$ 收敛,则

$$\sum_{n=1}^{\infty} \sum_{m=1}^{\infty} \frac{a_n b_m}{n+m} < \frac{\pi}{\sin(\pi/p)} \left(\sum_{n=1}^{\infty} a_n^p\right)^{1/p} \left(\sum_{n=1}^{\infty} b_n^q\right)^{1/q} \qquad (0.2.5)$$

其中常数因子 $\pi/\sin(\pi/p)$ 为最佳.相应地,较精密的 Hilbert 不等式和较精密的 Hardy-Hilbert 不等式指的是

$$\sum_{n=0}^{\infty} \sum_{m=0}^{\infty} \frac{a_n b_m}{n+m+1} < \pi \left(\sum_{n=1}^{\infty} a_n^2 \sum_{n=1}^{\infty} b_n^2\right)^{1/2} \qquad (0.2.6)$$

和

$$\sum_{n=0}^{\infty} \sum_{m=0}^{\infty} \frac{a_n b_m}{n+m+1} < \frac{\pi}{\sin(\pi/p)} \left(\sum_{n=1}^{\infty} a_n^p\right)^{1/p} \left(\sum_{n=1}^{\infty} b_n^q\right)^{1/q} \qquad (0.2.7)$$

关于各种 Hilbert 型不等式的研究资料不下百篇,最近的研究大多集中在参数的引入和权系数的估计,详见参考资料[9]～[12]和参考资料[51]～

[55] 及它们的参考资料,其中权系数是我国数学家徐利治先生在参考资料 [51] 中首次引入的.

0.3　凸集与凸函数

定义 0.3.1　设集合 $H \subseteq \mathbb{R}^n$,若任取 $x, y \in H, \alpha \in [0,1]$,都有 $\alpha x + (1-\alpha) y \in H$,则称 H 为凸集.

定理 0.3.2　设集合 $H \subseteq \mathbb{R}^n$ 是闭的,则 H 为凸集的充分必要条件是:对任意 $x, y \in H$,都有 $(x+y)/2 \in H$.

证明　必要性.任取 $x, y \in H$,在定义 0.3.1 中取 $\alpha = 1/2$ 即可.

充分性.若对任意 $x, y \in H$,有 $(x+y)/2 \in H$,以 $(x+y)/2$ 代替 x,或以 $(x+y)/2$ 代替 y,分别整理有

$$\frac{x+3y}{4} \in H \tag{0.3.1}$$

$$\frac{3x+y}{4} \in H \tag{0.3.2}$$

在式(0.3.1) 和式(0.3.2) 中,以 $(x+y)/2$ 代替 x,得到两个不等式,左边 x 的系数分别为 $1/8$ 和 $3/8$;以 $(x+y)/2$ 代替 y,又得两个不等式,左边 x 的系数为 $5/8$ 和 $7/8$;依此类推,x 的系数可为 $1/2^n, 3/2^n, \cdots, (2^n - 1)/2^n$,此时相应 y 的系数可为 $1 - 1/2^n, 1 - 3/2^n, \cdots, 1 - (2^n - 1)/2^n$.这样当 $n \to +\infty$ 时,以上所有式子左边 x 的系数集合在 $[0,1]$ 中稠密,又因为 $H \subseteq \mathbb{R}^n$ 是闭集,由此即知定理 0.3.2 成立.

凸集有一个很直观的特征是:联结点集内的任意两点的线段都在这个点集内.

定义 0.3.3　设 $H \subseteq \mathbb{R}^n$ 为凸集,函数 $\phi : H \to \mathbb{R}$ 连续,且任取 $x, y \in H$,$\alpha \in [0,1]$,都有

$$\phi(\alpha x + (1-\alpha) y) \leqslant (\geqslant) \alpha \phi(x) + (1-\alpha) \phi(y) \tag{0.3.3}$$

成立,则称 ϕ 在 H 上为凸(凹) 函数.进一步,若式(0.3.3) 取等号当且仅当 $\alpha = 0,1$ 或 $x = y$,则称 ϕ 在 H 上为严格凸(凹) 函数.

定理 0.3.4　$f:[a,b] \to \mathbb{R}$ 为凸(凹) 函数,则 $f(a)$ 或 $f(b)$ 为 f 的最大(小) 值.进一步,$f:[a,b] \to \mathbb{R}$ 为严格凸(凹) 函数,则 $f(c) < \max\{f(a), f(b)\}$,其中 $c \in (a,b)$.

证明　我们仅证 f 为严格凸的情形.此时 $c = \dfrac{b-c}{b-a} a + \dfrac{c-a}{b-a} b$,有

$$f(c) < \frac{b-c}{b-a} f(a) + \frac{c-a}{b-a} f(b)$$

$$\leqslant \frac{b-c}{b-a}\max\{f(a),f(b)\} + \frac{c-a}{b-a}\max\{f(a),f(b)\}$$

$$= \max\{f(a),f(b)\}$$

显然若 ϕ 是凸函数,则 $-\phi$ 是凹函数,因此,本节所有关于凸函数的不等式反向即得凹函数的相对应的不等式.

定理 0.3.5 设 $f:[a,b] \to \mathbb{R}$ 连续,f 在 (a,b) 内为严格凸(凹)函数,则 f 在 $[a,b]$ 上为严格凸(凹)函数.

证明 我们仅证明 f 为严格凸函数的情形.根据凸函数的定义和函数的连续性,我们易知 f 在 $[a,b]$ 上为凸函数,下证其为严格凸函数.若不然,则存在 $c \in (a,b)$,有

$$f(c) \geqslant \frac{b-c}{b-a}f(a) + \frac{c-a}{b-a}f(b)$$

若 $f(c) > \frac{b-c}{b-a}f(a) + \frac{c-a}{b-a}f(b)$,则与凸函数的定义矛盾,故知

$$f(c) = \frac{b-c}{b-a}f(a) + \frac{c-a}{b-a}f(b)$$

此时有

$$f\left(\frac{a+c}{2}\right) \leqslant \frac{f(a)+f(c)}{2}, f\left(\frac{c+b}{2}\right) \leqslant \frac{f(c)+f(b)}{2}$$

和

$$f(c) < \frac{(b+c)/2-c}{(b+c)/2-(a+c)/2}f\left(\frac{a+c}{2}\right) + \frac{c-(a+c)/2}{(b+c)/2-(a+c)/2}f\left(\frac{b+c}{2}\right)$$

$$= \frac{b-c}{b-a}f\left(\frac{a+c}{2}\right) + \frac{c-a}{b-a}f\left(\frac{b+c}{2}\right)$$

$$\leqslant \frac{b-c}{b-a}\left(\frac{f(a)+f(c)}{2}\right) + \frac{c-a}{b-a}\left(\frac{f(b)+f(c)}{2}\right)$$

$$= \frac{b-c}{b-a} \cdot \frac{f(a)}{2} + \frac{c-a}{b-a} \cdot \frac{f(b)}{2} + \frac{f(c)}{2}$$

$$= f(c)$$

得出矛盾,原假设错误,欲证命题成立.

定理 0.3.6 设 $H \subseteq \mathbb{R}^n$ 为凸集,函数 $\phi:H \to \mathbb{R}$ 连续,则 ϕ 在 H 上为凸函数,任取 $x,y \in H$,都有

$$\phi\left(\frac{x+y}{2}\right) \leqslant \frac{1}{2}(\phi(x)+\phi(y)) \tag{0.3.4}$$

恒成立.

定理 0.3.6 的证明可仿照定理 0.3.2 的证明,读者不妨试一试.

定理 0.3.7(离散型 Jensen 不等式) 设 $H \subseteq \mathbb{R}^n$ 为凸集,函数 $\phi:H \to \mathbb{R}$ 连续,则 ϕ 为 H 上的凸函数当且仅当对任意 $x^{(j)} \in H, \lambda_j > 0, j=1,2,\cdots,$

$m(m \geqslant 2)$，当 $\sum\limits_{j=1}^{m} \lambda_j = 1$ 时，恒有

$$\phi\Big(\sum_{j=1}^{m} \lambda_j \boldsymbol{x}^{(j)}\Big) \leqslant \sum_{j=1}^{m} \lambda_j \phi(\boldsymbol{x}^{(j)}) \tag{0.3.5}$$

证明 （1）若式(0.3.5)恒成立，则取 $m=2$，可知式(0.3.3)成立.

（2）下面用式(0.3.3)和数学归纳法来证明式(0.3.5). 当 $m=2$ 时，命题显然为真，假设 $m=k \geqslant 2$ 时，式(0.3.5)为真，则当 $m=k+1$ 时

$$\phi\Big(\sum_{j=1}^{k+1} \lambda_j \boldsymbol{x}^{(j)}\Big)$$

$$= \phi(\lambda_1 \boldsymbol{x}^{(1)} + \cdots + \lambda_k \boldsymbol{x}^{(k)} + \lambda_{k+1} \boldsymbol{x}^{(k+1)})$$

$$= \phi\left\{(1-\lambda_{k+1})\left[\frac{\lambda_1}{\sum\limits_{j=1}^{k} \lambda_j} \boldsymbol{x}^{(1)} + \cdots + \frac{\lambda_k}{\sum\limits_{j=1}^{k} \lambda_j} \boldsymbol{x}^{(k)}\right] + \lambda_{k+1} \boldsymbol{x}^{(k+1)}\right\}$$

$$\leqslant (1-\lambda_{k+1}) \phi\left[\frac{\lambda_1}{\sum\limits_{j=1}^{k} \lambda_j} \boldsymbol{x}^{(1)} + \cdots + \frac{\lambda_k}{\sum\limits_{j=1}^{k} \lambda_j} \boldsymbol{x}^{(k)}\right] + \lambda_{k+1} \phi(\boldsymbol{x}^{(k+1)})$$

$$\leqslant (1-\lambda_{k+1}) \left[\frac{\lambda_1}{\sum\limits_{j=1}^{k} \lambda_j} \phi(\boldsymbol{x}^{(1)}) + \cdots + \frac{\lambda_k}{\sum\limits_{j=1}^{k} \lambda_j} \phi(\boldsymbol{x}^{(k)})\right] + \lambda_{k+1} \phi(\boldsymbol{x}^{(k+1)})$$

$$= \lambda_1 \phi(\boldsymbol{x}^{(1)}) + \cdots + \lambda_k \phi(\boldsymbol{x}^{(k)}) + \lambda_{k+1} \phi(\boldsymbol{x}^{(k+1)})$$

定理证毕.

此时，利用定积分定义，易知下述定理成立.

定理 0.3.8(连续型 Jensen 不等式) 设 $\phi:[\alpha,\beta] \to \mathbb{R}$ 为凸函数，函数 $f:[c,d] \to [\alpha,\beta]$ 和 $p:[c,d] \to \mathbb{R}_+$ 为可积函数，且 $\int_c^d p(x)\mathrm{d}x = 1$，则有

$$\phi\Big(\int_c^d p(x)f(x)\mathrm{d}x\Big) \leqslant \int_c^d p(x)\phi(f(x))\,\mathrm{d}x \tag{0.3.6}$$

下述的三个定理的证明有些烦琐，读者可在有关凸函数的著作中查到它们的证明，比如可见参考资料[3]的第 16 章或参考资料[4]的第 36 页.

定理 0.3.9 （1）设函数 ϕ 在开区间 $I \subseteq \mathbb{R}$ 上一次可微，则 ϕ 在 I 上为凸函数当且仅当 $\phi'(t)$ 在区间 I 上单调递增.

（2）设函数 ϕ 在开区间 $I \subseteq \mathbb{R}$ 上一次可微，若 $\phi'(t)$ 在区间 I 上严格单调递增，则 ϕ 在 I 上为严格凸函数.

定理 0.3.10 （1）设函数 ϕ 在开区间 $I \subseteq \mathbb{R}$ 上二次可微，则 ϕ 在 I 上为凸函数当且仅当 $\phi''(t) \geqslant 0$ 对 $t \in I$ 恒成立.

（2）设函数 ϕ 在开区间 $I \subseteq \mathbb{R}$ 上二次可微，$\phi''(t) > 0$ 对 $t \in I$ 恒成立，则 ϕ 在 I 上为严格凸函数.

设集合 $H \subseteq \mathbb{R}^n$, 函数 $\phi: H \to \mathbb{R}$, 记

$$L(x) = \begin{pmatrix} \phi''_{11} & \phi''_{12} & \cdots & \phi''_{1n} \\ \phi''_{21} & \phi''_{22} & \cdots & \phi''_{2n} \\ \vdots & \vdots & & \vdots \\ \phi''_{n1} & \phi''_{n2} & \cdots & \phi''_{nn} \end{pmatrix} \tag{0.3.7}$$

定理 0.3.11 设 $H \subseteq \mathbb{R}^n$ 为开凸集, ϕ 在 H 上二次可微, 则 ϕ 在 H 上为凸函数当且仅当 $L(x)$ 在 H 上半正定.

定理 0.3.12(Hadamard 不等式) 设 $\phi: [c, d] \to \mathbb{R}$ 为凸函数, 则有

$$\phi\left(\frac{c+d}{2}\right) \leqslant \frac{1}{d-c} \int_c^d \phi(x) \mathrm{d}x \leqslant \frac{\phi(c) + \phi(d)}{2} \tag{0.3.8}$$

证明 (1) $\dfrac{1}{d-c} \displaystyle\int_c^d \phi(x) \mathrm{d}x$

$$= \frac{1}{2}\left(\frac{1}{d-c}\int_c^d \phi(x)\mathrm{d}x + \frac{1}{d-c}\int_c^d \phi(-x+c+d)\,\mathrm{d}x\right)$$

$$= \frac{1}{2(d-c)}\int_c^d (\phi(x) + \phi(-x+c+d))\,\mathrm{d}x$$

$$\geqslant \frac{1}{2(d-c)}\int_c^d 2\phi\left(\frac{x-x+c+d}{2}\right)\mathrm{d}x$$

$$= \phi\left(\frac{c+d}{2}\right)$$

(2) 因为 $x = \dfrac{d-x}{d-c}c + \dfrac{x-c}{d-c}d$, 所以

$$\phi(x) \leqslant \frac{d-x}{d-c}\phi(c) + \frac{x-c}{d-c}\phi(d)$$

$$\frac{1}{d-c}\int_c^d \phi(x)\mathrm{d}x \leqslant \frac{\phi(c)}{(d-c)^2}\int_c^d (d-x)\,\mathrm{d}x + \frac{\phi(d)}{(d-c)^2}\int_c^d (x-c)\,\mathrm{d}x$$

$$\frac{1}{d-c}\int_c^d \phi(x)\mathrm{d}x \leqslant \frac{\phi(c)+\phi(d)}{2}$$

0.4　实向量的控制

定义 0.4.1 设向量 $x = (x_1, x_2, \cdots, x_n) \in \mathbb{R}^n$, $x_{[1]}, x_{[2]}, \cdots, x_{[n]}$ 表示 x 中分量的递减重排, 若对于 $x, y \in \mathbb{R}^n$, 有

$$\sum_{i=1}^k x_{[i]} \geqslant \sum_{i=1}^k y_{[i]}, k = 1, 2, \cdots, n-1, \sum_{i=1}^n x_{[i]} = \sum_{i=1}^n y_{[i]} \tag{0.4.1}$$

则称 x 控制 y, 记为 $x \succ y$.

例 0.4.2 设 $x = (1/4, 1/2, 1/4)$, $y = (1/3, 1/3, 1/3)$, 则 x, y 的重排分别

为(1/2,1/4,1/4)和(1/3,1/3,1/3),且有

$$\frac{1}{2} \geqslant \frac{1}{3}, \frac{1}{2}+\frac{1}{4} \geqslant \frac{1}{3}+\frac{1}{3}, \frac{1}{2}+\frac{1}{4}+\frac{1}{4}=\frac{1}{3}+\frac{1}{3}+\frac{1}{3} \quad (0.4.2)$$

成立,所以 $\boldsymbol{x} \succ \boldsymbol{y}$.

根据控制的定义,易知下述两个定理成立.

定理 0.4.3 设 $(x_1, x_2, \cdots, x_n) \in \mathbb{R}^n$,则

$$(x_1, x_2, \cdots, x_n) \succ \left(\frac{x_1+\cdots+x_n}{n}, \frac{x_1+\cdots+x_n}{n}, \cdots, \frac{x_1+\cdots+x_n}{n}\right)$$

$$(0.4.3)$$

定理 0.4.4 设向量 $\boldsymbol{x}=(x_1, x_2, \cdots, x_n)$,$\boldsymbol{y}=(y_1, y_2, \cdots, y_n)$,用 $x_{(1)}$, $x_{(2)}, \cdots, x_{(n)}$ 表示 $\boldsymbol{x}$ 中分量的递增重排,则

$$(x_{[1]}+y_{[1]}, \cdots, x_{[n]}+y_{[n]}) \succ (x_1+y_1, \cdots, x_n+y_n)$$
$$\succ (x_{[1]}+y_{(1)}, \cdots, x_{[n]}+y_{(n)})$$

定义 0.4.5 对单位矩阵作一次交换任意两行的行变换,所得的矩阵称为置换矩阵.

例 0.4.6 如 $\begin{bmatrix} 1 & 0 & 0 \\ 0 & 0 & 1 \\ 0 & 1 & 0 \end{bmatrix}$ 为三阶置换矩阵.

定义 0.4.7 集合 $H \subseteq \mathbb{R}^n$ 称为对称的,如果对于任意的 $\boldsymbol{x} \in H$ 和任意的置换矩阵 $\boldsymbol{G}$,都有 $\boldsymbol{xG} \in H$.

例 0.4.8 设 $A=\{(x_1, x_2, x_3) \mid x_1^2+x_2^2+x_3^2=3\}$,因为任取 $(a,b,c) \in A$,有

$$(a,b,c) \begin{bmatrix} 1 & 0 & 0 \\ 0 & 0 & 1 \\ 0 & 1 & 0 \end{bmatrix} = (a,c,b) \in A$$

$$(a,b,c) \begin{bmatrix} 0 & 1 & 0 \\ 1 & 0 & 0 \\ 0 & 0 & 1 \end{bmatrix} = (b,a,c) \in A$$

$$(a,b,c) \begin{bmatrix} 0 & 0 & 1 \\ 0 & 1 & 0 \\ 1 & 0 & 0 \end{bmatrix} = (c,b,a) \in A \quad (0.4.4)$$

所以 A 为 $\mathbb{R}^3$ 中的对称集.

定义 0.4.9 如果对于任意的 $\boldsymbol{x} \in H$ 和任意的置换矩阵 $\boldsymbol{G}$,都有 $\phi(\boldsymbol{xG})=\phi(\boldsymbol{x})$,则函数 ϕ 在对称集 H 上称为对称的.

本书将引进和证明大量对称不等式,并将其定义如下.

定义 0.4.10 设 H 为对称集,$f: H \to \mathbb{R}$ 为对称函数,若 $f(\boldsymbol{x}) \geqslant 0$ 对于任

意 $x \in H$ 都成立,则称 $f(x) \geqslant 0$ 为对称不等式.

例 0.4.11 设 $f: (x_1, x_2, x_3) \in \mathbb{R}_{++}^3 \to x_1/x_2 + x_2/x_1 + x_2/x_3 + x_3/x_2 + x_3/x_1 + x_1/x_3$,交换任意两个自变量,函数值保持不变,则称 f 为对称函数.

定理 0.4.12[3]68,[4]45 设集合 $H \subseteq \mathbb{R}^n$ 为对称凸集,函数 ϕ 在 H 上为对称凸(凹)函数,则对任意 $x, y \in H$,当 $x \succ y$ 时,恒有

$$\phi(x) \geqslant (\leqslant) \phi(y) \qquad (0.4.5)$$

例 0.4.13 设 $x = (x_1, x_2, \cdots, x_n) \in \mathbb{R}_{++}^n$,求证

$$\frac{1}{n} \sum_{i=1}^n x_i^n \geqslant \left(\frac{1}{n} \sum_{i=1}^n x_i\right)^n \qquad (0.4.6)$$

证明 设 $f(x) = \sum_{i=1}^n x_i^n$,则相对于式(0.3.7)的 $L(x)$ 为

$$
L(x) = \begin{bmatrix} f''_{11} & f''_{12} & \cdots & f''_{1n} \\ f''_{21} & f''_{22} & \cdots & f''_{2n} \\ \vdots & \vdots & & \vdots \\ f''_{n1} & f''_{n2} & \cdots & f''_{nn} \end{bmatrix}
$$

$$
= \begin{bmatrix} n(n-1)x_1^{n-2} & 0 & \cdots & 0 \\ 0 & n(n-1)x_2^{n-2} & \cdots & 0 \\ \vdots & \vdots & & \vdots \\ 0 & 0 & \cdots & n(n-1)x_n^{n-2} \end{bmatrix} \qquad (0.4.7)
$$

$L(x)$ 显然是正定阵,由定理 0.3.11 知 f 为凸函数,再联立式(0.4.3)和式(0.4.5)知

$$f(x) = \sum_{i=1}^n x_i^n \geqslant f\left(\frac{x_1 + \cdots + x_n}{n}, \cdots, \frac{x_1 + \cdots + x_n}{n}\right) = n\left(\frac{1}{n} \sum_{i=1}^n x_i\right)^n$$

即知式(0.4.6)成立.

这个证明简明利落.正如参考资料[4]中所说的,不等式的控制证明能把许多已有的从不同方法得来的不等式,用一种统一的方法简便地推导出来,它更是推广已有的不等式、发现新的不等式的一种强有力的工具.

0.5 Schur 凸函数的定义及判别

用控制不等式的理论和方法来证明不等式时,有时判断一个 n 元函数是凸函数是比较困难的.为此,需介绍 Schur 凸(凹)函数的概念.

定义 0.5.1 设集合 $H \subseteq \mathbb{R}^n$,$\phi: H \to \mathbb{R}$,任取 $x, y \in H$,当 $x \succ y$ 时,都有

$$\phi(\boldsymbol{x}) \geqslant (\leqslant) \phi(\boldsymbol{y})$$

成立,则称 ϕ 为 H 上的 Schur 凸(凹)函数,简称 $S-$ 凸(凹)函数.

显然易知,如果 ϕ 是 $S-$ 凸函数,当且仅当 $-\phi$ 是 $S-$ 凹函数,本节有关 $S-$ 凸函数的不等式反向即得 $S-$ 凹函数的相应不等式.

定理 0.5.2 设 ϕ 是对称集 $H \subseteq \mathbb{R}^n$ 上的 $S-$ 凸(凹)函数,则 ϕ 是集 H 上的对称函数.

证明 只证 ϕ 为 $S-$ 凸函数的情形. 任取 $\boldsymbol{x} \in H$,$\boldsymbol{G}$ 为任一 n 阶置换矩阵,由于 $\boldsymbol{xG} \in H$,$\boldsymbol{xG} \succ \boldsymbol{x} \succ \boldsymbol{xG}$,从而有

$$\phi(\boldsymbol{xG}) \geqslant \phi(\boldsymbol{x}) \geqslant \phi(\boldsymbol{xG})$$

$$\phi(\boldsymbol{xG}) = \phi(\boldsymbol{x})$$

所以 ϕ 是 H 上的对称函数.

由定理 0.4.12 及 $S-$ 凸(凹)函数的定义知下述定理成立.

定理 0.5.3 若 ϕ 是对称凸集 H 上的对称凸函数,则 ϕ 是 H 上的 $S-$ 凸函数.

定理 0.5.4[3]57,[4]57 设集合 $H \subseteq \mathbb{R}^n$ 是有内点的对称凸集,$\phi: H \to \mathbb{R}$ 连续,且在 H 中的内点都可微,则 ϕ 为 $S-$ 凸函数的充分必要条件是 ϕ 在 H 上对称且对 H 的任意内点 $\boldsymbol{x}$,都有

$$(x_1 - x_2)\left(\frac{\partial \phi}{\partial x_1} - \frac{\partial \phi}{\partial x_2}\right) \geqslant 0$$

定理 0.5.4 又称 Schur 条件,它的作用可以说是巨大的,可以导出大量的著名不等式,读者可见参考资料 [3] 和 [4],这里仅举一例说明.

例 0.5.5 设 $\boldsymbol{a} \in \mathbb{R}_+^n$,求证 $A(\boldsymbol{a}) \geqslant G(\boldsymbol{a})$.

证明 设 $f(\boldsymbol{a}) = A(\boldsymbol{a}) - G(\boldsymbol{a})$,则

$$\frac{\partial f}{\partial a_1} = \frac{1}{n} - \frac{1}{na_1} G(\boldsymbol{a}), \frac{\partial f}{\partial a_2} = \frac{1}{n} - \frac{1}{na_2} G(\boldsymbol{a})$$

$$(a_1 - a_2)\left(\frac{\partial f}{\partial a_1} - \frac{\partial f}{\partial a_2}\right) = \frac{1}{na_1a_2}(a_1 - a_2)^2 G(\boldsymbol{a}) \geqslant 0$$

由定理 0.5.4 知 f 为 $S-$ 凸函数,再根据定理 0.4.3 及 $S-$ 凸函数的定义有

$$f(\boldsymbol{a}) \geqslant \frac{1}{n}\sum_{i=1}^{n} A(\boldsymbol{a}) - \sqrt[n]{\prod_{i=1}^{n} A(\boldsymbol{a})} = 0$$

即知 $A(\boldsymbol{a}) \geqslant G(\boldsymbol{a})$.

最值单调定理与平均不等式

本章主要介绍一个最值单调定理,及其在分析不等式上的一些应用,包括统一证明和加强一些著名的分析不等式.

1.1 最值单调定理

我们称以下两个定理分别为最大(小)值单调性定理,意指函数值关于自变量最大(小)单调性定理.

定理 1.1.1 设 $a,b \in \mathbb{R}$,$f:[a,b]^n \to \mathbb{R}$ 有连续偏导数,$c \in [a,b]$,令

$$D_j = \{(x_1,x_2,\cdots,x_{n-1},c) \mid \min_{1 \leqslant k \leqslant n-1} \{x_k\} \geqslant c,$$

$$x_j = \max_{1 \leqslant k \leqslant n-1} \{x_k\} \neq c \bigcap [a,b]^n,$$

$$j = 1,2,\cdots,n-1\} \tag{1.1.1}$$

若在每一个 D_j 内都有 $\partial f/\partial x_j > 0$,则对于 $c \leqslant y_j \leqslant b(j=1,2,\cdots,n-1)$,都有

$$f(y_1,y_2,\cdots,y_{n-1},c) \geqslant f(c,c,\cdots,c,c)$$

等号成立当且仅当 $y_1 = y_2 = \cdots = y_{n-1} = c$.

证明 为了便于说明情况,不妨以三元函数为例,且设 $y_1 > y_2 > c$. 对于 $x_1 \in [y_2,y_1]$,因为 $(x_1,y_2,c) \in D_1$,所以有

$$\frac{\partial f(\boldsymbol{x})}{\partial x_1}\bigg|_{\boldsymbol{x}=(x_1,y_2,c)} > 0$$

$f(x_1,y_2,c)$ 关于 x_1 在 $[y_2,y_1]$ 上严格单调递增. 同时有

$$\frac{\partial f(\boldsymbol{x})}{\partial x_1}\Bigg|_{\boldsymbol{x}=(y_2,y_2,c)} > 0$$

由偏导数的连续性,知存在 $\varepsilon > 0$,使得当 $y_2 - \varepsilon \geqslant c, x_1 \in [y_2 - \varepsilon, y_2]$ 时,有

$$\frac{\partial f(\boldsymbol{x})}{\partial x_1}\Bigg|_{\boldsymbol{x}=(x_1,y_2,c)} > 0$$

所以 $f(x_1, y_2, c)$ 关于 x_1 在 $[y_2 - \varepsilon, y_2] \bigcup [y_2, y_1] = [y_2 - \varepsilon, y_1]$ 上严格单调递增. 至此有

$$f(y_1, y_2, c) > f(y_2, y_2, c) > f(y_2 - \varepsilon, y_2, c)$$

此时不难发现对于 $x_2 \in (y_2 - \varepsilon, y_2]$,$(y_2 - \varepsilon, x_2, c) \in D_2$,根据 f 在 D_2 内的性质,我们有

$$\frac{\partial f(\boldsymbol{x})}{\partial x_2}\Bigg|_{\boldsymbol{x}=(y_2-\varepsilon,x_2,c)} > 0$$

则

$$f(y_1, y_2, c) > f(y_2, y_2, c) > f(y_2 - \varepsilon, y_2, c) > f(y_2 - \varepsilon, y_2 - \varepsilon, c)$$

若 $y_2 - \varepsilon = c$,则命题已得证,否则继续以上工作. 在这些不等式中,f 的第一分量和第二分量都单调递减,且大于或等于 c. 设它们的极限分别为 s, t,由于连续性,我们有 $f(y_1, y_2, c) > f(s, t, c)$,若此时 $s \neq c$ 或 $t \neq c$,不断重复以上工作,设它们的下确界分别为 p, q,则必有 $p = q = c$. 若不然,可继续以上工作,这与下确界的定义矛盾. 定理证毕.

同理可证下面的定理 1.1.2.

定理 1.1.2 设 $a, b \in \mathbb{R}, f:[a,b]^n \to \mathbb{R}$ 有连续偏导数,$c \in [a,b]$,令

$$E_j = \{(c, x_2, x_3, \cdots, x_n) \mid \max_{2 \leqslant k \leqslant n}\{x_k\} \leqslant c,$$

$$x_j = \min_{2 \leqslant k \leqslant n}\{x_k\} \neq c \bigcap [a,b]^n, j = 2, 3, \cdots, n\} \tag{1.1.2}$$

若在每一个 D_j 内都有 $\partial f/\partial x_j < 0$,则对于 $a \leqslant x_j \leqslant c$ 都有

$$f(c, x_2, x_3, \cdots, x_n) \geqslant f(c, c, \cdots, c, c)$$

等号成立当且仅当 $x_1 = x_2 = \cdots = x_{n-1} = c$.

我们不难发现上述两个定理中 $a(b)$ 可为负(正)无穷(下同),不过区间 $[a,b]$ 相应要改为 $(-\infty, b]([a, +\infty))$.

推论 1.1.3 设 $a, b \in \mathbb{R}, f:[a,b]^n \to \mathbb{R}$ 有连续偏导数,令

$$D_j = \{(x_1, x_2, \cdots, x_n) \mid a \leqslant \min_{1 \leqslant k \leqslant n}\{x_k\} \neq x_j = \max_{1 \leqslant k \leqslant n}\{x_k\} \leqslant b, j = 1, 2, \cdots, n\}$$

$$\tag{1.1.3}$$

若在每一个 D_j 内都有 $\partial f/\partial x_j > 0$,则对于 $a \leqslant x_j \leqslant b (j = 1, 2, \cdots, n)$,都有

$$f(x_1, x_2, \cdots, x_n) \geqslant f(x_{\min}, x_{\min}, \cdots, x_{\min})$$

其中 $x_{\min} = \min_{1 \leqslant k \leqslant n}\{x_k\}$,等号成立当且仅当 $x_1 = x_2 = \cdots = x_n$.

14

推论 1.1.4　设 $a,b \in \mathbb{R}$，$f:[a,b]^n \to \mathbb{R}$ 有连续偏导数，令

$$E_j = \{(x_1, x_2, \cdots, x_n) \mid a \leqslant x_j = \min_{1 \leqslant k \leqslant n}\{x_k\} \neq \max_{1 \leqslant k \leqslant n}\{x_k\} \leqslant b, j = 1, 2, \cdots, n\}$$

$$(1.1.4)$$

若在 E_j 内都有 $\partial f/\partial x_j < 0$，则对于 $a \leqslant x_j \leqslant b(j=1,2,\cdots,n)$，都有

$$f(x_1, x_2, \cdots, x_n) \leqslant f(x_{\max}, x_{\max}, \cdots, x_{\max})$$

其中 $x_{\max} = \max\limits_{1 \leqslant k \leqslant n}\{x_k\}$，等号成立当且仅当 $x_1 = x_2 = \cdots = x_n$.

若以上两个定理中的 f 是对称函数，则在诸 D_j 和 E_j 中，我们只要考虑 D_1 和 E_n 即可. 由此可得以下两个推论.

推论 1.1.5　设 $a,b \in \mathbb{R}$，$f:[a,b]^n \to \mathbb{R}$ 为有连续偏导数的对称函数

$$D_1 = \{(x_1, x_2, \cdots, x_n) \mid a \leqslant \min_{1 \leqslant k \leqslant n}\{x_k\} < x_1 = \max_{1 \leqslant k \leqslant n}\{x_k\} \leqslant b\}$$

$$(1.1.5)$$

若在 D_1 上都有 $\partial f/\partial x_1 > 0$，则对于 $a \leqslant x_j \leqslant b, j=1,2,\cdots,n$，都有

$$f(x_1, x_2, \cdots, x_n) \geqslant f(x_{\min}, x_{\min}, \cdots, x_{\min})$$

其中 $x_{\min} = \min\limits_{1 \leqslant k \leqslant n}\{x_k\}$，等号成立当且仅当 $x_1 = x_2 = \cdots = x_n$.

推论 1.1.6　设 $a,b \in \mathbb{R}$，$f:[a,b]^n \to \mathbb{R}$ 为有连续偏导数的对称函数

$$E_n = \{(x_1, x_2, \cdots, x_n) \mid a \leqslant x_n = \min_{1 \leqslant k \leqslant n}\{x_k\} < \max_{1 \leqslant k \leqslant n}\{x_k\} \leqslant b\}$$

$$(1.1.6)$$

若在 E_n 内都有 $\partial f/\partial x_n < 0$，则对于 $a \leqslant x_j \leqslant b, j=1,2,\cdots,n$，都有

$$f(x_1, x_2, \cdots, x_n) \geqslant f(x_{\max}, x_{\max}, \cdots, x_{\max})$$

其中 $x_{\max} = \max\limits_{1 \leqslant k \leqslant n}\{x_k\}$，等号成立当且仅当 $x_1 = x_2 = \cdots = x_n$.

1.2　与李广兴方法的比较

1989 年，参考资料[56]引进了一种证明分析不等式的新方法，后在参考资料[57]中称其为"李广兴方法". 其主要原理现阐述如下：设函数 $f:[c,d]^n \to \mathbb{R}$ 满足对任何 $b \in [c,d]$ 都有 $f(b,b,\cdots,b) = 0$，欲证 n 元不等式 $f(x_1, x_2, \cdots, x_n) \geqslant 0$，先假设 $x_1 \geqslant x_2 \geqslant \cdots \geqslant x_n$，再设 $f_m = f(x_m, x_m, \cdots, x_m, x_{m+1}, \cdots, x_n)$，只要证

$$f(x_1, x_2, \cdots, x_m, x_{m+1}, \cdots, x_n) \geqslant f(x_2, x_2, x_3, \cdots, x_m, x_{m+1}, \cdots, x_n)$$

$$\geqslant \cdots \geqslant f(\underbrace{x_m, \cdots, x_m}_{m\text{个}}, x_{m+1}, \cdots, x_n)$$

$$\geqslant f(\underbrace{x_{m+1}, \cdots, x_{m+1}}_{(m+1)\text{个}}, x_{m+2}, \cdots, x_n)$$

$$\geqslant f(x_n, x_n, \cdots, x_n) = 0$$

即只要证 $f_m \geqslant f_{m+1}(1 \leqslant m \leqslant n-1)$ 即可;至于 $f_m \geqslant f_{m+1}$ 可直接证明,也可证明 $\partial f_m / \partial x_m \geqslant 0$.

　　下面我们以三元函数且最后(第三)变量为常数 c 为例,说明经典单调性定理、李广兴方法和最值单调性定理的联系与区别.

　　设 $d > c(d$ 可为正无穷$)$ 和 $f(\cdot,\cdot,c):(x,y) \in [c,d]^2 \to \mathbb{R}$,若欲证明 $f(x,y,c) \geqslant f(c,c,c)$,经典单调性定理一般要求 $\partial f / \partial x \geqslant 0, \partial f / \partial y \geqslant 0$ 在 $[c,d]^2$ 上成立,如图 1 所示.

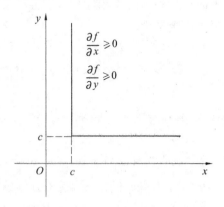

图 1

　　李广兴方法一般要求 $\partial f / \partial x \geqslant 0$ 在 $\{(x,y) \mid c \leqslant y \leqslant x \leqslant d\}$ 上成立,和 $\partial f / \partial y \geqslant 0$ 在 $\{(x,y) \mid c \leqslant x \leqslant y \leqslant d\}$ 上成立,如图 2 所示.

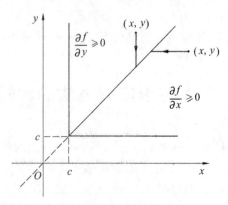

图 2

　　最值单调定理则要求 $\partial f / \partial x > 0$ 在 $\{(x,y) \mid x \geqslant y \geqslant c, x > c\}$ 上成立,和 $\partial f / \partial y > 0$ 在 $\{(x,y) \mid y \geqslant x \geqslant c, y > c\}$ 上成立,如图 3 所示.

　　对于 n 元非对称不等式,李广兴方法一般无法使用,但最值单调定理还有应用的余地(可参见下述定理 1.3.3、定理 1.3.5、定理 1.3.6 及第 2 章中定理的证明).对于对称不等式,在证明的叙述上,最值单调定理也显示了简明扼要的

16

优势,下面以算术 — 几何不等式的证明为例.

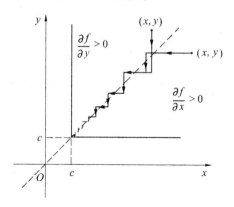

图 3

例 1.2.1 设 $\boldsymbol{a} = (a_1, a_2, \cdots, a_n) \in \mathbb{R}_{++}^n$,求证$\dfrac{1}{n} \sum\limits_{k=1}^{n} a_k - \sqrt[n]{\prod\limits_{k=1}^{n} a_k} \geqslant 0$.

证法 1 用李广兴方法证明. 设

$$f : \boldsymbol{a} \in \mathbb{R}_{++}^n \to \frac{1}{n} \sum_{k=1}^{n} a_k - \sqrt[n]{\prod_{k=1}^{n} a_k}, a_1 \geqslant a_2 \geqslant \cdots \geqslant a_n > 0$$

和

$$f_m : \boldsymbol{a} \in \mathbb{R}_{++}^n \to \frac{m}{n} a_m + \sum_{k=m+1}^{n} a_k - a_m^{m/n} \sqrt[n]{\prod_{k=m+1}^{n} a_k}$$

则

$$\frac{\partial f_m}{\partial a_m} = \frac{m}{n} - \frac{m}{n} a_m^{m/n-1} \sqrt[n]{\prod_{k=m+1}^{n} a_k} \geqslant \frac{m}{n} - \frac{m}{n} a_m^{m/n-1} \sqrt[n]{\prod_{k=m+1}^{n} a_m} = 0$$

则有

$$
\begin{aligned}
f(a_1, a_2, \cdots, a_n) &\geqslant f(a_2, a_2, a_3, \cdots, a_n) \\
&\geqslant \cdots \geqslant f(\underbrace{a_m, \cdots, a_m}_{m \uparrow}, a_{m+1}, \cdots, a_n) \\
&\geqslant f(\underbrace{a_{m+1}, \cdots, a_{m+1}}_{(m+1) \uparrow}, a_{m+2} \cdots, a_n) \\
&\geqslant \cdots \geqslant f(a_n, a_n, \cdots, a_n) = 0
\end{aligned}
$$

结论得证.

证法 2 用最值单调定理证明. 设 $f : \boldsymbol{a} \in \mathbb{R}_{++}^n \to \dfrac{1}{n} \sum\limits_{k=1}^{n} a_k - \sqrt[n]{\prod\limits_{k=1}^{n} a_k}$ 和

$$D_1 = \{ \boldsymbol{a} \mid 0 < \min_{1 \leqslant k \leqslant n} \{a_k\} < a_1 = \max_{1 \leqslant k \leqslant n} \{a_k\} \}$$

则在 D_1 内,我们有

17

$$\frac{\partial f}{\partial a_1} = \frac{1}{n} - \frac{1}{na_1}\sqrt[n]{\prod_{k=1}^{n} a_k} > \frac{1}{n} - \frac{1}{na_1}\sqrt[n]{\prod_{k=1}^{n} a_1} = 0$$

由推论 1.1.5 知,对于任何 $\boldsymbol{a} \in \mathbb{R}_{++}^n$,都有 $f(\boldsymbol{a}) \geqslant f(\bar{\boldsymbol{a}}_{\min}) = 0$,结论得证.

1.3 最值单调定理与一些著名不等式的统一证明

不加特殊说明,本节以后都设 $n \in \mathbb{N}$,$n \geqslant 2$,$\boldsymbol{a} = (a_1, a_2, \cdots, a_n) \in \mathbb{R}_{++}^n$,
$\boldsymbol{a}_{\min} = \min\limits_{1 \leqslant k \leqslant n}\{a_k\}$,$\boldsymbol{a}_{\max} = \max\limits_{1 \leqslant k \leqslant n}\{a_k\}$ 和

$$D_1 = \{\boldsymbol{a} \mid 0 < \min_{1 \leqslant k \leqslant n}\{a_k\} < a_1 = \max_{1 \leqslant k \leqslant n}\{a_k\}\},\ \bar{\boldsymbol{a}}_{\min} = \{a_{\min}, a_{\min}, \cdots, a_{\min}\}$$

$$E_n = \{\boldsymbol{a} \mid 0 < \min_{1 \leqslant k \leqslant n}\{a_k\} = a_n < \max_{1 \leqslant k \leqslant n}\{a_k\}\},\ \bar{\boldsymbol{a}}_{\max} = \{a_{\max}, a_{\max}, \cdots, a_{\max}\}$$

对于本节以后的每一个定理,相应地都有一个多元函数关于最大值单调递增,这也揭示了这些不等式内的在一个本质.

定理 1.3.1(幂平均不等式) 设 $r \in \mathbb{R}$,$M_r(\boldsymbol{a})$ 为 $\boldsymbol{a}$ 的幂平均,则 $M_r(\boldsymbol{a})$ 关于 r 单调递增,且当 a_k($k = 1, 2, \cdots, n$)不全相等时,$M_r(\boldsymbol{a})$ 关于 r 严格单调递增.

证明 任取 $r, s \in \mathbb{R}$,$r > s$,下证 $M_r(\boldsymbol{a}) \geqslant M_s(\boldsymbol{a})$,等号成立当且仅当 $a_1 = a_2 = \cdots = a_n$. 由于 $M_r(\boldsymbol{a})$ 关于 $r \in \mathbb{R}$ 的连续性,我们只要证 $r, s \neq 0$ 的情形. 设

$$f : \boldsymbol{a} \in \mathbb{R}_{++}^n \rightarrow \frac{1}{r}\ln\left[\frac{\sum\limits_{k=1}^{n} a_k^r}{n}\right] - \frac{1}{s}\ln\left[\frac{\sum\limits_{k=1}^{n} a_k^s}{n}\right]$$

则有

$$\frac{\partial f(\boldsymbol{a})}{\partial a_1} = \frac{a_1^{r-1}}{\sum\limits_{k=1}^{n} a_k^r} - \frac{a_1^{s-1}}{\sum\limits_{k=1}^{n} a_k^s} = \frac{\sum\limits_{k=2}^{n}(a_1^{r-1}a_k^s - a_1^{s-1}a_k^r)}{\sum\limits_{k=1}^{n} a_k^r \cdot \sum\limits_{k=1}^{n} a_k^s}$$

$$= \frac{\sum\limits_{k=2}^{n} a_1^{s-1}a_k^r[(a_1/a_k)^{r-s} - 1]}{\sum\limits_{k=1}^{n} a_k^r \cdot \sum\limits_{k=1}^{n} a_k^s}$$

在 D_1 内,我们易知 $\partial f(\boldsymbol{a})/\partial a_1 > 0$. 由推论 1.1.5 知,对于任何 $\boldsymbol{a} \in \mathbb{R}_{++}^n$,都有

$$f(\boldsymbol{a}) \geqslant f(\bar{\boldsymbol{a}}_{\min}) = 0$$

即

$$\left[\frac{\sum\limits_{k=1}^{n} a_k^r}{n}\right]^{1/r} \geqslant \left[\frac{\sum\limits_{k=1}^{n} a_k^s}{n}\right]^{1/s}, M_r(\boldsymbol{a}) \geqslant M_s(\boldsymbol{a})$$

18

等号成立当且仅当 $a_1 = a_2 = \cdots = a_n$.

定义 1.3.2 设 $r \in \mathbb{R}$, $\lambda_k > 0 (k=1,2,\cdots,n)$, $\sum_{k=1}^{n} \lambda_k = 1$, 记

$$M_r(\boldsymbol{a},\lambda) = \begin{cases} \left(\sum_{k=1}^{n} \lambda_k a_k^r\right)^{1/r}, & r \neq 0 \\ \prod_{k=1}^{n} a_k^{\lambda_k}, & r = 0 \end{cases}$$

为 $\boldsymbol{a}$ 的加权幂平均.

几乎与定理 1.3.1 的证明相同,我们可证明下述加权幂平均不等式.

定理 1.3.3(加权幂平均不等式) 设 $r \in \mathbb{R}$, $\lambda_k > 0 (k=1,2,\cdots,n)$, $\sum_{k=1}^{n} \lambda_k = 1$, $M_r(\boldsymbol{a},\lambda)$ 为 $\boldsymbol{a}$ 的幂平均,则 $M_r(\boldsymbol{a},\lambda)$ 关于 r 单调递增,且当 $a_k(k=1,2,\cdots,n)$ 不全相等时, $M_r(\boldsymbol{a},\lambda)$ 关于 r 严格单调递增.

推论 1.3.4(加权算术-几何-调和不等式) 设 $\lambda_k > 0 (k=1,2,\cdots,n)$, $\sum_{k=1}^{n} \lambda_k = 1$, 称 $A(\boldsymbol{a},\lambda) = M_1(\boldsymbol{a},\lambda)$, $G(\boldsymbol{a},\lambda) = M_0(\boldsymbol{a},\lambda)$ 和 $H(\boldsymbol{a},\lambda) = M_{-1}(\boldsymbol{a},\lambda)$ 分别为 $\boldsymbol{a}$ 的加权算术平均、加权几何平均和加权调和平均,则有

$$A(\boldsymbol{a},\lambda) \geqslant G(\boldsymbol{a},\lambda) \geqslant H(\boldsymbol{a},\lambda)$$

等号成立当且仅当 $a_1 = a_2 = \cdots = a_n$.

定理 1.3.5(Hölder 不等式) 设 $(x_1,x_2,\cdots,x_n),(y_1,y_2,\cdots,y_n) \in \mathbb{R}_{++}^n$, $p,q > 1$, 且 $1/p + 1/q = 1$, 则

$$\left(\sum_{k=1}^{n} x_k^p\right)^{1/p} \left(\sum_{k=1}^{n} y_k^q\right)^{1/q} \geqslant \sum_{k=1}^{n} x_k y_k$$

证明 设 $\boldsymbol{b} = (b_1,b_2,\cdots,b_n) \in \mathbb{R}_{++}^n$ 和

$$f: \boldsymbol{a} \in \mathbb{R}_{++}^n \to \left(\sum_{k=1}^{n} b_k\right)^{1/p} \left(\sum_{k=1}^{n} b_k a_k\right)^{1/q} - \sum_{k=1}^{n} b_k a_k^{1/q}$$

在 D_1 内,有

$$\frac{\partial f(\boldsymbol{a})}{\partial a_1} = \frac{1}{q} b_1 \left(\sum_{k=1}^{n} b_k\right)^{1/p} \left(\sum_{k=1}^{n} b_k a_k\right)^{1/q-1} - \frac{1}{q} b_1 a_1^{1/q-1}$$

$$= \frac{1}{q} b_1 a_1^{-1/p} \left(\sum_{k=1}^{n} b_k a_k\right)^{-1/p} \left[\left(\sum_{k=1}^{n} b_k\right)^{1/p} a_1^{1/p} - \left(\sum_{k=1}^{n} b_k a_k\right)^{1/p}\right]$$

$$> \frac{1}{q} b_1 a_1^{-1/p} \left(\sum_{k=1}^{n} b_k a_k\right)^{-1/p} \left[\left(\sum_{k=1}^{n} b_k\right)^{1/p} a_1^{1/p} - \left(\sum_{k=1}^{n} b_k a_1\right)^{1/p}\right]$$

$$= 0$$

类似可定义 $D_k(k=2,3,\cdots,n)$, 且同理可证在 $D_k(k=2,3,\cdots,n)$ 上,都有

$\partial f(\boldsymbol{a})/\partial a_k > 0$ 成立. 由推论 1.1.3 知, 对于任何 $\boldsymbol{a} \in \mathbb{R}^n_{++}$, 都有

$$f(\boldsymbol{a}) \geqslant f(\bar{\boldsymbol{a}}_{\min}) = 0, \left(\sum_{k=1}^{n} b_k\right)^{1/p} \left(\sum_{k=1}^{n} b_k a_k\right)^{1/q} \geqslant \sum_{k=1}^{n} b_k a_k^{1/q}$$

在上式中令 $a_k = y_k^q/x_k^p, b_k = x_k^p$, 即得 Hölder 不等式.

定理 1.3.6(Minkowski **不等式**) 设 $(x_1, x_2, \cdots, x_n), (y_1, y_2, \cdots, y_n) \in \mathbb{R}^n_{++}$, 则:

(1) 当 $p > 1$ 时, 有

$$\left(\sum_{k=1}^{n} x_k^p\right)^{1/p} + \left(\sum_{k=1}^{n} y_k^p\right)^{1/p} \geqslant \left(\sum_{k=1}^{n} (x_k + y_k)^p\right)^{1/p} \qquad (1.3.1)$$

(2) 当 $p < 1$, 且 $p \neq 0$ 时, 有

$$\left(\sum_{k=1}^{n} x_k^p\right)^{1/p} + \left(\sum_{k=1}^{n} y_k^p\right)^{1/p} \leqslant \left(\sum_{k=1}^{n} (x_k + y_k)^p\right)^{1/p} \qquad (1.3.2)$$

(3) $\sqrt[n]{\prod_{k=1}^{n} x_k} + \sqrt[n]{\prod_{k=1}^{n} y_k} \leqslant \sqrt[n]{\prod_{k=1}^{n} (x_k + y_k)}$, 即

$$G(\boldsymbol{x}) + G(\boldsymbol{y}) \leqslant G(\boldsymbol{x} + \boldsymbol{y}) \qquad (1.3.3)$$

等式成立当且仅当 $x_1/y_1 = x_2/y_2 = \cdots = x_n/y_n$.

证明 (1) 设

$$f: \boldsymbol{a} \in \mathbb{R}^n_{++} \to \left(\sum_{k=1}^{n} b_k a_k\right)^{1/p} - \left[\sum_{k=1}^{n} b_k (a_k^{1/p} + 1)^p\right]^{1/p}$$

在 D_1 内

$$\frac{\partial f(\boldsymbol{a})}{\partial a_1} = \frac{1}{p} b_1 \left(\sum_{k=1}^{n} b_k a_k\right)^{1/p-1} -$$

$$\frac{1}{p} b_1 a_1^{1/p-1} (a_1^{1/p} + 1)^{p-1} \left(\sum_{k=1}^{n} b_k (a_k^{1/p} + 1)^p\right)^{1/p-1}$$

$$= \frac{1}{p} b_1 \left(\sum_{k=1}^{n} b_k a_k\right)^{1/p-1} \left(\sum_{k=1}^{n} b_k (a_k^{1/p} + 1)^p\right)^{1/p-1} \cdot$$

$$\left[\left(\sum_{k=1}^{n} b_k (a_k^{1/p} + 1)^p\right)^{1-1/p} - (1 + a_1^{-1/p})^{p-1} \left(\sum_{k=1}^{n} b_k a_k\right)^{1-1/p}\right]$$

$$= \frac{1}{p} b_1 \left(\sum_{k=1}^{n} b_k a_k\right)^{1/p-1} \left(\sum_{k=1}^{n} b_k (a_k^{1/p} + 1)^p\right)^{1/p-1} \cdot$$

$$\left[\left(\sum_{k=1}^{n} b_k (a_k^{1/p} + 1)^p\right)^{1-1/p} - \left(\sum_{k=1}^{n} b_k (a_k^{1/p} + a_k^{1/p} a_1^{-1/p})^p\right)^{1-1/p}\right]$$

$$> \frac{1}{p} b_1 \left(\sum_{k=1}^{n} b_k a_k\right)^{1/p-1} \left(\sum_{k=1}^{n} b_k (a_k^{1/p} + 1)^p\right)^{1/p-1} \cdot$$

$$\left[\left(\sum_{k=1}^{n} b_k (a_k^{1/p} + 1)^p\right)^{1-1/p} - \left(\sum_{k=1}^{n} b_k (a_k^{1/p} + a_1^{1/p} a_1^{-1/p})^p\right)^{1-1/p}\right]$$

$$= 0$$

类似可定义 $D_k(k=2,3,\cdots,n)$，且同理可证在 $D_k(k=2,3,\cdots,n)$ 上都有 $\partial f(\boldsymbol{a})/\partial a_k > 0$ 成立. 由推论 1.1.3 知,对于任何 $\boldsymbol{a} \in \mathbb{R}^n_{++}$,都有

$$f(\boldsymbol{a}) \geqslant f(\bar{\boldsymbol{a}}_{\min}) = 0$$

$$\Big(\sum_{k=1}^n b_k a_k\Big)^{1/p} \geqslant \Big[\sum_{k=1}^n b_k\,(a_k^{1/p}+1)^{\,p}\Big]^{1/p} - \Big(\sum_{k=1}^n b_k\Big)^{1/p}$$

在上式中令 $a_k = y_k^p/x_k^p, b_k = x_k^p$,整理即得式(1.3.1).

（2）令 $g : \boldsymbol{a} \in \mathbb{R}^n_{++} \longmapsto -f(\boldsymbol{a})$,在 D_1 内有

$$\frac{\partial g(\boldsymbol{a})}{\partial a_1} = -\frac{\partial f(\boldsymbol{a})}{\partial a_1} = -\frac{1}{p}b_1\Big(\sum_{k=1}^n b_k a_k\Big)^{1/p-1}\Big(\sum_{k=1}^n b_k\,(a_k^{1/p}+1)^{\,p}\Big)^{1/p-1} \cdot$$

$$\Big[\Big(\sum_{k=1}^n b_k\,(a_k^{1/p}+1)^{\,p}\Big)^{1-1/p} - \Big(\sum_{k=1}^n b_k\,(a_k^{1/p}+a_k^{1/p}a_1^{-1/p})^{\,p}\Big)^{1-1/p}\Big]$$

分成 $0 < p < 1$ 和 $p < 0$ 两种情形讨论,易知 $\partial g(\boldsymbol{a})/\partial a_1 > 0$ 成立,同理可证在 $D_k(k=2,3,\cdots,n)$ 上都有 $\partial g(\boldsymbol{a})/\partial a_k > 0$ 成立. 由推论 1.1.3 知,对于任何 $\boldsymbol{a} \in \mathbb{R}^n_{++}$,都有

$$g(\boldsymbol{a}) \geqslant g(\bar{\boldsymbol{a}}_{\min}) = 0$$

$$\Big(\sum_{k=1}^n b_k a_k\Big)^{1/p} \leqslant \Big[\sum_{k=1}^n b_k\,(a_k^{1/p}+1)^{\,p}\Big]^{1/p} - \Big(\sum_{k=1}^n b_k\Big)^{1/p}$$

在上式中令 $a_k = y_k^p/x_k^p, b_k = x_k^p$,整理即得式(1.3.2).

（3）在式(1.3.2)中令 $p \to 0$,有

$$\lim_{p \to 0}\Big(\sum_{k=1}^n x_k^p\Big)^{1/p} = \mathrm{e}^{\lim\limits_{p \to 0}\frac{\ln\big(\sum\limits_{k=1}^n x_k^p\big)}{p}} = \mathrm{e}^{\lim\limits_{p \to 0}\frac{\sum\limits_{k=1}^n x_k^p \ln x_k}{\sum\limits_{k=1}^n x_k^p}} = \mathrm{e}^{\lim\limits_{p \to 0}\frac{\sum\limits_{k=1}^n \ln x_k}{n}} = G(\boldsymbol{x})$$

同理

$$\lim_{p \to 0}\Big(\sum_{k=1}^n y_k^p\Big)^{1/p} = G(\boldsymbol{y})$$

$$\lim_{p \to 0}\Big(\sum_{k=1}^n (x_k + y_k)^{\,p}\Big)^{1/p} = G(\boldsymbol{x} + \boldsymbol{y})$$

式(1.3.3)成立,等号成立当且仅当各个 $a_k = y_k^p/x_k^p$ 为常数,即等式成立当且仅当 $x_1/y_1 = x_2/y_2 = \cdots = x_n/y_n$.

定理 1.3.7（Maclaurin **不等式,对称平均基本定理**）　设 $1 \leqslant k \leqslant n-1$,则[①]

$$P_n(\boldsymbol{a},k) \geqslant P_n(\boldsymbol{a},k+1)$$

证明　我们用数学归纳法证明.假设定理对于 $n-1(n \geqslant 3)$ 成立.设

$$f_n(\boldsymbol{a},k) = \left(\binom{n}{k}^{-1} E_n(\boldsymbol{a},k)\right)^{(k+1)/k} - \binom{n}{k+1}^{-1} E_n(\boldsymbol{a},k+1)$$

则在 D_1 内有

$$\frac{\partial f_n(\boldsymbol{a},k)}{\partial a_1} = \frac{k+1}{k}\binom{n}{k}^{-(k+1)/k}\left(\sum_{1\leqslant m_1<m_2<\cdots<m_k\leqslant n}\prod_{j=1}^{k}a_{m_j}\right)^{1/k}\cdot$$

$$\sum_{2\leqslant m_2<\cdots<m_k\leqslant n}\prod_{j=2}^{k}a_{m_j} -$$

$$\binom{n}{k+1}^{-1}\sum_{2\leqslant m_2<\cdots<m_{k+1}\leqslant n}\prod_{j=2}^{k+1}a_{m_j}$$

$$= \frac{k+1}{k}\binom{n}{k}^{-(k+1)/k}\binom{n-1}{k-1}\cdot$$

$$\left(\sum_{2\leqslant m_2<\cdots<m_k\leqslant n}\left(a_1\prod_{j=2}^{k}a_{m_j}\right) +\right.$$

$$\sum_{2\leqslant m_1<m_2<\cdots<m_k\leqslant n}\prod_{j=1}^{k}a_{m_j}\Bigg)^{1/k}\cdot$$

$$\left(\binom{n-1}{k-1}^{-1}\sum_{2\leqslant m_2<\cdots<m_k\leqslant n}\prod_{j=2}^{k}a_{m_j}\right) -$$

$$\binom{n}{k+1}^{-1}\sum_{2\leqslant m_2<\cdots<m_{k+1}\leqslant n}\prod_{j=2}^{k+1}a_{m_j}$$

由数学归纳法和 D_1 的定义知

$$\frac{\partial f_n(\boldsymbol{a},k)}{\partial a_1}$$

$$> \frac{k+1}{k}\binom{n}{k}^{-(k+1)/k}\binom{n-1}{k-1}\left(\sum_{2\leqslant m_2<\cdots<m_k\leqslant n}\left(\frac{1}{n-k}\sum_{m_t\neq m_2,\cdots,m_n}a_{m_t}\cdot\prod_{j=2}^{k}a_{m_j}\right) +\right.$$

$$\sum_{2\leqslant m_1<m_2<\cdots<m_k\leqslant n}\prod_{j=1}^{k}a_{m_j}\Bigg)^{1/k}\cdot$$

$$\left(\binom{n-1}{k}^{-1}\sum_{2\leqslant m_2<\cdots<m_{k+1}\leqslant n}\prod_{j=2}^{k+1}a_{m_j}\right)^{(k-1)/k} - \binom{n}{k+1}^{-1}\sum_{2\leqslant m_2<\cdots<m_{k+1}\leqslant n}\prod_{j=2}^{k+1}a_{m_j}$$

$$= \frac{k+1}{k}\binom{n}{k}^{-(k+1)/k}\binom{n-1}{k-1}\binom{n-1}{k}^{-(k-1)/k}\cdot$$

$$\left(\binom{n-1}{k-1}\binom{n-1}{k}^{-1}\sum_{2\leqslant m_2<\cdots<m_{k+1}\leqslant n}\prod_{j=2}^{k+1}a_{m_j} + \sum_{2\leqslant m_1<m_2<\cdots<m_k\leqslant n}\prod_{j=1}^{k}a_{m_j}\right)^{1/k}\cdot$$

$$\left(\sum_{2\leqslant m_1<\cdots<m_k\leqslant n}\prod_{j=1}^{k}a_{m_j}\right)^{(k-1)/k} - \binom{n}{k+1}^{-1}\sum_{2\leqslant m_1<\cdots<m_k\leqslant n}\prod_{j=1}^{k}a_{m_j}$$

$$= \frac{k+1}{k}\binom{n}{k}^{-(k+1)/k}\binom{n-1}{k-1}\binom{n-1}{k}^{-(k-1)/k}\cdot$$

最值定理与分析不等式

$$\left(\frac{n}{n-k}\right)^{1/k}\left(\sum_{2\leqslant m_1<m_2<\cdots<m_k\leqslant n}\prod_{j=1}^{k}a_{m_j}\right)^{1/k}\cdot$$

$$\left(\sum_{2\leqslant m_1<\cdots<m_k\leqslant n}\prod_{j=1}^{k}a_{m_j}\right)^{(k-1)/k}-\binom{n}{k+1}^{-1}\sum_{2\leqslant m_1<\cdots<m_k\leqslant n}\prod_{j=1}^{k}a_{m_j}$$

$$=\binom{n}{k+1}^{-1}\sum_{2\leqslant m_1<m_2<\cdots<m_k\leqslant n}\prod_{j=1}^{k}a_{m_j}-\binom{n}{k+1}^{-1}\sum_{2\leqslant m_1<\cdots<m_k\leqslant n}\prod_{j=1}^{k}a_{m_j}=0$$

由推论 1.1.5 知,对于任何 $\boldsymbol{a}\in\mathbb{R}_{++}^n$,都有 $f(\boldsymbol{a})\geqslant f(\bar{\boldsymbol{a}}_{\min})=0$,即知命题得证.

Hamy 对称函数为 $F_n(\boldsymbol{a},k)=\sum_{1\leqslant i_1<\cdots<i_k\leqslant n}\left(\prod_{j=1}^{k}a_{i_j}\right)^{1/k}$,其相应 Hamy 平均为

$$\sigma_n(n,k)=\frac{F_n(\boldsymbol{a},k)}{\binom{n}{k}}$$

定理 1.3.8[6]67　　设 $1\leqslant k\leqslant n-1$,则 $\sigma_n(n,k+1)\leqslant\sigma_n(n,k)$.

证明　　我们用数学归纳法证明.假设命题对于 $n-1(n\geqslant3)$ 成立.

不妨假定 $k\geqslant2$,设

$$f:\boldsymbol{a}\in\mathbb{R}_{++}^n\to$$

$$\binom{n}{k}^{-1}\sum_{1\leqslant m_1<\cdots<m_k\leqslant n}\left(\prod_{j=1}^{k}a_{m_j}\right)^{1/k}-\binom{n}{k+1}^{-1}\sum_{1\leqslant m_1<\cdots<m_{k+1}\leqslant n}\left(\prod_{j=1}^{k+1}a_{m_j}\right)^{1/(k+1)}$$

在 D_1 内,我们有

$$\frac{\partial f(\boldsymbol{a})}{\partial a_1}=\frac{1}{k}\binom{n}{k}^{-1}a_1^{1/k-1}\sum_{2\leqslant m_2<\cdots<m_k\leqslant n}\left(\prod_{j=2}^{k}a_{m_j}\right)^{1/k}-$$

$$\frac{1}{k+1}a_1^{1/(k+1)-1}\binom{n}{k+1}^{-1}\sum_{2\leqslant m_2<\cdots<m_{k+1}\leqslant n}\left(\prod_{j=2}^{k+1}a_{m_j}\right)^{1/(k+1)}$$

$$=\frac{1}{n}\binom{n-1}{k-1}^{-1}a_1^{1/k-1}\sum_{2\leqslant m_2<\cdots<m_k\leqslant n}\left(\prod_{j=2}^{k}a_{m_j}^{(k-1)/k}\right)^{1/(k-1)}-$$

$$\frac{1}{k+1}a_1^{1/(k+1)-1}\binom{n}{k+1}^{-1}\sum_{2\leqslant m_2<\cdots<m_{k+1}\leqslant n}\left(\prod_{j=2}^{k+1}a_{m_j}\right)^{1/(k+1)}$$

$$\geqslant\frac{1}{n}\binom{n-1}{k}^{-1}a_1^{1/k-1}\sum_{2\leqslant m_2<\cdots<m_{k+1}\leqslant n}\left(\prod_{j=2}^{k+1}a_{m_j}^{(k-1)/k}\right)^{1/k}-$$

$$\frac{1}{k+1}a_1^{1/(k+1)-1}\binom{n}{k+1}^{-1}\sum_{2\leqslant m_2<\cdots<m_{k+1}\leqslant n}\left(\prod_{j=2}^{k+1}a_{m_j}\right)^{1/(k+1)}$$

$$=\frac{1}{n}\binom{n-1}{k}^{-1}a_1^{1/(k+1)-1}\left[\sum_{2\leqslant m_2<\cdots<m_{k+1}\leqslant n}\left(\prod_{j=2}^{k+1}\left(a_1^{1/(k^2-1)}a_{m_j}\right)\right)^{(k-1)/k^2}-\right.$$

$$\left.\sum_{2\leqslant m_2<\cdots<m_{k+1}\leqslant n}\left(\prod_{j=2}^{k+1}a_{m_j}\right)^{1/(k+1)}\right]$$

$$> \frac{1}{n} \binom{n-1}{k}^{-1} a_1^{1/(k+1)-1} \Big[\sum_{2 \leqslant m_2 < \cdots < m_{k+1} \leqslant n} \Big(\prod_{j=2}^{k+1} (a_{m_j}^{1/(k^2-1)} a_{m_j}) \Big)^{(k-1)/k^2} -$$

$$\sum_{2 \leqslant m_2 < \cdots < m_{k+1} \leqslant n} \Big(\prod_{j=2}^{k+1} a_{m_j} \Big)^{1/(k+1)} \Big]$$

$$= 0$$

由推论 1.1.5 知,对于任何 $\boldsymbol{a} \in \mathbb{R}_{++}^n$,都有 $f(\boldsymbol{a}) \geqslant f(\bar{\boldsymbol{a}}_{\min}) = 0$,即知命题得证.

定理 1.3.9(Sierpinski 不等式)

$$\frac{1}{n} \sum_{k=1}^{n} a_k \left[\frac{n}{\sum\limits_{k=1}^{n} a_k^{-1}} \right]^{n-1} \leqslant \prod_{k=1}^{n} a_k \leqslant \Big(\frac{1}{n} \sum_{k=1}^{n} a_k \Big)^{n-1} \cdot \frac{n}{\sum\limits_{k=1}^{n} a_k^{-1}} \tag{1.3.4}$$

证明 对于 $n=2$,易证命题成立. 下设 $n=3$.

设

$$f : \boldsymbol{a} \in \mathbb{R}_{++}^n \to \sum_{k=1}^{n} \ln a_k - \ln \sum_{k=1}^{n} a_k - (n-1) \Big(\ln n - \ln \sum_{k=1}^{n} a_k^{-1} \Big) - \ln n$$

在 D_1 内,我们有

$$\frac{\partial f}{\partial a_1} = \frac{1}{a_1} - \frac{1}{\sum\limits_{k=1}^{n} a_k} - (n-1) \frac{1}{a_1^2 \sum\limits_{k=1}^{n} a_k^{-1}}$$

$$= \frac{1}{a_1 \sum\limits_{k=1}^{n} a_k \sum\limits_{k=1}^{n} a_k^{-1}} \left[\sum_{k=2}^{n} a_k \sum_{k=2}^{n} a_k^{-1} - (n-1) - (n-2) \frac{\sum\limits_{k=2}^{n} a_k}{a_1} \right]$$

由 Cauchy 不等式(见推论 0.1.6)及 D_1 的定义知

$$\frac{\partial f(\boldsymbol{a})}{\partial a_1} > \frac{1}{a_1 \sum\limits_{k=1}^{n} a_k \sum\limits_{k=1}^{n} a_k^{-1}} \left[(n-1)^2 - (n-1) - (n-2) \frac{\sum\limits_{k=2}^{n} a_k}{\sum\limits_{k=2}^{n} a_k / (n-1)} \right] = 0$$

由推论 1.1.5 知,对于任何 $\boldsymbol{a} \in \mathbb{R}_{++}^n$,都有 $f(\boldsymbol{a}) \geqslant f(\bar{\boldsymbol{a}}_{\min}) = 0$,即知式 (1.3.4) 的左式成立.

设

$$g : \boldsymbol{a} \in \mathbb{R}_{++}^n \to (n-1) \Big(\ln \sum_{k=1}^{n} a_k - \ln n \Big) - \ln \sum_{k=1}^{n} a_k^{-1} - \sum_{k=1}^{n} \ln a_k + \ln n$$

则

$$\frac{\partial g}{\partial a_n} = (n-1) \frac{1}{\sum\limits_{k=1}^{n} a_k} + \frac{1}{a_n^2 \sum\limits_{k=1}^{n} a_k^{-1}} - \frac{1}{a_n}$$

24

$$= \frac{1}{a_n \sum\limits_{k=1}^{n} a_k \sum\limits_{k=1}^{n} a_k^{-1}} \left[n-1 + (n-2)\sum_{k=2}^{n} \frac{a_n}{a_k} - \sum_{k=1}^{n-1} a_k \sum_{k=1}^{n-1} a_k^{-1} \right]$$

在 E_n 内,由 Cauchy 不等式知

$$\frac{\partial g}{\partial a_n} < \frac{1}{a_1 \sum\limits_{k=1}^{n} a_k \sum\limits_{k=1}^{n} a_k^{-1}} \left[n-1 + (n-2)(n-1) - (n-1)^2 \right] = 0$$

由推论 1.1.6 知,对于任何 $\boldsymbol{a} \in \mathbb{R}^n_{++}$,都有 $g(\boldsymbol{a}) \geqslant g(\bar{\boldsymbol{a}}_{\max}) = 0$,即知式(1.3.4) 的右式成立.

1.4 若干 n 元不等式的统一证明(1)

定理 1.4.1[6]37

$$\frac{nA(\boldsymbol{a})}{H(\boldsymbol{a})} - (n-1) \leqslant \frac{A(\boldsymbol{a}^n)}{H(\boldsymbol{a}^n)}$$

证明 结论显然等价于

$$\frac{\sum\limits_{k=1}^{n} a_k \cdot \sum\limits_{k=1}^{n} 1/a_k}{n} - (n-1) \leqslant \frac{\sum\limits_{k=1}^{n} a_k^n \cdot \sum\limits_{k=1}^{n} 1/a_k^n}{n^2} \tag{1.4.1}$$

设

$$f: \boldsymbol{a} \in \mathbb{R}^n_{++} \to \frac{\sum\limits_{k=1}^{n} a_k^n \cdot \sum\limits_{k=1}^{n} 1/a_k^n}{n^2} - \frac{\sum\limits_{k=1}^{n} a_k \cdot \sum\limits_{k=1}^{n} 1/a_k}{n}$$

则在 D_1 内有

$$\frac{\partial f}{\partial a_1} = \frac{1}{na_1^{n+1}} \left(a_1^{2n} \sum_{k=1}^{n} \frac{1}{a_k^n} - \sum_{k=1}^{n} a_k^n - a_1^{n+1} \sum_{k=1}^{n} \frac{1}{a_k} + a_1^{n-1} \sum_{k=1}^{n} a_k \right)$$

$$= \frac{1}{na_1^{n+1}} \left[\left(a_1^{2n} \sum_{k=2}^{n} \frac{1}{a_k^n} - \sum_{k=2}^{n} a_k^n \right) + a_1^{n-1} \left(\sum_{k=2}^{n} a_k - a_1^2 \sum_{k=2}^{n} \frac{1}{a_k} \right) \right]$$

$$> 0$$

由推论 1.1.5 知,对于任何 $\boldsymbol{a} \in \mathbb{R}^n_{++}$,都有 $f(\boldsymbol{a}) \geqslant f(\bar{\boldsymbol{a}}_{\min}) = -(n-1)$,此即为 式(1.4.1).

定理 1.4.2[6]38 $(A(\boldsymbol{a}))^{A(\boldsymbol{a})} \leqslant \left(\prod\limits_{k=1}^{n} a_k^{a_k} \right)^{1/n}$.

证明 设 $f: \boldsymbol{a} \in \mathbb{R}^n_{++} \to \frac{1}{n}\sum\limits_{k=1}^{n} a_k \ln a_k - \frac{1}{n}\sum\limits_{k=1}^{n} a_k \cdot \ln\left(\frac{1}{n}\sum\limits_{k=1}^{n} a_k \right)$,则在 D_1 内有

$$\frac{\partial f}{\partial a_1} = \frac{1}{n}\ln a_1 - \frac{1}{n}\ln\left(\frac{1}{n}\sum_{k=1}^{n} a_k\right) > 0$$

由推论 1.1.5 知,对于任何 $\boldsymbol{a} \in \mathbb{R}_{++}^n$,都有 $f(\boldsymbol{a}) \geqslant f(\bar{\boldsymbol{a}}_{\min}) = 0$,结论得证.

定理 1.4.3(Kober 不等式[6]42) 设 $n \geqslant 3$,则有

$$(n-2)A(\boldsymbol{a}) + G(\boldsymbol{a}) \geqslant \frac{2}{n}\sum_{1 \leqslant i < j \leqslant n}\sqrt{a_i a_j}$$

证明 若令 $a_k \to a_k^2$,则我们只要证

$$f(\boldsymbol{a}) \stackrel{\text{def}}{=} \frac{n-2}{n}\sum_{k=1}^{n} a_k^2 + \sqrt[n]{\prod_{k=1}^{n} a_k^2} - \frac{2}{n}\sum_{1 \leqslant i < j \leqslant n} a_i a_j \geqslant 0$$

在 D_1 内有

$$\frac{\partial f}{\partial a_1} = \frac{2n-4}{n}a_1 + \frac{2}{na_1}\sqrt[n]{\prod_{k=1}^{n} a_k^2} - \frac{2}{n}\sum_{k=2}^{n} a_k$$

此时易证 $\partial f/\partial a_1$ 关于 a_2 的二阶偏导数为负的,$\partial f/\partial a_1$ 关于 a_2 为严格凹函数. 由闭区间上的严格凹函数必在端点处取到最小值的性质且 $0 < a_2 \leqslant a_1$ 知

$$\left.\frac{\partial f}{\partial a_1}\right|_{\boldsymbol{a} \in D_1} > \frac{2n-4}{n}a_1 + \frac{2}{na_1}\sqrt[n]{0^2 \cdot \prod_{k=1, k \neq 2}^{n} a_k^2} - \frac{2}{n}\left(0 + \sum_{k=3}^{n} a_k\right) \geqslant 0$$

$$(1.4.2)$$

或

$$\left.\frac{\partial f}{\partial a_1}\right|_{\boldsymbol{a} \in D_1} \geqslant \frac{2n-4}{n}a_1 + \frac{2}{na_1}\sqrt[n]{a_1^2 \cdot \prod_{k=1, k \neq 2}^{n} a_k^2} - \frac{2}{n}\left(a_1 + \sum_{k=3}^{n} a_k\right) \geqslant 0$$

$$(1.4.3)$$

对于式(1.4.2),我们易证 $\partial f/\partial a_1 > 0$,对于式(1.4.3),同理可证

$$\frac{2n-4}{n}a_1 + \frac{2}{na_1}\sqrt[n]{a_1^2 \cdot \prod_{k=1, k \neq 2}^{n} a_k^2} - \frac{2}{n}\left(a_1 + \sum_{k=3}^{n} a_k\right)$$

关于 $a_3 \in (0, a_1]$ 为严格凹函数,依此类推,由于 $\boldsymbol{a} \in D_1, a_1, a_2, \cdots, a_n$ 不全相等,最后我们也有

$$\left.\frac{\partial f}{\partial a_1}\right|_{\boldsymbol{a} \in D_1} > \frac{2n-4}{n}a_1 + \frac{2}{na_1}\sqrt[n]{\prod_{k=1}^{n} a_k^2} - \frac{2}{n}\sum_{k=2}^{n} a_1 = 0$$

由推论 1.1.5 知定理为真.

定理 1.4.4(Klamkin 不等式[6]155)

$$\prod_{k=1}^{n}\left(1 + \frac{A(\boldsymbol{a})}{a_k}\right) \geqslant (1+n)^n$$

证明 设 $f: \boldsymbol{a} \in \mathbb{R}_{++}^n \to \sum_{k=1}^{n}\ln(1 + A(\boldsymbol{a})/a_k)$,则在 D_1 内有

最值定理与分析不等式

$$\frac{\partial f}{\partial a_1} = \frac{1}{n} \sum_{k=2}^{n} \frac{1}{a_k + A(\boldsymbol{a})} - \frac{\sum\limits_{k=2}^{n} a_k}{n(a_1^2 + a_1 A(\boldsymbol{a}))}$$

$$= \frac{1}{n} \sum_{k=2}^{n} \frac{a_1^2 + a_1 A(\boldsymbol{a}) - a_k^2 - a_k A(\boldsymbol{a})}{(a_k + A(\boldsymbol{a}))(a_1^2 + a_1 A(\boldsymbol{a}))}$$

$$> 0$$

由推论 1.1.5 知定理为真.

同理,我们可把定理 1.4.4 推广为以下结果.

定理 1.4.5 设 $p > 0$,则有

$$\prod_{k=1}^{n} \left(1 + \frac{pA(\boldsymbol{a})}{a_k}\right) \geqslant (1 + pn)^n$$

定理 1.4.6(Newman **不等式**[6]155)

$$\prod_{k=1}^{n} \left(\frac{nA(\boldsymbol{a})}{a_k} - 1\right) \geqslant (n-1)^n$$

我们只证定理 1.4.6 的推广式,即下述定理 1.4.7.

定理 1.4.7 设 $0 < r \leqslant 1$,则有

$$\prod_{k=1}^{n} \left(\frac{nA(\boldsymbol{a})}{a_k} - r\right) \geqslant (n-r)^n$$

证明 对于 $n = 2$,不等式取等号.下设 $n \geqslant 3$ 和

$$f: \boldsymbol{a} \in \mathbb{R}_{++}^n \rightarrow \sum_{k=1}^{n} \ln \left[\frac{\sum\limits_{k=1}^{n} a_k}{a_k} - r\right]$$

则在 D_1 内有

$$\frac{\partial f}{\partial a_1} = -\frac{\sum\limits_{k=2}^{n} a_k}{a_1 \sum\limits_{k=1}^{n} a_k - ra_1^2} + \sum_{k=2}^{n} \frac{1}{\sum\limits_{k=1}^{n} a_k - ra_k}$$

$$= \sum_{k=2}^{n} \left[\frac{1}{\sum\limits_{k=1}^{n} a_k - ra_k} - \frac{a_k}{a_1 \sum\limits_{k=1}^{n} a_k - ra_1^2}\right]$$

$$= \sum_{k=2}^{n} \frac{a_1 \sum\limits_{k=1}^{n} a_k - ra_1^2 - a_k \sum\limits_{k=1}^{n} a_k + ra_k^2}{\left(\sum\limits_{k=1}^{n} a_k - ra_k\right)\left(a_1 \sum\limits_{k=1}^{n} a_k - ra_1^2\right)}$$

$$= \sum_{k=2}^{n} \frac{(a_1 - a_k)\left(\sum\limits_{k=1}^{n} a_k - ra_1 - ra_k\right)}{\left(\sum\limits_{k=1}^{n} a_k - ra_k\right)\left(a_1 \sum\limits_{k=1}^{n} a_k - ra_1^2\right)}$$

$$> 0$$

27

由推论 1.1.5 知定理成立.

定理 1.4.8(Chrystal 不等式[6]155)

$$\prod_{k=1}^{n}(1+a_k) \geqslant (1+G(\boldsymbol{a}))^n$$

证明 设 $f: \boldsymbol{a} \in \mathbb{R}_{++}^n \to \sum_{k=1}^{n}\ln(1+a_k) - n\ln(1+G(\boldsymbol{a}))$,则在 D_1 内有

$$\frac{\partial f}{\partial a_1} = \frac{1}{1+a_1} - \frac{G(\boldsymbol{a})}{a_1(1+G(\boldsymbol{a}))} = \frac{a_1 - G(\boldsymbol{a})}{a_1(1+a_1)(1+G(\boldsymbol{a}))} > 0$$

由推论 1.1.5 知定理成立.

同理可证下述结论成立.

定理 1.4.9 设 $0 < a_k < 1(k=1,2,\cdots,n)$,则有

$$\prod_{k=1}^{n}(1-a_k) \leqslant (1-G(\boldsymbol{a}))^n$$

定理 1.4.10(王挽澜不等式[86]) (1) 若 $0 < p < 1$,则

$$\prod_{k=1}^{n}[(a_k+1)^p - 1] \leqslant [(G+1)^p - 1]^n$$

(2) 若 $p > 1$,则

$$\prod_{k=1}^{n}[(a_k+1)^p - 1] \geqslant [(G+1)^p - 1]^n$$

(3) 若 $p > 0$,则

$$\prod_{k=1}^{n}[(a_k+1)^p + 1] \geqslant [(G+1)^p + 1]^n$$

(4) 若 $p < 0, \boldsymbol{a} \in (0, 1/|p|)^n$,则

$$\prod_{k=1}^{n}[(a_k+1)^p + 1] \leqslant [(G+1)^p + 1]^n$$

证明 我们仅给出(1)的证明,其余同理可证. 设

$$f: \boldsymbol{a} \in \mathbb{R}_{++}^n \to n\ln[(G+1)^p - 1] - \sum_{k=1}^{n}\ln[(a_k+1)^p - 1]$$

则在 D_1 内

$$\begin{aligned}
\frac{\partial f}{\partial a_1} &= \frac{p(G+1)^{p-1} \cdot G/a_1}{(G+1)^p - 1} - \frac{p(a_1+1)^{p-1}}{(a_1+1)^p - 1} \\
&= \frac{p}{a_1}\left[\frac{G(G+1)^{p-1}}{(G+1)^p - 1} - \frac{a_1(a_1+1)^{p-1}}{(a_1+1)^p - 1}\right]
\end{aligned}$$

此时若设

$$g: x \in (0, +\infty) \to \frac{x(x+1)^{p-1}}{(x+1)^p - 1} = 1 - \frac{(x+1)^{p-1} - 1}{(x+1)^p - 1}$$

则有

最值定理与分析不等式

$$g'(x) = \frac{(x+1)^{p-2}}{[(x+1)^p - 1]^2}((x+1)^p - px - 1) < 0$$

故 g 为严格单调递减函数,根据 $G < a_1$ 知 $\partial f / \partial a_1 > 0$. 由推论 1.1.5 知结论(1)为真.

1.5 若干 n 元不等式的统一证明(2)

1989 年,参考资料[61]提出了一个分析不等式:设 $r \geqslant n/(n-1)$, $\lambda = n^{1-r}$, 则

$$A^r(\boldsymbol{x}) \geqslant \lambda A(\boldsymbol{x}^r) + (1-\lambda)G^r(\boldsymbol{x}) \tag{1.5.1}$$

并且证明了 $n = 2$ 的情形. 1991 年,参考资料[62]证明了当 $r \geqslant 2$ 时,式(1.5.1)成立. 1992 年,参考资料[57]给出了一个完整的证明,并证明了式(1.5.1)成立的充要条件为 $r \geqslant n/(n-1)$. 而参考资料[63]研究了式(1.5.1)的反向问题

$$A^r(\boldsymbol{x}) \leqslant \lambda A(\boldsymbol{x}^r) + (1-\lambda)G^r(\boldsymbol{x}) \tag{1.5.2}$$

成立的条件. 我们把此类不等式称为陈计型不等式,其研究可见本书 4.4.

定理 1.5.1[57]   设 $r \geqslant n/(n-1)$, $\lambda = n^{1-r}$, 则式(1.5.1)成立.

证明   欲证结论等价于

$$\left(\sum_{k=1}^n a_k\right)^r - \sum_{k=1}^n a_k^r - (n^r - n)\left(\sqrt[n]{\prod_{k=1}^n a_k}\right)^r \geqslant 0$$

设

$$f: \boldsymbol{a} \in \mathbb{R}_{++}^n \to \left(\sum_{k=1}^n a_k\right)^r - \sum_{k=1}^n a_k^r - (n^r - n)\left(\sqrt[n]{\prod_{k=1}^n a_k}\right)^r$$

则在 D_1 内有

$$\begin{aligned}
\frac{\partial f(\boldsymbol{a})}{\partial a_1} &= \frac{r}{a_1^{1-r/n}}\left[a_1^{1-r/n}\left(\sum_{k=1}^n a_k\right)^{r-1} - a_1^{r-r/n} - (n^{r-1}-1)\left(\sqrt[n]{\prod_{k=2}^n a_k}\right)^r\right] \\
&> \frac{r}{a_1^{1-r/n}}\left[a_1^{1-r/n}\left(a_1 + (n-1)\sqrt[n-1]{\prod_{k=2}^n a_k}\right)^{r-1} - \right. \\
&\qquad\qquad \left. a_1^{r-r/n} - (n^{r-1}-1)\left(\sqrt[n]{\prod_{k=2}^n a_k}\right)^r\right] \\
&= \frac{r}{a_1^{1-r/n}}\left[a_1^{1-r/n}\left(a_1 + (n-1)t^{n/(m-r)}\right)^{r-1} - a_1^{r-r/n} - (n^{r-1}-1)t\right] \\
&\overset{\text{def}}{=} \frac{r}{a_1^{1-r/n}}g(t)
\end{aligned}$$

其中

$$t = \left(\sqrt[n]{\prod_{k=2}^{n} a_k} \right)^r \in (0, a_1^{(m-r)/n})$$

我们有

$$g'(t) = \frac{(r-1)n}{r} a_1^{1-r/n} \left(a_1 + (n-1)t^{n/(m-r)} \right)^{r-2} t^{(n-m+r)/(m-r)} - (n^{r-1} - 1)$$

$$g''(t) = \frac{(r-1)n}{r^2} a_1^{1-r/n} \left(a_1 + (n-1)t^{n/(m-r)} \right)^{r-3} t^{n/(m-r)-2} \cdot$$

$$\left[(r-2)nt^{n/(m-r)} + \frac{n-m+r}{n-1} \left(a_1 + (n-1)t^{n/(m-r)} \right) \right]$$

$$< \frac{(r-1)n}{r^2} a_1^{1-r/n} \left(a_1 + (n-1)t^{n/(m-r)} \right)^{r-3} t^{n/(m-r)-2} \cdot$$

$$\left[(r-2)nt^{n/(m-r)} - \frac{m-n-r}{n-1} \left(t^{n/(m-r)} + (n-1)t^{n/(m-r)} \right) \right]$$

$$= \frac{(r-1)n}{r^2} \cdot \frac{2n-n^2}{n-1} a_1^{1-r/n} \left(a_1 + (n-1)t^{n/(m-r)} \right)^{r-3} t^{2n/(m-r)-2} \leqslant 0$$

故 g 在 $(0, a_1^{(m-r)/n})$ 内为严格凹函数,由定理 0.3.5 知 g 在 $[0, a_1^{(m-r)/n}]$ 上为严格凹函数. 再由 $\left(\sqrt[n]{\prod_{k=2}^{n} a_k} \right)^r \in (0, a_1^{(m-r)/n})$ 和定理 0.3.4,我们有

$$g\left(\left(\sqrt[n]{\prod_{k=2}^{n} a_k} \right)^r \right) > g(0) = 0 \quad \text{或} \quad g\left(\left(\sqrt[n]{\prod_{k=2}^{n} a_k} \right)^r \right) > g(a_1^{(m-r)/n}) = 0$$

总之 $\partial f(\boldsymbol{a})/\partial a_1 > 0$,定理得证.

定理 1.5.2[64]   设 $0 < r < 1, \lambda = (n/(n-1))^{1-r}$,则式(1.5.1)成立.

证明   若令 $a_k \to a_k^{n/r}$,则所证结论等价于

$$\left(\sum_{k=1}^{n} a_k^{n/r} \right)^r - \left(\frac{1}{n-1} \right)^{1-r} \sum_{k=1}^{n} a_k^n + \left[n \left(\frac{1}{n-1} \right)^{1-r} - n^r \right] \prod_{k=1}^{n} a_k \geqslant 0$$

$$(1.5.3)$$

设

$$f : \boldsymbol{a} \in \mathbb{R}_{++}^n \to \left(\sum_{k=1}^{n} a_k^{n/r} \right)^r - \left(\frac{1}{n-1} \right)^{1-r} \sum_{k=1}^{n} a_k^n + \left[n \left(\frac{1}{n-1} \right)^{1-r} - n^r \right] \prod_{k=1}^{n} a_k$$

则在 D_1 内有

$$\frac{\partial f}{\partial a_1} = n a_1^{n/r-1} \left(\sum_{k=1}^{n} a_k^{n/r} \right)^{r-1} - n \left(\frac{1}{n-1} \right)^{1-r} a_1^{n-1} + \left[n \left(\frac{1}{n-1} \right)^{1-r} - n^r \right] \prod_{k=2}^{n} a_k$$

$$(1.5.4)$$

在上式右边对 $a_2 \in (0, a_1)$ 二阶求导有

$$\left[n a_1^{n/r-1} \left(\sum_{k=1}^{n} a_k^{n/r} \right)^{r-1} - n \left(\frac{1}{n-1} \right)^{1-r} a_1^{n-1} + \left[n \left(\frac{1}{n-1} \right)^{1-r} - n^r \right] \prod_{k=2}^{n} a_k \right]_{a_2}''$$

$$= na_1^{n/r-1} \left(\left(\sum_{k=1}^{n} a_k^{n/r} \right)^{r-1} \right)''_{a_2}$$

$$= \frac{r-1}{r} n^2 a_1^{n/r-1} \left(a_2^{n/r-1} \left(\sum_{k=1}^{n} a_k^{n/r} \right)^{r-2} \right)'_{a_2}$$

$$= \frac{r-1}{r} n^2 a_1^{n/r-1} a_2^{n/r-2} \left(\sum_{k=1}^{n} a_k^{n/r} \right)^{r-3} \left[\left(\frac{n}{r} - 1 \right) \sum_{k=1}^{n} a_k^{n/r} + (r-2) \frac{n}{r} a_2^{n/r} \right]$$

$$\leqslant \frac{r-1}{r} n^2 a_1^{n/r-1} a_2^{n/r-2} \left(\sum_{k=1}^{n} a_k^{n/r} \right)^{r-3} \left[\left(\frac{n}{r} - 1 \right) (a_1^{n/r} + a_2^{n/r}) + (r-2) \frac{n}{r} a_2^{n/r} \right]$$

$$< \frac{r-1}{r} n^2 a_1^{n/r-1} a_2^{n/r-2} \left(\sum_{k=1}^{n} a_k^{n/r} \right)^{r-3} \left[2 \left(\frac{n}{r} - 1 \right) a_2^{n/r} + (r-2) \frac{n}{r} a_2^{n/r} \right]$$

$$= \frac{r-1}{r} n^2 (n-2) a_1^{n/r-1} a_2^{2n/r-2} \left(\sum_{k=1}^{n} a_k^{n/r} \right)^{r-3}$$

$$\leqslant 0$$

同理我们可以证明式(1.5.3)的右边对于每一个 $a_k \in (0, a_1)(k=2,3,\cdots,n)$ 都为严格凹函数. 根据定理 0.3.5 和定理 0.3.4 知

$$\frac{\partial f}{\partial a_1} > \lim_{a_2 \to 0} \frac{\partial f}{\partial a_1} = na_1^{n/r-1} \left(\sum_{k=1, k \neq 2}^{n} a_k^{n/r} \right)^{r-1} - n \left(\frac{1}{n-1} \right)^{1-r} a_1^{n-1}$$

$$= na_1^{n-1} \left(\sum_{k=1, k \neq 2}^{n} a_k^{n/r} \right)^{r-1} \left[a_1^{n/r-n} - \left(\frac{1}{n-1} \right)^{1-r} \left(\sum_{k=1, k \neq 2}^{n} a_k^{n/r} \right)^{1-r} \right]$$

$$\geqslant na_1^{n-1} \left(\sum_{k=1, k \neq 2}^{n} a_k^{n/r} \right)^{r-1} \left[a_1^{n/r-n} - \left(\frac{1}{n-1} \right)^{1-r} \left(\sum_{k=1, k \neq 2}^{n} a_1^{n/r} \right)^{1-r} \right]$$

$$= 0$$

或 $\partial f / \partial a_1 \geqslant \lim\limits_{a_2 \to a_1} \partial f / \partial a_1$ (等号成立当且仅当 $a_2 = a_1$). 对于后者, 我们还有

$$\frac{\partial f}{\partial a_1} \geqslant \lim_{a_3 \to 0} \left(\lim_{a_2 \to a_1} \frac{\partial f}{\partial a_1} \right) > 0$$

或

$$\frac{\partial f}{\partial a_1} \geqslant \lim_{a_3 \to a_1} \left(\lim_{a_2 \to a_1} \frac{\partial f}{\partial a_1} \right) \quad (等号成立当且仅当 a_3 = a_2 = a_1)$$

依此类推, 最后我们有

$$\frac{\partial f}{\partial a_1} > \lim_{a_n \to a_1} \cdots \lim_{a_3 \to a_1} \left(\lim_{a_2 \to a_1} \frac{\partial f}{\partial a_1} \right) = 0$$

由于 $\boldsymbol{a} \in D_1$, 所以前一式不能取等号. 根据推论 1.1.5 知定理为真.

下面来讨论使式(1.5.2)成立的条件.

定理 1.5.3[65]   设 $1 < r \leqslant n$, 则

$$A^r(\boldsymbol{x}) \leqslant \left(\frac{n-1}{n} \right)^{r-1} A(\boldsymbol{x}^r) + \left[1 - \left(\frac{n-1}{n} \right)^{r-1} \right] G^r(\boldsymbol{x})$$

证明   若令 $a_k \to a_k^{n/r}$, 则所证结论等价于

$$(n-1)^{r-1}\sum_{k=1}^{n}a_k^n + \left[n^r - n\,(n-1)^{r-1}\right]\prod_{k=1}^{n}a_k - \left(\sum_{k=1}^{n}a_k^{n/r}\right)^r \geqslant 0$$

设

$$f:\boldsymbol{a}\in\mathbb{R}_{++}^n\to (n-1)^{r-1}\sum_{k=1}^{n}a_k^n + \left[n^r - n\,(n-1)^{r-1}\right]\prod_{k=1}^{n}a_k - \left(\sum_{k=1}^{n}a_k^{n/r}\right)^r$$

以下证明与定理 1.4.10 的证明几乎相同,在此略.

定理 1.5.4(Janos Suranyi **不等式**)

$$(n-1)\sum_{i=1}^{n}a_i^n + n\prod_{i=1}^{n}a_i \geqslant \sum_{i=1}^{n}a_i \cdot \sum_{i=1}^{n}a_i^{n-1}$$

证明 设

$$f:\boldsymbol{a}\in\mathbb{R}_{++}^n\to (n-1)\sum_{i=1}^{n}a_i^n + n\prod_{i=1}^{n}a_i - \sum_{i=1}^{n}a_i \cdot \sum_{i=1}^{n}a_i^{n-1}$$

则在 D_1 内有

$$\frac{\partial f}{\partial a_1} = n(n-1)a_1^{n-1} + n\prod_{k=2}^{n}a_k - \sum_{k=1}^{n}a_k^{n-1} - (n-1)a_1^{n-2}\sum_{k=1}^{n}a_k$$

$$= (n^2-2n)a_1^{n-1} + n\prod_{k=2}^{n}a_k - \sum_{k=2}^{n}a_k^{n-1} - (n-1)a_1^{n-2}\sum_{k=2}^{n}a_k$$

当 $a_2\in(0,a_1)$ 时

$$\frac{\partial\left(\frac{\partial f}{\partial a_1}\right)}{\partial a_2} = n\prod_{k=3}^{n}a_k - (n-1)a_2^{n-2} - (n-1)a_1^{n-2}$$

$$\frac{\partial^2\left(\frac{\partial f}{\partial a_1}\right)}{\partial a_2^2} = -(n-1)(n-2)a_2^{n-3}$$

所以 $\partial f/\partial a_1$ 对于每一个 $a_k\in(0,a_1)\;(k=2,3,\cdots,n)$ 都为严格凹函数. 根据定理 0.3.5 和定理 0.3.4 知

$$\frac{\partial f}{\partial a_1} > \lim_{a_2\to 0}\frac{\partial f}{\partial a_1} = (n^2-2n)a_1^{n-1} - \sum_{k=3}^{n}a_k^{n-1} - (n-1)a_1^{n-2}\sum_{k=3}^{n}a_k$$

$$\geqslant (n^2-2n)a_1^{n-1} - (n-2)a_1^{n-1} - (n-1)(n-2)a_1^{n-1}$$

$$= 0$$

或

$$\frac{\partial f}{\partial a_1} \geqslant \lim_{a_2\to a_1}\frac{\partial f}{\partial a_1} \quad (\text{等号成立当且仅当 } a_2 = a_1)$$

对于后者,我们还有

$$\frac{\partial f}{\partial a_1} \geqslant \lim_{a_3\to 0}\left(\lim_{a_2\to a_1}\frac{\partial f}{\partial a_1}\right) > 0$$

或

32

$$\frac{\partial f}{\partial a_1} \geqslant \lim_{a_3 \to a_1}\left(\lim_{a_2 \to a_1}\frac{\partial f}{\partial a_1}\right) \quad (\text{等号成立当且仅当}\ a_3 = a_2 = a_1)$$

依此类推，最后我们有

$$\frac{\partial f}{\partial a_1} > \lim_{a_n \to a_1} \cdots \lim_{a_3 \to a_1}\left(\lim_{a_2 \to a_1}\frac{\partial f}{\partial a_1}\right) = 0 \quad (\text{由于}\ \boldsymbol{a} \in D_1,\text{所以前一式不能取等})$$

根据推论 1.1.5，我们知定理得证.

利用最值单调定理，还可证得以下结果，其中 $G = G(\boldsymbol{a})$.

定理 1.5.5 （1）若 $a_1, a_2, \cdots, a_n \geqslant \mathrm{e}^{-2}$，则有 $\prod_{k=1}^{n} a_k^{a_k} \geqslant G^{nG}$.

（2）如果 $0 < a_1, a_2, \cdots, a_n \leqslant \mathrm{e}^{-2}$，那么上述不等式反向成立.

证明 （1）$f: \boldsymbol{a} \in [\mathrm{e}^{-2}, +\infty)^n \to \sum_{k=1}^{n} a_k \ln a_k - \left(\prod_{k=1}^{n} a_k\right)^{1/n}\sum_{k=1}^{n}\ln a_k$，则在 D_1 内有

$$\frac{\partial f}{\partial a_1} = \ln a_1 + 1 - \frac{1}{na_1}\left(\prod_{k=1}^{n} a_k\right)^{1/n}\sum_{k=1}^{n}\ln a_k - \frac{1}{a_1}\left(\prod_{k=1}^{n} a_k\right)^{1/n}$$

$$= \frac{1}{a_1}(a_1\ln a_1 + a_1 - G\ln G - G)$$

此时可证 $g: x \in [\mathrm{e}^{-2}, +\infty) \to x\ln x + x$ 为严格单调递增函数和 $a_1 > G$，所以有 $\partial f/\partial a_1 > 0$.

根据推论 1.1.5，对于任何 $\boldsymbol{a} \in [\mathrm{e}^{-2}, +\infty)^n$，都有 $f(\boldsymbol{a}) \geqslant f(\bar{\boldsymbol{a}}_{\min}) = 0$. 此即为结论(1).

（2）同理可证，在此略.

同理我们可证以下定理 1.5.6 与定理 1.5.7，读者不妨一证.

定理 1.5.6 （1）若 $a_1, a_2, \cdots, a_n \geqslant \mathrm{e}^2$，则有 $\prod_{k=1}^{n}(a_k)^{1/a_k} \geqslant G^{n/G}$.

（2）若 $0 < a_1, a_2, \cdots, a_n \leqslant \mathrm{e}^2$，则上述不等式反向成立.

定理 1.5.7 若 $0 < a_1, a_2, \cdots, a_n \leqslant \mathrm{e}^{-2}$，则有

$$\sum_{k=1}^{n} a_k^{a_k} \geqslant nG^G$$

定理 1.5.8 （1）若 $a_1, a_2, \cdots, a_n \geqslant \mathrm{e}^{-4}$，则有

$$\prod_{k=1}^{n} a_k^{\sqrt{a_k}} \geqslant G^{n\sqrt{G}}$$

（2）若 $0 < a_1, a_2, \cdots, a_n \leqslant \mathrm{e}^{-4}$，则上述不等式反向成立.

定理 1.5.9 设锐角 α_0 满足 $\alpha_0\tan\alpha_0 = 1$.

（1）若 $0 < a_1, a_2, \cdots, a_n \leqslant \alpha_0$，则有

$$\sum_{k=1}^{n}\sin a_k \geqslant n\sin G$$

(2) 若 $\alpha_0 \leqslant a_1, a_2, \cdots, a_n < \pi$，则上述不等式反向成立.

定理 1.5.10　设锐角 α_0 满足 $2\alpha_0 = \tan \alpha_0$.

(1) 若 $0 < a_1, a_2, \cdots, a_n \leqslant \alpha_0$，则有

$$\sum_{k=1}^{n} \cot a_k \geqslant n \cot G$$

(2) 若 $\alpha_0 < a_1, a_2, \cdots, a_n < \pi/2$，则上述不等式反向成立.

定理 1.5.11　设 $a_k (k = 1, 2, \cdots, n)$ 为锐角，则

$$\sum_{k=1}^{n} \csc a_k \geqslant n \csc G$$

定理 1.5.12　(1) 若 $0 < a_1, a_2, \cdots, a_n \leqslant 1$，则有

$$\sum_{k=1}^{n} \operatorname{arccot} a_k \leqslant n \operatorname{arccot} G$$

(2) 若 $a_1, a_2, \cdots, a_n \geqslant 1$，则上述不等式反向成立.

定理 1.5.13　(1) 若 $0 < a_1, a_2, \cdots, a_n < 1$，则有

$$\sum_{k=1}^{n} \arctan a_k \geqslant n \arctan G \geqslant n \sqrt[n]{\prod_{k=1}^{n} \arctan a_k}$$

(2) 若 $a_1, a_2, \cdots, a_n \geqslant 1$，则有

$$n \arctan G \geqslant \sum_{k=1}^{n} \arctan a_k \geqslant n \sqrt[n]{\prod_{k=1}^{n} \arctan a_k}$$

定理 1.5.14　设锐角 β_0 满足 $1 - 3\beta_0 \tan \beta_0 - \beta_0^2 = 0$.

(1) 若 $0 < a_1, a_2, \cdots, a_n \leqslant \beta_0$，则有

$$\sum_{k=1}^{n} a_k \cos a_k \geqslant n G \cos G$$

(2) 若 $\beta_0 \leqslant a_1, a_2, \cdots, a_n < \pi/2$，则上述不等式反向成立.

定理 1.5.15　设 $0 < a_1, a_2, \cdots, a_n \leqslant \pi/4$，求证

$$\sum_{k=1}^{n} (1 + \tan a_k)^{-1} \leqslant \frac{n}{1 + \tan G}$$

定理 1.5.16　设锐角 β_0 满足 $2\beta_0 - \cos \beta_0 - \beta_0 \sin \beta_0 = 0$.

(1) 若 $0 < a_1, a_2, \cdots, a_n \leqslant \beta_0$，则有

$$n (1 + \sin G)^{-1} \geqslant \sum_{k=1}^{n} (1 + \sin a_k)^{-1}$$

(2) 若 $\beta_0 \leqslant a_1, a_2, \cdots, a_n < \pi/2$，则上述不等式反向成立.

宋庆和宋光两位先生在 2000 年提出如下猜想，并证明其在 $2 \leqslant n \leqslant 5$ 时成立，后在参考资料[6] 中列为问题 26.

猜想 1.5.17　设 $a_k > 0 (k = 1, 2, \cdots, n)$，猜测

最值定理与分析不等式

$$\sum_{k=1}^{n} a_k \cdot \sum_{k=1}^{n} \frac{1}{a_k} \geqslant n^2 + 2n \sum_{1 \leqslant j < k \leqslant n} \left[\left(\frac{a_j}{a_k} \right)^{1/(2n)} - \left(\frac{a_k}{a_j} \right)^{1/(2n)} \right]^2$$

在参考资料[69]中证明了如下更强的结果,现在我们用最值单调定理证明.

定理 1.5.18 (1) 当 $\alpha > 1$ 时,有

$$\sum_{k=1}^{n} a_k \cdot \sum_{k=1}^{n} a_k^{-1} - \alpha^2 \sum_{k=1}^{n} a_k^{1/\alpha} \cdot \sum_{k=1}^{n} a_k^{-1/\alpha} \geqslant n^2 (1 - \alpha^2)$$

(2) 当 $0 < \alpha < 1$ 时,上述不等式反向成立.

证明 (1) $f: \boldsymbol{a} \in \mathbb{R}_{++}^{n} \to \sum_{k=1}^{n} a_k \cdot \sum_{k=1}^{n} a_k^{-1} - \alpha^2 \sum_{k=1}^{n} a_k^{1/\alpha} \cdot \sum_{k=1}^{n} a_k^{-1/\alpha}$,则在 D_1 内有

$$\frac{\partial f}{\partial a_1} = \sum_{k=1}^{n} a_k^{-1} - \frac{1}{a_1^2} \sum_{k=1}^{n} a_k - \alpha a_1^{1/\alpha-1} \sum_{k=1}^{n} a_k^{-1/\alpha} + \alpha a_1^{-1/\alpha-1} \sum_{k=1}^{n} a_k^{1/\alpha}$$

$$\frac{\partial^2 f}{\partial a_1 \partial a_2} = \frac{1}{a_1^2 a_2^2} (-a_1^2 - a_2^2 + a_1^{1/\alpha+1} a_2^{1-1/\alpha} + a_1^{1-1/\alpha} a_2^{1/\alpha+1})$$

$$= -\frac{1}{a_1^2} (t^2 + 1 - t^{1/\alpha+1} - t^{1-1/\alpha})$$

其中 $t = a_1/a_2 \in (0,1]$. 此时用简单的数学分析知识易证 $t^2 + 1 - t^{1/\alpha+1} - t^{1-1/\alpha}$ 在 $(0,1)$ 内为正,所以 $\partial f/\partial a_1$ 关于 $a_2 \in (0, a_1]$ 为严格单调递减函数,同理 $\partial f/\partial a_1$ 关于 $a_k \in (0, a_1] \, (k = 3, \cdots, n)$ 为严格单调递减函数,故

$$\frac{\partial f}{\partial a_1} > \lim_{a_n \to a_1} \cdots \lim_{a_3 \to a_1} \lim_{a_2 \to a_1} \left(\sum_{k=1}^{n} a_k^{-1} - \frac{1}{a_1^2} \sum_{k=1}^{n} a_k - \right.$$

$$\left. \alpha a_1^{1/\alpha-1} \sum_{k=1}^{n} a_k^{-1/\alpha} + \alpha a_1^{-1/\alpha-1} \sum_{k=1}^{n} a_k^{1/\alpha} \right) = 0$$

上式之所以不能取等号,是因为 $\boldsymbol{a} \in D_1$ 和 $a_1 > \min_{2 \leqslant k \leqslant n} \{a_k\}$. 根据推论1.1.5,对于任何 $\boldsymbol{a} \in \mathbb{R}_{++}^{n}$,都有 $f(\boldsymbol{a}) \geqslant f(\bar{\boldsymbol{a}}_{\min})$. 此即为结论(1).

(2) 当 $0 < \alpha < 1$ 时

$$\frac{\partial^2 f}{\partial a_1 \partial a_2} = a_1^{-1-1/\alpha} a_2^{1/\alpha-1} (t^{2/\alpha} + 1 - t^{1/\alpha+1} - t^{1/\alpha-1})$$

其中 $t = a_1/a_2 \in (0,1]$. 此时易证 $t^{2/\alpha} + 1 - t^{1/\alpha+1} - t^{1/\alpha-1}$ 在 $(0,1)$ 内为正,所以 $\partial f/\partial a_1$ 关于 $a_2 \in (0, a_1]$ 为严格单调递增函数,同理 $\partial f/\partial a_1$ 关于 $a_k \in (0, a_1] \, (k = 3, \cdots, n)$ 为严格单调递减函数,故

$$\frac{\partial f}{\partial a_1} < \lim_{a_n \to a_1} \cdots \lim_{a_3 \to a_1} \lim_{a_2 \to a_1} \left(\sum_{k=1}^{n} a_k^{-1} - \frac{1}{a_1^2} \sum_{k=1}^{n} a_k - \right.$$

$$\left. \alpha a_1^{1/\alpha-1} \sum_{k=1}^{n} a_k^{-1/\alpha} + \alpha a_1^{-1/\alpha-1} \sum_{k=1}^{n} a_k^{1/\alpha} \right) = 0$$

上式之所以不能取等号,是因为 $a \in D_1$ 和 $a_1 > \min\limits_{2 \leqslant k \leqslant n}\{a_k\}$. 根据推论1.1.5,对于任何 $a \in \mathbb{R}_{++}^n$,都有 $f(a) \leqslant f(\bar{a}_{\min})$. 此即为结论(2).

推论 1.5.19 (1) 当 $\alpha > 1$ 时,有

$$\sum_{k=1}^{n} a_k \cdot \sum_{k=1}^{n} a_k^{-1} \geqslant n^2 + \alpha^2 \sum_{1 \leqslant j < k \leqslant n} \left[\left(\frac{a_j}{a_k}\right)^{1/(2\alpha)} - \left(\frac{a_k}{a_j}\right)^{1/(2\alpha)} \right]^2 \quad (1.5.5)$$

(2) 当 $0 < \alpha < 1$ 时,上述不等式反向成立.

证明 (1) 由定理 1.5.18 知

$$\sum_{k=1}^{n} a_k \cdot \sum_{k=1}^{n} a_k^{-1} - \alpha^2 \sum_{1 \leqslant j < k \leqslant n} \left[\left(\frac{a_j}{a_k}\right)^{1/\alpha} + \left(\frac{a_k}{a_j}\right)^{1/\alpha} + n \right] \geqslant n^2 (1 - \alpha^2)$$

$$\sum_{k=1}^{n} a_k \cdot \sum_{k=1}^{n} a_k^{-1} - \alpha^2 \sum_{1 \leqslant j < k \leqslant n} \left[\left(\left(\frac{a_j}{a_k}\right)^{1/(2\alpha)} - \left(\frac{a_k}{a_j}\right)^{1/(2\alpha)} \right)^2 + n(n-1) + n \right]$$

$$\geqslant n^2 (1 - \alpha^2)$$

此即为式(1.5.5).

(2) 同理可证结论(2).

注 在式(1.5.5)中,令 $\alpha = n$ 或 $\alpha = \sqrt{2n}$,可分别得

$$\sum_{k=1}^{n} a_k \cdot \sum_{k=1}^{n} a_k^{-1} \geqslant n^2 + n^2 \sum_{1 \leqslant j < k \leqslant n} \left[\left(\frac{a_j}{a_k}\right)^{1/(2n)} - \left(\frac{a_k}{a_j}\right)^{1/(2n)} \right]^2$$

和

$$\sum_{k=1}^{n} a_k \cdot \sum_{k=1}^{n} a_k^{-1} \geqslant n^2 + 2n \sum_{1 \leqslant j < k \leqslant n} \left[\left(\frac{a_j}{a_k}\right)^{1/\sqrt{8n}} - \left(\frac{a_k}{a_j}\right)^{1/\sqrt{8n}} \right]^2$$

它们都强于猜想 1.5.17.

1.6 一些分式型不等式的统一证明

例 1.6.1(Fan Ky 不等式[6]37) 设 $0 < a_k \leqslant 1/2, k = 1, 2, \cdots, n$,则

$$\frac{\prod\limits_{k=1}^{n} a_k}{\left(\sum\limits_{k=1}^{n} a_k\right)^n} \leqslant \frac{\prod\limits_{k=1}^{n} (1 - a_k)}{\left(\sum\limits_{k=1}^{n} (1 - a_k)\right)^n}$$

证明 所证不等式可化为

$$\ln \prod_{k=1}^{n} a_k + \ln \left(n - \sum_{k=1}^{n} a_k\right)^n \leqslant \ln \left(\sum_{k=1}^{n} a_k\right)^n + \ln \prod_{k=1}^{n} (1 - a_k)$$

即

$$\sum_{k=1}^{n} \ln a_k + n\ln\left(n - \sum_{k=1}^{n} a_k\right) \leqslant n\ln\left(\sum_{k=1}^{n} a_k\right) + \sum_{k=1}^{n} \ln(1 - a_k) \quad (1.6.1)$$

36

设函数

$$f: \boldsymbol{a} \in \mathbb{R}_{++}^n \to n\ln\Big(\sum_{k=1}^n a_k\Big) + \sum_{k=1}^n \ln(1 - a_k) - \sum_{k=1}^n \ln a_k - n\ln\Big(n - \sum_{k=1}^n a_k\Big)$$

则在 $D_1 \bigcap (0,1/2]^n$ 内

$$\frac{\partial f}{\partial a_1} = \frac{n}{\displaystyle\sum_{k=1}^n a_k} - \frac{1}{1 - a_1} - \frac{1}{a_1} + \frac{n}{n - \displaystyle\sum_{k=1}^n a_k}$$

$$= \frac{na_1 - \displaystyle\sum_{k=1}^n a_k}{a_1 \displaystyle\sum_{k=1}^n a_k} + \frac{n(1 - a_1) - \Big(n - \displaystyle\sum_{k=1}^n a_k\Big)}{(1 - a_1)\Big(n - \displaystyle\sum_{k=1}^n a_k\Big)}$$

$$= \Big(na_1 - \sum_{k=1}^n a_k\Big)\left[\frac{1}{a_1 \displaystyle\sum_{k=1}^n a_k} - \frac{1}{(1 - a_1)\Big(n - \displaystyle\sum_{k=1}^n a_k\Big)}\right]$$

此时易知

$$\frac{1}{a_1 \displaystyle\sum_{k=1}^n a_k} - \frac{1}{(1 - a_1)\Big(n - \displaystyle\sum_{k=1}^n a_k\Big)} > 0 \text{ 和 } na_1 - \sum_{k=1}^n a_k > 0$$

故 $\partial f/\partial a_1 > 0$. 由推论 1.1.5 知,式(1.6.1)成立.

同理,我们还可证明如下 Fan Ky 型不等式.

定理 1.6.2[6]69

$$\frac{\displaystyle\sum_{k=1}^n a_k}{n + \displaystyle\sum_{k=1}^n a_k} \geqslant \frac{\sqrt[n]{\displaystyle\prod_{k=1}^n a_k}}{\sqrt[n]{\displaystyle\prod_{k=1}^n (1 + a_k)}}$$

定理 1.6.3[6]69   若 $a_k > 1, k = 1, 2, \cdots, n$, 则

$$\frac{\sqrt[n]{\displaystyle\prod_{k=1}^n a_k}}{\sqrt[n]{\displaystyle\prod_{k=1}^n (a_k - 1)}} \geqslant \frac{\displaystyle\sum_{k=1}^n a_k}{\displaystyle\sum_{k=1}^n a_k - n}$$

定理 1.6.4[6]69   若 $q_k > 0, 0 \leqslant a_k < 1/2, k = 1, 2, \cdots, n, \displaystyle\sum_{k=1}^n q_k = 1$, 则

$$\frac{\displaystyle\prod_{k=1}^n a_k{}^{q_k}}{\displaystyle\prod_{k=1}^n (1 - a_k)^{q_k}} \leqslant \frac{\displaystyle\sum_{k=1}^n q_k a_k}{\displaystyle\sum_{k=1}^n q_k(1 - a_k)}$$

定理 1.6.5(Shapiro **不等式**)   设 $0 < a_k < 1, k = 1, 2, \cdots, n$, 则有

$$\sum_{k=1}^{n} \frac{a_k}{1-a_k} \geqslant \frac{n \sum\limits_{k=1}^{n} a_k}{n - \sum\limits_{k=1}^{n} a_k}$$

证明 设

$$f: \boldsymbol{a} \in \mathbb{R}_{++}^{n} \to \sum_{k=1}^{n} \frac{a_k}{1-a_k} - \frac{n \sum\limits_{k=1}^{n} a_k}{n - \sum\limits_{k=1}^{n} a_k}$$

在 $D_1 \bigcap [0,1)^n$ 内

$$\frac{\partial f}{\partial a_1} = \frac{1}{(1-a_1)^2} - \frac{n^2}{\left(n - \sum\limits_{k=1}^{n} a_k\right)^2} = \frac{\left(na_1 - \sum\limits_{k=1}^{n} a_k\right)\left(2n - \sum\limits_{k=1}^{n} a_k - na_1\right)}{(1-a_1)^2 \left(n - \sum\limits_{k=1}^{n} a_k\right)^2} > 0$$

由推论 1.1.5 知,对于任何 $\boldsymbol{a} \in (0,1)^n$,都有 $f(\boldsymbol{a}) \geqslant f(\bar{\boldsymbol{a}}_{\min}) = 0$,即知定理得证.

同理可证下述两个 Shapiro 型不等式成立.

定理 1.6.6 设 $a_k > 1, k = 1, 2, \cdots, n$,则有

$$\sum_{k=1}^{n} \frac{a_k}{a_k - 1} \geqslant \frac{n \sum\limits_{k=1}^{n} a_k}{\sum\limits_{k=1}^{n} a_k - n}$$

定理 1.6.7 设 $a_k > -1, k = 1, 2, \cdots, n$,则有

$$\sum_{k=1}^{n} \frac{a_k}{a_k + 1} \leqslant \frac{n \sum\limits_{k=1}^{n} a_k}{\sum\limits_{k=1}^{n} a_k + n}$$

定理 1.6.8[6]68 设 $a_k \geqslant 1, k = 1, 2, \cdots, n$,则有

$$\sum_{k=1}^{n} \frac{1}{1 + a_k} \geqslant \frac{n}{1 + \sqrt[n]{\prod\limits_{k=1}^{n} a_k}}$$

证明 设

$$f: \boldsymbol{a} \in [1, +\infty)^n \to \sum_{k=1}^{n} \frac{1}{1 + a_k} - \frac{n}{1 + \sqrt[n]{\prod\limits_{k=1}^{n} a_k}}$$

在 $D_1 \bigcap [1, +\infty)^n$ 内,有

38

$$\frac{\partial f}{\partial a_1} = -\frac{1}{(1+a_1)^2} + \frac{\sqrt[n]{\prod\limits_{k=1}^{n} a_k}}{a_1 \left(1 + \sqrt[n]{\prod\limits_{k=1}^{n} a_k}\right)^2}$$

$$= \frac{1}{a_1}\left[\frac{\sqrt[n]{\prod\limits_{k=1}^{n} a_k}}{\left(1 + \sqrt[n]{\prod\limits_{k=1}^{n} a_k}\right)^2} - \frac{a_1}{(1+a_1)^2}\right]$$

此时易证 $g: x \in [1, +\infty) \to x/(1+x)^2$ 严格单调递减,再根据 $a_1 > \sqrt[n]{\prod\limits_{k=1}^{n} a_k}$ 知 $\partial f/\partial a_1 > 0$. 由推论 1.1.5 知,对于任何 $\boldsymbol{a} \in [1, +\infty)^n$,都有 $f(\boldsymbol{a}) \geqslant f(\bar{\boldsymbol{a}}_{\min}) = 0$. 定理得证.

同理我们把定理 1.6.8 推广为如下结论.

定理 1.6.9 (1) 设 $p > 0, a_k \geqslant 1/p, k = 1, 2, \cdots, n$,则有

$$\sum_{k=1}^{n} \frac{1}{(1+a_k)^p} \geqslant \frac{n}{\left(1 + \sqrt[n]{\prod\limits_{k=1}^{n} a_k}\right)^p}$$

(2) 设 $p > 0, 0 < a_k \leqslant 1/p, k = 1, 2, \cdots, n$,则有

$$\sum_{k=1}^{n} \frac{1}{(1+a_k)^p} \leqslant \frac{n}{\left(1 + \sqrt[n]{\prod\limits_{k=1}^{n} a_k}\right)^p}$$

定理 1.6.10[6]39 设 $\boldsymbol{a} \in (0, 1/2]^n$,记

$$H(\boldsymbol{1} - \boldsymbol{a}) = \frac{n}{\sum\limits_{k=1}^{n} 1/(1-a_k)}, G(\boldsymbol{1} - \boldsymbol{a}) = \sqrt[n]{\prod\limits_{k=1}^{n} (1-a_k)}$$

则有

$$\frac{1}{H(\boldsymbol{1} - \boldsymbol{a})} - \frac{1}{H(\boldsymbol{a})} \leqslant \frac{1}{G(\boldsymbol{1} - \boldsymbol{a})} - \frac{1}{G(\boldsymbol{a})}$$

证明 设

$$f: \boldsymbol{a} \in \left(0, \frac{1}{2}\right]^n \to \frac{1}{G(\boldsymbol{1} - \boldsymbol{a})} - \frac{1}{G(\boldsymbol{a})} - \frac{1}{H(\boldsymbol{1} - \boldsymbol{a})} + \frac{1}{H(\boldsymbol{a})}$$

则在 $D_1 \bigcap (0, 1/2]^n$ 内有

$$\frac{\partial f}{\partial a_1} = \frac{1}{n(1-a_1)\sqrt[n]{\prod\limits_{k=1}^{n} (1-a_k)}} + \frac{1}{na_1 G(\boldsymbol{a})} - \frac{1}{n(1-a_1)^2} - \frac{1}{na_1^2}$$

$$= \frac{1 - a_1 - \sqrt[n]{\prod\limits_{k=1}^{n}(1-a_k)}}{n(1-a_1)^2\sqrt[n]{\prod\limits_{k=1}^{n}(1-a_k)}} + \frac{a_1 - G(\boldsymbol{a})}{na_1^2 G(\boldsymbol{a})}$$

$$> \frac{1 - a_1 - \sqrt[n]{\prod\limits_{k=1}^{n}(1-a_k)}}{n(1-a_1)^2\sqrt[n]{\prod\limits_{k=1}^{n}(1-a_k)}} + \frac{a_1 - G(\boldsymbol{a})}{n(1-a_1)^2\sqrt[n]{\prod\limits_{k=1}^{n}(1-a_k)}}$$

$$= \frac{1 - G(\boldsymbol{a}) - \sqrt[n]{\prod\limits_{k=1}^{n}(1-a_k)}}{n(1-a_1)^2\sqrt[n]{\prod\limits_{k=1}^{n}(1-a_k)}}$$

在式(1.3.3)中令 $\boldsymbol{x}=\boldsymbol{a},\boldsymbol{y}=\boldsymbol{1}-\boldsymbol{a}$,可知 $\partial f/\partial a_1 > 0$. 由推论 1.1.5 知,对于任何 $\boldsymbol{a} \in (0,1/2]^n$,都有 $f(\boldsymbol{a}) \geqslant f(\bar{\boldsymbol{a}}_{\min}) = 0$,即知定理得证.

1.7 一些加权不等式的统一证明

不加特殊说明,本节设 $n \in \mathbb{N},n \geqslant 2,\boldsymbol{a}=(a_1,a_2,\cdots,a_n) \in \mathbb{R}_{++}^n,\boldsymbol{a}_{\min}=\min\limits_{1\leqslant k\leqslant n}\{a_k\},\boldsymbol{a}_{\max}=\max\limits_{1\leqslant k\leqslant n}\{a_k\}$ 和

$$D_1 = \{\boldsymbol{a} \mid 0 < \min\limits_{1\leqslant k\leqslant n}\{a_k\} < a_1 = \max\limits_{1\leqslant k\leqslant n}\{a_k\}\}, \bar{\boldsymbol{a}}_{\min} = \{\boldsymbol{a}_{\min},\boldsymbol{a}_{\min},\cdots,\boldsymbol{a}_{\min}\}$$

$$E_n = \{\boldsymbol{a} \mid 0 < a_n = \min\limits_{1\leqslant k\leqslant n}\{a_k\} < \max\limits_{1\leqslant k\leqslant n}\{a_k\}\}, \bar{\boldsymbol{a}}_{\max} = \{\boldsymbol{a}_{\max},\boldsymbol{a}_{\max},\cdots,\boldsymbol{a}_{\max}\}$$

同时设 $M > m > 0,\boldsymbol{a} \in [m,M]^n,w_k > 0(k=1,2,\cdots,n)$ 且 $\sum\limits_{k=1}^{n}w_k = 1$,

$A(\boldsymbol{a},\boldsymbol{w})=\sum\limits_{k=1}^{n}w_k a_k,G(\boldsymbol{a},\boldsymbol{w})=\prod\limits_{k=1}^{n}a_k^{w_k}$ 和 $H(\boldsymbol{a},\boldsymbol{w})=\left(\sum\limits_{k=1}^{n}w_k a_k^{-1}\right)^{-1}$ 分别为 $\boldsymbol{a}$ 的加权算术平均、加权几何平均和调和平均.

1978 年,参考资料[70]证明了如下结果:若

$$M \geqslant a_1 = \max\limits_{1\leqslant k\leqslant n}\{a_k\} \geqslant \min\limits_{1\leqslant k\leqslant n}\{a_k\} = a_n \geqslant m$$

则有

$$\frac{1}{2x_1}\sum\limits_{k=1}^{n}w_k(a_k - A(\boldsymbol{a},\boldsymbol{w}))^2 \leqslant A(\boldsymbol{a},\boldsymbol{w}) - G(\boldsymbol{a},\boldsymbol{w})$$

$$\leqslant \frac{1}{2x_n}\sum\limits_{k=1}^{n}w_k(a_k - A(\boldsymbol{a},\boldsymbol{w}))^2 \quad (1.7.1)$$

其实式(1.7.1)等价于以下命题:若 $M \geqslant a_1,a_2,\cdots,a_n \geqslant m$,则有

$$\frac{1}{2M}\sum_{k=1}^{n}w_k\,(a_k-A(\boldsymbol{a},\boldsymbol{w}))^2\leqslant A(\boldsymbol{a},\boldsymbol{w})-G(\boldsymbol{a},\boldsymbol{w})$$

$$\leqslant\frac{1}{2m}\sum_{k=1}^{n}w_k\,(a_k-A(\boldsymbol{a},\boldsymbol{w}))^2\quad(1.7.2)$$

这是因为:当式(1.7.1)成立时,式(1.7.2)显然成立;当式(1.7.2)成立时,若令 $m\to a_n$,$M\to a_1$,则知式(1.7.1)也成立.

定理 1.7.1 若 $0<m\leqslant a_1,a_2,\cdots,a_n\leqslant M$,则式(1.7.2)成立.

证明 设

$$f:\boldsymbol{a}\in[m,M]^n\to A(\boldsymbol{a},\boldsymbol{w})-G(\boldsymbol{a},\boldsymbol{w})-\frac{1}{2M}\sum_{k=1}^{n}w_k\,(a_k-A(\boldsymbol{a},\boldsymbol{w}))^2$$

则在 $D_1\cap[m,M]^n$ 内,有

$$\frac{\partial f}{\partial a_1}=w_1-\frac{w_1}{a_1}G(\boldsymbol{a},\boldsymbol{w})-\frac{w_1(1-w_1)}{M}(a_1-A(\boldsymbol{a},\boldsymbol{w}))+$$

$$\frac{w_1}{M}\sum_{k=2}^{n}w_k(a_k-A(\boldsymbol{a},\boldsymbol{w}))$$

$$=w_1-\frac{w_1}{a_1}G(\boldsymbol{a},\boldsymbol{w})-\frac{w_1(1-w_1)}{M}a_1+\frac{w_1(1-w_1)}{M}A(\boldsymbol{a},\boldsymbol{w})+$$

$$\frac{w_1}{M}\sum_{k=2}^{n}w_ka_k-\frac{w_1}{M}A(\boldsymbol{a},\boldsymbol{w})\sum_{k=2}^{n}w_k$$

$$=w_1-\frac{w_1}{a_1}G(\boldsymbol{a},\boldsymbol{w})-\frac{w_1}{M}\sum_{k=2}^{n}w_k(a_1-a_k)$$

$$\geqslant w_1-\frac{w_1}{a_1}G(\boldsymbol{a},\boldsymbol{w})-\frac{w_1}{a_1}\sum_{k=1}^{n}w_k(a_1-a_k)$$

$$=\frac{w_1}{a_1}\sum_{k=1}^{n}w_ka_k-\frac{w_1}{a_1}G(\boldsymbol{a},\boldsymbol{w})$$

$$>0$$

同理可定义 $D_k(k=2,3,\cdots,n)$,可证 $\partial f/\partial a_k$ 在 $D_k\cap[m,M]^n$ 上为正. 根据推论 1.1.3 知,对于任何 $\boldsymbol{a}\in[m,M]^n$,都有 $f(\boldsymbol{a})\geqslant f(\bar{\boldsymbol{a}}_{\min})=0$,此即式(1.7.2)的左侧.

设

$$g:\boldsymbol{a}\in[m,M]^n\to\frac{1}{2m}\sum_{k=1}^{n}w_k\,(a_k-A(\boldsymbol{a},\boldsymbol{w}))^2-A(\boldsymbol{a},\boldsymbol{w})+G(\boldsymbol{a},\boldsymbol{w})$$

则在 $E_n\cap[m,M]^n$ 内,有

$$\frac{\partial g}{\partial a_n}=\frac{w_n(1-w_n)}{m}(a_n-A(\boldsymbol{a},\boldsymbol{w}))-\frac{w_n}{m}\sum_{k=1}^{n-1}w_k(a_k-A(\boldsymbol{a},\boldsymbol{w}))-$$

$$w_n+\frac{w_n}{a_n}G(\boldsymbol{a},\boldsymbol{w})$$

41

$$= \frac{w_n(1-w_n)}{m}a_n - \frac{w_n(1-w_n)}{m}A(\boldsymbol{a},\boldsymbol{w}) - \frac{w_n}{m}\sum_{k=1}^{n-1}w_k a_k +$$

$$\frac{w_n}{m}A(\boldsymbol{a},\boldsymbol{w})\sum_{k=1}^{n-1}w_k - w_1 + \frac{w_n}{a_n}G(\boldsymbol{a},\boldsymbol{w})$$

$$= \frac{w_n}{m}\sum_{k=1}^{n-1}w_k(a_1 - a_k) - w_n + \frac{w_n}{a_n}G(\boldsymbol{a},\boldsymbol{w})$$

$$= -\frac{w_n}{m}\sum_{k=1}^{n}w_k(a_k - a_n) - w_n + \frac{w_n}{a_n}G(\boldsymbol{a},\boldsymbol{w})$$

$$\leqslant \frac{w_n}{a_n}\sum_{k=1}^{n}w_k(a_n - a_k) - w_n + \frac{w_n}{a_n}G(\boldsymbol{a},\boldsymbol{w})$$

$$= \frac{w_n}{a_n}G(\boldsymbol{a},\boldsymbol{w}) - \frac{w_n}{a_n}\sum_{k=1}^{n}w_k a_k$$

$$< 0$$

同理可定义 $E_k(k=1,2,\cdots,n-1)$,可证 $\partial f/\partial a_k$ 在 $E_k\bigcap[m,M]^n$ 上为负. 根据推论 1.1.4 知,对于任何 $\boldsymbol{a}\in[m,M]^n$,都有 $f(\boldsymbol{a})\geqslant f(\bar{\boldsymbol{a}}_{\max})=0$,此即式(1.7.2)的右侧.

参考资料[59]证明了如下相类似的结果.

定理 1.7.2

$$\frac{1}{2M}\sum_{k=1}^{n}w_k(a_k - G(\boldsymbol{a},\boldsymbol{w}))^2 \leqslant A(\boldsymbol{a},\boldsymbol{w}) - G(\boldsymbol{a},\boldsymbol{w})$$

$$\leqslant \frac{1}{2m}\sum_{k=1}^{n}w_k(a_k - G(\boldsymbol{a},\boldsymbol{w}))^2 \quad (1.7.3)$$

证明 设

$$f:\boldsymbol{a}\in[m,M]^n \to A(\boldsymbol{a},\boldsymbol{w}) - G(\boldsymbol{a},\boldsymbol{w}) - \frac{1}{2M}\sum_{k=1}^{n}w_k(a_k - G(\boldsymbol{a},\boldsymbol{w}))^2$$

则在 $D_1\bigcap[m,M]^n$ 上,有

$$\frac{\partial f}{\partial a_1} = w_1 - \frac{w_1}{a_1}G(\boldsymbol{a},\boldsymbol{w}) - \frac{w_1}{M}(a_1 - G(\boldsymbol{a},\boldsymbol{w}))\left(1 - \frac{w_1}{a_1}G(\boldsymbol{a},\boldsymbol{w})\right) +$$

$$\frac{w_1}{Ma_1}G(\boldsymbol{a},\boldsymbol{w})\sum_{k=2}^{n}w_k(a_k - G(\boldsymbol{a},\boldsymbol{w}))$$

$$= w_1 - \frac{w_1}{a_1}G(\boldsymbol{a},\boldsymbol{w}) - \frac{w_1}{Ma_1}[a_1^2 + G^2(\boldsymbol{a},\boldsymbol{w}) - a_1 G(\boldsymbol{a},\boldsymbol{w}) -$$

$$G(\boldsymbol{a},\boldsymbol{w})A(\boldsymbol{a},\boldsymbol{w})]$$

由于

$$a_1^2 + G^2(\boldsymbol{a},\boldsymbol{w}) - a_1 G(\boldsymbol{a},\boldsymbol{w}) - G(\boldsymbol{a},\boldsymbol{w})A(\boldsymbol{a},\boldsymbol{w})$$

$$> a_1 A(\boldsymbol{a},\boldsymbol{w}) + G^2(\boldsymbol{a},\boldsymbol{w}) - a_1 G(\boldsymbol{a},\boldsymbol{w}) - G(\boldsymbol{a},\boldsymbol{w})A(\boldsymbol{a},\boldsymbol{w})$$

$$> (A(\boldsymbol{a},\boldsymbol{w}) - G(\boldsymbol{a},\boldsymbol{w}))(a_1 - G(\boldsymbol{a},\boldsymbol{w})) + G^2(\boldsymbol{a},\boldsymbol{w})$$

$$> 0$$

所以

$$\frac{\partial f}{\partial a_1} \geqslant w_1 - \frac{w_1}{a_1} G(\boldsymbol{a}, \boldsymbol{w}) - \frac{w_1}{a_1^2} \big[a_1^2 + G^2(\boldsymbol{a}, \boldsymbol{w}) - a_1 G(\boldsymbol{a}, \boldsymbol{w}) -$$

$$G(\boldsymbol{a}, \boldsymbol{w}) A(\boldsymbol{a}, \boldsymbol{w}) \big]$$

$$= \frac{w_1}{a_1^2} G(\boldsymbol{a}, \boldsymbol{w}) (A(\boldsymbol{a}, \boldsymbol{w}) - G(\boldsymbol{a}, \boldsymbol{w}))$$

$$> 0$$

同理可定义 $D_k (k = 2, 3, \cdots, n)$，可证 $\partial f / \partial a_k$ 在 $D_k \bigcap [m, M]^n$ 上为正. 根据推论 1.1.3 知式(1.7.3)的左侧成立.

设

$$g : \boldsymbol{a} \in [m, M]^n \to \frac{1}{2m} \sum_{k=1}^n w_k (a_k - G(\boldsymbol{a}, \boldsymbol{w}))^2 - A(\boldsymbol{a}, \boldsymbol{w}) + G(\boldsymbol{a}, \boldsymbol{w})$$

则在 $E_n \bigcap [m, M]^n$ 上，有

$$\frac{\partial g}{\partial a_n} = -\frac{w_n}{m a_n} (a_n G(\boldsymbol{a}, \boldsymbol{w}) + G(\boldsymbol{a}, \boldsymbol{w}) A(\boldsymbol{a}, \boldsymbol{w}) - a_n^2 - G^2(\boldsymbol{a}, \boldsymbol{w})) -$$

$$w_n + \frac{w_n}{a_n} G(\boldsymbol{a}, \boldsymbol{w})$$

由于

$$a_n G(\boldsymbol{a}, \boldsymbol{w}) + G(\boldsymbol{a}, \boldsymbol{w}) A(\boldsymbol{a}, \boldsymbol{w}) - a_n^2 - G^2(\boldsymbol{a}, \boldsymbol{w})$$

$$\geqslant a_n G(\boldsymbol{a}, \boldsymbol{w}) + G(\boldsymbol{a}, \boldsymbol{w}) A(\boldsymbol{a}, \boldsymbol{w}) - a_n G(\boldsymbol{a}, \boldsymbol{w}) - G^2(\boldsymbol{a}, \boldsymbol{w})$$

$$\geqslant G(\boldsymbol{a}, \boldsymbol{w}) (A(\boldsymbol{a}, \boldsymbol{w}) - G(\boldsymbol{a}, \boldsymbol{w}))$$

$$> 0$$

所以

$$\frac{\partial g}{\partial a_n} \leqslant -\frac{w_n}{a_n^2} (a_n G(\boldsymbol{a}, \boldsymbol{w}) + G(\boldsymbol{a}, \boldsymbol{w}) A(\boldsymbol{a}, \boldsymbol{w}) - a_n^2 - G^2(\boldsymbol{a}, \boldsymbol{w})) -$$

$$w_n + \frac{w_n}{a_n} G(\boldsymbol{a}, \boldsymbol{w})$$

$$= -\frac{w_n}{a_n^2} G(\boldsymbol{a}, \boldsymbol{w}) (A(\boldsymbol{a}, \boldsymbol{w}) - G(\boldsymbol{a}, \boldsymbol{w}))$$

$$< 0$$

同理可定义 $E_k (k = 1, 2, \cdots, n-1)$，可证 $\partial f / \partial a_k$ 在 $E_k \bigcap [m, M]^n$ 上为负. 根据推论 1.1.4 知式(1.7.3)的右侧成立.

参考资料[60]证明了如下结论.

定理 1.7.3

$$A(\boldsymbol{a}, \boldsymbol{w}) - H(\boldsymbol{a}, \boldsymbol{w}) \geqslant \frac{1}{2M} \sum_{k=1}^n w_k (a_k - H(\boldsymbol{a}, \boldsymbol{w}))^2 \qquad (1.7.4)$$

43

证明 设

$$f : \boldsymbol{a} \in [m,M]^n \rightarrow A(\boldsymbol{a},\boldsymbol{w}) - H(\boldsymbol{a},\boldsymbol{w}) - \frac{1}{2M} \sum_{k=1}^n w_k (a_k - H(\boldsymbol{a},\boldsymbol{w}))^2$$

则在 $D_1 \bigcap [m,M]^n$ 上,有

$$\frac{\partial f}{\partial a_1} = w_1 - \frac{w_1}{a_1^2 \left(\sum_{k=1}^n w_k a_k^{-2} \right)^2} - \frac{1 - \dfrac{w_1}{a_1^2 \left(\sum_{k=1}^n w_k a_k^{-2} \right)^2}}{M} w_1 (a_1 - H(\boldsymbol{a},\boldsymbol{w})) +$$

$$\frac{w_1}{Ma_1^2 \left(\sum_{k=1}^n w_k a_k^{-2} \right)^2} \sum_{k=2}^n w_k (a_k - H(\boldsymbol{a},\boldsymbol{w}))$$

$$= w_1 - \frac{w_1}{a_1^2} H^2(\boldsymbol{a},\boldsymbol{w}) -$$

$$\frac{w_1}{Ma_1^2} (a_1^3 - a_1^2 H(\boldsymbol{a},\boldsymbol{w}) + H^3(\boldsymbol{a},\boldsymbol{w}) - H^2(\boldsymbol{a},\boldsymbol{w}) A(\boldsymbol{a},\boldsymbol{w}))$$

此时

$$a_1^3 - a_1^2 H(\boldsymbol{a},\boldsymbol{w}) + H^3(\boldsymbol{a},\boldsymbol{w}) - H^2(\boldsymbol{a},\boldsymbol{w}) A(\boldsymbol{a},\boldsymbol{w})$$

$$\geqslant a_1^2 A(\boldsymbol{a},\boldsymbol{w}) - a_1^2 H(\boldsymbol{a},\boldsymbol{w}) + H^3(\boldsymbol{a},\boldsymbol{w}) - H^2(\boldsymbol{a},\boldsymbol{w}) A(\boldsymbol{a},\boldsymbol{w})$$

$$\geqslant (a_1^2 - H^2(\boldsymbol{a},\boldsymbol{w})) (A(\boldsymbol{a},\boldsymbol{w}) - H(\boldsymbol{a},\boldsymbol{w}))$$

$$> 0$$

所以

$$\frac{\partial f}{\partial a_1} \geqslant w_1 - \frac{w_1}{a_1^2} H^2(\boldsymbol{a},\boldsymbol{w}) - \frac{w_1}{a_1^3} (a_1^3 - a_1^2 H(\boldsymbol{a},\boldsymbol{w}) + H^3(\boldsymbol{a},\boldsymbol{w}) - H^2(\boldsymbol{a},\boldsymbol{w}) A(\boldsymbol{a},\boldsymbol{w}))$$

$$= \frac{w_1}{a_1^3} [a_1 H(\boldsymbol{a},\boldsymbol{w}) (a_1 - H(\boldsymbol{a},\boldsymbol{w})) + H^2(\boldsymbol{a},\boldsymbol{w}) (A(\boldsymbol{a},\boldsymbol{w}) - H(\boldsymbol{a},\boldsymbol{w}))]$$

$$> 0$$

同理可定义 $D_k (k=2,3,\cdots,n)$,可证 $\partial f / \partial a_k$ 在 $D_k \bigcap [m,M]^n$ 上为正. 根据推论 1.1.3 知定理 1.7.3 成立.

参考资料[72]证明了

$$4m(A(\boldsymbol{a}) - G(\boldsymbol{a})) \leqslant A(\boldsymbol{a}^2) - G(\boldsymbol{a}^2) \leqslant 4M(A(\boldsymbol{a}) - G(\boldsymbol{a}))$$

参考资料[73]把它推广为如下定理.

定理 1.7.4[73] 若记 $\boldsymbol{a}^\alpha = (a_1^\alpha, a_2^\alpha, \cdots, a_n^\alpha)$ 和

$$K_\alpha = \begin{cases} \alpha^2 M^{\alpha-1}, 0 < \alpha < 1 \\ \alpha^2 m^{\alpha-1}, \alpha > 1 \end{cases}, L_\alpha = \begin{cases} \alpha^2 m^{\alpha-1}, 0 < \alpha < 1 \\ \alpha^2 M^{\alpha-1}, \alpha > 1 \end{cases}$$

则

$$K_\alpha (A(\boldsymbol{a},\boldsymbol{w}) - G(\boldsymbol{a},\boldsymbol{w})) \leqslant A(\boldsymbol{a}^\alpha,\boldsymbol{w}) - G(\boldsymbol{a}^\alpha,\boldsymbol{w}) \leqslant L_\alpha (A(\boldsymbol{a},\boldsymbol{w}) - G(\boldsymbol{a},\boldsymbol{w}))$$

44

证明 (1) 当 $\alpha > 1$ 时,设

$$f : \boldsymbol{a} \in [m, M]^n \to A(\boldsymbol{a}^{\alpha}, \boldsymbol{w}) - G(\boldsymbol{a}^{\alpha}, \boldsymbol{w}) - K_{\alpha}(A(\boldsymbol{a}, \boldsymbol{w}) - G(\boldsymbol{a}, \boldsymbol{w}))$$

则在 $D_1 \cap [m, M]^n$ 上,有

$$\frac{\partial f}{\partial a_1} = w_1 \alpha a_1^{\alpha-1} - \frac{\alpha w_1}{a_1} G(\boldsymbol{a}^{\alpha}) - \alpha^2 w_1 m^{\alpha-1} \left(1 - \frac{1}{a_1} G(\boldsymbol{a})\right)$$

$$\geqslant w_1 \alpha a_1^{\alpha-1} - \frac{\alpha w_1}{a_1} G(\boldsymbol{a}^{\alpha}) - \alpha^2 w_1 G^{\alpha-1}(\boldsymbol{a}) \left(1 - \frac{1}{a_1} G(\boldsymbol{a})\right)$$

$$= w_1 \alpha^2 \left[\frac{1}{\alpha} a_1^{\alpha} + \frac{\alpha-1}{\alpha} G(\boldsymbol{a}^{\alpha}) - a_1 G^{\alpha-1}(\boldsymbol{a})\right]$$

由二元函数的加权算术－几何不等式及 $a_1 \geqslant G(\boldsymbol{a}, \boldsymbol{w})$ 知 $\partial f/\partial a_1$ 在 $D_1 \cap [m,$ $M]^n$ 上为正. 同理可定义 $D_k (k = 2, 3, \cdots, n)$,可证 $\partial f/\partial a_k$ 在 $D_k \cap [m, M]^n$ 上为正. 根据推论 1.1.3 知,对于任何 $\boldsymbol{a} \in [m, M]^n$,都有 $f(\boldsymbol{a}) \geqslant f(\bar{\boldsymbol{a}}_{\min}) = 0$,即有

$$K_{\alpha}(A(\boldsymbol{a}, \boldsymbol{w}) - G(\boldsymbol{a}, \boldsymbol{w})) \leqslant A(\boldsymbol{a}^{\alpha}, \boldsymbol{w}) - G(\boldsymbol{a}^{\alpha}, \boldsymbol{w})$$

设

$$g : \boldsymbol{a} \in [m, M]^n \to L_{\alpha}[A(\boldsymbol{a}, \boldsymbol{w}) - G(\boldsymbol{a}, \boldsymbol{w})] - A(\boldsymbol{a}^{\alpha}, \boldsymbol{w}) + G(\boldsymbol{a}^{\alpha}, \boldsymbol{w})$$

同理可证 $\partial g/\partial a_k$ 在 $D_k \cap [m, M]^n$ 上为正和

$$A(\boldsymbol{a}^{\alpha}, \boldsymbol{w}) - G(\boldsymbol{a}^{\alpha}, \boldsymbol{w}) \leqslant L_{\alpha}(A(\boldsymbol{a}, \boldsymbol{w}) - G(\boldsymbol{a}, \boldsymbol{w}))$$

(2) 当 $0 < \alpha < 1$ 时,可分别设

$$h : \boldsymbol{a} \in [m, M]^n \to A(\boldsymbol{a}^{\alpha}, \boldsymbol{w}) - G(\boldsymbol{a}^{\alpha}, \boldsymbol{w}) - \alpha^2 M^{\alpha-1}(A(\boldsymbol{a}, \boldsymbol{w}) - G(\boldsymbol{a}, \boldsymbol{w}))$$

和

$$l : \boldsymbol{a} \in [m, M]^n \to \alpha^2 m^{\alpha-1}(A(\boldsymbol{a}, \boldsymbol{w}) - G(\boldsymbol{a}, \boldsymbol{w})) - A(\boldsymbol{a}^{\alpha}, \boldsymbol{w}) + G(\boldsymbol{a}^{\alpha}, \boldsymbol{w})$$

同理可证命题成立.

1.8 若干三元不等式的统一证明

为了记述上的方便,本节设

$$D_1 = \{(x, y, z) \mid x \geqslant \max\{y, z\}, x > \min\{y, z\} > 0\}$$
$$D_2 = \{(x, y, z) \mid y \geqslant \max\{z, x\}, y > \min\{z, x\} > 0\}$$

和

$$D_3 = \{(x, y, z) \mid z \geqslant \max\{x, y\}, z > \min\{x, y\} > 0\}$$

定理 1.8.1(Schur 不等式) 设 $x, y, z \in \mathbb{R}_{++}, \alpha \in \mathbb{R}$,则

$$x^{\alpha}(x-y)(x-z) + y^{\alpha}(y-z)(y-x) + z^{\alpha}(z-x)(z-y) \geqslant 0$$

证明 设函数

$$f : (x, y, z) \in \mathbb{R}_{++}^3 \to$$
$$x^{\alpha}(x-y)(x-z) + y^{\alpha}(y-z)(y-x) + z^{\alpha}(z-x)(z-y)$$

在 D_1 内

$$\frac{\partial f}{\partial x} = \alpha x^{\alpha-1}(x-y)(x-z) + x^\alpha(x-z) + x^\alpha(x-y) -$$

$$y^\alpha(y-z) - z^\alpha(z-y)$$

又由

$$x^\alpha(x-z) \geqslant y^\alpha(y-z), x^\alpha(x-y) \geqslant z^\alpha(z-y)$$

且至少有一式能取不等号,即有 $\partial f/\partial x > 0$.同理可证在 D_2 和 D_3 上分别有 $\partial f/\partial y > 0$ 和 $\partial f/\partial z > 0$.至此由推论 1.1.3 知

$$f(x,y,z) \geqslant f(c,c,c) = 0$$

其中 $c = \min\{x,y,z\}$.定理得证.

定理 1.8.2 设 $x,y,z \in \mathbb{R}_{++}$,则

$$x^3 + y^3 + z^3 - x^2(y+z) - y^2(z+x) - z^2(x+y) + 3xyz \geqslant 0$$

证明 设函数

$$f:(x,y,z) \in \mathbb{R}_{++}^3 \to$$

$$x^3 + y^3 + z^3 - x^2(y+z) - y^2(z+x) - z^2(x+y) + 3xyz$$

在 D_1 内

$$\frac{\partial f}{\partial x} = 3x^2 - 2x(y+z) - y^2 - z^2 + 3yz$$

此时不妨设 $y \geqslant z$,根据一元二次函数的极值点性质,有

$$\frac{\partial f(x,y,z)}{\partial x} \geqslant 3y^2 - 2y(y+z) - y^2 - z^2 + 3yz$$

$$= yz - z^2$$

$$\geqslant 0$$

且必有一处不取等号,即 $\partial f/\partial x > 0$.同理可证在 D_2 和 D_3 上分别有 $\partial f/\partial y > 0$ 和 $\partial f/\partial z > 0$.至此由推论 1.1.3 知,对于任何 $(x,y,z) \in \mathbb{R}_{++}^3$ 都有

$$f(x,y,z) \geqslant f(c,c,c) = 0$$

其中 $c = \min\{x,y,z\}$.定理得证.

定理 1.8.3 设 $x,y,z \in \mathbb{R}_{++}$,则

$$\frac{x}{y+z} + \frac{y}{z+x} + \frac{z}{x+y} \geqslant \frac{3}{2}$$

证明 设函数

$$f:(x,y,z) \in \mathbb{R}_{++}^3 \to \frac{x}{y+z} + \frac{y}{z+x} + \frac{z}{x+y}$$

在 D_1 内

$$\frac{\partial f}{\partial x} = \frac{1}{y+z} - \frac{y}{(z+x)^2} - \frac{z}{(x+y)^2}$$

此时不妨设 $y \geqslant z$,有

$$\frac{\partial f}{\partial x} \geqslant \frac{1}{y+z} - \frac{y}{(z+y)^2} - \frac{z}{(y+y)^2}$$

$$= \frac{z}{(z+y)^2} - \frac{z}{4y^2} = \frac{z(3y+z)(y-z)}{4(z+y)^2 y^2}$$

$$\geqslant 0$$

且必有一处不取等号,即有 $\partial f/\partial x > 0$.同理可证在 D_2 和 D_3 上分别有 $\partial f/\partial y > 0$ 和 $\partial f/\partial z > 0$. 至此由推论 1.1.3 知,对于任何 $(x,y,z) \in \mathbb{R}_{++}^3$,都有 $f(x,y,z) \geqslant f(c,c,c) = 3/2$,其中 $c = \min\{x,y,z\}$.定理得证.

刘保乾先生在"全国不等式研究会"的学术论坛中提出如下猜想(见 http://www.irgoc.org/viewtopic.php? f = 25&t = 415&sid = 323b93feffb54 a7e12f35600c622e786).

定理 1.8.4 设 $x,y,z \in \mathbb{R}_{++}$,则有

$$x^{\frac{y+z}{2}} y^{\frac{z+x}{2}} z^{\frac{x+y}{2}} \leqslant \left(\frac{y+z}{2}\right)^x \left(\frac{z+x}{2}\right)^y \left(\frac{x+y}{2}\right)^z$$

证明 设

$$f:(x,y,z) \in \mathbb{R}_{++}^3 \to x\ln\frac{y+z}{2} + y\ln\frac{z+x}{2} + z\ln\frac{x+y}{2} - \frac{y+z}{2}\ln x - \frac{z+x}{2}\ln y - \frac{x+y}{2}\ln z$$

在 D_1 内

$$\frac{\partial f}{\partial x} = \ln\frac{y+z}{2} + \frac{y}{z+x} + \frac{z}{x+y} - \frac{y+z}{2x} - \frac{1}{2}\ln y - \frac{1}{2}\ln z$$

$$= \ln\left(\frac{y+z}{2} - \sqrt{yz}\right) + \frac{(y+z)x^2 - y^2 z - z^2 y + (y-z)^2 x}{2x(z+x)(x+y)}$$

$$> 0$$

同理可证在 D_2 和 D_3 上分别有 $\partial f/\partial y > 0$ 和 $\partial f/\partial z > 0$. 至此知,对于任何 $(x,y,z) \in \mathbb{R}_{++}^3$ 都有 $f(x,y,z) \geqslant f(c,c,c) = 0$,其中 $c = \min\{x,y,z\}$.命题得证.

定理 1.8.5 设 z 是 $\triangle xyz$ 的三边 x,y,z 中的最小边,则有
$$2xy + 2zx + 2yz \geqslant x^2 + y^2 + 4z^2$$

证明 设
$$f(x,y,z) = 2xy + 2zx + 2yz - x^2 - y^2 - 4z^2$$

当 $x \geqslant y \geqslant z$ 且 $x \neq z$ 时,有 $\partial f/\partial x = 2y + 2z - 2x > 0$;当 $y \geqslant x \geqslant z$ 且 $y \neq z$ 时,有 $\partial f/\partial y = 2x + 2z - 2y > 0$.由定理 1.1.3 知
$$f(x,y,z) \geqslant f(z,z,z) = 0$$
此结果是 $\triangle xyz$ 中常见不等式 $2xy + 2zx + 2yz > x^2 + y^2 + z^2$ 的加强.

47

1.9　新建一些不等式

不加特殊说明,本节设 $n \in \mathbb{N}, n \geqslant 2, a_{\min} = \min\limits_{1 \leqslant k \leqslant n}\{a_k\}$ 和

$$D_1 = \{a \mid 0 < \min\limits_{1 \leqslant k \leqslant n}\{a_k\} < a_1 = \max\limits_{1 \leqslant k \leqslant n}\{a_k\}\}$$

$$E_n = \{a \mid 0 < \min\limits_{1 \leqslant k \leqslant n}\{a_k\} = a_n < \max\limits_{1 \leqslant k \leqslant n}\{a_k\}\}$$

$$\bar{a}_{\min} = \{a_{\min}, a_{\min}, \cdots, a_{\min}\}, \bar{a}_{\max} = \{a_{\max}, a_{\max}, \cdots, a_{\max}\}$$

下述四个定理对定理 1.6.5(Shapiro 不等式)、定理 1.6.7、定理 1.6.8 和定理 1.6.9 做了有益的补充.

定理 1.9.1　设 $r > 1$,则:

(1) 若 $\dfrac{r-1}{r+1} \leqslant a_k < 1$,有 $\sum\limits_{k=1}^{n} \dfrac{a_k}{1-a_k} \geqslant \dfrac{nM_r(a)}{1-M_r(a)}$;

(2) 若 $0 < a_k \leqslant \dfrac{r-1}{r+1}$,有 $\sum\limits_{k=1}^{n} \dfrac{a_k}{1-a_k} \leqslant \dfrac{nM_r(a)}{1-M_r(a)}$.

证明　(1) $f: a \in \left[\dfrac{r-1}{r+1}, 1\right)^n \to \sum\limits_{k=1}^{n} \dfrac{a_k}{1-a_k} - \dfrac{nM_r(a)}{1-M_r(a)}$,则在 $D_1 \bigcap \left[\dfrac{r-1}{r+1}, 1\right)^n$ 内

$$\frac{\partial f}{\partial a_1} = \frac{1}{(1-a_1)^2} - \frac{a_1^{r-1}}{(1-M_r(a))^2}\left(\frac{\sum\limits_{k=1}^{n} a_k^r}{n}\right)^{\frac{1}{r}-1}$$

$$= \frac{(M_r(a))^{r-1}(1-M_r(a))^2 - a_1^{r-1}(1-a_1)^2}{(M_r(a))^{r-1}(1-a_1)^2(1-M_r(a))^2}$$

此时易证 $g: x \in [(r-1)/(r+1), 1) \to x^{r-1}(1-x)^2$ 严格单调递减和 $M_r(a) < a_1$,则知 $\partial f/\partial a_1 > 0$,命题得证.

(2) 同理可证,我们在此略.

同理可证下述三个定理成立.

定理 1.9.2　设 $0 < r < 1$,则:

(1) 若 $a_k \geqslant \dfrac{1-r}{1+r}$,有 $\sum\limits_{k=1}^{n} \dfrac{a_k}{a_k+1} \leqslant \dfrac{nM_r(a)}{M_r(a)+1}$;

(2) 若 $0 < a_k \leqslant \dfrac{1-r}{1+r}$,有 $\sum\limits_{k=1}^{n} \dfrac{a_k}{a_k+1} \geqslant \dfrac{nM_r(a)}{M_r(a)+1}$.

定理 1.9.3　设 $-1 < r < 0$,则:

(1) 若 $a_k \geqslant \dfrac{1-r}{1+r}$,有 $\sum\limits_{k=1}^{n} \dfrac{1}{1+a_k} \geqslant \dfrac{n}{1+M_r(a)}$;

48

(2) 若 $0 < a_k \leqslant \dfrac{1-r}{1+r}$, 有 $\displaystyle\sum_{k=1}^{n} \dfrac{1}{1+a_k} \leqslant \dfrac{n}{1+M_r(\boldsymbol{a})}$.

定理 1.9.4 设 $r < 0, p > -r$, 则：

(1) 若 $a_k \geqslant \dfrac{1-r}{p+r}$, 有 $\displaystyle\sum_{k=1}^{n} \dfrac{1}{(1+a_k)^p} \geqslant \dfrac{n}{(1+M_r(\boldsymbol{a}))^p}$;

(2) 若 $0 < a_k \leqslant \dfrac{1-r}{p+r}$, 有 $\displaystyle\sum_{k=1}^{n} \dfrac{1}{(1+a_k)^p} \leqslant \dfrac{n}{(1+M_r(\boldsymbol{a}))^p}$.

定理 1.9.5 设 $0 < m < M, \boldsymbol{a} \in [m,M]^n$.

(1) 若 $\alpha > n$, 则

$$\frac{\alpha^2 m^{\alpha-2}}{2n^2} \sum_{1 \leqslant k,j \leqslant n} (a_k - a_j)^2 \leqslant A(\boldsymbol{a}^\alpha) - G(\boldsymbol{a}^\alpha) \leqslant \frac{\alpha^2 M^{\alpha-2}}{2n^2} \sum_{1 \leqslant k,j \leqslant n} (a_k - a_j)^2$$

$$(1.9.1)$$

(2) 若 $2 \leqslant \alpha \leqslant n$, 则

$$\frac{\alpha m^{\alpha-2}}{2n(n-1)} \sum_{1 \leqslant k,j \leqslant n} (a_k - a_j)^2 \leqslant A(\boldsymbol{a}^\alpha) - G(\boldsymbol{a}^\alpha) \leqslant \frac{\alpha M^{\alpha-2}}{2n} \sum_{1 \leqslant k,j \leqslant n} (a_k - a_j)^2$$

$$(1.9.2)$$

(3) 若 $n/(n-1) < \alpha \leqslant 2$, 则

$$\frac{\alpha}{2n(n-1)M^{2-\alpha}} \sum_{1 \leqslant k,j \leqslant n} (a_k - a_j)^2 \leqslant A(\boldsymbol{a}^\alpha) - G(\boldsymbol{a}^\alpha)$$

$$\leqslant \frac{\alpha}{2nm^{2-\alpha}} \sum_{1 \leqslant k,j \leqslant n} (a_k - a_j)^2 \quad (1.9.3)$$

(4) 若 $0 < \alpha \leqslant n/(n-1)$, 则

$$\frac{\alpha^2}{2n^2 M^{2-\alpha}} \sum_{1 \leqslant k < j \leqslant n} (a_k - a_j)^2 \leqslant A(\boldsymbol{a}^\alpha) - G(\boldsymbol{a}^\alpha) \leqslant \frac{\alpha^2}{2n^2 m^{2-\alpha}} \sum_{1 \leqslant k < j \leqslant n} (a_k - a_j)^2$$

证明 (1) 设

$$f : \boldsymbol{a} \in [m,M]^n \to \frac{\alpha^2}{2n^2} M^{\alpha-2} \sum_{1 \leqslant k,j \leqslant n} (a_k - a_j)^2 - A(\boldsymbol{a}^\alpha) + G(\boldsymbol{a}^\alpha)$$

则在 $D_1 \cap [m,M]^n$ 内, 有

$$\frac{\partial f}{\partial a_1} = \frac{\alpha^2}{n^2} M^{\alpha-2} \sum_{k=2}^{n} (a_1 - a_k) - \frac{\alpha}{n} a_1^{\alpha-1} + \frac{\alpha}{n a_1} G(\boldsymbol{a}^\alpha)$$

$$\geqslant \frac{\alpha^2}{n^2} a_1^{\alpha-2} \sum_{k=1}^{n} (a_1 - a_k) - \frac{\alpha}{n} a_1^{\alpha-1} + \frac{\alpha}{n a_1} G(\boldsymbol{a}^\alpha)$$

$$= \frac{\alpha}{n a_1} \left[(\alpha-1) a_1^\alpha - \alpha a_1^{\alpha-1} A(\boldsymbol{a}) + G(\boldsymbol{a}^\alpha) \right]$$

此时, 由 $\alpha/n - 1 > 0$, 我们知

$$\left[(\alpha-1) a_1^\alpha - \alpha a_1^{\alpha-1} A(\boldsymbol{a}) + G(\boldsymbol{a}^\alpha) \right]'_{a_k, k \geqslant 2}$$

$$= \frac{\alpha}{n}\left(-a_1^{\alpha-1} + a_k^{\alpha/n-1}\sqrt[n]{\prod_{j=1,\neq k}^{n} a_j^{\alpha}} \right)$$

即知 $(\alpha-1)a_1^{\alpha} - \alpha a_1^{\alpha-1}A(\boldsymbol{a}) + G(\boldsymbol{a}^{\alpha})$ 关于每一个 $a_k \in [m,a_1]$ $(k=2,3,\cdots,n)$ 都严格单调递减，所以有

$$\frac{\partial f}{\partial a_1} > \frac{\alpha}{na_1}\left[(\alpha-1)a_1^{\alpha} - \frac{\alpha}{n}a_1^{\alpha-1}\sum_{k=1}^{n}a_1 + \sqrt[n]{\prod_{k=1}^{n}a_1^{\alpha}} \right] = 0$$

由推论 1.1.5 知，对于任何 $\boldsymbol{a} \in [m,M]^n$，都有 $f(\boldsymbol{a}) \geqslant f(\overline{\boldsymbol{a}}_{\min}) = 0$.

设

$$g: \boldsymbol{a} \in [m,M]^n \to A(\boldsymbol{a}^{\alpha}) - G(\boldsymbol{a}^{\alpha}) - \frac{\alpha^2}{2n^2}m^{\alpha-2}\sum_{1\leqslant k,j\leqslant n}(a_k-a_j)^2$$

则在 $E_n \bigcap [m,M]^n$ 内，有

$$\frac{\partial g}{\partial a_n} = -\frac{\alpha}{na_n}\left[G(\boldsymbol{a}^{\alpha}) - a_n^{\alpha} - \frac{\alpha}{n}m^{\alpha-2}a_n\sum_{k=1}^{n-1}(a_k-a_n) \right]$$

$$\leqslant -\frac{\alpha}{na_n}\left[G(\boldsymbol{a}^{\alpha}) - a_n^{\alpha} - \frac{\alpha}{n}a_n^{\alpha-2}a_n\sum_{k=1}^{n}(a_k-a_n) \right]$$

$$= -\frac{\alpha}{na_n}\left[G(\boldsymbol{a}^{\alpha}) - \alpha a_n^{\alpha-1}A(\boldsymbol{a}) + (\alpha-1)a_n^{\alpha} \right]$$

此时

$$\left[-\frac{\alpha}{na_n}(G(\boldsymbol{a}^{\alpha}) - \alpha a_n^{\alpha-1}A(\boldsymbol{a}) + (\alpha-1)a_n^{\alpha}) \right]'_{a_k,k\leqslant n-1}$$

$$= -\frac{\alpha^2}{n^2 a_n}\left(a_k^{\alpha/n-1}\sqrt[n]{\prod_{j=1,\neq k}^{n}a_j^{\alpha}} - a_n^{\alpha-1} \right)$$

即知 $-\frac{\alpha}{na_n}\left[G(\boldsymbol{a}^{\alpha}) - \alpha a_n^{\alpha-1}A(\boldsymbol{a}) + (\alpha-1)a_n^{\alpha} \right]$ 关于每一个 $a_k \in [a_m,M]$ $(k=1,2,\cdots,n-1)$ 都严格单调递减，所以有

$$\frac{\partial g}{\partial a_n} < -\frac{\alpha}{na_n}\left[\sqrt[n]{\prod_{k=1}^{n}a_n^{\alpha}} - \frac{\alpha}{n}a_n^{\alpha-1}\sum_{k=1}^{n}a_n + (\alpha-1)a_n^{\alpha} \right] = 0$$

由推论 1.1.6 知，对于任何 $\boldsymbol{a} \in [m,M]^n$，都有 $g(\boldsymbol{a}) \geqslant g(\overline{\boldsymbol{a}}_{\max}) = 0$. 至此式 (1.9.1) 得证.

(2) 式 (1.9.2) 的证明见定理 4.5.11 结论 (2) 的证明.

(3) 若 $n=2$，则 $\alpha=2$，易验证式 (1.9.3) 取等号. 下设 $n \geqslant 3$.

若 $n/(n-1) < \alpha \leqslant 2$，设

$$f: \boldsymbol{a} \in [m,M]^n \to A(\boldsymbol{a}^{\alpha}) - G(\boldsymbol{a}^{\alpha}) - \frac{\alpha}{2n(n-1)M^{2-\alpha}}\sum_{1\leqslant k,j\leqslant n}(a_k-a_j)^2$$

则在 $D_1 \bigcap [m,M]^n$ 上，有

$$\frac{\partial f}{\partial a_1} = \frac{\alpha}{n}a_1^{\alpha-1} - \frac{\alpha}{na_1}G(\boldsymbol{a}^{\alpha}) - \frac{\alpha}{n(n-1)M^{2-\alpha}}\sum_{k=2}^{n}(a_1-a_k)$$

50

$$\geqslant \frac{\alpha}{n}a_1^{\alpha-1} - \frac{\alpha}{na_1}G(\boldsymbol{a}^{\alpha}) - \frac{\alpha}{n(n-1)a_1^{2-\alpha}}\sum_{k=2}^{n}(a_1-a_k)$$

$$=\frac{\alpha}{na_1}\Big(\frac{a_1^{\alpha-1}}{n-1}\sum_{k=2}^{n}a_k - G(\boldsymbol{a}^{\alpha})\Big)$$

$$\geqslant \frac{\alpha}{na_1}a_1^{\alpha/n}\Big(a_1^{(n-1)\alpha/n-1}\prod_{k=2}^{n}a_k^{1/(n-1)} - \prod_{k=2}^{n}a_k^{\alpha/n}\Big)$$

$$> 0$$

由推论 1.1.5 知,对于任何 $\boldsymbol{a} \in [m,M]^n$,都有 $f(\boldsymbol{a}) \geqslant f(\bar{\boldsymbol{a}}_{\min}) = 0$.

设 $g: \boldsymbol{a} \in [m,M]^n \to \dfrac{\alpha}{2nm^{2-\alpha}}\displaystyle\sum_{1\leqslant k,j\leqslant n}(a_k-a_j)^2 - A(\boldsymbol{a}^{\alpha}) + G(\boldsymbol{a}^{\alpha})$,则在 $D_1 \bigcap [m,M]^n$ 上,有

$$\frac{\partial g}{\partial a_1} = \frac{\alpha}{nm^{2-\alpha}}\sum_{k=2}^{n}(a_1-a_k) - \frac{\alpha}{n}a_1^{\alpha-1} + \frac{\alpha}{na_1}G(\boldsymbol{a}^{\alpha})$$

$$\geqslant \frac{\alpha}{na_1^{2-\alpha}}\sum_{k=1}^{n}(a_1-a_k) - \frac{\alpha}{n}a_1^{\alpha-1} + \frac{\alpha}{na_1}G(\boldsymbol{a}^{\alpha})$$

$$=\frac{\alpha}{na_1}\big[(n-1)a_1^{\alpha} - na_1^{\alpha-1}A(\boldsymbol{a}) + G(\boldsymbol{a}^{\alpha})\big]$$

以下仿照式(1.9.2)的右侧的证明可证:对于任何 $\boldsymbol{a} \in \mathbb{R}_{++}^n$,都有 $g(\boldsymbol{a}) \geqslant g(\bar{\boldsymbol{a}}_{\min}) = 0$. 式(1.9.3)得证.

(4) 设 $f: \boldsymbol{a} \in [m,M]^n \to A(\boldsymbol{a}^{\alpha}) - G(\boldsymbol{a}^{\alpha}) - \dfrac{\alpha^2}{2n^2M^{2-\alpha}}\displaystyle\sum_{1\leqslant k<j\leqslant n}(a_k-a_j)^2$,则在 $D_1 \bigcap [m,M]^n$ 上,有

$$\frac{\partial f}{\partial a_1} = \frac{\alpha}{n}a_1^{\alpha-1} - \frac{\alpha}{na_1}G(\boldsymbol{a}^{\alpha}) - \frac{\alpha^2}{n^2M^{2-\alpha}}\sum_{k=2}^{n}(a_1-a_k)$$

$$\geqslant \frac{\alpha}{n}a_1^{\alpha-1} - \frac{\alpha}{na_1}G(\boldsymbol{a}^{\alpha}) - \frac{\alpha^2}{n^2a_1^{2-\alpha}}\sum_{k=1}^{n}(a_1-a_k)$$

$$=\frac{\alpha}{na_1^{2-\alpha}}\big[(1-\alpha)a_1 - a_1^{1-\alpha}G(\boldsymbol{a}^{\alpha}) + \alpha A(\boldsymbol{a})\big]$$

$$\geqslant \frac{\alpha}{na_1^{2-\alpha}}\Big[\Big(1-\frac{(n-1)\alpha}{n}\Big)a_1 - a_1^{1-\alpha+\frac{\alpha}{n}}\prod_{k=2}^{n}a_k^{\alpha/n} + \frac{(n-1)\alpha}{n}\prod_{k=2}^{n}a_k^{1/(n-1)}\Big]$$

由二元加权算术 — 几何平均不等式及 $a_1 > \displaystyle\prod_{k=2}^{n}a_k^{1/(n-1)}$ 知 $\partial f/\partial a_1 > 0$. 由推论 1.1.5 知,对于任何 $\boldsymbol{a} \in [m,M]^n$,都有 $f(\boldsymbol{a}) \geqslant f(\bar{\boldsymbol{a}}_{\min}) = 0$.

设

$$g: \boldsymbol{a} \in [m,M]^n \to \frac{\alpha^2}{2n^2m^{2-\alpha}}\sum_{1\leqslant k<j\leqslant n}(a_k-a_j)^2 - A(\boldsymbol{a}^{\alpha}) + G(\boldsymbol{a}^{\alpha})$$

则在 $E_n \bigcap [m,M]^n$ 上,有

$$\frac{\partial g}{\partial a_n} = -\frac{\alpha^2}{n^2 m^{2-\alpha}} \sum_{k=1}^{n-1} (a_k - a_n) - \frac{\alpha}{n} a_n^{\alpha-1} + \frac{\alpha}{n a_n} G(\boldsymbol{a}^\alpha)$$

$$\leqslant -\frac{\alpha^2}{n^2 a_n^{2-\alpha}} \sum_{k=1}^{n-1} (a_k - a_n) - \frac{\alpha}{n} a_n^{\alpha-1} + \frac{\alpha}{n a_n} G(\boldsymbol{a}^\alpha)$$

$$= -\frac{\alpha}{n a_n^{2-\alpha}} \left[\frac{\alpha}{n} \sum_{k=1}^{n-1} a_k + \left(1 - \frac{(n-1)\alpha}{n}\right) a_n - a_n^{1-\alpha} G(\boldsymbol{a}^\alpha) \right]$$

$$\leqslant -\frac{\alpha}{n a_n^{2-\alpha}} \left[\frac{(n-1)\alpha}{n} \prod_{k=1}^{n-1} a_k^{1/(n-1)} + \left(1 - \frac{(n-1)\alpha}{n}\right) a_n - a_n^{1-\alpha} G(\boldsymbol{a}^\alpha) \right]$$

$$< -\frac{\alpha}{n a_n^{2-\alpha}} \left[\prod_{k=1}^{n-1} a_k^{[1/(n-1)] \cdot [(n-1)\alpha/n]} \cdot a_n^{1-(n-1)\alpha/n} - a_n^{1-\alpha} G(\boldsymbol{a}^\alpha) \right]$$

$$= 0$$

由推论 1.1.6 知,对于任何 $\boldsymbol{a} \in [m, M]^n$,都有 $g(\boldsymbol{a}) \geqslant g(\bar{\boldsymbol{a}}_{\max}) = 0$.

至此定理证毕.

最值定理与分析不等式

最值单调定理与一些级数不等式的加强

本章主要讨论最值单调定理在著名级数不等式证明上的一些应用,主要包括对一些有限项级数不等式非严格化,对无限项级数不等式进行加强.以下设 $N \geqslant 1, N \in \mathbb{N}$ 和

$$D_k = \{(b_1, b_2, \cdots, b_N) \mid b_k = \max_{1 \leqslant n \leqslant N} \{b_n\} > $$
$$\min_{1 \leqslant n \leqslant N} \{b_n\} > 0, k = 1, 2, \cdots, N\} \qquad (2.0.1)$$

2.1 Hardy 不等式
和 Carleman 不等式统一简证

本节的研究结果主要由褚玉明教授和笔者共同完成的,可参见参考资料[19] 相应的内容.

著名的 Hardy 不等式在分析学中有许多应用(见参考资料[7]),其指的是:设 $a_k > 0 (k = 1, 2, \cdots), p > 1$,则

$$\left(\frac{p}{p-1}\right)^p \sum_{n=1}^{\infty} a_n^p > \sum_{n=1}^{\infty} \left(\frac{1}{n} \sum_{m=1}^{n} a_m\right)^p \qquad (2.1.1)$$

近几十年来,对其推广和加强也出现了较多结果,如参考资料[8] 和参考资料[31] ～ [34].

1922 年,Torsten Carleman 在参考资料[35] 中发表了不等式:设 $a_n > 0, n = 1, 2, \cdots,$ 且 $\sum_{n=1}^{\infty} a_n$ 收敛,则有

$$\mathrm{e} \sum_{n=1}^{\infty} a_n > \sum_{n=1}^{\infty} \left(\prod_{m=1}^{n} a_m\right)^{1/n} \qquad (2.1.2)$$

后来人们称其为Carleman不等式,并且对这个不等式进行了许多研究,如参考资料[36]～[47],它们不过是大量资料中重要的一部分.

Hardy不等式和Carleman不等式有时又记为:设 $a_k \geqslant 0(k=1,2,\cdots)$, $p>1$,则

$$\left(\frac{p}{p-1}\right)^p \sum_{n=1}^{\infty} a_n^p \geqslant \sum_{n=1}^{\infty} \left(\frac{1}{n}\sum_{m=1}^{n} a_m\right)^p \tag{2.1.3}$$

$$\mathrm{e}\sum_{n=1}^{\infty} a_n \geqslant \sum_{n=1}^{\infty} \left(\prod_{m=1}^{n} a_m\right)^{1/n} \tag{2.1.4}$$

本节将以最值压缩定理统一证明式(2.1.3)和式(2.1.4),证明的可读性强于这两个不等式的传统证明.后面几节我们还将对它们做进一步加强.

定理 2.1.1   若 $N \geqslant 1, N \in \mathbb{N}, a_n > 0(n=1,2,\cdots,N), B_N = \min\limits_{1\leqslant n\leqslant N}\{(n-1/2)a_n^p\}, p>1$,则

$$\left(\frac{p}{p-1}\right)^p \sum_{n=1}^{N} a_n^p - \sum_{n=1}^{N} \left(\frac{1}{n}\sum_{m=1}^{n} a_m\right)^p$$

$$\geqslant B_N\left[\left(\frac{p}{p-1}\right)^p \sum_{n=1}^{N} \frac{1}{n-1/2} - \sum_{n=1}^{N} \left(\frac{1}{n}\sum_{m=1}^{n} \frac{1}{(m-1/2)^{1/p}}\right)^p\right] \tag{2.1.5}$$

等号成立当且仅当 $(1-1/2)a_1^p = (2-1/2)a_2^p = \cdots = (N-1/2)a_N^p$.

证明   设 $b_n = (n-1/2)a_n^p(n=1,2,\cdots,N)$,则式(2.1.5)等价于

$$\left(\frac{p}{p-1}\right)^p \sum_{n=1}^{N} \frac{b_n^p}{n-1/2} - \sum_{n=1}^{N} \left(\frac{1}{n}\sum_{m=1}^{n} \frac{b_m}{(m-1/2)^{1/p}}\right)^p$$

$$\geqslant B_N\left[\left(\frac{p}{p-1}\right)^p \sum_{n=1}^{N} \frac{1}{n-1/2} - \sum_{n=1}^{N} \left(\frac{1}{n}\sum_{m=1}^{n} \frac{1}{(m-1/2)^{1/p}}\right)^p\right] \tag{2.1.6}$$

和 $B_N = \min\limits_{1\leqslant n\leqslant N}\{b_n^p\}$. 设

$$f: \boldsymbol{b} \in (0,+\infty)^N \to \left(\frac{p}{p-1}\right)^p \sum_{n=1}^{N} \frac{b_n^p}{n-1/2} - \sum_{n=1}^{N} \left(\frac{1}{n}\sum_{m=1}^{n} \frac{b_m}{(m-1/2)^{1/p}}\right)^p$$

在 $D_k(k=1,2,\cdots,N)$(见式(2.0.1),下同)内

$$\frac{\partial f}{\partial b_k} = p\left(\frac{p}{p-1}\right)^p \frac{b_k^{p-1}}{k-1/2} - \frac{p}{(k-1/2)^{1/p}} \sum_{n=k}^{N} \frac{1}{n^p} \left(\sum_{m=1}^{n} \frac{b_m}{(m-1/2)^{1/p}}\right)^{p-1}$$

$$> \frac{pb_k^{p-1}}{(k-1/2)^{1/p}}\left[\left(\frac{p}{p-1}\right)^p \frac{1}{(k-1/2)^{1-1/p}} - \right.$$

$$\sum_{n=k}^{\infty} \frac{1}{n^p}\left(\sum_{m=1}^{n} \frac{1}{(m-1/2)^{1/p}}\right)^{p-1}\right]$$

易证 $1/[(x-1/2)^{1/p}]$ 和 $x^{(-2p+1)/p}$ 在 $(1/2,+\infty)$ 内为严格凸函数,根据凸函数的 Hadamard 不等式,有

$$\frac{\partial f}{\partial b_k} > \frac{pb_k^{p-1}}{(k-1/2)^{1/p}}\left[\left(\frac{p}{p-1}\right)^p \frac{1}{(k-1/2)^{1-1/p}} - \sum_{n=k}^{\infty} \frac{1}{n^p}\left(\int_{1/2}^{n+1/2} \frac{1}{(x-1/2)^{1/p}}\right)^{p-1}\right]$$

54

$$= \frac{pb_k^{p-1}}{(k-1/2)^{1/p}}\left[\left(\frac{p}{p-1}\right)^p \frac{1}{(k-1/2)^{1-1/p}} - \left(\frac{p}{p-1}\right)^{p-1}\sum_{n=k}^{\infty} n^{(-2p+1)/p}\right]$$

$$> \frac{pb_k^{p-1}}{(k-1/2)^{1/p}}\left[\left(\frac{p}{p-1}\right)^p \frac{1}{(k-1/2)^{1-1/p}} - \left(\frac{p}{p-1}\right)^{p-1}\int_{k-1/2}^{\infty} x^{(-2p+1)/p}\,\mathrm{d}x\right]$$

$$= 0$$

由推论 1.1.3 知 $f(b_1,b_2,\cdots,b_N) \geqslant f(B_N^{1/p},B_N^{1/p},\cdots,B_N^{1/p})$，此即为式(2.1.6).

其等号成立当且仅当 $b_1=b_2=\cdots=b_N=B_N^{1/p}$，即

$$\left(1-\frac{1}{2}\right)a_1^p = \left(2-\frac{1}{2}\right)a_2^p = \cdots = \left(N-\frac{1}{2}\right)a_N^p$$

定理 2.1.1 证毕.

推论 2.1.2 如定理 2.1.1 所设：

(1)

$$\left(\frac{p}{p-1}\right)^p \sum_{n=1}^{N} a_n^p - \sum_{n=1}^{N}\left(\frac{1}{n}\sum_{m=1}^{n} a_m\right)^p \geqslant B_N\left[2\left(\frac{p}{p-1}\right)^p - 2\right]$$

等号成立当且仅当 $N=1$.

(2)
$$\left(\frac{p}{p-1}\right)^p \sum_{n=1}^{N} a_n^p - \sum_{n=1}^{N}\left(\frac{1}{n}\sum_{m=1}^{n} a_m\right)^p$$

$$> B_N\left(\frac{p}{p-1}\right)^p \sum_{n=1}^{N}\frac{1}{n(2n-1)} \tag{2.1.7}$$

证明 (1) 设

$$f(k) \geqslant \left(\frac{p}{p-1}\right)^p \sum_{n=1}^{k}\frac{1}{n-1/2} - \sum_{n=1}^{k}\left(\frac{1}{n}\sum_{m=1}^{n}\frac{1}{(m-1/2)^{1/p}}\right)^p \quad (k=1,2,\cdots,N)$$

则对于 $1 \leqslant k \leqslant N-1$，根据凸函数的 Hadamard 不等式，我们有

$$f(k+1) - f(k) \geqslant \left(\frac{p}{p-1}\right)^p \frac{1}{k+1/2} - \left(\frac{1}{k+1}\sum_{m=1}^{k+1}\frac{1}{(m-1/2)^{1/p}}\right)^p$$

$$> \left(\frac{p}{p-1}\right)^p \frac{1}{k+1/2} - \left(\frac{1}{k+1}\int_{1/2}^{k+3/2}\frac{1}{(x-1/2)^{1/p}}\,\mathrm{d}x\right)^p$$

$$= \left(\frac{p}{p-1}\right)^p \frac{1}{k+1/2} - \left(\frac{p}{p-1}\right)^p \frac{1}{k+1}$$

$$> 0$$

$\{f(k)\}_{k=1}^{N}$ 为严格单调递增数列. 再由定理 2.1.1 知

$$\left(\frac{p}{p-1}\right)^p \sum_{n=1}^{N} a_n^p - \sum_{n=1}^{N}\left(\frac{1}{n}\sum_{m=1}^{n} a_m\right)^p \geqslant B_N f(N) \geqslant B_N f(1)$$

$$= B_N\left[2\left(\frac{p}{p-1}\right)^p - 2\right]$$

(2) 根据式(2.1.5)和凸函数的 Hadamard 不等式，有

$$\left(\frac{p}{p-1}\right)^p \sum_{n=1}^N a_n^p - \sum_{n=1}^N \left(\frac{1}{n}\sum_{m=1}^n a_m\right)^p$$

$$> B_N \left[\left(\frac{p}{p-1}\right)^p \sum_{n=1}^N \frac{1}{n-1/2} - \sum_{n=1}^N \left(\frac{1}{n}\int_{1/2}^{n+1/2} \frac{1}{(x-1/2)^{1/p}}\mathrm{d}x\right)^p\right]$$

$$= B_N \left(\frac{p}{p-1}\right)^p \sum_{n=1}^N \left(\frac{1}{n-1/2} - \frac{1}{n}\right)$$

$$= B_N \left(\frac{p}{p-1}\right)^p \sum_{n=1}^N \frac{1}{n(2n-1)}$$

推论 2.1.2 得证.

注 2.1.3 在式 (2.1.7) 中, 令 $N \to +\infty$, 知式 (2.1.3) 成立.

引理 2.1.4 设 k 为一正自然数, 则

$$k(2\pi k)^{1/(2k)} > k+1 \tag{2.1.8}$$

$$\frac{\mathrm{e}}{k} \geqslant \sum_{n=k}^{\infty} \frac{1}{n(n!)^{1/n}} \tag{2.1.9}$$

证明 当 $k=1$ 时, 式 (2.1.8) 显然为真, 当 $k \geqslant 2$ 时, 易知

$$\sqrt{2\pi k} > \mathrm{e} > \left(1+\frac{1}{k}\right)^k$$

成立, 所以式 (2.1.8) 也为真.

设 $f(m) = \dfrac{\mathrm{e}}{m} - \displaystyle\sum_{n=m}^{\infty} \frac{1}{n(n!)^{1/n}}$, $m=1,2,\cdots$. 由 Stirling 公式

$$m! = \sqrt{2\pi m}\left(\frac{m}{\mathrm{e}}\right)^m \cdot \exp\left(\frac{\theta_m}{12m}\right)$$

及式 (2.1.8) 知

$$f(m) - f(m+1) = \frac{\mathrm{e}}{m} - \frac{\mathrm{e}}{m+1} - \frac{1}{m(m!)^{1/m}}$$

$$> \frac{\mathrm{e}}{m} - \frac{\mathrm{e}}{m+1} - \frac{\mathrm{e}}{m^2(2\pi m)^{1/(2m)}}$$

$$= \frac{\mathrm{e}m(2\pi m)^{1/(2m)} - \mathrm{e}(m+1)}{m^2(m+1)(2\pi m)^{1/(2m)}}$$

$$> 0$$

所以 $\{f(m)\}_{m=1}^{\infty}$ 为严格单调递减数列, 同时若 $\lim\limits_{m\to\infty} f(m) = 0$, 则知 $f(k) > 0$, 式 (2.1.9) 成立.

定理 2.1.5 设 $N \geqslant 1, N \in \mathbb{N}, a_n > 0 (n=1,2,\cdots,N), B_N = \min\limits_{1\leqslant n\leqslant N}\{na_n\}$, 则

$$\mathrm{e}\sum_{n=1}^N a_n - \sum_{n=1}^N \left(\prod_{m=1}^n a_m\right)^{1/n} \geqslant B_N\left[\mathrm{e}\sum_{n=1}^N \frac{1}{n} - \sum_{n=1}^N \frac{1}{(n!)^{1/n}}\right] \tag{2.1.10}$$

等号成立当且仅当 $a_1 = 2a_2 = \cdots = Na_N$.

证明 设 $b_n = na_n (n = 1, 2, \cdots, N)$，则式 (2.1.10) 等价于

$$\mathrm{e} \sum_{n=1}^{N} \frac{b_n}{n} - \sum_{n=1}^{N} \frac{1}{(n!)^{1/n}} \left(\prod_{m=1}^{n} b_m \right)^{1/n} \geqslant B_N \left[\mathrm{e} \sum_{n=1}^{N} \frac{1}{n} - \sum_{n=1}^{N} \frac{1}{(n!)^{1/n}} \right]$$

$$(2.1.11)$$

其中 $B_N = \min_{1 \leqslant n \leqslant N} \{b_n\}$. 设

$$f : \boldsymbol{b} \in (0, +\infty)^N \to \mathrm{e} \sum_{n=1}^{N} \frac{b_n}{n} - \sum_{n=1}^{N} \frac{1}{(n!)^{1/n}} \left(\prod_{m=1}^{n} b_m \right)^{1/n}$$

则在 $D_k (k = 1, 2, \cdots, N)$ 内

$$\begin{aligned}
\frac{\partial f}{\partial b_k} &= \frac{\mathrm{e}}{k} - \sum_{n=k}^{N} \frac{1}{n (n!)^{1/n} b_k} \left(\prod_{m=1}^{n} b_m \right)^{1/n} \\
&> \frac{\mathrm{e}}{k} - \sum_{n=k}^{N} \frac{1}{n (n!)^{1/n}} \\
&> \frac{\mathrm{e}}{k} - \sum_{n=k}^{\infty} \frac{1}{n (n!)^{1/n}}
\end{aligned}$$

由式 (2.1.9) 知 $\partial f / \partial b_k > 0$，由推论 1.1.3 知

$$f(b_1, b_2, \cdots, b_n) \geqslant f(B_N, B_N, \cdots, B_N)$$

此即为式 (2.1.11). 其等号成立当且仅当

$$b_1 = b_2 = \cdots = b_N = B_N$$

即

$$a_1 = 2a_2 = \cdots = Na_N$$

推论 2.1.6 若同定理 2.1.5 所设，则

$$\mathrm{e} \sum_{n=1}^{N} a_n - \sum_{n=1}^{N} \left(\prod_{m=1}^{n} a_m \right)^{1/n} \geqslant B_N (\mathrm{e} - 1)$$

等号成立当且仅当 $N = 1$.

证明 设

$$f(k) = \mathrm{e} \sum_{n=1}^{k} \frac{1}{n} - \sum_{n=1}^{k} \frac{1}{(n!)^{1/n}} \quad (k = 1, 2, \cdots, N)$$

则对于 $1 \leqslant k \leqslant N-1$，有

$$\begin{aligned}
f(k+1) - f(k) &= \frac{\mathrm{e}}{k+1} - \frac{1}{((k+1)!)^{1/(k+1)}} \\
&= \frac{\mathrm{e}}{k+1} - \frac{1}{\left(\sqrt{2\pi(k+1)} \left(\frac{k+1}{\mathrm{e}} \right)^{k+1} \cdot \exp\left(\frac{\theta_m}{12k+12} \right) \right)^{1/(k+1)}} \\
&> 0
\end{aligned}$$

$\{f(k)\}_{k=1}^{N}$ 为严格单调递增数列. 再由定理 2.1.5 知

$$\mathrm{e} \sum_{n=1}^{N} a_n - \sum_{n=1}^{N} \left(\prod_{m=1}^{n} a_m \right)^{1/n} \geqslant B_N f(N) \geqslant B_N f(1) = B_N (\mathrm{e} - 1)$$

57

注 2.1.7 在推论 2.1.6 中,令 $N \rightarrow +\infty$,知式(2.1.4)成立.

2.2 关于 Hardy 不等式的一个加强

关于 Hardy 不等式的系数加强方面的研究,参考资料[74]对于 $p=2$ 得到

$$4\sum_{n=1}^{\infty}\left(1-\frac{1}{3\sqrt{n}+5}\right)a_n^2 > \sum_{n=1}^{\infty}\left(\frac{1}{n}\sum_{m=1}^{n}a\right)^2 \tag{2.2.1}$$

参考资料[75]利用权系数的方法,对 $p \in [7/6,2]$,证明了

$$\left(\frac{p}{p-1}\right)^p\sum_{n=1}^{\infty}\left(1-\frac{15}{196}\cdot\frac{1}{n^{1-1/p}+3\ 436}\right)a_n^p > \sum_{n=1}^{\infty}\left(\frac{1}{n}\sum_{m=1}^{n}a_m\right)^p \tag{2.2.2}$$

参考资料[76]对 Hardy 不等式的加强也做了一些研究,但由于其中的逻辑有错误,其主要结果应改为

$$\left(\frac{p}{p-1}\right)^p\sum_{n=1}^{\infty}\left[1-\frac{C_p}{2n^{1-1/p}}+\frac{p-1}{pn}-\frac{(p-1)C_p}{pn^{2-1/p}}\right]a_k^p > \sum_{n=1}^{\infty}\left(\frac{1}{n}\sum_{m=1}^{n}a_m\right)^p \tag{2.2.3}$$

其中

$$C_p = \begin{cases} 1-\dfrac{1}{p}, & 1 < p \leqslant 2 \\ 1-\left(1-\dfrac{1}{p}\right)^{p-1}, & p \geqslant 2 \end{cases}$$

本节将通过新变换 $a_k = b_k/\sqrt[p]{(k-1/2)}$ $(k=1,2,\cdots)$,应用最值单调定理,见参考资料[76]中的函数构造方法,来证明 Hardy 不等式的一个新的加强式.

本节都记 $p > 1$ 和

$$Z_p = \begin{cases} p-1-\dfrac{(p-1)^2}{p}\cdot 2^{\frac{1}{p}}, & 1 < p \leqslant 2 \\ 1-\left(\dfrac{p-1}{p}\right)^{p-1}2^{\frac{p-1}{p}}, & p > 2 \end{cases} \tag{2.2.4}$$

引理 2.2.1

$$0 < Z_p < \frac{1}{2} \tag{2.2.5}$$

证明 (1)若 $1 < p \leqslant 2$,则 $Z_p > 0$ 等价于 $f: p \in (1,2] \rightarrow 2^{-1/p}-1+1/p > 0$. 又

$$f'(p) = \frac{1}{p^2}2^{-\frac{1}{p}}\ln 2 - \frac{1}{p^2} = \frac{1}{p^2}2^{-\frac{1}{p}}(\ln 2 - 2^{\frac{1}{p}}) < 0$$

则 f 单调递减,所以 $f(p) \geqslant f(2) = (\sqrt{2}-1)/2 > 0$.同时 $Z_p < 1/2$ 等价于

58

$$p - \frac{3}{2} < \frac{(p-1)^2}{p} \cdot 2^{\frac{1}{p}}, \quad -\frac{3}{2} < \left(p - 2 + \frac{1}{p}\right) \cdot 2^{\frac{1}{p}} - p$$

当 $1 < p \leqslant 3/2$ 时显然成立. 当 $3/2 < p \leqslant 2$ 时, 易证 $p - 2 + 1/p$ 关于 p 单调递增, 而 $2^{1/p}$ 和 $-p$ 关于 p 都单调递减.

若 $\dfrac{3}{2} < p \leqslant \dfrac{13}{8}$, 则 $\left(p - 2 + \dfrac{1}{p}\right) \cdot 2^{\frac{1}{p}} - p > \left(\dfrac{3}{2} - 2 + \dfrac{1}{3/2}\right) \cdot 2^{\frac{1}{13/8}} - \dfrac{13}{8} >$

$-\dfrac{3}{2}$;

若 $\dfrac{13}{8} < p \leqslant \dfrac{7}{4}$, 则 $\left(p - 2 + \dfrac{1}{p}\right) \cdot 2^{\frac{1}{p}} - p > \left(\dfrac{13}{8} - 2 + \dfrac{1}{13/8}\right) \cdot 2^{\frac{1}{7/4}} - \dfrac{7}{4} >$

$-\dfrac{3}{2}$;

若 $\dfrac{7}{4} < p \leqslant \dfrac{15}{8}$, 则 $\left(p - 2 + \dfrac{1}{p}\right) \cdot 2^{\frac{1}{p}} - p > \left(\dfrac{7}{4} - 2 + \dfrac{1}{7/4}\right) \cdot 2^{\frac{1}{15/8}} - \dfrac{15}{8} >$

$-\dfrac{3}{2}$;

若 $\dfrac{15}{8} < p \leqslant 2$, 则 $\left(p - 2 + \dfrac{1}{p}\right) \cdot 2^{\frac{1}{p}} - p > \left(\dfrac{15}{8} - 2 + \dfrac{1}{15/8}\right) \cdot 2^{\frac{1}{2}} - 2 >$

$-\dfrac{3}{2}$.

(2) 若 $p > 2$, 则我们欲证 $\left(\dfrac{p-1}{p}\right)^{p-1} 2^{\frac{p-1}{p}} < 1$ 和 $\dfrac{1}{2} < \left(\dfrac{p-1}{p}\right)^{p-1} 2^{\frac{p-1}{p}}$, 它们

分别等价于 $2 < \left(1 + \dfrac{1}{p-1}\right)^p$ 和 $\left(1 + \dfrac{1}{p-1}\right)^p < 2^{2 + \frac{1}{p-1}}$, 由于 $\left(1 + \dfrac{1}{p-1}\right)^p$ 在

$(2, +\infty)$ 内关于 p 严格单调递减, 则知

$$\left(1 + \frac{1}{p-1}\right)^p > \lim_{p \to +\infty} \left(1 + \frac{1}{p-1}\right)^p = \mathrm{e} > 2$$

和

$$\left(1 + \frac{1}{p-1}\right)^p < \left(1 + \frac{1}{2-1}\right)^2 = 4 < 2^{2 + \frac{1}{p-1}}$$

至此引理 2.2.1 证毕.

引理 2.2.2 (1) 设 $x \geqslant 1, p > 2$, 则

$$(1 - Z_p x^{1/p-1})^{\frac{2-p}{p-1}} \left(1 - \frac{p-2}{p-1} Z_p x^{1/p-1}\right) > 1 \tag{2.2.6}$$

(2) 设 $p > 1$, 则 $f: x \in [1, +\infty) \to x^{1/p-2} - Z_p x^{2/p-3}$ 为凸函数.

证明 (1) 欲证命题等价于

$$1 - \frac{p-2}{p-1} Z_p x^{1/p-1} > (1 - Z_p x^{1/p-1})^{\frac{p-2}{p-1}}$$

Bernolli 不等式指的是 $(1+t)^\alpha \leqslant 1 + \alpha t \, (t > -1, 0 < \alpha < 1)$, 等号成立当且

仅当 $t=0$. 若令 $t=-Z_p x^{-1+1/p}$，$\alpha=(p-2)/(p-1)$，则知式（2.2.6）成立.

$$(2)\, f''(x) = \left(\frac{1}{p}-2\right)\left(\frac{1}{p}-3\right)x^{1/p-4} - Z_p\left(\frac{2}{p}-3\right)\left(\frac{2}{p}-4\right)x^{2/p-5}$$

$$= \frac{(2p-1)\,x^{2/p-5}}{p^2}\big[(3p-1)\,x^{1-1/p} - 2Z_p(3p-2)\big]$$

$$\geqslant \frac{(2p-1)\,x^{2/p-5}}{p^2}\big[(3p-1) - 2Z_p(3p-2)\big]$$

由引理 2.2.1 知

$$f''(x) \geqslant \frac{(2p-1)\,x^{2/p-5}}{p^2}\big[(3p-1) - (3p-2)\big] > 0$$

所以 f 为凸函数.

引理 2.2.2 证毕.

引理 2.2.3 设 n 为任一正自然数，$p>1$.

（1）若 $1<p\leqslant 2$，则

$$\sum_{k=1}^{n}\frac{1}{(k-1/2)^{1/p}} \leqslant \frac{p}{p-1}\Big(n^{1-1/p} - \frac{Z_p}{p-1}\Big) \tag{2.2.7}$$

（2）若 $p>2$，则

$$\sum_{k=1}^{n}\frac{1}{(k-1/2)^{1/p}} \leqslant \frac{p}{p-1}n^{1-2/p}\,(n^{1-1/p} - Z_p)^{1/(p-1)} \tag{2.2.8}$$

证明 （1）利用数学归纳法证明. 当 $n=1$ 时，式（2.2.7）取等号，命题成立. 假设 $n=m\geqslant 1$，命题成立，当 $n=m+1$ 时

$$\sum_{k=1}^{m+1}\frac{1}{(k-1/2)^{1/p}} \leqslant \frac{p}{p-1}\Big(m^{1-1/p} - \frac{Z_p}{p-1}\Big) + \frac{1}{(m+1/2)^{1/p}}$$

$$= \frac{p}{p-1}\Big[(m+1)^{1-1/p} - \frac{Z_p}{p-1}\Big] -$$

$$\int_{m}^{m+1}x^{-1/p}\mathrm{d}x + \frac{1}{(m+1/2)^{1/p}}$$

因为 $x^{-1/p}$ 在 $[m,m+1]$ 上为凸函数，所以由凸函数的 Hadamard 不等式知式（2.2.7）对于 $n=m+1$ 也成立. 式（2.2.7）得证.

（2）当 $n=1$ 时，式（2.2.8）取等号，命题成立. 假设 $n=m\geqslant 1$，命题成立，当 $n=m+1$ 时

$$\sum_{k=1}^{m+1}\frac{1}{(k-1/2)^{1/p}}$$

$$\leqslant \frac{p}{p-1}m^{1-2/p}\,(m^{1-1/p} - Z_p)^{1/(p-1)} + \frac{1}{(m+1-1/2)^{1/p}}$$

$$= \frac{p}{p-1}\,(m+1)^{1-2/p}\,((m+1)^{1-1/p} - Z_p)^{1/(p-1)} -$$

60

$$\int_m^{m+1} \left[\frac{p}{p-1} x^{1-2/p} \left(x^{1-1/p} - Z_p \right)^{1/(p-1)} \right]' \mathrm{d}x + \frac{1}{(m+1/2)^{1/p}}$$

$$= \frac{p}{p-1} (m+1)^{1-2/p} \left((m+1)^{1-1/p} - Z_p \right)^{1/(p-1)} + \frac{1}{(m+1/2)^{1/p}} -$$

$$\frac{p}{p-1} \int_m^{m+1} x^{-\frac{2}{p}} \left(x^{1-\frac{1}{p}} - Z_p \right)^{\frac{2-p}{p-1}} \left[\left(1 - \frac{1}{p} \right) x^{1-\frac{1}{p}} - \left(1 - \frac{2}{p} \right) Z_p \right] \mathrm{d}x$$

$$= \frac{p}{p-1} (m+1)^{1-\frac{2}{p}} \left((m+1)^{1-\frac{1}{p}} - Z_p \right)^{\frac{1}{p-1}} + \frac{1}{(m+1/2)^{\frac{1}{p}}} -$$

$$\int_m^{m+1} x^{-\frac{1}{p}} \left(1 - Z_p x^{-1+\frac{1}{p}} \right)^{\frac{2-p}{p-1}} \left[1 - \frac{p-2}{p-1} Z_p x^{-1+\frac{1}{p}} \right] \mathrm{d}x$$

由式(2.2.6)及 $x^{-1/p}$ 在 $[m,m+1]$ 上为凸函数知

$$\sum_{k=1}^{m+1} \frac{1}{(k-1/2)^{1/p}} < \frac{p}{p-1} (m+1)^{1-2/p} \left((m+1)^{1-1/p} - Z_p \right)^{1/(p-1)} +$$

$$\frac{1}{(m+1/2)^{1/p}} - \int_m^{m+1} x^{-1/p} \mathrm{d}x$$

$$\leqslant \frac{p}{p-1} (m+1)^{1-2/p} \left((m+1)^{1-1/p} - Z_p \right)^{1/(p-1)} +$$

$$\frac{1}{(m+1/2)^{1/p}} - \left(m + \frac{1}{2} \right)^{-1/p}$$

$$= \frac{p}{p-1} (m+1)^{1-2/p} \left((m+1)^{1-1/p} - Z_p \right)^{1/(p-1)}$$

所以式(2.2.8)对于 $n=m+1$ 也成立. 式(2.2.8)得证.

引理 2.2.4 设 k 为任一正自然数，$p > 1$，则

$$\sum_{n=k}^{+\infty} \left(n^{-2+1/p} - Z_p n^{-3+2/p} \right) < \frac{p}{p-1} \left[\left(k - \frac{1}{2} \right)^{1/p-1} - \frac{Z_p}{2} \left(k - \frac{1}{2} \right)^{2/p-2} \right]$$

证明 对于 $k=1,2,\cdots$，设

$$f(k) = \frac{p}{p-1} \left[\left(k - \frac{1}{2} \right)^{1/p-1} - \frac{Z_p}{2} \left(k - \frac{1}{2} \right)^{2/p-2} \right] - \sum_{n=k}^{+\infty} \left(n^{1/p-2} - Z_p n^{2/p-3} \right)$$

则有

$$f(k) - f(k+1) = \frac{p}{p-1} \left[\left(k - \frac{1}{2} \right)^{1/p-1} - \frac{Z_p}{2} \left(k - \frac{1}{2} \right)^{2/p-2} \right] -$$

$$(k^{1/p-2} - Z_p k^{2/p-3}) -$$

$$\frac{p}{p-1} \left[\left(k + \frac{1}{2} \right)^{1/p-1} - \frac{Z_p}{2} \left(k + \frac{1}{2} \right)^{2/p-2} \right]$$

$$= \int_{k-\frac{1}{2}}^{k+\frac{1}{2}} \left(x^{1/p-2} - Z_p x^{2/p-3} \right) \mathrm{d}x - (k^{1/p-2} - Z_p k^{2/p-3})$$

由引理 2.2.2 的结论(2)及凸函数的 Hadamard 不等式知数列 $\{f(k)\}_{k=1}^{+\infty}$ 为严格单调递减数列. 又易知 $\lim\limits_{k \to +\infty} f(k) = 0$，所以有 $f(k) > 0$ 恒成立，引理 2.2.4 得证.

定理 2.2.5 $N \geqslant 1, N \in \mathbb{N}, a_n > 0 (n = 1, 2, \cdots, N), B_N = \min\limits_{1 \leqslant n \leqslant N} \{(n - 1/2) a_n^p\}, p > 1$, 则

$$\left(\frac{p}{p-1}\right)^p \sum_{n=1}^{N} \left[1 - \frac{Z_p}{2 (n-1/2)^{1-1/p}}\right] a_n^p - \sum_{n=1}^{N} \left(\frac{1}{n} \sum_{m=1}^{n} a_m\right)^p$$

$$\geqslant B_N \left\{\left(\frac{p}{p-1}\right)^p \sum_{n=1}^{N} \left(\frac{1}{n-1/2} - \frac{Z_p}{2 (n-1/2)^{2-1/p}}\right) - \right.$$

$$\left. \sum_{n=1}^{N} \left[\frac{1}{n} \sum_{m=1}^{n} \frac{1}{(m-1/2)^{1/p}}\right]^p\right\} \tag{2.2.9}$$

证明 记 $a_n = \dfrac{b_n}{(n-1/2)^{1/p}}, n = 1, 2, \cdots, N,$ 则 $B_N = \min\limits_{1 \leqslant n \leqslant N} \{b_n^p\}$, 且式

(2.2.9) 等价于

$$\left(\frac{p}{p-1}\right)^p \sum_{n=1}^{N} \left(\frac{1}{n-1/2} - \frac{Z_p}{2 (n-1/2)^{2-1/p}}\right) b_n^p - \sum_{n=1}^{N} \left(\frac{1}{n} \sum_{m=1}^{n} \frac{a_k}{(m-1/2)^{1/p}}\right)^p$$

$$\geqslant B_N \left\{\left(\frac{p}{p-1}\right)^p \sum_{n=1}^{N} \left(\frac{1}{n-1/2} - \frac{Z_p}{2 (n-1/2)^{2-1/p}}\right) - \right.$$

$$\left. \sum_{n=1}^{N} \left(\frac{1}{n} \sum_{m=1}^{n} \frac{1}{(m-1/2)^{1/p}}\right)^p\right\} \tag{2.2.10}$$

设

$$f: \boldsymbol{b} \in (0, +\infty)^N \rightarrow$$

$$\left(\frac{p}{p-1}\right)^p \sum_{n=1}^{N} \left(\frac{1}{n-1/2} - \frac{Z_p}{2 (n-1/2)^{2-1/p}}\right) b_n^p -$$

$$\sum_{n=1}^{N} \left(\frac{1}{n} \sum_{m=1}^{n} \frac{b_m}{(m-1/2)^{1/p}}\right)^p$$

和

$$D_k = \{(b_1, b_2, \cdots, b_N) \mid b_k = \max_{1 \leqslant n \leqslant N} \{b_n\} > \min_{1 \leqslant n \leqslant N} \{b_n\} > 0\} \quad (k = 1, 2, \cdots, N)$$

则在 D_k 中

$$\frac{\partial f(\boldsymbol{b})}{\partial b_k} = \frac{p}{(k-1/2)^{\frac{1}{p}}} \left\{\left(\frac{p}{p-1}\right)^p \left[\left(k-\frac{1}{2}\right)^{\frac{1}{p}-1} - Z_p \left(k-\frac{1}{2}\right)^{\frac{2}{p}-2}\right] b_k^{p-1} - \right.$$

$$\left. \sum_{n=k}^{N} \frac{1}{n^p} \left(\sum_{m=1}^{n} \frac{b_m}{(m-1/2)^{\frac{1}{p}}}\right)^{p-1}\right\}$$

$$> \frac{p}{(k-1/2)^{\frac{1}{p}}} \left[\left(\frac{p}{p-1}\right)^p \left[\left(k-\frac{1}{2}\right)^{\frac{1}{p}-1} - Z_p \left(k-\frac{1}{2}\right)^{\frac{2}{p}-2}\right] b_k^{p-1} - \right.$$

$$\left. \sum_{n=k}^{+\infty} \frac{1}{n^p} \left(\sum_{m=1}^{n} \frac{b_k}{(m-1/2)^{\frac{1}{p}}}\right)^{p-1}\right]$$

所以

62

$$\frac{\left(k-\frac{1}{2}\right)^{\frac{1}{p}}}{pb_k^{p-1}} \cdot \frac{\partial f}{\partial b_k} > \left(\frac{p}{p-1}\right)^p \left[\left(k-\frac{1}{2}\right)^{\frac{1}{p}-1} - Z_p \left(k-\frac{1}{2}\right)^{\frac{2}{p}-2}\right] -$$

$$\sum_{n=k}^{+\infty} \frac{1}{n^p} \left(\sum_{m=1}^{n} \frac{1}{(m-1/2)^{\frac{1}{p}}}\right)^{p-1}$$

当 $1 < p \leqslant 2$ 时，由式(2.2.7)及 Bernoulli 不等式知

$$\frac{(k-1/2)^{1/p}}{pb_k^{p-1}} \cdot \frac{\partial f}{\partial b_k}$$

$$> \left[\left(\frac{p}{p-1}\right)^p \left[\left(k-\frac{1}{2}\right)^{\frac{1}{p}-1} - Z_p \left(k-\frac{1}{2}\right)^{\frac{2}{p}-2}\right] -$$

$$\sum_{n=k}^{+\infty} \frac{1}{n^p} \left[\frac{p}{p-1}\left(n^{1-\frac{1}{p}} - \frac{Z_p}{p-1}\right)\right]^{p-1}\right]$$

$$= \left[\left(\frac{p}{p-1}\right)^p \left[\left(k-\frac{1}{2}\right)^{\frac{1}{p}-1} - Z_p \left(k-\frac{1}{2}\right)^{\frac{2}{p}-2}\right] -$$

$$\left(\frac{p}{p-1}\right)^{p-1} \sum_{n=k}^{+\infty} n^{\frac{1}{p}-2} \left(1 - \frac{Z_p}{p-1} \cdot n^{\frac{1}{p}-1}\right)^{p-1}\right]$$

$$> \left[\left(\frac{p}{p-1}\right)^p \left[\left(k-\frac{1}{2}\right)^{\frac{1}{p}-1} - Z_p \left(k-\frac{1}{2}\right)^{\frac{2}{p}-2}\right] -$$

$$\left(\frac{p}{p-1}\right)^{p-1} \sum_{n=k}^{+\infty} n^{\frac{1}{p}-2} (1 - Z_p n^{\frac{1}{p}-1})\right]$$

$$= \left[\left(\frac{p}{p-1}\right)^p \left[\left(k-\frac{1}{2}\right)^{\frac{1}{p}-1} - Z_p \left(k-\frac{1}{2}\right)^{\frac{2}{p}-2}\right] -$$

$$\left(\frac{p}{p-1}\right)^{p-1} \sum_{n=k}^{+\infty} (n^{\frac{1}{p}-2} - Z_p n^{\frac{2}{p}-3})\right]$$

当 $p > 2$ 时，由式(2.2.8)知

$$\frac{(k-1/2)^{1/p}}{pb_k^{p-1}} \cdot \frac{\partial f}{\partial b_k} > \left(\frac{p}{p-1}\right)^p \left[\left(k-\frac{1}{2}\right)^{\frac{1}{p}-1} - Z_p \left(k-\frac{1}{2}\right)^{\frac{2}{p}-2}\right] -$$

$$\sum_{n=k}^{+\infty} \frac{1}{n^p} \left(\frac{p}{p-1} n^{1-\frac{2}{p}} (n^{1-\frac{1}{p}} - Z_p)^{\frac{1}{p-1}}\right)^{p-1}$$

$$= \left(\frac{p}{p-1}\right)^p \left[\left(k-\frac{1}{2}\right)^{\frac{1}{p}-1} - Z_p \left(k-\frac{1}{2}\right)^{\frac{2}{p}-2}\right] -$$

$$\left(\frac{p}{p-1}\right)^{p-1} \sum_{n=k}^{+\infty} (n^{-2+\frac{1}{p}} - Z_p n^{-3+\frac{2}{p}})$$

至此由引理 2.2.4 知，都有

$$\frac{\left(k-\frac{1}{2}\right)^{\frac{1}{p}}}{pb_k^{p-1}} \cdot \frac{\partial f}{\partial b_k} > \left(\frac{p}{p-1}\right)^p \left[\left(k-\frac{1}{2}\right)^{\frac{1}{p}-1} - Z_p \left(k-\frac{1}{2}\right)^{\frac{2}{p}-2}\right] -$$

$$\left(\frac{p}{p-1}\right)^p\left[\left(k-\frac{1}{2}\right)^{\frac{1}{p}-1}-\frac{Z_p}{2}\left(k-\frac{1}{2}\right)^{\frac{2}{p}-2}\right]$$
$$=0$$

根据推论 1.1.3 知 $f(b_1,b_2,\cdots,b_N)\geqslant f(B_N^{1/p},B_N^{1/p},\cdots,B_N^{1/p})$，此即为式 (2.2.10)，定理 2.2.5 得证.

推论 2.2.6 $N\geqslant 1,N\in\mathbb{N},a_n>0(n=1,2,\cdots,N),B_N=\min\limits_{1\leqslant n\leqslant N}\{(n-1/2)a_n^p\},p>1$，则

$$\left(\frac{p}{p-1}\right)^p\sum_{n=1}^N\left[1-\frac{Z_p}{2\ (n-1/2)^{1-1/p}}\right]a_n^p-\sum_{n=1}^N\left(\frac{1}{n}\sum_{m=1}^n a_m\right)^p$$
$$\geqslant 2B_N\left[\left(\frac{p}{p-1}\right)^p(1-2^{-1/p}Z_p)-1\right] \tag{2.2.11}$$

证明 对于 $k=1,2,\cdots,N$，设

$$f(k)=B_N\left\{\left(\frac{p}{p-1}\right)^p\sum_{n=1}^k\left(\frac{1}{n-1/2}-\frac{Z_p}{2\ (n-1/2)^{2-1/p}}\right)-\right.$$
$$\left.\sum_{n=1}^k\left(\frac{1}{n}\sum_{m=1}^n\frac{1}{(m-1/2)^{1/p}}\right)^p\right\}$$

当 $1\leqslant k\leqslant N-1,1<p\leqslant 2$ 时，根据式(2.2.7) 知

$$f(k+1)-f(k)$$
$$=B_N\left\{\left(\frac{p}{p-1}\right)^p\left(\frac{1}{k+1/2}-\frac{Z_p}{2\ (k+1/2)^{2-1/p}}\right)-\right.$$
$$\left.\left[\frac{1}{k+1}\sum_{n=1}^{k+1}\frac{1}{(k-1/2)^{1/p}}\right]^p\right\}$$
$$\geqslant B_N\left\{\left(\frac{p}{p-1}\right)^p\left(\frac{1}{k+1/2}-\frac{Z_p}{2\ (k+1/2)^{2-1/p}}\right)-\right.$$
$$\left.\left(\frac{1}{k+1}\cdot\frac{p}{p-1}\left((k+1)^{1-1/p}-\frac{Z_p}{p-1}\right)\right)^p\right\}$$
$$=\left(\frac{p}{p-1}\right)^p B_N\left\{\frac{1}{k+1/2}-\frac{Z_p}{2\ (k+1/2)^{2-1/p}}-\right.$$
$$\left.\frac{1}{k+1}\left(1-\frac{Z_p}{(p-1)\ (k+1)^{1-1/p}}\right)^p\right\}$$
$$>\left(\frac{p}{p-1}\right)^p B_N\left\{\frac{1}{k+1/2}-\frac{Z_p}{2\ (k+1/2)^{2-1/p}}-\right.$$
$$\left.\frac{1}{k+1}\left(1-\frac{Z_p}{(p-1)\ (k+1)^{1-1/p}}\right)\right\}$$
$$=\left(\frac{p}{p-1}\right)^p B_N\left\{\frac{1/2}{(k+1/2)\ (k+1)}-\frac{Z_p}{2\ (k+1/2)^{2-1/p}}+\right.$$
$$\left.\frac{Z_p}{(p-1)\ (k+1)^{2-1/p}}\right\}$$

64

$$> \left(\frac{p}{p-1}\right)^p B_N\left\{\frac{1/2}{(k+1/2)(k+1)} - \right.$$

$$\left. \frac{Z_p}{2(k+1/2)^{2-1/p}} + \frac{Z_p}{(k+1)^{2-1/p}}\right\}$$

$$\frac{Z_p}{(k+1)^{2-1/p}} > \frac{Z_p}{2(k+1/2)^{2-1/p}}$$

所以 $f(k+1) > f(k)$.

当 $1 \leqslant k \leqslant N-1, p > 2$ 时,根据式(2.2.8)知

$$f(k+1) - f(k)$$

$$= B_N\left\{\left(\frac{p}{p-1}\right)^p\left(\frac{1}{k+1/2} - \frac{Z_p}{2(k+1/2)^{2-\frac{1}{p}}}\right) - \right.$$

$$\left. \left[\frac{1}{k+1}\sum_{m=1}^{k+1}\frac{1}{(m-1/2)^{\frac{1}{p}}}\right]^p\right\}$$

$$\geqslant B_N\left\{\left(\frac{p}{p-1}\right)^p\left(\frac{1}{k+1/2} - \frac{Z_p}{2(k+1/2)^{2-\frac{1}{p}}}\right) - \right.$$

$$\left. \left[\frac{1}{k+1}\cdot\frac{p}{p-1}(k+1)^{1-\frac{2}{p}}((k+1)^{1-\frac{1}{p}} - Z_p)^{\frac{1}{p-1}}\right]^p\right\}$$

$$= \left(\frac{p}{p-1}\right)^p B_N\left\{\left(\frac{1}{k+1/2} - \frac{Z_p}{2(k+1/2)^{2-1/p}}\right) - \right.$$

$$\left. \frac{1}{k+1}\left[1 - \frac{Z_p}{(k+1)^{1-1/p}}\right]^{p/(p-1)}\right\}$$

$$> \left(\frac{p}{p-1}\right)^p B_N\left\{\left(\frac{1}{k+1/2} - \frac{Z_p}{2(k+1/2)^{2-1/p}}\right) - \right.$$

$$\left. \frac{1}{k+1}\left[1 - \frac{Z_p}{(k+1)^{1-1/p}}\right]\right\}$$

$$= \left(\frac{p}{p-1}\right)^p B_N\left\{\frac{1/2}{(k+1/2)(k+1)} - \right.$$

$$\left. \frac{Z_p}{2(k+1/2)^{2-1/p}} + \frac{Z_p}{(k+1)^{2-1/p}}\right\}$$

$$\frac{Z_p}{(k+1)^{2-1/p}} > \frac{Z_p}{2(k+1/2)^{2-1/p}}$$

所以

$$f(k+1) > f(k)$$

至此知 $\{f(k)\}_{k=1}^N$ 为严格单调递增数列,根据定理2.2.5,我们有

$$\left(\frac{p}{p-1}\right)^p \sum_{n=1}^N\left[1 - \frac{Z_p}{2(n-1/2)^{1-1/p}}\right]a_n^p - \sum_{n=1}^N\left(\frac{1}{n}\sum_{k=1}^n a_k\right)^p$$

$$\geqslant B_N f(N) \geqslant B_N f(1) = 2B_N\left[\left(\frac{p}{p-1}\right)^p(1 - 2^{-1/p}Z_p) - 1\right]$$

推论 2.2.6 证毕.

推论 2.2.7　$p > 1, a_k > 0, k = 1, 2, \cdots, \sum\limits_{n=1}^{\infty} a_n^p$ 收敛,则

$$\left(\frac{p}{p-1}\right)^p \sum_{n=1}^{\infty}\left[1 - \frac{Z_p}{2(n-1/2)^{1-1/p}}\right] a_n^p \geqslant \sum_{n=1}^{\infty}\left(\frac{1}{n}\sum_{m=1}^{n} a_m\right)^p \quad (2.2.12)$$

证明　在式(2.2.11)中令 $N \to +\infty$,即知推论 2.2.7 成立.

显然式(2.2.12)强于式(2.1.1).本节的目的已经达到.

2.3　$p \leqslant -1$ 的 Hardy 不等式的一些研究

为了研究 $p < 0$ 的 Hardy 不等式,参考资料[45]证明了

$$\sum_{n=1}^{\infty}\left(\frac{1}{n}\sum_{m=1}^{n} a_m\right)^p \leqslant \begin{cases} \left(\dfrac{p}{p-1}\right)^p \sum\limits_{n=1}^{\infty} a_n^p, p \leqslant -1 \\[3mm] \dfrac{1}{1-p} 2^{1-p} \sum\limits_{n=1}^{\infty} a_n^p, -1 < p < 0 \end{cases} \quad (2.3.1)$$

为了避免讨论负的参数,若记 $p = -r$(参考资料[45]也是这样处理的),则式(2.3.1)化为

$$\sum_{n=1}^{\infty}\left[\frac{n}{\sum\limits_{m=1}^{n} a_m}\right]^r \leqslant \begin{cases} \left(\dfrac{r+1}{r}\right)^r \sum\limits_{n=1}^{\infty} a_n^{-r}, r \geqslant 1 \\[3mm] \dfrac{1}{1+r} 2^{1+r} \sum\limits_{n=1}^{\infty} a_n^{-r}, 0 < r < 1 \end{cases} \quad (2.3.2)$$

若继续用 a_m 记 $a_m^{-1}(m = 1, 2, \cdots)$,则上式化为

$$\sum_{n=1}^{\infty}\left[\frac{n}{\sum\limits_{k=1}^{n} 1/a_k}\right]^r \leqslant \begin{cases} \left(\dfrac{r+1}{r}\right)^r \sum\limits_{n=1}^{\infty} a_n^r, r \geqslant 1 \\[3mm] \dfrac{2^{1+r}}{1+r} \sum\limits_{n=1}^{\infty} a_n^r, 0 < r < 1 \end{cases} \quad (2.3.3)$$

本节将以推论 2.3.8 的形式,对式(2.3.1)中的 $p \leqslant -1$ 的结果,即式(2.3.3)中的 $r \geqslant 1$ 的结果进行加强.

引理 2.3.1　设 $r \in \mathbb{R}, r \geqslant 1, n$ 为正自然数,则有

$$\sum_{k=1}^{n}\left(k - \frac{1}{2}\right)^{1/r} \geqslant \frac{r}{r+1} n^{1+1/r} + \frac{1}{2^{1/r}} - \frac{r}{r+1} \quad (2.3.4)$$

证明　用数学归纳法证明.当 $n = 1$ 时,式(2.3.4)取等号成立.假设 $n = m$ 时,式(2.3.4)取等号成立,则当 $n = m + 1$ 时

$$\sum_{k=1}^{m+1}\left(k - \frac{1}{2}\right)^{1/r} \geqslant \frac{r}{r+1} m^{1+1/r} + \frac{1}{2^{1/r}} - \frac{r}{r+1} + \left(m + \frac{1}{2}\right)^{1/r}$$

66

$$= \frac{r}{r+1}(m+1)^{1+1/r} + \frac{1}{2^{1/r}} - \frac{r}{r+1} +$$

$$\left(m+\frac{1}{2}\right)^{1/r} - \int_m^{m+1} x^{1/r}\,\mathrm{d}x$$

当 $r \geqslant 1$ 时，$x^{1/r}$ 在 $(0, +\infty)$ 内为凹函数，利用凸函数的 Hadamard 不等式知

$$\left(m+\frac{1}{2}\right)^{1/r} \geqslant \int_m^{m+1} x^{1/r}\,\mathrm{d}x$$

至此，对于 $n = m+1$ 引理 2.3.1 也成立. 引理 2.3.1 得证.

注 2.3.2 对于 $r \geqslant 1$，$\frac{1}{2^{1/r}} \geqslant \frac{r}{r+1}$ 等价于 $1 + \frac{1}{r} \geqslant 2^{1/r}$ 和 $\left(1 + \frac{1}{r}\right)^r \geqslant 2$.
由一个众所周知的性质：$(1+1/r)^r$ 关于 r 在 $[1, +\infty)$ 上严格单调递增，知 $(1+1/r)^r \geqslant 2$ 成立. 所以有

$$\frac{1}{2^{1/r}} \geqslant \frac{r}{r+1}, \frac{r+1}{2^{1/r}} \geqslant r, 1 + \frac{1}{r} \geqslant 2^{1/r} \text{ 和} \frac{r+1}{r2^{1/r}} \geqslant 1$$

本节将反复使用这些性质，我们不再就此说明.

引理 2.3.3 设 $r \in \mathbb{R}, r \geqslant 1$.

(1)

$$\frac{3r+1}{(r+1)^2} \cdot \frac{1}{2^{1+1/r}} - \left(\frac{1}{2^{1/r}} - \frac{r}{r+1}\right)\frac{3r^2+1}{r(r+1)} > 0 \tag{2.3.5}$$

(2) 若再设

$$f: x \in \left[\frac{1}{2}, +\infty\right) \to \frac{x^r}{\left(\frac{r}{r+1}x^{1+1/r} + \frac{1}{2^{1/r}} - \frac{r}{r+1}\right)^{r+1}}$$

则 f 为凸函数.

证明 (1) 式 (2.3.5) 等价于

$$2^{1/r} > \frac{6r^3 + 3r^2 + r + 2}{6r^3 + 2r}$$

$$2 > \left[\left(1 + \frac{3r^2 - r + 2}{6r^3 + 2r}\right)^{\frac{6r^3+2r}{3r^2-r+2}}\right]^{\frac{3r^2-r+2}{6r^2+2}}$$

当 $x > 0$ 时，因为 $(1+x)^{\frac{1}{x}} < \mathrm{e}$ 成立，所以我们欲证上式，只要证 $2 > \mathrm{e}^{\frac{3r^2-r+2}{6r^2+2}}$，此时易证

$$2 > \mathrm{e}^{\frac{1}{2}} = \mathrm{e}^{\frac{3r^2+1}{6r^2+2}} \geqslant \mathrm{e}^{\frac{3r^2-r+2}{6r^2+2}}$$

(2)

$$f'(x) = \frac{rx^{r-1}\left(\frac{r}{r+1}x^{1+1/r} + \frac{1}{2^{1/r}} - \frac{r}{r+1}\right) - (r+1)\left(1 + \frac{1}{r}\right)\frac{r}{r+1}x^{r+1/r}}{\left(\frac{r}{r+1}x^{1+1/r} + \frac{1}{2^{1/r}} - \frac{r}{r+1}\right)^{r+2}}$$

67

$$= \frac{\dfrac{-2r-1}{r+1}x^{r+1/r} + r\left(\dfrac{1}{2^{1/r}} - \dfrac{r}{r+1}\right)x^{r-1}}{\left(\dfrac{r}{r+1}x^{1+1/r} + \dfrac{1}{2^{1/r}} - \dfrac{r}{r+1}\right)^{r+2}}$$

$f''(x)$

$$= \frac{\dfrac{(3r+1)(2r+1)}{(r+1)^2}x^{2+2/r} - \left(\dfrac{1}{2^{1/r}} - \dfrac{r}{r+1}\right)\dfrac{6r^3+3r^2+2r+1}{r(r+1)}x^{1+1/r} + r(r-1)\left(\dfrac{1}{2^{1/r}} - \dfrac{r}{r+1}\right)^2}{\left(\dfrac{r}{r+1}x^{1+1/r} + \dfrac{1}{2^{1/r}} - \dfrac{r}{r+1}\right)^{r+3}} \cdot x^{r-2}$$

$$\geqslant \frac{\dfrac{(3r+1)(2r+1)}{(r+1)^2}\cdot\dfrac{1}{2^{1+1/r}}x^{1+1/r} - \left(\dfrac{1}{2^{1/r}} - \dfrac{r}{r+1}\right)\dfrac{(2r+1)(3r^2+1)}{r(r+1)}x^{1+1/r}}{\left(\dfrac{r}{r+1}x^{1+1/r} + \dfrac{1}{2^{1/r}} - \dfrac{r}{r+1}\right)^{r+3}} \cdot x^{r-2}$$

由式(2.3.5)知 $f''(x) \geqslant 0$, f 为凸函数.

引理 2.3.4 设 $r \geqslant 1$, $c = \dfrac{r+1-r2^{1/r}}{8(r+1-r2^{1/r})+2}$, $0 < t \leqslant 4$, 则

$$(r+1)\left(\dfrac{1}{2^{1/r}} - \dfrac{r}{r+1}\right)(1-ct)t > 1 - \dfrac{1}{\left[1+\left(\dfrac{r+1}{r2^{1/r}}-1\right)t\right]^r} \quad (2.3.6)$$

证明 当 $r=1$ 时, 式(2.3.6)显然成立. 下设 $r>1$ 和

$$f: t \in (0,4] \to (r+1)\left(\dfrac{1}{2^{1/r}} - \dfrac{r}{r+1}\right)(1-ct)t - 1 + \dfrac{1}{\left[1+\left(\dfrac{r+1}{r2^{1/r}}-1\right)t\right]^r}$$

则

$$f'(t) = (r+1)\left(\dfrac{1}{2^{1/r}} - \dfrac{r}{r+1}\right)(1-2ct) - \dfrac{r\left(\dfrac{r+1}{r2^{1/r}}-1\right)}{\left[1+\left(\dfrac{r+1}{r2^{1/r}}-1\right)t\right]^{r+1}}$$

$$= \dfrac{(r+1)\left(\dfrac{1}{2^{1/r}} - \dfrac{r}{r+1}\right)}{\left[1+\left(\dfrac{r+1}{r2^{1/r}}-1\right)t\right]^{r+1}}\left\{(1-2ct)\left[1+\left(\dfrac{r+1}{r2^{1/r}}-1\right)t\right]^{r+1} - 1\right\}$$

考虑到 $1-2ct \geqslant 1-8c > 0$, 且易证

$$\left[1+\left(\dfrac{r+1}{r2^{1/r}}-1\right)t\right]^{r+1} \geqslant 1 + (r+1)\left(\dfrac{r+1}{r2^{1/r}}-1\right)t$$

所以进一步有

$$f'(t) \geqslant \dfrac{(r+1)\left(\dfrac{1}{2^{1/r}} - \dfrac{r}{r+1}\right)}{\left[1+\left(\dfrac{r+1}{r2^{1/r}}-1\right)t\right]^{r+1}}\left\{(1-2ct)\left[1+(r+1)\left(\dfrac{r+1}{r2^{1/r}}-1\right)t\right] - 1\right\}$$

由于

$$g:t \in [0,4] \to (1-2ct)\left[1 + (r+1)\left(\frac{r+1}{r2^{1/r}} - 1\right)t\right] - 1$$

关于 t 是开口向下的抛物线,欲证 $f'(t) \geqslant 0$,只要证 $g(0) \geqslant 0$ 和 $g(4) \geqslant 0$,而 $g(0) = 0$ 显然成立,$g(4) \geqslant 0$ 等价于

$$\left[1 - \frac{8(r+1-r2^{1/r})}{8(r+1-r2^{1/r})+2}\right]\left[1 + 4(r+1)\left(\frac{r+1}{r2^{1/r}} - 1\right)\right] \geqslant 1 \Leftrightarrow$$

$$1 + \frac{1}{r} \geqslant 2^{1/r}$$

由注 2.3.2 知式(2.3.6)为真. 引理 2.3.4 证毕.

定理 2.3.5 设 $r \in \mathbb{R}$,$r \geqslant 1$,$c = \dfrac{r+1-r2^{1/r}}{8(r+1-r2^{1/r})+2}$,$N$ 为一正自然数,$a_n > 0 (n=1,2,\cdots,N)$,$B_N = \min\limits_{1 \leqslant n \leqslant N}\{(n-1/2)a_n^r\}$,则有

$$\left(\frac{r+1}{r}\right)^r \sum_{n=1}^{N}\left(1 - \frac{c}{(n-1/2)^{1+1/r}}\right)a_n^r - \sum_{n=1}^{N}\left[\frac{n}{\sum\limits_{m=1}^{n} 1/a_m}\right]^r$$

$$\geqslant B_N\left[\left(\frac{r+1}{r}\right)^r \sum_{n=1}^{N}\left(1 - \frac{c}{(n-1/2)^{1+1/r}}\right)\frac{1}{n-1/2} - \right.$$

$$\left. \sum_{n=1}^{N}\left[\frac{n}{\sum\limits_{m=1}^{n}(m-1/2)^{1/r}}\right]^r\right] \tag{2.3.7}$$

证明 令 $a_n = \dfrac{b_n}{(n-1/2)^{1/r}} (n=1,2,\cdots,N)$,则 $B_N = \min\limits_{1 \leqslant n \leqslant N}\{b_n^r\}$,式 (2.3.7) 化为

$$\left(\frac{r+1}{r}\right)^r \sum_{n=1}^{N}\left(1 - \frac{c}{(n-1/2)^{1+1/r}}\right)\frac{b_n^r}{n-1/2} - \sum_{n=1}^{N}\left[\frac{n}{\sum\limits_{m=1}^{n}(m-1/2)^{1/r}/b_m}\right]^r$$

$$\geqslant B_N^r\left[\left(\frac{r+1}{r}\right)^r \sum_{n=1}^{N}\left(1 - \frac{c}{(n-1/2)^{1+1/r}}\right)\frac{1}{n-1/2} - \sum_{n=1}^{N}\left[\frac{n}{\sum\limits_{m=1}^{n}(m-1/2)^{1/r}}\right]^r\right]$$

$$\tag{2.3.8}$$

设

$$f:\boldsymbol{b} \to \left(\frac{r+1}{r}\right)^r \sum_{n=1}^{N}\left(1 - \frac{c}{(n-1/2)^{1+1/r}}\right)\frac{b_n^r}{n-1/2} -$$

$$\sum_{n=1}^{N}\left[\frac{n}{\sum\limits_{m=1}^{n}(m-1/2)^{1/r}/b_m}\right]^r$$

在 $D_k(k=1,2,\cdots,N)$ 内

$$\frac{\partial f}{\partial b_k} = r\left(\frac{r+1}{r}\right)^r \left(1 - \frac{c}{(k-1/2)^{1+1/r}}\right)\frac{b_k^{r-1}}{k-1/2} -$$

$$\frac{r\,(k-1/2)^{1/r}}{b_k^2}\sum_{n=k}^{N}\frac{n^r}{\left(\sum\limits_{m=1}^{n}(m-1/2)^{1/r}/b_m\right)^{r+1}}$$

$$> r\left(\frac{r+1}{r}\right)^r\left(1-\frac{c}{(k-1/2)^{1+1/r}}\right)\frac{b_k^{r-1}}{k-1/2}-$$

$$\frac{r\,(k-1/2)^{1/r}}{b_k^2}\sum_{n=k}^{+\infty}\frac{n^r}{\left(\sum\limits_{m=1}^{n}(m-1/2)^{1/r}/b_k\right)^{r+1}}$$

$$= rb_k^{r-1}\,(k-1/2)^{1/r}\left[\frac{((r+1)/r)^r}{(k-1/2)^{1+1/r}}\left(1-\frac{c}{(k-1/2)^{1+1/r}}\right)-\right.$$

$$\left.\sum_{n=k}^{+\infty}\frac{n^r}{\left(\sum\limits_{m=1}^{n}(m-1/2)^{1/r}\right)^{r+1}}\right]$$

根据引理 2.3.1,欲证 $\partial f/\partial b_k>0$,只要证

$$\frac{((r+1)/r)^r}{(k-1/2)^{1+1/r}}\left(1-\frac{c}{(k-1/2)^{1+1/r}}\right)\geqslant\sum_{n=k}^{+\infty}\frac{n^r}{\left(\frac{r}{r+1}n^{1+1/r}+\frac{1}{2^{1/r}}-\frac{r}{r+1}\right)^{r+1}}$$

又根据引理 2.3.3 的结论(2) 及凸函数的 Hadamard 不等式,我们只要证

$$\left(\frac{r+1}{r}\right)^r\left(1-\frac{c}{(k-1/2)^{1+1/r}}\right)\frac{1}{(k-1/2)^{1+1/r}}$$

$$>\int_{k-\frac{1}{2}}^{+\infty}\frac{x^r}{\left(\frac{r}{r+1}x^{1+1/r}+\frac{1}{2^{1/r}}-\frac{r}{r+1}\right)^{r+1}}\mathrm{d}x$$

$$\left(\frac{r+1}{r}\right)^r\left(1-\frac{c}{(k-1/2)^{1+1/r}}\right)\frac{1}{(k-1/2)^{1+1/r}}$$

$$>\int_{k-\frac{1}{2}}^{+\infty}\frac{1}{x^{2+1/r}\left(\frac{r}{r+1}+\left(\frac{1}{2^{1/r}}-\frac{r}{r+1}\right)x^{-1-1/r}\right)^{r+1}}\mathrm{d}x$$

$$\left(\frac{r+1}{r}\right)^r\left(1-\frac{c}{(k-1/2)^{1+1/r}}\right)\frac{1}{(k-1/2)^{1+1/r}}$$

$$>\frac{1}{(r+1)\left(\frac{1}{2^{1/r}}-\frac{r}{r+1}\right)}\left.\left(\frac{r}{r+1}+\left(\frac{1}{2^{1/r}}-\frac{r}{r+1}\right)x^{-1-1/r}\right)^{-r}\right|_{k-\frac{1}{2}}^{+\infty}$$

$$\left(\frac{r+1}{r}\right)^r\left(1-\frac{c}{(i-1/2)^{1+1/r}}\right)\frac{1}{(i-1/2)^{1+1/r}}$$

$$>\frac{1}{(r+1)\left(\frac{1}{2^{1/r}}-\frac{r}{r+1}\right)}\left\{\left(\frac{r}{r+1}\right)^{-r}-\right.$$

$$\left[\frac{r}{r+1}+\left(\frac{1}{2^{1/r}}-\frac{r}{r+1}\right)\left(i-\frac{1}{2}\right)^{-1-1/r}\right]^{-r}\right\}$$

$$\left(1-\frac{c}{(k-1/2)^{1+1/r}}\right)\frac{(r+1)\left(\frac{1}{2^{1/r}}-\frac{r}{r+1}\right)}{(k-1/2)^{1+1/r}}$$

$$>1-\left[1+\left(\frac{r+1}{r2^{1/r}}-1\right)\left(k-\frac{1}{2}\right)^{-1-1/r}\right]^{-r}$$

若令 $t=(k-1/2)^{-1-1/r}$,其中 $0<t\leqslant 2^{1+1/r}\leqslant 4$,欲证 $\partial f/\partial b_k>0$,只要证

$$(r+1)\left(\frac{1}{2^{1/r}}-\frac{r}{r+1}\right)(1-ct)t>1-\frac{1}{\left[1+\left(\frac{r+1}{r2^{1/r}}-1\right)t\right]^r}$$

由引理 2.3.4 知上式为真. 至此,根据推论 1.1.3,我们有 $f(\boldsymbol{b})\geqslant f(B_N^{1/r},B_N^{1/r},\cdots,B_N^{1/r})$,此即为式(2.3.8),故式(2.3.7) 得证.

推论 2.3.6 如定理 2.3.5 所设,则

$$\left(\frac{r+1}{r}\right)^r\sum_{n=1}^{N}\left(1-\frac{c}{(n-1/2)^{1+1/r}}\right)a_n^r-\sum_{n=1}^{N}\left[\frac{n}{\sum_{m=1}^{n}1/a_m}\right]^r$$

$$\geqslant 2B_N\left[\left(\frac{r+1}{r}\right)^r(1-c2^{1+1/r})-1\right] \tag{2.3.9}$$

证明 对于 $k=1,2,\cdots,N$,设数列

$$f(k)=\left(\frac{r+1}{r}\right)^r\sum_{n=1}^{k}\left(1-\frac{c}{(n-1/2)^{1+1/r}}\right)\frac{1}{n-1/2}-\sum_{n=1}^{k}\left[\frac{n}{\sum_{m=1}^{n}(m-1/2)^{1/r}}\right]^r$$

根据引理 2.3.1,对于 $2\leqslant k\leqslant N$,我们有

$$f(k)-f(k-1)$$

$$=\left(\frac{r+1}{r}\right)^r\left(1-\frac{c}{(k-1/2)^{1+1/r}}\right)\frac{1}{k-1/2}-\left[\frac{k}{\sum_{m=1}^{k}(m-1/2)^{1/r}}\right]^r$$

$$\geqslant\left(\frac{r+1}{r}\right)^r\left(1-\frac{c}{(k-1/2)^{1+1/r}}\right)\frac{1}{k-1/2}-\left[\frac{k}{\frac{r}{r+1}k^{1+1/r}+\frac{1}{2^{1/r}}-\frac{r}{r+1}}\right]^r$$

$$\geqslant\left(\frac{r+1}{r}\right)^r\left(1-\frac{c}{(k-1/2)^{1+1/r}}\right)\frac{1}{k-1/2}-\left(\frac{r+1}{r}\right)^r\left(\frac{k}{k^{1+1/r}}\right)^r$$

$$=\left(\frac{r+1}{r}\right)^r\cdot\frac{1}{k(k-1/2)^{2+1/r}}\cdot\frac{1}{8(r+1-r2^{1/r})+2}\cdot$$

$$\left[(4(r+1-r2^{1/r})+1)\left(k-\frac{1}{2}\right)^{1+1/r}-(r+1-r2^{1/r})k\right] \tag{2.3.10}$$

设

$$g:t\in[1,+\infty)\to[4(r+1-r2^{1/r})+1]\left(t-\frac{1}{2}\right)^{1+1/r}-(r+1-r2^{1/r})t$$

71

则

$$g'(t) = \left(1 + \frac{1}{r}\right)\left[4(r+1-r2^{1/r}) + 1\right]\left(t - \frac{1}{2}\right)^{1/r} - (r+1-r2^{1/r})$$

$$\geqslant \left(1 + \frac{1}{r}\right)\left[4(r+1-r2^{1/r}) + 1\right]\frac{1}{2^{1/r}} - (r+1-r2^{1/r})$$

$$> 4\left(1 + \frac{1}{r}\right)(r+1-r2^{1/r})\frac{1}{2} - (r+1-r2^{1/r})$$

$$> 0$$

所以有 $g(k) \geqslant g(1)$，再联立式(2.3.10)，有

$$f(k) - f(k-1) > \left(\frac{r+1}{r}\right)^r \cdot \frac{1}{i\,(i-1/2)^{2+1/r}} \cdot \frac{1}{8(r+1-r2^{1/r}) + 2} \cdot$$

$$\left[(4(r+1-r2^{1/r}) + 1)\frac{1}{2^{1+1/r}} - \frac{1}{2}(r+1-r2^{1/r})\right]$$

$$> \left(\frac{r+1}{r}\right)^r \cdot \frac{1}{i\,(i-1/2)^{2+1/r}} \cdot \frac{1}{8(r+1-r2^{1/r}) + 2} \cdot$$

$$\left[4(r+1-r2^{1/r})\frac{1}{2^2} - \frac{1}{2}(r+1-r2^{1/r})\right]$$

$$> 0$$

知 $\{f(k)\}_{k=1}^N$ 为单调递增数列. 由式(2.3.7) 知

$$\left(\frac{r+1}{r}\right)^r \sum_{n=1}^N \left(1 - \frac{c}{(n-1/2)^{1+1/r}}\right)a_n^r - \sum_{n=1}^N \left[\frac{n}{\sum_{m=1}^n 1/a_m}\right]^r$$

$$\geqslant B_N f(N) \geqslant B_N f(1)$$

即知式(2.3.9) 成立.

推论 2.3.7 设 $r \in \mathbb{R}, r \geqslant 1, c = \dfrac{r+1-r2^{1/r}}{8(r+1-r2^{1/r}) + 2}, a_n > 0(n=1,$

$2,\cdots), \displaystyle\sum_{n=1}^\infty a_n^r$ 收敛，则有

$$\sum_{n=1}^\infty \left[\frac{n}{\sum_{m=1}^n 1/a_m}\right]^r \leqslant \left(\frac{r+1}{r}\right)^r \sum_{n=1}^\infty \left(1 - \frac{c}{(n-1/2)^{1+1/r}}\right)a_n^r \quad (2.3.11)$$

证明 在式(2.3.9) 中令 $N \to +\infty$，可知式(2.3.11) 为真.

推论 2.3.8 设 $p \in \mathbb{R}, p \leqslant -1, c = \dfrac{1+p2^{-1/p}-p}{8(1+p2^{-1/p}-p) + 2}, a_n >$

$0(n=1,2,\cdots), \displaystyle\sum_{n=1}^\infty a_n^p$ 收敛，则有

$$\sum_{n=1}^\infty \left(\frac{1}{n}\sum_{m=1}^n a_m\right)^p \leqslant \left(\frac{p}{p-1}\right)^p \sum_{n=1}^{+\infty} \left(1 - \frac{c}{(n-1/2)^{1-1/p}}\right)a_n^p \quad (2.3.12)$$

证明　在式(2.3.11)中,令 $r=-p$,将 $a_n(n=1,2,\cdots)$ 记为 $1/a_n$,可知式 (2.3.12)为真.

注 2.3.9　(2.3.11)(2.3.12)两式分别强于(2.3.1)(2.3.3)两式中相对应的结果.

2.4　$-1 \leqslant p < 0$ 的 Hardy 不等式的两个新表达式

为了研究 $-1 \leqslant p < 0$ 的 Hardy 不等式,参考资料[45]证明了

$$\sum_{n=1}^{\infty} \left(\frac{1}{n} \sum_{m=1}^{n} a_m \right)^p \leqslant \frac{1}{1-p} 2^{1-p} \sum_{n=1}^{\infty} a_n^p \tag{2.4.1}$$

与 $p \leqslant -1$ 或 $p > -1$ 的 Hardy 不等式相比,式(2.4.1)的表达形式有些异类. 本节将利用最值压缩定理,在推论 $2.4.6^*$ 与 $2.4.9^*$ 中,给出两个新的表达式, 在形式上与 $p \leqslant -1$ 或 $p > -1$ 的 Hardy 不等式相匹配.

引理 2.4.1　设 $0 < r \leqslant 1$,n 为任一正自然数,则

$$\left(1 + \frac{(r+1)^2}{2r} n^{-1} + \frac{1-r^2}{2r} n^{-1-1/r} \right) \left(1 - \frac{r+1}{1+2r} n^{-1} \right) \geqslant 1 \tag{2.4.2}$$

证明　由于式(2.4.2)的左侧展开式为

$$1 + \frac{1+2r+3r^2+2r^3}{2r(1+2r)} n^{-1} - \frac{(r+1)^3}{2r(1+2r)} n^{-2} +$$

$$\frac{1-r^2}{2r} n^{-1-1/r} - \frac{r+1}{1+2r} \cdot \frac{1-r^2}{2r} n^{-2-1/r}$$

所以欲证此式,只要证

$$\frac{1+2r+3r^2+2r^3}{2r(1+2r)} n^{1+1/r} - \frac{(r+1)^3}{2r(1+2r)} n^{1/r} + \frac{1-r^2}{2r} n - \frac{r+1}{1+2r} \cdot \frac{1-r^2}{2r} \geqslant 0$$

令

$$f : x \in [1, +\infty) \to \frac{1+2r+3r^2+2r^3}{2r(1+2r)} x^{1+1/r} - \frac{(r+1)^3}{2r(1+2r)} x^{1/r} +$$

$$\frac{1-r^2}{2r} x - \frac{r+1}{1+2r} \cdot \frac{1-r^2}{2r}$$

有

$$f'(x) = \left(1 + \frac{1}{r} \right) \frac{1+2r+3r^2+2r^3}{2r(1+2r)} x^{1/r} - \frac{(r+1)^3}{2r^2(1+2r)} x^{1/r-1} + \frac{1-r^2}{2r}$$

$$\geqslant \left(1 + \frac{1}{r} \right) \frac{1+2r+3r^2+2r^3}{2r(1+2r)} x^{1/r-1} - \frac{(r+1)^3}{2r^2(1+2r)} x^{1/r-1} + \frac{1-r^2}{2r}$$

$$= \frac{(r+1)^2}{1+2r} x^{1/r-1} + \frac{1-r^2}{2r}$$

$$> 0$$

所以 f 为单调递增函数,则 $f(n) \geqslant f(1)$,即

$$\frac{1+2r+3r^2+2r^3}{2r(1+2r)}n^{1+1/r} - \frac{(r+1)^3}{2r(1+2r)}n^{1/r} + \frac{1-r^2}{2r}n - \frac{r+1}{1+2r} \cdot \frac{1-r^2}{2r}$$

$$\geqslant \frac{1+2r+3r^2+2r^3}{2r(1+2r)} - \frac{(r+1)^3}{2r(1+2r)} + \frac{1-r^2}{2r} - \frac{r+1}{1+2r} \cdot \frac{1-r^2}{2r}$$

$$= 0$$

式(2.4.2)得证.

引理 2.4.2 设 $0 < r \leqslant 1$, k 为任一正自然数,则

$$\sum_{n=k}^{\infty} \frac{n^r}{\left(\sum\limits_{m=1}^{n} m^{1/r}\right)^{r+1}}$$

$$\leqslant \left(\frac{r+1}{r}\right)^r \left[\frac{1}{k^{1+1/r}} + \frac{(r+1)(1+3r+3r^2)}{r(1+2r)^2 k^{2+1/r}} - \frac{(r+1)^2}{r(1+2r)k^{3+1/r}}\right]$$

证明 易知 $x^{1/r}$ 在 $(0, +\infty)$ 内为凸函数,所以对于任一正自然数 n,有

$$\sum_{m=1}^{n} m^{1/r} \geqslant \frac{1}{2} + \frac{1}{2}n^{1/r} + \int_1^n x^{1/r}\mathrm{d}x = \frac{1}{2} + \frac{1}{2}n^{1/r} + \frac{r}{r+1}(n^{1+1/r}-1)$$

$$(2.4.3)$$

和

$$\left(\sum_{m=1}^{n} m^{1/r}\right)^{r+1} \geqslant \left(\frac{r}{r+1}\right)^{r+1} n^{(r+1)^2/r} \cdot \left(1 + \frac{r+1}{2r}n^{-1} + \frac{1-r}{2r}n^{-1-1/r}\right)^{r+1}$$

$$\geqslant \left(\frac{r}{r+1}\right)^{r+1} n^{(r+1)^2/r} \cdot \left[1 + \frac{(r+1)^2}{2r}n^{-1} + \frac{1-r^2}{2r}n^{-1-1/r}\right]$$

$$(2.4.4)$$

其中最后一式是利用了性质:当 $x > 0$, $\alpha > 1$ 时,有 $(1+x)^{\alpha} > 1 + \alpha x$. 根据上式和式(2.4.2),我们有

$$\frac{n^r}{\left(\sum\limits_{m=1}^{n} m^{1/r}\right)^{r+1}} \leqslant \left(\frac{r+1}{r}\right)^{r+1} \frac{1}{n^{2+1/r}\left[1 + \frac{(r+1)^2}{2r}n^{-1} + \frac{1-r^2}{2r}n^{-1-1/r}\right]}$$

$$\leqslant \left(\frac{r+1}{r}\right)^{r+1} \frac{1}{n^{2+1/r}}\left(1 - \frac{r+1}{1+2r}n^{-1}\right)$$

和

$$\sum_{n=k}^{\infty} \frac{n^r}{\left(\sum\limits_{m=1}^{n} m^{1/r}\right)^{r+1}} \leqslant \left(\frac{r+1}{r}\right)^{r+1} \sum_{n=k}^{\infty} \left(\frac{1}{n^{2+1/r}} - \frac{r+1}{(1+2r)n^{3+1/r}}\right) \quad (2.4.5)$$

易证函数 $\dfrac{1}{x^{2+1/r}} - \dfrac{r+1}{(1+2r)x^{3+1/r}}$ 关于 $x \in [1, +\infty)$ 单调递减. 所以有

最值定理与分析不等式

$$\sum_{n=k}^{\infty} \frac{n^r}{\left(\sum\limits_{m=1}^{n} m^{1/r}\right)^{r+1}}$$

$$\leqslant \left(\frac{r+1}{r}\right)^{r+1} \left[\left(\frac{1}{k^{2+1/r}} - \frac{r+1}{(1+2r) k^{3+1/r}}\right) + \sum_{n=k+1}^{+\infty} \left(\frac{1}{n^{2+1/r}} - \frac{r+1}{(1+2r) n^{3+1/r}}\right)\right]$$

$$\leqslant \left(\frac{r+1}{r}\right)^{r+1} \left[\frac{1}{k^{2+1/r}} - \frac{r+1}{(1+2r) k^{3+1/r}} + \int_k^{+\infty} \left(\frac{1}{x^{2+1/r}} - \frac{r+1}{(1+2r) x^{3+1/r}}\right) \mathrm{d}x\right]$$

$$= \left(\frac{r+1}{r}\right)^r \left[\frac{r}{(r+1) k^{1+1/r}} + \frac{(r+1)(1+3r+3r^2)}{r (1+2r)^2 k^{2+1/r}} - \frac{(r+1)^2}{r (1+2r) k^{3+1/r}}\right]$$

引理 2.4.2 得证.

引理 2.4.3 设 $0 < r \leqslant 1, k$ 为任一正自然数,则

$$\sum_{n=k}^{\infty} \frac{n^r}{\left(\sum\limits_{m=1}^{n} m^{1/r}\right)^{r+1}} \leqslant \left(\frac{r+1}{r}\right)^r \left[\frac{r+1}{rk^{2+1/r} + (r+1) k} + \frac{k^{-1-1/r}}{1+k^{-1-1/r}}\right]$$

证明 由式 (2.4.4) 知

$$\left(\sum_{m=1}^{n} m^{1/r}\right)^{r+1} \geqslant \left(\frac{r}{r+1}\right)^{r+1} n^{(r+1)^2/r} \cdot \left(1 + \frac{r+1}{2r} n^{-1-1/r} + \frac{1-r}{2r} n^{-1-1/r}\right)^{r+1}$$

$$= \left(\frac{r}{r+1}\right)^{r+1} n^{(r+1)^2/r} \cdot \left(1 + \frac{1}{r} n^{-1-1/r}\right)^{r+1}$$

和

$$\frac{n^r}{\left(\sum\limits_{m=1}^{n} m^{1/r}\right)^{r+1}} \leqslant \left(\frac{r+1}{r}\right)^{r+1} \frac{1}{n^{2+1/r} \left(1 + \frac{1}{r} n^{-1-1/r}\right)^{r+1}} \qquad (2.4.6)$$

设 $f: x \in [1, +\infty) \to x^{2+1/r} \left(1 + \frac{1}{r} x^{-1-1/r}\right)^{r+1}$,则有

$$f'(x) = \left(1 + \frac{1}{r} x^{-1-1/r}\right)^r \left[\left(2 + \frac{1}{r}\right) x^{1+1/r} - 1\right] > 0$$

即知函数 f 单调递增,$1/f(x)$ 单调递减. 根据式 (2.4.6) 有

$$\sum_{n=k}^{+\infty} \frac{n^r}{\left(\sum\limits_{m=1}^{n} m^{1/r}\right)^{r+1}} \leqslant \left(\frac{r+1}{r}\right)^{r+1} \sum_{n=k}^{+\infty} \frac{1}{n^{2+1/r} (1 + n^{-1-1/r}/r)^{r+1}}$$

$$\leqslant \left(\frac{r+1}{r}\right)^{r+1} \left[\frac{1}{k^{2+1/r} (1 + k^{-1-1/r}/r)^{r+1}} + \int_k^{+\infty} \frac{1}{x^{2+1/r} (1 + x^{-1-1/r}/r)^{r+1}} \mathrm{d}x\right]$$

$$\leqslant \left(\frac{r+1}{r}\right)^{r+1} \left[\frac{1}{k^{2+1/r} (1 + (r+1) k^{-1-1/r}/r)} - \right.$$

$$\left. \frac{r^2}{r+1} \int_k^{+\infty} \frac{1}{(1 + x^{-1-1/r}/r)^{r+1}} \mathrm{d}\left(1 + \frac{1}{r} x^{-1-1/r}\right)\right]$$

$$= \left(\frac{r+1}{r}\right)^{r+1} \left\{\frac{1}{k^{2+1/r} + (r+1) k/r} + \frac{r}{r+1} \left[1 - \frac{1}{(1 + k^{-1-1/r}/r)^r}\right]\right\}$$

当 $x=k^{-1-1/r}/r>0,0<r<1$ 时,易证有 $(1+x)^r<1+rx$,所以有

$$\sum_{n=k}^{\infty}\frac{n^r}{\left(\sum\limits_{m=1}^{n}m^{1/r}\right)^{r+1}}$$

$$\leqslant\left(\frac{r+1}{r}\right)^{r+1}\left\{\frac{1}{k^{2+1/r}+(r+1)\,k/r}+\frac{r}{r+1}\left[1-\frac{1}{1+k^{-1-1/r}}\right]\right\}$$

$$=\left(\frac{r+1}{r}\right)^{r}\left[\frac{r+1}{rk^{2+1/r}+(r+1)\,k}+\frac{k^{-1-1/r}}{1+k^{-1-1/r}}\right]$$

引理 $2.4.3$ 证毕.

定理 2.4.4 设 $r\in\mathbb{R}$, $0<r\leqslant1$, N 为一正自然数, $a_n>0(n=1,2,\cdots,N)$, $B_N=\min\limits_{1\leqslant n\leqslant N}\{na_n^r\}$,则有

$$\left(\frac{r+1}{r}\right)^{r}\sum_{n=1}^{N}\left[1+\frac{(r+1)\,(1+3r+3r^2)}{r\,(1+2r)^2n}-\frac{(r+1)^2}{r(1+2r)\,n^2}\right]a_n^r-$$

$$\sum_{n=1}^{N}\left[\frac{n}{\sum\limits_{m=1}^{n}1/a_m}\right]^{r}$$

$$\geqslant B_N\left\{\left(\frac{r+1}{r}\right)^{r}\sum_{n=1}^{N}\frac{1}{n}\left[1+\frac{(r+1)\,(1+3r+3r^2)}{r\,(1+2r)^2n}-\frac{(r+1)^2}{r(1+2r)\,n^2}\right]-\right.$$

$$\left.\sum_{n=1}^{N}\left[\frac{n}{\sum\limits_{m=1}^{n}m^{1/r}}\right]^{r}\right\}\qquad(2.4.7)$$

证明 设 $a_n=b_n/n^{1/r}(n=1,2,\cdots,N)$,式 $(2.4.7)$ 化为

$$\left(\frac{r+1}{r}\right)^{r}\sum_{n=1}^{N}\left[1+\frac{(r+1)\,(1+3r+3r^2)}{r\,(1+2r)^2n}-\frac{(r+1)^2}{r(1+2r)\,n^2}\right]\frac{b_n^r}{n}-$$

$$\sum_{n=1}^{N}\left[\frac{n}{\sum\limits_{m=1}^{n}m^{1/r}/b_m}\right]^{r}$$

$$\geqslant B_N\left\{\left(\frac{r+1}{r}\right)^{r}\sum_{n=1}^{N}\frac{1}{n}\left[1+\frac{(r+1)\,(1+3r+3r^2)}{r\,(1+2r)^2n}-\frac{(r+1)^2}{r(1+2r)\,n^2}\right]-\right.$$

$$\left.\sum_{n=1}^{N}\left[\frac{n}{\sum\limits_{m=1}^{n}m^{1/r}}\right]^{r}\right\}\qquad(2.4.8)$$

其中 $B_N=\min\limits_{1\leqslant n\leqslant N}\{b_n^r\}$. 设

$$f:\boldsymbol{b}\in(0,+\infty)^N\to$$

$$\left(\frac{r+1}{r}\right)^{r}\sum_{n=1}^{N}\left[1+\frac{(r+1)\,(1+3r+3r^2)}{r\,(1+2r)^2n}-\frac{(r+1)^2}{r(1+2r)\,n^2}\right]\frac{b_n^r}{n}-$$

最值定理与分析不等式

$$\sum_{n=1}^{N}\left[\frac{n}{\sum\limits_{m=1}^{n}m^{1/r}/b_m}\right]^r$$

则在 $D_k\,(k=1,2,\cdots,N)$ 上

$$\frac{\partial f}{\partial b_k}=r\left(\frac{r+1}{r}\right)^r\cdot\left[1+\frac{(r+1)\,(1+3r+3r^2)}{r\,(1+2r)^2\,k}-\frac{(r+1)^2}{r(1+2r)\,k^2}\right]\frac{b_i^{r-1}}{k}-$$

$$r\cdot\frac{i^{1/r}}{b_k^2}\sum_{n=k}^{N}\frac{n^r}{\left(\sum\limits_{m=1}^{n}m^{1/r}/b_m\right)^{r+1}}$$

$$\frac{b_k^2}{rk^{1/r}}\cdot\frac{\partial f}{\partial b_k}>\left(\frac{r+1}{r}\right)^r\left[1+\frac{(r+1)\,(1+3r+3r^2)}{r\,(1+2r)^2\,k}-\frac{(r+1)^2}{r(1+2r)\,k^2}\right]\frac{b_k^{r+1}}{k^{1+1/r}}-$$

$$\sum_{n=i}^{N}\frac{n^r}{\left(\sum\limits_{m=1}^{n}m^{1/r}/b_k\right)^{r+1}}$$

$$\frac{b_k^{1-r}}{rk^{1/r}}\cdot\frac{\partial f}{\partial b_k}>\left(\frac{r+1}{r}\right)^r\frac{1}{k^{1+1/r}}\left[1+\frac{(r+1)\,(1+3r+3r^2)}{r\,(1+2r)^2\,k}-\frac{(r+1)^2}{r(1+2r)\,k^2}\right]-$$

$$\sum_{n=k}^{\infty}\frac{n^r}{\left(\sum\limits_{m=1}^{n}m^{1/r}\right)^{r+1}}$$

由引理 2.4.3 知，$\partial f/\partial b_k>0$. 根据推论 1.1.3 知，我们有 $f(\boldsymbol{b})\geqslant f(B_N^{1/r},B_N^{1/r},\cdots,B_N^{1/r})$，此即为式 (2.4.8)，则式 (2.4.7) 得证.

推论 2.4.5 如定理 2.4.4 所设，则有

$$\left(\frac{r+1}{r}\right)^r\sum_{n=1}^{N}\left[1+\frac{(r+1)\,(1+3r+3r^2)}{r\,(1+2r)^2\,n}-\frac{(r+1)^2}{r(1+2r)\,n^2}\right]a_n^r-$$

$$\sum_{n=1}^{N}\left[\frac{n}{\sum\limits_{m=1}^{n}1/a_m}\right]^r$$

$$\geqslant\left(\frac{r+1}{r}\right)^r\cdot\frac{r(r+1)}{(1+2r)^2}\cdot B_N \tag{2.4.9}$$

证明 对于 $k=1,2,\cdots,N$，设数列

$$f(k)=\left(\frac{r+1}{r}\right)^r\sum_{n=1}^{k}\frac{1}{n}\left[1+\frac{(r+1)\,(1+3r+3r^2)}{r\,(1+2r)^2\,n}-\frac{(r+1)^2}{r(1+2r)\,n^2}\right]-$$

$$\sum_{n=1}^{k}\left[\frac{n}{\sum\limits_{m=1}^{n}m^{1/r}}\right]^r$$

则对于 $k=2,3,\cdots,N$，根据式 (2.4.3)，我们有

$$f(k)-f(k-1)$$

77

$$= \left(\frac{r+1}{r}\right)^r \cdot \frac{1}{k}\left[1 + \frac{(r+1)(1+3r+3r^2)}{r(1+2r)^2 k} - \frac{(r+1)^2}{r(1+2r)k^2}\right] - \left[\frac{k}{\sum\limits_{m=1}^{k} m^{1/r}}\right]^r$$

$$\geqslant \left(\frac{r+1}{r}\right)^r \cdot \frac{1}{k}\left[1 + \frac{(r+1)(1+3r+3r^2)}{r(1+2r)^2 k} - \frac{(r+1)^2}{r(1+2r)k^2}\right] -$$

$$\left[\frac{k}{\frac{1}{2} + \frac{1}{2}k^{1/r} + \frac{r}{r+1}(k^{1+1/r}-1)}\right]^r$$

$$\geqslant \left(\frac{r+1}{r}\right)^r \cdot \frac{1}{k}\left[1 + \frac{(r+1)(1+3r+3r^2)}{r(1+2r)^2 k} - \frac{(r+1)^2}{r(1+2r)k^2}\right] - \left[\frac{k}{\frac{r}{r+1}k^{1+1/r}}\right]^r$$

$$= \left(\frac{r+1}{r}\right)^r \cdot \frac{1}{k}\left[\frac{(r+1)(1+3r+3r^2)}{r(1+2r)^2 k} - \frac{(r+1)^2}{r(1+2r)k^2}\right]$$

$$\geqslant \left(\frac{r+1}{r}\right)^r \cdot \frac{1}{k^3}\left[\frac{(r+1)(1+3r+3r^2)}{r(1+2r)^2} - \frac{(r+1)^2}{r(1+2r)}\right]$$

$$= \left(\frac{r+1}{r}\right)^r \cdot \frac{r(r+1)}{(1+2r)^2} \cdot \frac{1}{k^3} > 0$$

可知 $\{f(k)\}_{k=1}^{N}$ 为单调递增数列. 由式(2.4.7)知

$$\left(\frac{r+1}{r}\right)^r \sum_{n=1}^{N}\left[1 + \frac{(r+1)(1+3r+3r^2)}{r(1+2r)^2 n} - \frac{(r+1)^2}{r(1+2r)n^2}\right]a_n^r -$$

$$\sum_{n=1}^{N}\left[\frac{n}{\sum\limits_{m=1}^{n}1/a_m}\right]^r$$

$$\geqslant B_N f(N) \geqslant B_N f(1)$$

此即为式(2.4.9).

推论 2.4.6 设 $a_n > 0(n=1,2,\cdots),0 < r \leqslant 1$,且

$$\sum_{n=1}^{\infty}\left[1 + \frac{(r+1)(1+3r+3r^2)}{r(1+2r)^2 n} - \frac{(r+1)^2}{r(1+2r)n^2}\right]a_n^r$$

收敛,则有

$$\sum_{n=1}^{\infty}\left[\frac{n}{\sum\limits_{m=1}^{n}1/a_m}\right]^r$$

$$\leqslant \left(\frac{r+1}{r}\right)^r \sum_{n=1}^{\infty}\left[1 + \frac{(r+1)(1+3r+3r^2)}{r(1+2r)^2 n} - \frac{(r+1)^2}{r(1+2r)n^2}\right]a_n^r \quad (2.4.10)$$

证明 在式(2.4.9)中令 $N \to +\infty$,可知式(2.4.10)为真.

推论 2.4.6* 设 $a_n > 0(n=1,2,\cdots)$,$-1 \leqslant p < 0$,有

$$\sum_{n=1}^{\infty}\left[1 - \frac{(1-p)(1-3p+3p^2)}{p(1-2p)^2 n} + \frac{(1-p)^2}{p(1-2p)n^2}\right]a_n^p$$

收敛,则有

最值定理与分析不等式

$$\sum_{n=1}^{\infty}\left[\frac{\sum\limits_{m=1}^{n} a_m}{n}\right]^p$$

$$\leqslant\left(\frac{p}{p-1}\right)^p \sum_{n=1}^{\infty}\left[1-\frac{(1-p)(1-3p+3p^2)}{p(1-2p)^2 n}+\frac{(1-p)^2}{p(1-2p)n^2}\right] a_n^p$$

证明   在式(2.4.10)中,令 $r=-p$,记 a_n 为 $1/a_n (n=1,2,\cdots)$,则可知推论 $2.4.6^*$ 成立.

定理 2.4.7   设 $r\in\mathbb{R}$,$0<r\leqslant 1$,N 为一正自然数,$a_n>0(n=1,2,\cdots,N)$,$B_N=\max\limits_{1\leqslant n\leqslant N}\{na_n^r\}$,则有

$$\left(\frac{r+1}{r}\right)^r \sum_{n=1}^{N}\left[\frac{1}{1+n^{-1-1/r}}+\frac{r+1}{rn+(r+1)n^{-1/r}}\right] a_n^r-\sum_{n=1}^{N}\left[\frac{n}{\sum\limits_{m=1}^{n} 1/a_m}\right]^r$$

$$\geqslant B_N\left\{\left(\frac{r+1}{r}\right)^r \sum_{n=1}^{N}\frac{1}{n}\left[\frac{1}{1+n^{-1-1/r}}+\frac{r+1}{rn+(r+1)n^{-1/r}}\right]-\sum_{n=1}^{N}\left[\frac{n}{\sum\limits_{m=1}^{n} m^{1/r}}\right]^r\right\}$$

$$(2.4.11)$$

证明   设 $a_n=b_n/n^{1/r}(n=1,2,\cdots,N)$,式(2.4.11) 化为

$$\left(\frac{r+1}{r}\right)^r \sum_{n=1}^{N}\left[\frac{1}{1+n^{-1-1/r}}+\frac{r+1}{rn+(r+1)n^{-1/r}}\right]\frac{b_n^r}{n}-\sum_{n=1}^{N}\left[\frac{n}{\sum\limits_{m=1}^{n} m^{1/r}/b_m}\right]^r$$

$$\geqslant B_N^r\left\{\left(\frac{r+1}{r}\right)^r \sum_{n=1}^{N}\frac{1}{n}\left[\frac{1}{1+n^{-1-1/r}}+\frac{r+1}{rn+(r+1)n^{-1/r}}\right]-\sum_{n=1}^{N}\left[\frac{n}{\sum\limits_{m=1}^{n} m^{1/r}}\right]^r\right\}$$

$$(2.4.12)$$

其中 $B_N=\max\limits_{1\leqslant n\leqslant N}\{b_n^r\}$. 设

$$f:\boldsymbol{b}\to\left(\frac{r+1}{r}\right)^r \sum_{n=1}^{N}\left[\frac{1}{1+n^{-1-1/r}}+\frac{r+1}{rn+(r+1)n^{-1/r}}\right]\frac{b_n^r}{n}-\sum_{n=1}^{N}\left[\frac{n}{\sum\limits_{m=1}^{n} m^{1/r}/b_m}\right]^r$$

则在 $D_k(k=1,2,\cdots,N)$ 上

$$\frac{\partial f}{\partial b_k}=r\left(\frac{r+1}{r}\right)^r\left[\frac{1}{1+k^{-1-1/r}}+\frac{r+1}{rk+(r+1)k^{-1/r}}\right]\frac{b_k^{r-1}}{k}-$$

$$r\frac{k^{1/r}}{b_k^2}\sum_{n=k}^{N}\frac{n^r}{\left(\sum\limits_{m=1}^{n} m^{1/r}/b_m\right)^{r+1}}$$

$$\frac{b_k^2}{rk^{1/r}}\frac{\partial f}{\partial b_k}>\left(\frac{r+1}{r}\right)^r\left[\frac{1}{1+k^{-1-1/r}}+\frac{r+1}{rk+(r+1)k^{-1/r}}\right]\frac{b_k^{r+1}}{k^{1+1/r}}-$$

$$\sum_{n=k}^{\infty} \frac{n^r}{\left(\sum_{m=1}^{n} m^{1/r}/b_k\right)^{r+1}}$$

和

$$\frac{b_k^{1-r}}{rk^{1/r}} \frac{\partial f}{\partial b_k} > \left(\frac{r+1}{r}\right)^r \frac{1}{k^{1+1/r}} \left[\frac{1}{1+k^{-1-1/r}} + \frac{r+1}{rk+(r+1)k^{-1/r}}\right] -$$

$$\sum_{n=k}^{\infty} \frac{n^r}{\left(\sum_{m=1}^{n} m^{1/r}\right)^{r+1}}$$

根据引理 2.4.3 知 $\partial f/\partial b_k > 0$. 再根据推论 1.1.3,我们有 $f(\boldsymbol{b}) \geqslant f(B_N^{1/r}, B_N^{1/r}, \cdots, B_N^{1/r})$,此即为式(2.4.12),则式(2.4.11)得证.

推论 2.4.8 如定理 2.4.7 所设,则有

$$\left(\frac{r+1}{r}\right)^r \sum_{n=1}^{N} \left[\frac{1}{1+n^{-1-1/r}} + \frac{r+1}{rn+(r+1)n^{-1/r}}\right] a_n^r - \sum_{n=1}^{N} \left(\frac{n}{\sum_{m=1}^{n} 1/a_m}\right)^r$$

$$\geqslant \left(\frac{r+1}{r}\right)^r \cdot \frac{B_N^r}{2(2r+1)} \tag{2.4.13}$$

证明 对于 $k=1,2,\cdots,N$,设数列

$$f(k) = \left(\frac{r+1}{r}\right)^r \sum_{n=1}^{k} \frac{1}{n} \left[\frac{1}{1+n^{-1-1/r}} + \frac{r+1}{rn+(r+1)n^{-1/r}}\right] - \sum_{n=1}^{k} \left(\frac{n}{\sum_{m=1}^{n} m^{1/r}}\right)^r$$

则对于 $k=2,3,\cdots,N$,根据式(2.4.3),我们有

$$f(k) - f(k-1)$$

$$= \left(\frac{r+1}{r}\right)^r \frac{1}{k} \left[\frac{1}{1+k^{-1-1/r}} + \frac{r+1}{rk+(r+1)k^{-1/r}}\right] - \left(\frac{k}{\sum_{m=1}^{k} m^{1/r}}\right)^r$$

$$\geqslant \left(\frac{r+1}{r}\right)^r \frac{1}{k} \left[\frac{1}{1+k^{-1-1/r}} + \frac{r+1}{rk+(r+1)k^{-1/r}}\right] - \left(\frac{k}{\frac{1}{2}+\frac{1}{2}k^{1/r}+\frac{r}{r+1}(k^{1+1/r}-1)}\right)^r$$

$$\geqslant \left(\frac{r+1}{r}\right)^r \frac{1}{k} \left[\frac{1}{1+k^{-1-1/r}} + \frac{r+1}{rk+(r+1)k^{-1/r}}\right] - \left(\frac{k}{\frac{r}{r+1}k^{1+1/r}}\right)^r$$

$$\geqslant \left(\frac{r+1}{r}\right)^r \frac{k^{1/r}}{(rk^{1+1/r}+r+1)(k^{1+1/r}+1)}$$

$$> 0$$

可知 $\{f(k)\}_{k=1}^{N}$ 为单调递增数列. 由式(2.4.11)知

$$\left(\frac{r+1}{r}\right)^r \sum_{n=1}^{N}\left[\frac{1}{1+n^{-1-1/r}}+\frac{r+1}{m+(r+1)\,n^{-1/r}}\right]a_n^r - \sum_{n=1}^{N}\left(\frac{n}{\sum\limits_{m=1}^{n}1/a_m}\right)^r$$

$$\geqslant B_N^r f(N) \geqslant B_N^r f(1)$$

此即为式(2.4.13).

推论 2.4.9 设 $a_n > 0(n=1,2,\cdots)$，$0 < r \leqslant 1$，有

$$\sum_{n=1}^{\infty}\left[\frac{1}{1+n^{-1-1/r}}+\frac{r+1}{m+(r+1)\,n^{-1/r}}\right]a_n^r$$

收敛,则有

$$\sum_{n=1}^{\infty}\left(\frac{n}{\sum\limits_{m=1}^{n}1/a_m}\right)^r \leqslant \left(\frac{r+1}{r}\right)^r \sum_{n=1}^{\infty}\left[\frac{1}{1+n^{-1-1/r}}+\frac{r+1}{m+(r+1)\,n^{-1/r}}\right]a_n^r$$

$$(2.4.14)$$

证明 在式(2.4.13)中令 $N \to +\infty$，可知式(2.4.14)为真.

推论 2.4.9* 设 $a_n > 0(n=1,2,\cdots)$，$-1 \leqslant p < 0$，有

$$\sum_{n=1}^{\infty}\left[\frac{1}{1+n^{-1+1/p}}+\frac{1-p}{(1-p)\,n^{1/p}-pn}\right]a_n^p$$

收敛,则有

$$\sum_{n=1}^{\infty}\left(\frac{\sum\limits_{m=1}^{n}a_m}{n}\right)^p \leqslant \left(\frac{p}{p-1}\right)^p \sum_{n=1}^{\infty}\left[\frac{1}{1+n^{-1+1/p}}+\frac{1-p}{(1-p)\,n^{1/p}-pn}\right]a_n^p$$

$$(2.4.15)$$

证明 在式(2.4.14)中，令 $r=-p$，记 a_n 为 $1/a_n(n=1,2,\cdots)$，则可得式(2.4.15).

注 2.4.10 对于 $0 < r \leqslant 1$，易证 $(1+1/r)^r \leqslant 2^{1+r}/(1+r)$，且等号成立当且仅当 $r=1$，所以有

$$\lim_{n\to+\infty}\left(\frac{r+1}{r}\right)^r\left[\frac{1}{1+n^{-1-1/r}}+\frac{r+1}{m+(r+1)\,n^{-1/r}}\right]=\left(\frac{r+1}{r}\right)^r \leqslant \frac{2^{1+r}}{1+r}$$

和

$$\lim_{n\to+\infty}\left(\frac{r+1}{r}\right)^r\left[1+\frac{(r+1)(1+3r+3r^2)}{r(1+2r)^2 n}-\frac{(r+1)^2}{r(1+2r)n^2}\right]$$

$$=\left(\frac{r+1}{r}\right)^r \leqslant \frac{2^{1+r}}{1+r}$$

即知式(2.4.10)和式(2.4.14)不弱于式(2.3.3)$(0 < r < 1)$. 而当 $r \to 0^+$ 时，易知式(2.3.3)$(0 < r < 1)$不弱于式(2.4.10)；而当 $r=1,n=1$ 时，考虑式(2.4.14)中 a_1 的系数，知式(2.3.3)不弱于式(2.4.14). 考虑式(2.4.10)和式

(2.4.14) 中 a_1 的系数, 它们分别为 $1/2 + (r+1)/(2r+1)$ 和 $1 + r(r+1)/(1+2r)^2$, 分别令 $r=1$ 和 $r \to 0^+$, 我们知 $1/2 + (r+1)/(2r+1)$ 和 $1 + r(r+1)/(1+2r)^2$ 不分大小. 总之式 (2.4.10)(2.4.14) 和式 (2.3.3) $(0 < r < 1)$ 三者之间不分强弱.

2.5 Carleman 不等式的两个加强式

设 $a_n > 0 (n=1,2,\cdots)$, 且 $\sum\limits_{n=1}^{\infty} a_n$ 收敛, 则有 (见参考资料 [35])

$$\sum_{n=1}^{\infty} \left(\prod_{m=1}^{n} a_m\right)^{1/n} < e \sum_{n=1}^{\infty} a_n \tag{2.5.1}$$

后来人们称其为 Carleman 不等式. 参考资料 [42] 把其加强为

$$\sum_{n=1}^{\infty} \left(\prod_{m=1}^{n} a_m\right)^{1/n} < e \sum_{n=1}^{\infty} \left(1 - \frac{1}{2n+2}\right) a_n \tag{2.5.2}$$

参考资料 [71] 也给出了

$$\sum_{n=1}^{\infty} \left(\prod_{m=1}^{n} a_m\right)^{1/n} < e \sum_{n=1}^{\infty} \left(1 - \frac{1-2/e}{n}\right) a_n$$

本节我们将证明 Carleman 不等式的两个加强式

$$\sum_{n=1}^{\infty} \left(\prod_{m=1}^{n} a_m\right)^{1/n} \leqslant e \sum_{n=1}^{\infty} \left(1 - \frac{a}{n+13a}\right) a_n \tag{2.5.3}$$

和

$$\sum_{n=1}^{\infty} \left[\left(1 + \frac{d}{n+c}\right)\left(\prod_{m=1}^{n} a_m\right)^{1/n}\right] \leqslant e \sum_{k=1}^{\infty} a_k \tag{2.5.4}$$

其中

$$a = 2.739, c = \frac{(2\sqrt{2} - 3/2)e - 3}{(3/2 - \sqrt{2})e} \approx 2.620\,3\cdots$$

$$d = \frac{(e-2)(\sqrt{2}e - 3)}{(3 - 2\sqrt{2})e} \approx 1.300\,2\cdots$$

引理 2.5.1 设 k 为任一正自然数, $a = 2.739$, 则有

$$e\left\{\frac{k^2 + (1+24a)k + \frac{23}{2}a + 156a^2}{(k+13a)(k+1/2)(k+1+13a)(k+3/2)}\right\} > \frac{4}{k}\left(\frac{k!}{(2k+1)!}\right)^{1/k} \tag{2.5.5}$$

证明　对于 $i=1,2$, 易证式 (2.5.5) 为真.

对于 $3 \leqslant k \leqslant 624$, 我们编写如下 VB 语言:

82

```
Private Sub Command1_Click()
Dim a As Double,b As Double
For i = 3 To 624
a = (2 * i + 1) * Sqr(2 + 1/i)
b = Exp(1 + 1/(12 * i)) * (((i + 35.607) * (i + 36.607) * (i +
1.5))/((i * i + 66.736 * i + 1 201.829 376) * (i + 0.5)))^i
Text1. Text = Text1. Text&"i ="& i & "a =" & a & "b=" & b & "a —
b=" &(a — b)& Chr(13)& Chr(10)
Next i
End Sub.
```

可以证明:当 $3 \leqslant k \leqslant 624$ 时,有

$$(2k+1)\sqrt{2+\frac{1}{k}}$$

$$> e^{1+\frac{1}{12k}}\left[1 + \frac{(1+2a)k^2 + \left(13a^2 + \frac{57}{2}a + 1\right)k + \left(\frac{351}{2}a^2 + \frac{55}{4}a\right)}{k^3 + \left(\frac{3}{2} + 24a\right)k^2 + \left(\frac{1}{2} + \frac{47}{2}a + 156a^2\right)k + \left(\frac{23}{4}a + 78a^2\right)}\right]^k$$

$$(2.5.6)$$

成立,进而有

$$(2k+1)\sqrt{2+\frac{1}{k}} > e^{1+\frac{1}{12k}}\left[\frac{(k+13a)(k+1+13a)(k+3/2)}{\left(k^2 + (1+24a)k + \frac{23}{2}a + 156a^2\right)(k+1/2)}\right]^k$$

$$\left[\frac{k^2 + (1+24a)k + \frac{23}{2}a + 156a^2}{(k+13a)(k+1/2)(k+1+13a)(k+3/2)}\right]^k (k+1/2)^{2k}$$

$$> \frac{\sqrt{k}\, e^{1+1/(12k)}}{\sqrt{2k+1}\,(2k+1)}$$

$$e^k \left[\frac{k^2 + (1+24a)k + \frac{23}{2}a + 156a^2}{(k+13a)(k+1/2)(k+1+13a)(k+3/2)}\right]^k$$

$$> \frac{4^k\sqrt{2\pi i}\,(k/e)^k e^{1/(12k)}}{k^k\sqrt{2\pi(2k+1)}\,((2k+1)/e)^{2k+1}}$$

$$e \frac{k^2 + (1+24a)k + \frac{23}{2}a + 156a^2}{(k+13a)(k+1/2)(k+1+13a)(k+3/2)}$$

$$> \frac{4}{k}\left[\frac{\sqrt{2\pi k}\,(k/e)^k e^{1/(12k)}}{\sqrt{2\pi(2k+1)}\,((2k+1)/e)^{2k+1}}\right]^{1/k}$$

$$(2.5.7)$$

由定理 0.1.13 的 Stirling 公式,知式(2.5.6)为真.

对于 $k \geqslant 625$,可证 $(2k+1)\sqrt{2} > e^{2+2a}$ 和 $\sqrt{1+1/(2k)} > e^{1/(12k)}$,则有

$$(2k+1)\sqrt{2+\frac{1}{k}} > e^{2+2a+\frac{1}{12k}}$$

因为可证

$$\frac{(1+2a)k^3 + \left(13a^2 + \frac{57}{2}a + 1\right)k^2 + \left(\frac{351}{2}a^2 + \frac{55}{4}a\right)k}{k^3 + \left(\frac{3}{2} + 24a\right)k^2 + \left(\frac{1}{2} + \frac{47}{2}a + 156a^2\right)k + \left(\frac{23}{4}a + 78a^2\right)} < 1 + 2a$$

所以对于 $x > 0$,我们有

$$e^{1+2a} > (1+x)^{\frac{1+2a}{x}} > (1+x)^{\frac{1}{x} \cdot \frac{(1+2a)k^3 + \left(13a^2 + \frac{57}{2}a + 1\right)k^2 + \left(\frac{351}{2}a^2 + \frac{55}{4}a\right)k}{k^3 + \left(\frac{3}{2} + 24a\right)k^2 + \left(\frac{1}{2} + \frac{47}{2}a + 156a^2\right)k + \left(\frac{23}{4}a + 78a^2\right)}}$$

在上式中令

$$x = \frac{(1+2a)k^2 + \left(13a^2 + \frac{57}{2}a + 1\right)k + \left(\frac{351}{2}a^2 + \frac{55}{4}a\right)}{k^3 + \left(\frac{3}{2} + 24a\right)k^2 + \left(\frac{1}{2} + \frac{47}{2}a + 156a^2\right)k + \left(\frac{23}{4}a + 78a^2\right)}$$

知式(2.5.6)成立,进而知式(2.5.7),式(2.5.5)成立.引理 2.5.1 得证.

引理 2.5.2 设 k 为任一正自然数,$a = 2.739$,则有

$$e\left(1 - \frac{a}{k+13a}\right)\frac{1}{k+1/2} > \sum_{n=k}^{\infty} \frac{1}{n}\left(\prod_{m=1}^{n}\frac{1}{m+1/2}\right)^{1/n} \qquad (2.5.8)$$

证明 设

$$f(k) = e\left(1 - \frac{a}{k+13a}\right)\frac{1}{k+1/2} - \sum_{n=k}^{\infty}\frac{1}{n}\left(\prod_{m=1}^{n}\frac{1}{m+1/2}\right)^{1/n} \quad (k=1,2,\cdots,N)$$

则

$$f(k) - f(k+1)$$

$$= e\left(\frac{1}{(k+1/2)(k+1+13a)} + \frac{a}{(k+1+13a)(k+3/2)} - \right.$$

$$\left. \frac{a}{(k+13a)(k+1/2)}\right) - \frac{1}{k}\left(\prod_{m=1}^{k}\frac{1}{m+1/2}\right)^{1/k}$$

$$= e\left[\frac{k^2 + (1+24a)k + \left(\frac{23}{2}a + 156a^2\right)}{(k+13a)(k+1/2)(k+1+13a)(k+3/2)}\right] - \frac{4}{k}\left(\frac{k!}{(2k+1)!}\right)^{1/k}$$

由引理 2.5.1 知 $\{f(k)\}_{k=1}^{\infty}$ 为严格单调递减数列,又由 $\lim\limits_{k \to +\infty} f(k) = 0$,则知 $f(k) > 0$ 恒成立.引理 2.5.2 得证.

定理 2.5.3 设 N 为正自然数,$a_n \geqslant 0 (n=1,2,\cdots,n)$,$B_N = \min\limits_{1 \leqslant n \leqslant N}\{(n+1/2)a_n\}$,$a = 2.739$,则有

$$e\sum_{n=1}^{N}\left(1 - \frac{a}{n+13a}\right)a_n - \sum_{n=1}^{N}\left(\prod_{m=1}^{n}a_m\right)^{1/n}$$

最值定理与分析不等式

$$\geqslant 2B_N \left[\mathrm{e} \sum_{n=1}^{N} \frac{n+12a}{(n+13a)(2n+1)} - \sum_{n=1}^{N} \frac{2(n!)^{1/n}}{((2n+1)!)^{1/n}} \right] \qquad (2.5.9)$$

证明 当 $N=1$ 时,式$(2.5.9)$ 显然为真,下设 $N \geqslant 2$ 和 $a_n = \dfrac{b_n}{n+1/2}, n = 1,2,\cdots,N$,则式$(2.5.9)$ 化为

$$\mathrm{e} \sum_{n=1}^{N} \left(1 - \frac{a}{n+13a} \right) \frac{b_n}{n+1/2} - \sum_{n=1}^{N} \left(\prod_{k=1}^{n} \frac{b_k}{k+1/2} \right)^{1/n}$$

$$\geqslant 2B_N \left[\mathrm{e} \sum_{n=1}^{N} \frac{n+12a}{(n+13a)(2n+1)} - \sum_{n=1}^{N} \frac{2(n!)^{1/n}}{((2n+1)!)^{1/n}} \right] \qquad (2.5.10)$$

$B_N = \min\limits_{1 \leqslant n \leqslant N} \{b_n\}$. 设

$$f : \boldsymbol{b} \in (0, +\infty)^N \to$$

$$f(\boldsymbol{b}) = \mathrm{e} \sum_{n=1}^{N} \left(1 - \frac{a}{n+13a} \right) \frac{b_n}{n+1/2} - \sum_{n=1}^{N} \left(\prod_{k=1}^{n} \frac{b_k}{k+1/2} \right)^{1/n}$$

则在 $D_k (k=1,2,\cdots,N)$ 中

$$\frac{\partial f(\boldsymbol{b})}{\partial b_k} = \mathrm{e} \left(1 - \frac{a}{k+13a} \right) \frac{1}{k+1/2} - \sum_{n=k}^{N} \frac{1}{nb_k} \left(\prod_{m=1}^{n} \frac{b_m}{m+1/2} \right)^{1/n}$$

$$> \mathrm{e} \left(1 - \frac{a}{k+13a} \right) \frac{1}{k+1/2} - \sum_{n=k}^{N} \frac{1}{n} \left(\prod_{m=1}^{n} \frac{1}{m+1/2} \right)^{1/n}$$

$$> \mathrm{e} \left(1 - \frac{a}{k+13a} \right) \frac{1}{k+1/2} - \sum_{n=k}^{\infty} \frac{1}{n} \left(\prod_{m=1}^{n} \frac{1}{m+1/2} \right)^{1/n}$$

由式$(2.5.8)$ 知 $\partial f / \partial b_k > 0$ 在 D_k 上成立. 根据推论 1.1.3 知

$$f(b_1, b_2, \cdots, b_N) \geqslant f(B_N, B_N, \cdots, B_N)$$

此即为式$(2.5.10)$,定理 2.5.3 得证.

推论 2.5.4 如定理 2.5.3 所设,则有

$$\mathrm{e} \sum_{n=1}^{N} \left(1 - \frac{a}{n+13a} \right) a_n - \sum_{n=1}^{N} \left(\prod_{m=1}^{n} a_m \right)^{1/n} \geqslant \frac{2}{3} \left(\frac{(1+12a)\mathrm{e}}{1+13a} - 1 \right) B_N$$

$$(2.5.11)$$

证明 设

$$f(k) = \mathrm{e} \sum_{n=1}^{k} \frac{n+12a}{(n+13a)(2n+1)} - \sum_{n=1}^{k} \frac{2(n!)^{1/n}}{((2n+1)!)^{1/n}} \quad (k=1,2,\cdots,N)$$

则有

$$f(k+1) - f(k) = \mathrm{e} \frac{k+1+12a}{(k+1+13a)(2k+3)} - \frac{2((k+1)!)^{1/(k+1)}}{((2k+3)!)^{1/(k+1)}}$$

由式$(2.5.5)$ 知

$$f(k+1) - f(k)$$

$$> \mathrm{e} \frac{k+1+12a}{(k+1+13a)(2k+3)} -$$

$$\mathrm{e}\,\frac{k+1}{2}\cdot\frac{(k+1)^2+(1+24a)(k+1)+\dfrac{23}{2}a+156a^2}{(k+1+13a)(k+3/2)(k+2+13a)(k+5/2)}$$

$$=\frac{\mathrm{e}}{(2k+3)(k+1+13a)}\cdot$$

$$\left[k+1+12a-\frac{(k+1)^3+(1+24a)(k+1)^2+\left(\dfrac{23}{2}a+156a^2\right)(k+1)}{(k+1+(1+13a))(k+1+3/2)}\right]$$

$$=\frac{\mathrm{e}\left[\left(\dfrac{5}{2}+a\right)(k+1)^2+(4+51a)(k+1)+\dfrac{3}{2}(1+12a)(1+13a)\right]}{(2k+3)(k+1+13a)(k+2+13a)(k+5/2)}$$

$$>0$$

所以 $\{f(k)\}_{k=1}^{N}$ 为严格单调递增数列. 由式(2.5.9)知

$$\mathrm{e}\sum_{n=1}^{N}\left(1-\frac{a}{n+13a}\right)a_n-\sum_{n=1}^{N}\left(\prod_{m=1}^{n}a_m\right)^{1/n}\geqslant 2B_Nf(N)\geqslant 2B_Nf(1)$$

此即为式(2.5.11).

推论 2.5.5 设 $a=2.739, a_n\geqslant 0\,(n=1,2,\cdots),\displaystyle\sum_{n=1}^{\infty}a_n$ 收敛,则有

$$\sum_{n=1}^{\infty}\left(\prod_{m=1}^{n}a_m\right)^{1/n}\leqslant \mathrm{e}\sum_{n=1}^{\infty}\left(1-\frac{a}{n+13a}\right)a_n \tag{2.5.12}$$

证明 在式(2.5.11)中令 $N\to +\infty$,知式(2.5.12)(即式(2.5.3))为真. 下面我们来证明式(2.5.4).

引理 2.5.6 设 $c=\dfrac{(2\sqrt{2}-3/2)\mathrm{e}-3}{(3/2-\sqrt{2})\mathrm{e}}\approx 2.6203\cdots,\ d=\left(\dfrac{\mathrm{e}}{2}-1\right)(1+c),$

m 为任一正自然数,则有:

(1) $$\frac{\mathrm{e}}{m+1}\geqslant\frac{1}{(m!)^{1/m}}\left(1+\frac{d}{m+c}\right) \tag{2.5.13}$$

(2) $$\frac{\mathrm{e}}{m}>\sum_{k=m}^{\infty}\left[\frac{1}{k\,(k!)^{1/k}}\left(1+\frac{d}{k+c}\right)\right] \tag{2.5.14}$$

其中式(2.5.13)取等号成立当且仅当 $m=1$.

证明 (1) 对于 $m=1,2$,易验证式(2.5.13)取等号成立.

当 $3\leqslant m\leqslant 15$ 时,因为

$$d=\left(\frac{\mathrm{e}}{2}-1\right)(1+c)\leqslant\left(\frac{\mathrm{e}}{2}-1\right)\left[1+\frac{(2\sqrt{2}-3/2)\mathrm{e}-3}{(3/2-\sqrt{2})\mathrm{e}}\right]<1.3003$$

只要证

$$\frac{\mathrm{e}}{m+1}\geqslant\frac{1}{(m!)^{1/m}}\left(1+\frac{1.3003}{m+2.62}\right)$$

可用计算器易验证上式对 $3\leqslant m\leqslant 15$ 为真.

当 $m \geqslant 16$ 时,我们可验证

$$2\pi m \geqslant \mathrm{e}^{2d+2}, \sqrt{2\pi m} \geqslant \mathrm{e}^{d+1}$$

因为当 $x > 0$ 时,有 $(1+1/x)^x < \mathrm{e}$,所以有

$$\sqrt{2\pi m} \geqslant \left(1+\frac{1}{m}\right)^m \left[\left(1+\frac{d}{m}\right)^{m/d}\right]^d > \left(1+\frac{1}{m}\right)^m \left(1+\frac{d}{m+c}\right)^m$$

$$(2\pi m)^{1/(2m)} \geqslant \frac{m+1}{m}\left(1+\frac{d}{m+c}\right), \frac{\mathrm{e}}{m+1} \geqslant \frac{\mathrm{e}}{m\,(2\pi m)^{1/(2m)}}\left(1+\frac{d}{m+c}\right)$$

由著名的 Stirling 公式 $m! = \sqrt{2\pi m}\,(m/\mathrm{e})^m \exp(\theta_m/12m)$,其中 $0 < \theta_m < 1$,知

$$\frac{\mathrm{e}}{m+1} \geqslant \frac{1}{(m!)^{1/m}}\left(1+\frac{F(c)}{m+c}\right)$$

式(2.5.13)证毕.

(2) 设

$$H(m) = \frac{\mathrm{e}}{m} - \sum_{k=m}^{\infty}\left[\frac{1}{k\,(k!)^{1/k}}\left(1+\frac{F(c)}{k+c}\right)\right] \quad (m=1,2,\cdots)$$

则

$$H(m) - H(m+1) = \frac{\mathrm{e}}{m} - \frac{\mathrm{e}}{m+1} - \frac{1}{m\,(m!)^{1/m}}\left(1+\frac{d}{m+c}\right)$$

$$= \frac{1}{m}\left[\frac{\mathrm{e}}{m+1} - \frac{1}{(m!)^{1/m}}\left(1+\frac{d}{m+c}\right)\right]$$

由式(2.5.13)知 $\{H(m)\}_{m=1}^{\infty}$ 为严格单调递减数列,同时易知 $\lim\limits_{m\to+\infty} H(m) = 0$,所以知 $H(m) > 0$,式(2.5.14)得证.

定理 2.5.7 设 $N \in \mathbb{N}, N > 0, B_N = \min\limits_{1\leqslant n\leqslant N}\{na_n\}$,$c$ 和 d 如引理 2.5.6 所设,则

$$\mathrm{e}\sum_{n=1}^{N} a_n - \sum_{n=1}^{N}\left[\left(1+\frac{d}{n+c}\right)\left(\prod_{m=1}^{n} a_m\right)^{1/n}\right]$$

$$\geqslant B_N\left[\mathrm{e}\sum_{n=1}^{N}\frac{1}{n} - \sum_{n=1}^{N}\left(\frac{1}{(n!)^{1/n}}\left(1+\frac{d}{n+c}\right)\right)\right] \quad (2.5.15)$$

证明 $n=1$ 时定理显然成立,下设 $n \geqslant 2$ 和 $b_n = na_n (n=1,2,\cdots,N)$,则式(2.5.15)化为

$$\mathrm{e}\sum_{n=1}^{N}\frac{b_n}{n} - \sum_{n=1}^{N}\left[\left(1+\frac{d}{n+c}\right)\left(\frac{1}{n!}\prod_{m=1}^{n} b_m\right)^{1/n}\right]$$

$$\geqslant B_N\left[\mathrm{e}\sum_{n=1}^{N}\frac{1}{n} - \sum_{n=1}^{N}\left(\frac{1}{(n!)^{1/n}}\left(1+\frac{d}{n+c}\right)\right)\right] \quad (2.5.16)$$

其中 $B_N = \min\limits_{1\leqslant n\leqslant N}\{b_n\}$. 设函数

$$f(b_1,b_2,\cdots,b_N) = \mathrm{e}\sum_{n=1}^{N}\frac{b_k}{n} - \sum_{n=1}^{N}\left[\left(1+\frac{d}{n+c}\right)\left(\frac{1}{n!}\prod_{m=1}^{n} b_m\right)^{1/n}\right]$$

在 $D_k(k=1,2,\cdots,N)$ 内有

$$\frac{\partial f}{\partial b_k} = \frac{\mathrm{e}}{k} - \sum_{n=k}^{N} \left[\frac{1}{nb_k}\left(1+\frac{d}{n+c}\right)\left(\frac{1}{n!}\prod_{m=1}^{n} b_m\right)^{1/n} \right]$$

$$> \frac{\mathrm{e}}{k} - \sum_{n=k}^{N} \left[\frac{1}{nb_k}\left(1+\frac{d}{n+c}\right)\left(\frac{1}{n!}\prod_{m=1}^{n} b_k\right)^{1/n} \right]$$

$$= \frac{\mathrm{e}}{k} - \sum_{n=k}^{N} \left[\frac{1}{n\,(n!)^{1/n}}\left(1+\frac{d}{n+c}\right) \right]$$

$$> \frac{\mathrm{e}}{k} - \sum_{n=k}^{\infty} \left[\frac{1}{n\,(n!)^{1/n}}\left(1+\frac{d}{n+c}\right) \right]$$

由式(2.5.14)知 $\partial f/\partial b_k > 0$,根据推论 1.1.3,我们有

$$f(b_1,b_2,\cdots,b_n) \geqslant f(B_N,B_N,\cdots,B_N)$$

此即为式(2.5.16),定理证毕.

推论 2.5.8 如定理 2.5.7 所设,则有

$$\mathrm{e}\sum_{n=1}^{N} a_n - \sum_{n=1}^{N}\left[\left(1+\frac{d}{n+c}\right)\left(\prod_{m=1}^{n} a_m\right)^{1/n}\right] \geqslant \frac{\mathrm{e}}{2}B_N \qquad (2.5.17)$$

证明 当 $m \in \mathbb{N}$,$m \geqslant 1$ 时,由于 $m! \leqslant (m+1)^m$,所以

$$(m!)^{m+1} \leqslant (m!)^m (m+1)^m,\ (m!)^{m+1} \leqslant ((m+1)!)^m$$

$$(m!)^{1/m} \leqslant ((m+1)!)^{1/(m+1)} \qquad (2.5.18)$$

根据式(2.5.13)和式(2.5.18)有

$$\frac{\mathrm{e}}{m+1} \geqslant \frac{1}{(m!)^{1/m}}\left(1+\frac{d}{m+c}\right)$$

$$\geqslant \frac{1}{((m+1)!)^{1/(m+1)}}\left(1+\frac{d}{m+c}\right)$$

$$\geqslant \frac{1}{((m+1)!)^{1/(m+1)}}\left(1+\frac{d}{m+1+c}\right)$$

若设

$$G(m) = \mathrm{e}\sum_{n=1}^{m}\frac{1}{n} - \sum_{n=1}^{m}\left[\frac{1}{(n!)^{1/n}} \cdot \left(1+\frac{d}{n+c}\right)\right] \quad (m=1,2,\cdots)$$

则

$$G(m+1) - G(m) = \frac{\mathrm{e}}{m+1} - \frac{1}{((m+1)!)^{1/(m+1)}}\left(1+\frac{d}{m+1+c}\right) > 0$$

知 $\{G(m)\}_{m=1}^{\infty}$ 为单调递增数列,则有 $G(m) \geqslant G(1) = \mathrm{e}/2$,再依据定理 2.5.7,知式(2.5.18)成立.

定理 2.5.9 设

$$c = \frac{(2\sqrt{2}-3/2)\mathrm{e}-3}{(3/2-\sqrt{2})\mathrm{e}} = 2.620\ 3\cdots,\quad d = \frac{(\mathrm{e}-2)(\sqrt{2}\,\mathrm{e}-3)}{(3-2\sqrt{2})\mathrm{e}} = 1.300\ 2\cdots$$

则

最值定理与分析不等式

$$\sum_{n=1}^{\infty}\left[\left(1+\frac{d}{n+c}\right)\left(\prod_{m=1}^{n}a_m\right)^{1/n}\right]\leqslant e\sum_{n=1}^{\infty}a_n \tag{2.5.19}$$

证明　在式(2.5.17)中,令 $N\to\infty$,可知式(2.5.19)(即式(2.5.4))成立.

2.6　Van Der Corput 不等式的推广

设 $n\in\mathbb{N}$,$n\geqslant 1$,$S_n=\sum_{k=1}^{n}1/k$ 和 $a_n>0(n=1,2,\cdots)$,且

$$0<\sum_{n=1}^{\infty}(n+1)a_n<\infty$$

则 Van Der Corput 不等式指的是

$$\sum_{n=1}^{\infty}\left(\prod_{m=1}^{n}a_m^{1/m}\right)^{1/S_n}<e^{1+\gamma}\sum_{n=1}^{\infty}(n+1)a_n \tag{2.6.1}$$

其中 $\gamma=0.577\,215\,66\cdots$ 为 Euler 常数,系数 $e^{1+\gamma}$ 最佳(见参考资料[48]).

关于 Van Der Corput 不等式的加强,参考资料[77][78][79]分别证明了

$$\sum_{n=1}^{\infty}\left(\prod_{m=1}^{n}a_m^{1/m}\right)^{1/S_n}<e^{1+\gamma}\sum_{n=1}^{\infty}\left(n-\frac{\ln n}{4}\right)a_n \tag{2.6.2}$$

$$\sum_{n=1}^{\infty}\left(\prod_{m=1}^{n}a_m^{1/m}\right)^{1/S_n}<e^{1+\gamma}\sum_{n=1}^{\infty}\left(n-\frac{\ln n}{3}\right)a_n \tag{2.6.3}$$

和

$$\sum_{n=1}^{\infty}\left(\prod_{m=1}^{n}a_m^{1/m}\right)^{1/S_n}<e^{1+\gamma}\sum_{n=1}^{\infty}e^{-\frac{6(6n+1)\gamma-9}{(6n+1)(12n+11)}}n\left(1-\frac{\ln n}{2n+\ln n+11/6}\right)a_n \tag{2.6.4}$$

参考资料[80][81]分别证明了

$$\sum_{n=1}^{\infty}\left(\prod_{m=1}^{n}a_m^{1/m}\right)^{1/S_n}\leqslant\sum_{n=1}^{\infty}n^{1-\frac{9}{20n}}e^{1+\gamma-\frac{9}{20n}}a_n \tag{2.6.5}$$

和

$$\sum_{n=1}^{\infty}\left(\prod_{m=1}^{n}a_m^{1/m}\right)^{1/S_n}<\sum_{n=1}^{\infty}e^{1+\gamma-\frac{c}{n}}\left(n-\frac{\ln n}{2}\right)a_n \tag{2.6.6}$$

其中 $c=1+\gamma-\ln 3$.易知式(2.6.6)强于式(2.6.1)~(2.6.5).

若设 $\alpha\in(-1,\infty)$,$T_n(\alpha)=\sum_{k=1}^{n}1/(k+\alpha)$ 和

$$\gamma(\alpha)=\lim_{n\to+\infty}\left[\sum_{k=1}^{n}\frac{1}{k+\alpha}-\ln(n+\alpha)\right]$$

则关于 Van Der Corput 不等式的推广,参考资料[79][82]分别证明了

$$\sum_{n=1}^{\infty} \left(\prod_{m=1}^{n} a_m^{1/(m+a)} \right)^{1/T_n(a)} < e^{1+\gamma(a)} \sum_{n=1}^{\infty} \left(n + \frac{1}{2} + a \right) a_n \qquad (2.6.7)$$

和

$$\sum_{n=1}^{\infty} \left(\prod_{m=1}^{n} a_m^{1/(m+a)} \right)^{1/T_n(a)} < e^{1+\gamma(a)} \sum_{n=1}^{\infty} \left(n + \frac{1}{2} + a - \frac{3\ln(n+1+a)}{16} \right) a_n$$

$$(2.6.8)$$

另类推论还可见参考资料[82][83][84].

本节将介绍作者与合作者(见参考资料[98])研究得到的一个新结果

$$\sum_{n=1}^{\infty} \left(\prod_{m=1}^{n} a_m^{1/(m+a)} \right)^{1/T_n(a)} \leqslant e^{1+\gamma(a)} \sum_{n=1}^{\infty} \left(n + \frac{2a^3 + 10a^2 + 10a - 2}{2a^2 + 11a + 13} \right) a_n$$

$$(2.6.9)$$

可以证明式(2.6.9)强于式(2.6.7),与式(2.6.8)不分强弱.

为了记述的方便,不加特殊说明,本节都设 $a \in (-1, +\infty)$, $\beta = \dfrac{2a^3 + 10a^2 + 10a - 2}{2a^2 + 11a + 13}$, $n \in \mathbb{N}$, $n \geqslant 1$, 和

$$T_n(a) = \sum_{k=1}^{n} \frac{1}{k+a}, \gamma(a) = \lim_{n \to +\infty} \left[\sum_{k=1}^{n} \frac{1}{k+a} - \ln(n+a) \right]$$

引理 2.6.1 对于任一正自然数 n, 都有

$$\gamma(a) > \sum_{k=1}^{n} \frac{1}{k+a} - \ln(n+a) - \frac{1}{2(n+a)} \qquad (2.6.10)$$

证明

$$f : x \in [1, +\infty) \to \frac{1}{2(x+a)} + \frac{1}{2(x+1+a)} + \ln(x+a) - \ln(x+1+a)$$

则有

$$f'(x) = -\frac{1}{2(x+a)^2} - \frac{1}{2(x+1+a)^2} + \frac{1}{x+a} - \frac{1}{x+1+a}$$

$$= -\frac{1}{2(x+a)^2(x+1+a)^2}$$

知 f 为严格单调递减函数,同时因 $\lim\limits_{x \to \infty} f(x) = 0$, 我们有

$$f(x) > 0 \qquad (2.6.11)$$

此时若设

$$g(n) = \gamma(a) - \sum_{k=1}^{n} \frac{1}{k+a} + \ln(n+a) + \frac{1}{2(n+a)} \quad (n = 1, 2, \cdots)$$

则

$$g(n) - g(n+1) = \frac{1}{2(n+1+a)} + \frac{1}{2(n+a)} + \ln(n+a) - \ln(n+1+a)$$

由式(2.6.11)知 $\{g(n)\}_{n=1}^{\infty}$ 为严格单调递减数列. 又根据 $\gamma(a)$ 的定义知

$\lim\limits_{n \to \infty} g(n) = 0$，即知 $g(n) > 0$，式 $(2.6.10)$ 得证.

引理 2.6.2

$$-1 < \beta < \alpha \qquad (2.6.12)$$

证明

$$\beta + 1 = \frac{(\alpha + 1)(2\alpha^2 + 10\alpha + 11)}{2\alpha^2 + 11\alpha + 13} > 0$$

$$\beta - \alpha = \frac{-\alpha^2 - 3\alpha - 2}{2\alpha^2 + 11\alpha + 13} = -\frac{(\alpha + 1)(\alpha + 2)}{2\alpha^2 + 11\alpha + 13} < 0$$

引理 2.6.2 证毕.

引理 2.6.3

$(1)\ \dfrac{\mathrm{e}^{1 + \gamma(\alpha)}}{(n + 1 + \alpha) T_{n+1}(\alpha)} > \left[\displaystyle\prod_{k=1}^{n} \left(\dfrac{1}{(k + \alpha)(k + \beta) T_k(\alpha)} \right)^{1/(k+\alpha)} \right]^{1/T_n(\alpha)}$

$$(2.6.13)$$

$(2)\ \dfrac{\mathrm{e}^{1 + \gamma(\alpha)}}{T_n(\alpha)} > \displaystyle\sum_{k=n}^{\infty} \dfrac{1}{T_k(\alpha)} \left[\displaystyle\prod_{m=1}^{k} \left(\dfrac{1}{(m + \alpha)(m + \beta) T_m(\alpha)} \right)^{1/(m+\alpha)} \right]^{1/T_k(\alpha)}$

$$(2.6.14)$$

证明 (1) 式 $(2.6.13)$ 等价于

$$\prod_{k=1}^{n} \left(\frac{1}{(k + \alpha)(k + \beta) T_k(\alpha)} \right)^{1/(k+\alpha)} < \left[\frac{\mathrm{e}^{1 + \gamma(\alpha)}}{T_{n+1}(\alpha)(n + 1 + \alpha)} \right]^{T_n(\alpha)}$$

$$(2.6.15)$$

下面用数学归纳法证明式 $(2.6.15)$.

当 $n = 1$ 时，由于 $T_1(\alpha) = 1/(1 + \alpha)$，则式 $(2.6.15)$ 化为

$$\frac{1}{1 + \beta} < \frac{\mathrm{e}^{1 + \gamma(\alpha)}}{[1/(1 + \alpha) + 1/(2 + \alpha)](2 + \alpha)}$$

$$(1 + \beta)(1 + \alpha)\mathrm{e}^{1 + \gamma(\alpha)} > 3 + 2\alpha \qquad (2.6.16)$$

由引理 2.6.1 知 $\gamma(\alpha) > \dfrac{1}{2(1 + \alpha)} - \ln(1 + \alpha)$，再根据 β 的定义，我们有

$$\frac{(1 + \beta)(1 + \alpha)\mathrm{e}^{1 + \gamma(\alpha)}}{3 + 2\alpha} - 1$$

$$> \frac{1}{3 + 2\alpha}\left(1 + \frac{2\alpha^3 + 10\alpha^2 + 10\alpha - 2}{2\alpha^2 + 11\alpha + 13}\right)(1 + \alpha)\mathrm{e}^{1 + \frac{1}{2(1+\alpha)} - \ln(1+\alpha)} - 1$$

$$= \frac{2\alpha^3 + 12\alpha^2 + 21\alpha + 11}{4\alpha^3 + 28\alpha^2 + 59\alpha + 39}\mathrm{e}^{1 + \frac{1}{2(1+\alpha)}} - 1$$

$$> \frac{5.4\alpha^3 + 32.4\alpha^2 + 56.7\alpha + 29.7}{4\alpha^3 + 28\alpha^2 + 59\alpha + 39}\mathrm{e}^{\frac{1}{2(1+\alpha)}} - 1$$

当 $\alpha > 2$ 时，易证

$$\frac{5.4\alpha^3 + 32.4\alpha^2 + 56.7\alpha + 29.7}{4\alpha^3 + 28\alpha^2 + 59\alpha + 39}\mathrm{e}^{\frac{1}{2(1+\alpha)}} - 1$$

$$> \frac{5.4\alpha^3 + 32.4\alpha^2 + 56.7\alpha + 29.7}{4\alpha^3 + 28\alpha^2 + 59\alpha + 39} - 1 > 0$$

当 $0.5 < \alpha < 2$ 时,易证

$$\frac{5.4\alpha^3 + 32.4\alpha^2 + 56.7\alpha + 29.7}{4\alpha^3 + 28\alpha^2 + 59\alpha + 39} e^{\frac{1}{2(1+\alpha)}} - 1$$

$$> \frac{5.4\alpha^3 + 32.4\alpha^2 + 56.7\alpha + 29.7}{4\alpha^3 + 28\alpha^2 + 59\alpha + 39} e^{\frac{1}{6}} - 1 > 0$$

当 $0 \leqslant \alpha < 0.5$ 时,易证

$$\frac{5.4\alpha^3 + 32.4\alpha^2 + 56.7\alpha + 29.7}{4\alpha^3 + 28\alpha^2 + 59\alpha + 39} e^{\frac{1}{2(1+\alpha)}} - 1$$

$$> \frac{5.4\alpha^3 + 32.4\alpha^2 + 56.7\alpha + 29.7}{4\alpha^3 + 28\alpha^2 + 59\alpha + 39} e^{\frac{1}{3}} - 1 > 0$$

当 $-\frac{1}{3} < \alpha \leqslant 0$ 时,易证

$$\frac{5.4\alpha^3 + 32.4\alpha^2 + 56.7\alpha + 29.7}{4\alpha^3 + 28\alpha^2 + 59\alpha + 39} e^{\frac{1}{2(1+\alpha)}} - 1$$

$$> \frac{5.4\alpha^3 + 32.4\alpha^2 + 56.7\alpha + 29.7}{4\alpha^3 + 28\alpha^2 + 59\alpha + 39} e^{\frac{1}{2}} - 1 > 0$$

当 $-1 < \alpha \leqslant -\frac{1}{3}$ 时,易证

$$\frac{5.4\alpha^3 + 32.4\alpha^2 + 56.7\alpha + 29.7}{4\alpha^3 + 28\alpha^2 + 59\alpha + 39} e^{\frac{1}{2(1+\alpha)}} - 1$$

$$> \frac{5.4\alpha^3 + 32.4\alpha^2 + 56.7\alpha + 29.7}{4\alpha^3 + 28\alpha^2 + 59\alpha + 39} e^{\frac{3}{4}} - 1 > 0$$

归纳得式(2.6.16)成立.

假设 $n = k$ 时式(2.6.15)成立,则当 $n = k + 1$ 时

$$(k-1)(5\alpha^2 + 18\alpha + 17) \geqslant 0$$

$$(k-1)\left[(5\alpha + 9)k + 5\alpha^2 + 13\alpha + 8\right] \geqslant 0$$

即

$$\frac{k+\alpha}{2(k+1+\alpha)(k+2+\alpha)} \geqslant \frac{\alpha - \dfrac{2\alpha^3 + 10\alpha^2 + 10\alpha - 2}{2\alpha^2 + 11\alpha + 13}}{k + 1 + \dfrac{2\alpha^3 + 10\alpha^2 + 10\alpha - 2}{2\alpha^2 + 11\alpha + 13}}$$

$$\frac{k+\alpha}{2(k+1+\alpha)(k+2+\alpha)} \geqslant \frac{\alpha - \beta}{k+1+\beta}$$

$$\frac{k+\alpha}{2(k+1+\alpha)(k+2+\alpha)} > \ln\left(1 + \frac{\alpha - \beta}{k+1+\beta}\right)$$

$$(k+1+\beta) \cdot e^{\frac{1}{k+2+\alpha} - \ln(k+1+\alpha) - \frac{1}{2(k+1+\alpha)}} > 1$$

由式(2.6.10)知

$$(k+1+\beta) \cdot e^{\frac{1}{k+2+\alpha}+\gamma(\alpha)-T_{k+1}(\alpha)} > 1$$

$$(k+1+\beta)^{\frac{1}{k+1+\alpha}} \cdot e^{\frac{1+\gamma(\alpha)}{k+1+\alpha}} > e^{\frac{T_{k+1}(\alpha)}{k+1+\alpha}+\frac{1}{k+2+\alpha}}$$

众所周知,当 $x > 0$ 时,有 $(1+1/x)^x < e$,所以我们有

$$(k+1+\beta)^{\frac{1}{k+1+\alpha}} \cdot e^{\frac{1+\gamma(\alpha)}{k+1+\alpha}}$$

$$> \left(1+\frac{1}{k+1+\alpha}\right)^{(k+1+\alpha)\frac{T_{k+1}(\alpha)}{k+1+\alpha}} \left[1+\frac{1}{(k+2+\alpha)T_{k+1}(\alpha)}\right]^{\frac{(k+2+\alpha)T_{k+1}(\alpha)}{k+2+\alpha}}$$

$$(k+1+\beta)^{\frac{1}{k+1+\alpha}} \cdot e^{\frac{1+\gamma(\alpha)}{k+1+\alpha}} > \left[\frac{(k+2+\alpha)T_{k+2}(\alpha)}{(k+1+\alpha)T_{k+1}(\alpha)}\right]^{T_{k+1}(\alpha)}$$

$$\left[\frac{e^{1+\gamma(\alpha)}}{(k+2+\alpha)T_{k+2}(\alpha)}\right]^{T_{k+1}(\alpha)}$$

$$> \left[\frac{e^{1+\gamma(\alpha)}}{(k+1+\alpha)T_{k+1}(\alpha)}\right]^{T_k(\alpha)} \left(\frac{1}{(k+1+\alpha)(k+1+\beta)T_{k+1}(\alpha)}\right)^{\frac{1}{k+1+\alpha}}$$

由假设知

$$\left[\frac{e^{1+\gamma(\alpha)}}{T_{k+2}(\alpha)(k+2+\alpha)}\right]^{T_{k+1}(\alpha)} > \prod_{m=1}^{k}\left(\frac{1}{(m+\alpha)(m+\beta)T_m(\alpha)}\right)^{1/(m+\alpha)} \cdot$$

$$\left(\frac{1}{(k+1+\alpha)(k+1+\beta)T_{k+1}(\alpha)}\right)^{1/(k+1+\alpha)}$$

$$= \prod_{m=1}^{k+1}\left(\frac{1}{(m+\alpha)(m+\beta)T_m(\alpha)}\right)^{1/(m+\alpha)}$$

所以式 $(2.6.15)$ 对于 $n=k+1$ 也成立.式 $(2.6.13)$ 得证.

(2) 设

$$f(k) = \frac{e^{1+\gamma(\alpha)}}{T_k(\alpha)} - \sum_{n=k}^{\infty}\frac{1}{T_n(\alpha)}\left[\prod_{m=1}^{n}\left(\frac{1}{(m+\alpha)(m+\beta)T_m(\alpha)}\right)^{1/(m+\alpha)}\right]^{1/T_n(\alpha)}$$

下证 $f(k) > f(k+1)$.因

$$f(k) - f(k+1) = \frac{e^{1+\gamma(\alpha)}}{(k+1+\alpha)T_k(\alpha)T_{k+1}(\alpha)} -$$

$$\frac{1}{T_k(\alpha)}\left[\prod_{m=1}^{k}\left(\frac{1}{(m+\alpha)(m+\beta)T_m(\alpha)}\right)^{1/(m+\alpha)}\right]^{1/T_k(\alpha)}$$

由式 $(2.6.13)$ 知 $\{f(k)\}_{k=1}^{\infty}$ 为严格单调递增数列,同时易证 $\lim\limits_{k\to\infty}f(k)=0$,所以 $f(k) > 0$,式 $(2.6.14)$ 得证.

定理 2.6.4 设 $\alpha \in (-1,+\infty)$,$N \in \mathbb{N}$,$N \geqslant 1$,$T_n(\alpha) = \sum\limits_{k=1}^{n}1/(k+\alpha)$,$a_n \geqslant 0 (n=1,2,\cdots,N)$,和

$$\beta = \frac{2\alpha^3+10\alpha^2+10\alpha-2}{2\alpha^2+11\alpha+13}, B_N = \min_{1\leqslant n\leqslant N}\{(n+\alpha)(n+\beta)T_n(\alpha)a_n\}$$

则有

$$e^{1+\gamma(\alpha)} \sum_{n=1}^{N} (n+\beta) a_n - \sum_{n=1}^{N} \left(\prod_{m=1}^{n} a_m^{1/(m+\alpha)} \right)^{1/T_n(\alpha)}$$

$$\geqslant B_N \left[e^{1+\gamma(\alpha)} \sum_{n=1}^{N} \frac{1}{(n+\alpha) T_n(\alpha)} - \right.$$

$$\left. \sum_{n=1}^{N} \left[\prod_{m=1}^{n} \left(\frac{1}{(m+\alpha)(m+\beta) T_m(\alpha)} \right)^{1/(m+\alpha)} \right]^{1/T_n(\alpha)} \right] \qquad (2.6.17)$$

等号成立当且仅当 $(n+\alpha)(n+\beta) T_n(\alpha) a_n \ (n=1,2,\cdots,N)$ 为常数.

证明 设

$$a_n = \frac{b_n}{(n+\alpha)(n+\beta) T_n(\alpha)} \qquad (n=1,2,\cdots,N)$$

则式 (2.6.17) 化为

$$e^{1+\gamma(\alpha)} \sum_{n=1}^{N} \frac{b_n}{(n+\alpha) T_n(\alpha)} -$$

$$\sum_{n=1}^{N} \left[\prod_{m=1}^{n} \left(\frac{b_m}{(m+\alpha)(m+\beta) T_m(\alpha)} \right)^{1/(m+\alpha)} \right]^{1/T_n(\alpha)}$$

$$\geqslant B_N \left[e^{1+\gamma(\alpha)} \sum_{n=1}^{N} \frac{1}{(n+\alpha) T_n(\alpha)} - \right.$$

$$\left. \sum_{n=1}^{N} \left[\prod_{m=1}^{n} \left(\frac{1}{(m+\alpha)(m+\beta) T_m(\alpha)} \right)^{1/(m+\alpha)} \right]^{1/T_n(\alpha)} \right] \qquad (2.6.18)$$

其中 $B_N = \min\limits_{1 \leqslant n \leqslant N} \{b_n\}$. 设

$$f: \boldsymbol{b} = (b_1, b_2, \cdots, b_N) \in (0, +\infty)^N \to$$

$$e^{1+\gamma(\alpha)} \sum_{n=1}^{N} \frac{b_n}{(n+\alpha) T_n(\alpha)} -$$

$$\sum_{n=1}^{N} \left[\prod_{m=1}^{n} \left(\frac{b_m}{(m+\alpha)(m+\beta) T_m(\alpha)} \right)^{1/(m+\alpha)} \right]^{1/T_n(\alpha)}$$

在每一个 $D_k \ (k=1,2,\cdots,N)$ 上

$$\frac{\partial f}{\partial b_k} = \frac{e^{1+\gamma(\alpha)}}{(k+\alpha) T_k(\alpha)} -$$

$$\sum_{n=k}^{N} \frac{1}{(k+\alpha) b_k T_n(\alpha)} \left[\prod_{m=1}^{n} \left(\frac{b_m}{(m+\alpha)(m+\beta) T_m(\alpha)} \right)^{1/(m+\alpha)} \right]^{1/T_n(\alpha)}$$

$$> \frac{e^{1+\gamma(\alpha)}}{(k+\alpha) T_k(\alpha)} -$$

$$\sum_{n=k}^{N} \frac{1}{(k+\alpha) T_n(\alpha)} \left[\prod_{m=1}^{n} \left(\frac{1}{(m+\alpha)(m+\beta) T_m(\alpha)} \right)^{1/(m+\alpha)} \right]^{1/T_n(\alpha)}$$

$$> \frac{e^{1+\gamma(\alpha)}}{(k+\alpha) T_k(\alpha)} -$$

$$\sum_{n=k}^{\infty} \frac{1}{(k+\alpha) T_n(\alpha)} \left[\prod_{m=1}^{n} \left(\frac{1}{(m+\alpha)(m+\beta) T_m(\alpha)} \right)^{1/(m+\alpha)} \right]^{1/T_n(\alpha)}$$

最值定理与分析不等式

由式(2.6.14)知 $\partial f/\partial b_i > 0$,则由推论 1.1.3 知 $f(\boldsymbol{b}) \geqslant f(B_N, B_N, \cdots, B_N)$,此即为式(2.6.18),其等号成立当且仅当 $b_1 = b_2 = \cdots = b_N = B_N$.

推论 2.6.5 如定理 2.6.4 所设,则有

$$e^{1+\gamma(\alpha)} \sum_{n=1}^{N} (n+\beta) a_n - \sum_{n=1}^{N} \left(\prod_{k=1}^{n} a_k^{1/(k+\alpha)} \right)^{1/T_n(\alpha)} \geqslant B_N \left(e^{1+\gamma(\alpha)} - \frac{1}{1+\beta} \right)$$

$$(2.6.19)$$

等号成立当且仅当 $N=1$.

证明 设

$$f(k) = e^{1+\gamma(\alpha)} \sum_{n=1}^{k} \frac{1}{(n+\alpha) T_n(\alpha)} - \sum_{n=1}^{k} \left[\prod_{m=1}^{n} \left(\frac{1}{(m+\alpha)(m+\beta) T_m(\alpha)} \right)^{1/(m+\alpha)} \right]^{1/T_n(\alpha)}$$

则由式(2.6.13)知

$$f(k+1) - f(k)$$
$$= \frac{e^{1+\gamma(\alpha)}}{(k+1+\alpha) T_{k+1}(\alpha)} - \left[\prod_{m=1}^{k+1} \left(\frac{1}{(m+\alpha)(m+\beta) T_m(\alpha)} \right)^{1/(m+\alpha)} \right]^{1/T_{k+1}(\alpha)}$$
$$> \frac{e^{1+\gamma(\alpha)}}{(k+1+\alpha) T_{k+1}(\alpha)} - \frac{e^{1+\gamma(\alpha)}}{(k+2+\alpha) T_{k+2}(\alpha)}$$
$$= e^{1+\gamma(\alpha)} \frac{(k+2+\alpha) T_{k+1}(\alpha) + 1 - (k+1+\alpha) T_{k+1}(\alpha)}{(k+1+\alpha)(k+2+\alpha) T_{k+1}(\alpha) T_{k+2}(\alpha)}$$
$$> 0$$

所以 $\{f(k)\}_{k=1}^{\infty}$ 为严格单调递增数列,则有

$$f(k) \geqslant f(1) = e^{1+\gamma(\alpha)} - \frac{1}{1+\beta}$$

再根据定理 2.6.4 易知推论 2.6.5 成立.

推论 2.6.6 设

$$\alpha \in (-1, +\infty), a_n \geqslant 0 (n=1,2,\cdots), \beta = \frac{2\alpha^3 + 10\alpha^2 + 10\alpha - 2}{2\alpha^2 + 11\alpha + 13}$$

$\sum_{n=1}^{\infty} (n+\beta) a_n$ 收敛,则有

$$\sum_{n=1}^{\infty} \left(\prod_{m=1}^{n} a_m^{1/(m+\alpha)} \right)^{1/T_n(\alpha)} \leqslant e^{1+\gamma(\alpha)} \sum_{n=1}^{\infty} (n+\beta) a_n$$

证明 令

$$a_n = \frac{b_n}{(n+\alpha)(n+\beta) T_n(\alpha)} \quad (n=1,2,\cdots)$$

由推论 2.6.5 知

$$e^{1+\gamma(\alpha)} \sum_{n=1}^{N} \frac{b_n}{(n+\alpha) T_n(\alpha)} -$$

$$\sum_{n=1}^{N} \left[\prod_{m=1}^{n} \left(\frac{b_m}{(m+\alpha)(m+\beta)\,T_m(\alpha)} \right)^{1/(m+\alpha)} \right]^{1/T_n(\alpha)}$$

$$\geqslant B_N \left(e^{1+\gamma(\alpha)} - \frac{1}{1+\beta} \right)$$

其中 $B_N = \min\limits_{1 \leqslant n \leqslant N} \{b_n\}$. 因为 $\sum\limits_{n=1}^{\infty} (n+\beta)\,a_n$ 收敛,所以 $\sum\limits_{n=1}^{\infty} \dfrac{b_n}{(n+\alpha)\,T_n(\alpha)}$ 收敛,由式 (2.6.10) 知

$$\sum_{n=1}^{\infty} \frac{b_n}{(n+\alpha)\left[\gamma(\alpha) + \ln(n+\alpha)\right] + 1/2} < +\infty$$

$$\sum_{n=1}^{\infty} \frac{b_n}{(n+\alpha)\ln(n+\alpha)} < +\infty$$

此时用反证法可证 $\inf\limits_{n \geqslant 1}\{B_n\} = 0$,不妨设 $\lim\limits_{n \to \infty} B_n = 0$. 在式 (2.6.19) 中令 $N \to +\infty$,可知推论 2.6.6 为真.

根据引理 2.6.2,易知式 (2.6.9) 强于式 (2.6.7).

当 $n=1$ 时,$\alpha=0$ 时,易知

$$n + \frac{1}{2} + \alpha - \frac{3\ln(n+1+\alpha)}{16} > 1 + \frac{2\alpha^3 + 10\alpha^2 + 10\alpha - 2}{2\alpha^2 + 11\alpha + 13}$$

当 n 充分大时,又有

$$n + \frac{1}{2} + \alpha - \frac{3\ln(n+1+\alpha)}{16} < 1 + \frac{2\alpha^3 + 10\alpha^2 + 10\alpha - 2}{2\alpha^2 + 11\alpha + 13}$$

所以式 (2.6.9) 与式 (2.6.8) 不分强弱.

2.7 Copson 不等式的加强

在不等式名著 [16]65,[8]118 ～ 127,[85] 中,记载了一个 Hardy 型不等式 (Copson 不等式):设 $a_n > 0 (n = 1,2,3,\cdots)$,若 $p > 1$,则有

$$\sum_{n=1}^{\infty} \left(\sum_{m=n}^{\infty} \frac{a_m}{m} \right)^p < p^p \sum_{n=1}^{\infty} a_n^p \qquad (2.7.1)$$

若 $0 < p < 1$,则有

$$\sum_{n=1}^{\infty} \left(\sum_{m=n}^{\infty} \frac{a_m}{m} \right)^p > p^p \sum_{n=1}^{\infty} a_n^p \qquad (2.7.2)$$

本节将利用最值单调定理,先对有限项 Copson 不等式进行非严格化,后以推论 2.7.9 和推论 2.7.13 的形式对其进行加强(见参考资料 [99]).

引理 2.7.1 N 为正自然数,$p > 1$,则有

$$\sum_{n=1}^{N} \left(\sum_{m=n}^{N} \frac{1}{m^{1+1/p}} \right)^p < p^p \sum_{n=1}^{N} \frac{1}{n}$$

证明

$$\sum_{n=1}^{N} \left(\sum_{m=n}^{N} \frac{1}{m^{1+1/p}} \right)^p = p \sum_{n=1}^{N} \int_{0}^{\sum\limits_{m=n}^{N}\frac{1}{m^{1+1/p}}} x^{p-1} \,\mathrm{d}x$$

$$= p \sum_{n=1}^{N} \left[\int_{0}^{\frac{1}{N^{1+1/p}}} x^{p-1} \,\mathrm{d}x + \int_{\frac{1}{N^{1+1/p}}}^{\frac{1}{N^{1+1/p}}+\frac{1}{(N-1)^{1+1/p}}} x^{p-1} \,\mathrm{d}x + \cdots + \int_{\sum\limits_{m=n+1}^{N}\frac{1}{m^{1+1/p}}}^{\sum\limits_{m=n}^{N}\frac{1}{m^{1+1/p}}} x^{p-1} \,\mathrm{d}x \right]$$

$$< p \sum_{n=1}^{N} \left[\frac{1}{N^{1+1/p}} \cdot \left(\frac{1}{N^{1+1/p}} \right)^{p-1} + \right.$$

$$\left. \frac{1}{(N-1)^{1+1/p}} \left(\frac{1}{N^{1+1/p}} + \frac{1}{(N-1)^{1+1/p}} \right)^{p-1} + \cdots + \frac{1}{n^{1+1/p}} \left(\sum_{k=n}^{N} \frac{1}{k^{1+1/p}} \right)^{p-1} \right]$$

$$= p \sum_{n=1}^{N} \sum_{m=n}^{N} \frac{1}{m^{1+1/p}} \left(\sum_{k=m}^{N} \frac{1}{k^{1+1/p}} \right)^{p-1}$$

$$= p \sum_{n=1}^{N} \frac{n}{n^{1+1/p}} \left(\sum_{m=n}^{N} \frac{1}{m^{1+1/p}} \right)^{p-1}$$

若设实数 $q > 1$，满足 $1/p + 1/q = 1$，再根据 Hölder 不等式，则由上式可知

$$\sum_{n=1}^{N} \left(\sum_{m=n}^{N} \frac{1}{m^{1+1/p}} \right)^p < p \left[\sum_{n=1}^{N} \left(\frac{n}{n^{1+1/p}} \right)^p \right]^{1/p} \cdot \left[\sum_{n=1}^{N} \left(\sum_{m=n}^{N} \frac{1}{m^{1+1/p}} \right)^{(p-1)q} \right]^{1/q}$$

$$= p \left(\sum_{n=1}^{N} \frac{1}{n} \right)^{1/p} \cdot \left[\sum_{n=1}^{N} \left(\sum_{m=n}^{N} \frac{1}{m^{1+1/p}} \right)^p \right]^{1/q}$$

即

$$\left[\sum_{n=1}^{N} \left(\sum_{m=n}^{N} \frac{1}{m^{1+1/p}} \right)^p \right]^{1/p} < p \left(\sum_{n=1}^{N} \frac{1}{n} \right)^{1/p}$$

$$\sum_{n=1}^{N} \left(\sum_{m=n}^{N} \frac{1}{m^{1+1/p}} \right)^p < p^p \sum_{n=1}^{N} \frac{1}{n}$$

引理 2.7.1 得证.

定理 2.7.2 设 $p > 1$，N 为正自然数，$a_n > 0 (n=1,2,\cdots,N)$，$B_N = \min\limits_{1 \leqslant n \leqslant N} \{n a_n^p\}$，则有

$$p^p \sum_{n=1}^{N} a_n^p - \sum_{n=1}^{N} \left(\sum_{m=n}^{N} \frac{a_m}{m} \right)^p \geqslant B_N \left[p^p \sum_{n=1}^{N} \frac{1}{n} - \sum_{n=1}^{N} \left(\sum_{m=n}^{N} \frac{1}{m^{1+1/p}} \right)^p \right]$$

$$(2.7.3)$$

证明 设 $b_n = n^{1/p} a_n (n=1,2,\cdots,N)$，且 $B_N = \min\limits_{1 \leqslant n \leqslant N} \{b_n^p\}$，则式(2.7.3)等价于

$$p^p \sum_{n=1}^N \frac{b_n^p}{n} - \sum_{n=1}^N \left(\sum_{m=n}^N \frac{b_m}{m^{1+1/p}} \right)^p \geqslant B_N \left[p^p \sum_{n=1}^N \frac{1}{n} - \sum_{n=1}^N \left(\sum_{m=n}^N \frac{1}{m^{1+1/p}} \right)^p \right]$$

$$(2.7.4)$$

设 $f: \boldsymbol{b} \in [0, +\infty)^N \to p^p \sum_{n=1}^N \frac{b_n^p}{n} - \sum_{n=1}^N \left(\sum_{m=n}^N \frac{b_m}{m^{1+1/p}} \right)^p$，则在每一个 $D_k (k = 1, 2, \cdots, N)$ 上

$$\frac{\partial f}{\partial b_k} = p^{p+1} \frac{b_k^{p-1}}{k} - p \frac{1}{k^{1+1/p}} \sum_{n=1}^k \left(\sum_{m=n}^N \frac{b_m}{m^{1+1/p}} \right)^{p-1}$$

$$> p^{p+1} \frac{b_k^{p-1}}{k} - p \frac{1}{k^{1+1/p}} \sum_{n=1}^k \left(\sum_{m=n}^N \frac{b_k}{m^{1+1/p}} \right)^{p-1}$$

$$> b_k^{p-1} \left[p^{p+1} \frac{1}{k} - p \frac{1}{k^{1+1/p}} \sum_{n=1}^k \left(\sum_{m=n}^\infty \frac{1}{m^{1+1/p}} \right)^{p-1} \right]$$

由引理 2.7.1 知

$$\frac{\partial f}{\partial b_k} > p b_k^{p-1} \left[p^p \frac{1}{k} - \frac{1}{k^{1+1/p}} \sum_{n=1}^k \left(\int_{n-\frac{1}{2}}^\infty \frac{1}{x^{1+1/p}} \mathrm{d}x \right)^{p-1} \right]$$

$$= p b_k^{p-1} \left[p^p \frac{1}{k} - \frac{p^{p-1}}{k^{1+1/p}} \sum_{n=1}^k \left(n - \frac{1}{2} \right)^{-(p-1)/p} \right]$$

$$> p b_k^{p-1} \left[p^p \frac{1}{k} - \frac{p^{p-1}}{k^{1+1/p}} \int_{\frac{1}{2}}^{k+\frac{1}{2}} \left(x - \frac{1}{2} \right)^{-(p-1)/p} \mathrm{d}x \right]$$

$$= p b_k^{p-1} \left[p^p \frac{1}{k} - \frac{p^p}{k^{1+1/p}} \cdot k^{1/p} \right]$$

$$= 0$$

由推论 1.1.3 知式 (2.7.4) 成立，定理 2.7.2 为真.

定理 2.7.3 设 $1/2 \leqslant p < 1, N$ 为正自然数，$a_n > 0 (n = 1, 2, \cdots, N)$，$B_N = \min_{1 \leqslant n \leqslant N} \{n a_n^p\}$，则有

$$\sum_{n=1}^N \left(\sum_{m=n}^N \frac{a_m}{m} \right)^p - p^p \sum_{n=1}^N a_n^p \geqslant B_N \left[\sum_{n=1}^N \left(\sum_{m=n}^N \frac{1}{m^{1+1/p}} \right)^p - p^p \sum_{n=1}^N \frac{1}{n} \right]$$

$$(2.7.5)$$

证明 设 $b_n = n^{1/p} a_n (n = 1, 2, \cdots, N)$，式 (2.7.5) 化为

$$\sum_{n=1}^N \left(\sum_{k=n}^N \frac{b_k}{k^{1+1/p}} \right)^p - p^p \sum_{n=1}^N \frac{b_n^p}{n} \geqslant B_N^p \left[p^p \sum_{n=1}^N \frac{1}{n} - \sum_{n=1}^N \left(\sum_{k=n}^N \frac{1}{k^{1+1/p}} \right)^p \right]$$

$$(2.7.6)$$

且 $B_N = \min_{1 \leqslant n \leqslant N} \{b_n^p\}$. 设

$$f: \boldsymbol{b} \in (0, +\infty)^N \to \sum_{n=1}^N \left(\sum_{m=n}^N \frac{b_m}{m^{1+1/p}} \right)^p - p^p \sum_{n=1}^N \frac{b_n^p}{n}$$

则在每一个 $D_k (k = 1, 2, \cdots, N)$ 上，有

最值定理与分析不等式

$$\frac{\partial f}{\partial b_k} = \frac{p}{k^{1+1/p}} \sum_{n=1}^{k} \left(\sum_{m=n}^{N} \frac{b_m}{m^{1+1/p}} \right)^{p-1} - p^{p+1} \frac{b_k^{p-1}}{k}$$

$$> \frac{pb_k^{p-1}}{k^{1+1/p}} \left[\sum_{n=1}^{k} \left(\sum_{m=n}^{N} \frac{1}{m^{1+1/p}} \right)^{-(1-p)} - p^p k^{1/p} \right]$$

$$> \frac{pb_k^{p-1}}{k^{1+1/p}} \left[\sum_{n=1}^{k} \left(\sum_{m=n}^{\infty} \frac{1}{m^{1+1/p}} \right)^{-(1-p)} - p^p k^{1/p} \right]$$

由凸函数的 Hadamard 不等式,我们有

$$\frac{\partial f}{\partial b_k} > \frac{pb_k^{p-1}}{k^{1+1/p}} \left[\sum_{n=1}^{k} \left(\int_{n-\frac{1}{2}}^{\infty} \frac{1}{x^{1+1/p}} \mathrm{d}x \right)^{-(1-p)} - p^p k^{1/p} \right]$$

$$= \frac{pb_i^{p-1}}{k^{1+1/p}} \left[p^{-(1-p)} \sum_{n=1}^{k} \left(n - \frac{1}{2} \right)^{(1-p)/p} - p^p k^{1/p} \right]$$

由 $1/2 \leqslant p < 1$,可知 $0 < (1-p)/p \leqslant 1$ 和函数 $g : x \in (0, +\infty) \to x^{(1-p)/p}$ 为凹函数,再由凸函数的 Hadamard 不等式知

$$\frac{\partial f}{\partial b_k} > \frac{pb_k^{p-1}}{k^{1+1/p}} \left[p^{-(1-p)} \int_{\frac{1}{2}}^{k+\frac{1}{2}} \left(x - \frac{1}{2} \right)^{(1-p)/p} \mathrm{d}x - p^p k^{1/p} \right] = 0$$

由推论 1.1.3 知式(2.7.6)成立,从而定理 2.7.3 得证.

为了加强 Copson 不等式($p > 1$),需先介绍两个引理.

引理 2.7.4　设 $p > 1$.

(1)

$$p^p > 2^{p-1} \tag{2.7.7}$$

(2) 关于 x 的方程

$$p^p (1-x) \left(\frac{1}{2} - x \right)^{p-1} = 1 \tag{2.7.8}$$

在 $(0, 1/2)$ 内有唯一的正根.

(3) 若 c 为方程(2.7.8)在 $(0, 1/2)$ 内唯一的正根,k 为任一正自然数,则有

$$\sum_{n=1}^{k} \left(\sum_{m=n}^{\infty} \frac{1}{(m-c)^{1+1/p}} \right)^{p-1} < p^p (k-c)^{1/p} \tag{2.7.9}$$

证明　(1) 设 $f : p \in (1, +\infty) \to \ln p - \ln 2 \cdot (p-1)/p$,则有

$$f'(p) = \frac{1}{p} - \frac{1}{p^2} \ln 2 = \frac{1}{p^2} (p - \ln 2) > 0$$

故 f 为严格单调递增函数.同时

$$\lim_{p \to 1^+} f(p) = \lim_{p \to 1^+} (\ln p - \ln 2 \cdot (p-1)/p) = 0$$

所以有

$$\ln p - \frac{p-1}{p} \ln 2 > 0, \quad \frac{p}{p-1} \ln p > \ln 2, \quad p^{\frac{p}{p-1}} > 2$$

式(2.7.7)得证.

99

(2) 设 $g:x \in [0,1/2] \to p^p(1-x)(1/2-x)^{p-1} - 1$，则易知 g 为严格单调递减函数

$$g(0) = p^p \left(\frac{1}{2}\right)^{p-1} - 1 = \left(\frac{1}{2}\right)^{p-1} [p^p - 2^{p-1}]$$

和 $g(1/2) = -1$. 同时由式(2.7.7)知 $g(0) > 0$. 再由连续函数的零点定理知，方程(2.7.8)在 $(0,1/2)$ 内有唯一的正根.

(3) 当 $k=1$ 时

$$\sum_{n=1}^{k} \left(\sum_{m=n}^{\infty} \frac{1}{(m-c)^{1+1/p}}\right)^{p-1} = \left(\sum_{n=1}^{\infty} \frac{1}{(n-c)^{1+1/p}}\right)^{p-1}$$
$$< \left(\int_{\frac{1}{2}}^{\infty} \frac{1}{(x-c)^{1+1/p}}\mathrm{d}x\right)^{p-1} = p^{p-1} \left(\frac{1}{2}-c\right)^{-(p-1)/p}$$

当 $k \geqslant 2$ 时

$$\sum_{n=1}^{k} \left(\sum_{m=n}^{\infty} \frac{1}{(m-c)^{1+1/p}}\right)^{p-1} < \sum_{n=1}^{k} \left(\int_{n-\frac{1}{2}}^{\infty} \frac{1}{(x-c)^{1+1/p}}\mathrm{d}x\right)^{p-1}$$
$$= p^{p-1} \sum_{n=1}^{k} \left(n-\frac{1}{2}-c\right)^{-(p-1)/p}$$
$$= p^{p-1} \left(\left(\frac{1}{2}-c\right)^{-(p-1)/p} + \sum_{n=2}^{k} \left(n-\frac{1}{2}-c\right)^{-(p-1)/p}\right)$$
$$< p^{p-1} \left(\left(\frac{1}{2}-c\right)^{-(p-1)/p} + \int_{\frac{3}{2}}^{k+\frac{1}{2}} \left(x-\frac{1}{2}-c\right)^{-(p-1)/p} \mathrm{d}x\right)$$
$$= p^{p-1} \left(\left(\frac{1}{2}-c\right)^{-(p-1)/p} + p(k-c)^{1/p} - p(1-c)^{1/p}\right)$$

总之，对于 k 为正自然数，都有

$$\sum_{n=1}^{k} \left(\sum_{m=n}^{\infty} \frac{1}{(m-c)^{1+1/p}}\right)^{p-1}$$
$$< p^{p-1} \left(\left(\frac{1}{2}-c\right)^{-(p-1)/p} + p(k-c)^{1/p} - p(1-c)^{1/p}\right) \qquad (2.7.10)$$

由 c 的定义知

$$\left(\frac{1}{2}-c\right)^{-(p-1)/p} = p(1-c)^{1/p} \qquad (2.7.11)$$

结合(2.7.10)(2.7.11)两式知式(2.7.9)成立.

引理 2.7.4 证毕.

仿照引理 2.7.4 的证明过程，我们容易证明下述引理 2.7.5 成立.

引理 2.7.5 设 $p > 1$，N 为正自然数，c 为方程(2.7.9)在 $(0,1/2)$ 内唯一的正根，则有

$$\sum_{n=1}^{N} \left(\sum_{k=n}^{N} \frac{1}{(k-c)^{1+1/p}}\right)^{p} < p^p \sum_{n=1}^{N} \frac{n^p}{(n-c)^{p+1}} \qquad (2.7.12)$$

最值定理与分析不等式

定理 2.7.6 设 $p>1$,N 为正自然数,$a_n>0(n=1,2,\cdots,N)$,c 为方程 (2.7.8) 在 $(0,1/2)$ 内唯一的正根,$B_N=\min\limits_{1\leqslant n\leqslant N}\{(n-c)a_n^p\}$,则有

$$p^p\sum_{n=1}^{N}a_n^p-\sum_{n=1}^{N}\left(\sum_{m=n}^{N}\frac{a_m}{m-c}\right)^p$$
$$\geqslant B_N\left[p^p\sum_{n=1}^{N}\frac{1}{n-c}-\sum_{n=1}^{N}\left(\sum_{m=n}^{N}\frac{1}{(m-c)^{1+1/p}}\right)^p\right] \quad (2.7.13)$$

证明 设 $b_n=(n-c)^{1/p}a_n(n=1,2,\cdots,N)$,则式(2.7.13)等价于

$$p^p\sum_{n=1}^{N}\frac{b_n^p}{n-c}-\sum_{n=1}^{N}\left(\sum_{m=n}^{N}\frac{b_m}{(m-c)^{1+1/p}}\right)^p$$
$$\geqslant B_N\left[p^p\sum_{n=1}^{N}\frac{1}{n-c}-\sum_{n=1}^{N}\left(\sum_{m=n}^{N}\frac{1}{(m-c)^{1+1/p}}\right)^p\right] \quad (2.7.14)$$

设

$$f:\boldsymbol{b}\in[0,+\infty)^N\to p^p\sum_{n=1}^{N}\frac{b_n^p}{n-c}-\sum_{n=1}^{N}\left(\sum_{m=n}^{N}\frac{b_m}{(m-c)^{1+1/p}}\right)^p$$

则在每一个 $D_k(k=1,2,\cdots,N)$ 上

$$\frac{\partial f}{\partial b_k}=p^p\frac{pb_k^{p-1}}{k-c}-\frac{p}{(k-c)^{1+1/p}}\sum_{n=1}^{k}\left(\sum_{m=n}^{N}\frac{b_m}{(m-c)^{1+1/p}}\right)^{p-1}$$
$$>\frac{pb_k^{p-1}}{k-c}\left[p^p(k-c)^{1/p}-\sum_{n=1}^{k}\left(\sum_{m=n}^{N}\frac{1}{(m-c)^{1+1/p}}\right)^{p-1}\right]$$
$$>\frac{pb_k^{p-1}}{k-c}\left[p^p(k-c)^{1/p}-\sum_{n=1}^{k}\left(\sum_{m=n}^{\infty}\frac{1}{(m-c)^{1+1/p}}\right)^{p-1}\right]$$

由式(2.7.9)知 $\partial f/\partial b_k>0$.由推论 1.1.3 知式(2.7.14)成立,从而定理得证.

推论 2.7.7 如定理 2.7.6 所设,则有

$$p^p\sum_{n=1}^{N}a_n^p-\sum_{n=1}^{N}\left(\sum_{m=n}^{N}\frac{a_m}{m-c}\right)^p>-p^pB_N\sum_{n=1}^{N}\frac{n^p-(n-c)^p}{(n-c)^{p+1}} \quad (2.7.15)$$

证明 由(2.7.13)和(2.7.12)两式知

$$p^p\sum_{n=1}^{N}a_n^p-\sum_{n=1}^{N}\left(\sum_{m=n}^{N}\frac{a_m}{m-c}\right)^p$$
$$>p^pB_N\left[\sum_{n=1}^{N}\frac{1}{n-c}-\sum_{n=1}^{N}\frac{n^p}{(n-c)^{p+1}}\right]$$
$$=-p^pB_N\sum_{n=1}^{N}\frac{n^p-(n-c)^p}{(n-c)^{p+1}}$$

推论 2.7.8 设 $p>1$,$a_n>0(n=1,2,\cdots)$,$\sum\limits_{n=1}^{\infty}a_n^p$ 收敛,c 为方程(2.7.8) 在 $(0,1/2)$ 内唯一的正根,则有

$$\sum_{n=1}^{\infty}\left(\sum_{m=n}^{\infty}\frac{a_m}{m-c}\right)^p\leqslant p^p\sum_{n=1}^{\infty}a_n^p \quad (2.7.16)$$

证明 由于 $\sum\limits_{n=1}^{\infty} a_n^p$ 收敛,可用反证法易证数列 $\{(n-c)^{1/p} a_n\}_{n=1}^{\infty}$ 的下确界

为 0,则存在自然数列的子数列 $\{N_k\}_{k=1}^{\infty}$,使得 $\{(N_k-c)^{1/p} a_{N_k}\}_{k=1}^{\infty}$ 严格单调递

减且收敛于 0,同时由式(2.7.15)知

$$p^p \sum_{n=1}^{N_k} a_n^p - \sum_{n=1}^{N_k} \left(\sum_{m=n}^{N_k} \frac{a_m}{m-c} \right)^p$$

$$> - p^p \left[(N_k-c)^{1/p} a_{N_k} \right]^p \sum_{n=1}^{N_k} \frac{n^p - (n-c)^p}{(n-c)^{p+1}}$$

在上式中令 $k \to +\infty$,有 $N_k \to +\infty$,同时易知 $\sum\limits_{n=1}^{N_k} \dfrac{n^p-(n-c)^p}{(n-c)^{p+1}}$ 收敛于有限数,

所以有

$$p^p \sum_{n=1}^{\infty} a_n^p - \sum_{n=1}^{\infty} \left(\sum_{k=n}^{\infty} \frac{a_k}{k-c} \right)^p \geqslant 0$$

推论得证.

为了加强 Copson 不等式($1/2 < p < 1$),我们还需要介绍两个引理.

引理 2.7.9 设 $1/2 < p < 1$.

(1)

$$p^p - (1-p)2^p > 0 \tag{2.7.17}$$

(2)

$$\frac{1}{2^{1-p}} > p^p \tag{2.7.18}$$

(3) 方程

$$p^p(1+x) = \left(\frac{1}{2} + x \right)^{1-p} \tag{2.7.19}$$

在 $(0,1/2)$ 内有唯一的根.

证明 (1) 设 $f: p \in (1/2,1) \to p\ln p - \ln(1-p) - p\ln 2$,则有

$$f'(p) = \ln p + 1 + \frac{1}{1-p} - \ln 2 \geqslant \ln \frac{1}{2} + 1 + \frac{1}{1-1/2} - \ln 2 > 0$$

f 为严格单调递增函数.同时 $\lim\limits_{x \to (1/2)^+} f(x) = 0$,所以

$$p\ln p - \ln(1-p) - p\ln 2 > 0$$

式(2.7.17)成立.

(2) 设 $g: p \in (1/2,1) \to -(1-p)\ln 2 - p\ln p$,则有

$$g'(p) = \ln 2 - \ln p - 1, \quad g''(p) = -\frac{1}{p} < 0$$

易知函数 g 先单调递增后单调递减,为凹函数.同时

$$\lim_{p \to (1/2)^+} g(p) = 0 \text{ 和 } \lim_{p \to 1^+} g(p) = 0$$

故知式(2.7.18)为真.

(3) 设 $h: x \in (0, 1/2) \to p^p (1+x) - (1/2+x)^{1-p}$,则有

$$h'(x) = p^p - (1-p)\left(\frac{1}{2}+x\right)^{-p}$$

$$= \left(\frac{1}{2}+x\right)^{-p}\left[\left(\frac{1}{2}+x\right)^p p^p - (1-p)\right]$$

$$> \left(\frac{1}{2}+x\right)^{-p}\left[\frac{1}{2^p} \cdot p^p - (1-p)\right] \qquad (2.7.20)$$

联立(2.7.17)和(2.7.18)两式知 h 为严格单调递增函数.同时由式(2.7.18)知

$$\lim_{x \to 0^+} h(x) = p^p - \frac{1}{2^{1-p}} < 0$$

$$\lim_{x \to (1/2)^+} h(x) = \frac{3}{2}p^p - 1 \geqslant \frac{3}{2} \cdot \left(\frac{1}{2}\right)^{1/2} - 1 > 0$$

所以方程(2.7.19)在(0,1/2)内有唯一的根.

引理 2.7.10 设 $0 < p < 1, N$ 为正自然数,c 为方程(2.7.19)在(0,1/2)内唯一的正根,则有

$$\sum_{n=1}^{N}\left(\sum_{m=n}^{N}\frac{1}{(m+d)^{1+1/p}}\right)^p > p^p \sum_{n=1}^{N}\frac{n^p}{(n+d)^{p+1}} \qquad (2.7.21)$$

证明

$$\sum_{n=1}^{N}\left(\sum_{m=n}^{N}\frac{1}{(m+d)^{1+1/p}}\right)^p$$

$$= p\sum_{n=1}^{N}\int_0^{\sum_{m=n}^{N}\frac{1}{(m+d)^{1+1/p}}} x^{p-1}\,\mathrm{d}x$$

$$= p\sum_{n=1}^{N}\left[\int_0^{\frac{1}{(N+d)^{1+1/p}}} x^{p-1}\,\mathrm{d}x + \int_{\frac{1}{(N+d)^{1+1/p}}}^{\sum_{m=N-1}^{N}\frac{1}{(m+d)^{1+1/p}}} x^{p-1}\,\mathrm{d}x + \right.$$

$$\left. \int_{\sum_{m=N-1}^{N}\frac{1}{(m+d)^{1+1/p}}}^{\sum_{m=N-2}^{N}\frac{1}{(m+d)^{1+1/p}}} x^{p-1}\,\mathrm{d}x + \cdots + \int_{\sum_{m=n+1}^{N}\frac{1}{(m+d)^{1+1/p}}}^{\sum_{m=n}^{N}\frac{1}{(m+d)^{1+1/p}}} x^{p-1}\,\mathrm{d}x\right]$$

$$> p\sum_{n=1}^{N}\left[\frac{1}{(N+d)^{1+1/p}}\left(\frac{1}{(N+d)^{1+1/p}}\right)^{-(1-p)} + \right.$$

$$\frac{1}{(N-1+d)^{1+1/p}}\left(\sum_{m=N-1}^{N}\frac{1}{(m+d)^{1+1/p}}\right)^{-(1-p)} + \cdots +$$

$$\left. \frac{1}{(n+d)^{1+1/p}}\left(\sum_{m=n}^{N}\frac{1}{(m+d)^{1+1/p}}\right)^{-(1-p)}\right]$$

$$= p\left[\frac{N}{(N+d)^{1+1/p}}\left(\frac{1}{(N+d)^{1+1/p}}\right)^{-(1-p)} + \right.$$

$$\frac{N-1}{(N-1+d)^{1+1/p}}\left(\sum_{m=N-1}^{N}\frac{1}{(m+d)^{1+1/p}}\right)^{-(1-p)}+\cdots+$$

$$\frac{1}{(1+d)^{1+1/p}}\left(\sum_{m=1}^{N}\frac{1}{(m+d)^{1+1/p}}\right)^{-(1-p)}\Bigg]$$

$$=p\sum_{n=1}^{N}\frac{n}{(n+d)^{1+1/p}}\left(\sum_{m=n}^{N}\frac{1}{(m+d)^{1+1/p}}\right)^{-(1-p)} \qquad (2.7.22)$$

同时，由 Hölder 不等式知

$$\sum_{n=1}^{N}\frac{n}{(n+d)^{1+1/p}}\left(\sum_{m=n}^{N}\frac{1}{(m+d)^{1+1/p}}\right)^{-(1-p)}\cdot$$

$$\left(\sum_{n=1}^{N}\left(\sum_{m=n}^{N}\frac{1}{(m+d)^{1+1/p}}\right)^{p}\right)^{(1-p)/p}$$

$$\geqslant\left(\sum_{n=1}^{N}\left(\left(\frac{n}{(n+d)^{1+1/p}}\left(\sum_{m=n}^{N}\frac{1}{(m+d)^{1+1/p}}\right)^{-(1-p)}\right)^{p}\cdot\right.\right.$$

$$\left.\left.\left(\sum_{m=n}^{N}\frac{1}{(m+d)^{1+1/p}}\right)^{p(1-p)}\right)\right)^{1/p}$$

$$\geqslant\left(\sum_{n=1}^{N}\frac{n^{p}}{(n+d)^{p+1}}\right)^{1/p} \qquad (2.7.23)$$

联立(2.7.22)和(2.7.23)两式，我们有

$$\sum_{n=1}^{N}\left(\sum_{m=n}^{N}\frac{1}{(m+d)^{1+1/p}}\right)^{p}>p\frac{\left(\sum_{n=1}^{N}n^{p}/(n+d)^{p+1}\right)^{1/p}}{\left(\sum_{n=1}^{N}\left(\sum_{m=n}^{N}1/(m+d)^{1+1/p}\right)^{p}\right)^{(1-p)/p}}$$

$$\left(\sum_{n=1}^{N}\left(\sum_{m=n}^{N}\frac{1}{(m+d)^{1+1/p}}\right)^{p}\right)^{1/p}>p\left(\sum_{n=1}^{N}\frac{n^{p}}{(n+d)^{p+1}}\right)^{1/p}$$

所以式(2.7.21)成立.

定理 2.7.11 设 $1/2<p<1,N$ 为正自然数，$a_{n}>0(n=1,2,\cdots,N)$，d 为方程(2.7.19)在 $(0,1/2)$ 内唯一的根，$B_{N}=\min_{1\leqslant n\leqslant N}\{(n+d)a_{n}^{p}\}$，则有

$$\sum_{n=1}^{N}\left(\sum_{m=n}^{N}\frac{a_{m}}{m+d}\right)^{p}-p^{p}\sum_{n=1}^{N}a_{n}^{p}$$

$$\geqslant B_{N}\left[\sum_{n=1}^{N}\left(\sum_{m=n}^{N}\frac{1}{(m+d)^{1+1/p}}\right)^{p}-p^{p}\sum_{n=1}^{N}\frac{1}{n+d}\right] \qquad (2.7.24)$$

证明 设 $b_{n}=(n+d)^{1/p}a_{n}(n=1,2,\cdots,N)$，式(2.7.24)化为

$$\sum_{n=1}^{N}\left(\sum_{m=n}^{N}\frac{b_{m}}{(m+d)^{1+1/p}}\right)^{p}-p^{p}\sum_{n=1}^{N}\frac{b_{n}^{p}}{n+d}$$

$$\geqslant B_{N}\left[p^{p}\sum_{n=1}^{N}\frac{1}{n}-\sum_{n=1}^{N}\left(\sum_{m=n}^{N}\frac{1}{m^{1+1/p}}\right)^{p}\right] \qquad (2.7.25)$$

最值定理与分析不等式

且 $B_N = \min\limits_{1 \leqslant n \leqslant N} \{b_n^p\}$. 设

$$f : \boldsymbol{b} \in (0, +\infty)^N \to \sum_{n=1}^{N} \left(\sum_{m=n}^{N} \frac{b_m}{(m+d)^{1+1/p}} \right)^p - p^p \sum_{n=1}^{N} \frac{b_n^p}{n+d}$$

则在每一个 $D_k (k=1,2,\cdots,N)$ 上,有

$$\frac{\partial f}{\partial b_k} = \frac{p}{(k+d)^{1+1/p}} \sum_{n=1}^{k} \left(\sum_{m=n}^{N} \frac{b_m}{(m+d)^{1+1/p}} \right)^{p-1} - p^{p+1} \frac{b_k^{p-1}}{k+d}$$

$$= \frac{p b_k^{p-1}}{(k+d)^{1+1/p}} \left[\sum_{n=1}^{k} \left(\sum_{m=n}^{N} \frac{b_m}{(m+d)^{1+1/p} b_k} \right)^{-(1-p)} - p^p (k+d)^{1/p} \right]$$

$$> \frac{p b_k^{p-1}}{(k+d)^{1+1/p}} \left[\sum_{n=1}^{k} \left(\sum_{m=n}^{\infty} \frac{1}{(m+d)^{1+1/p}} \right)^{-(1-p)} - p^p (k+d)^{1/p} \right]$$

$$> \frac{p b_k^{p-1}}{(k+d)^{1+1/p}} \left[\sum_{n=1}^{k} \left(\int_{n-\frac{1}{2}}^{\infty} \frac{1}{(x+d)^{1+1/p}} \mathrm{d}x \right)^{-(1-p)} - p^p (k+d)^{1/p} \right]$$

$$= \frac{p b_k^{p-1}}{(k+d)^{1+1/p}} \left[p^{-(1-p)} \sum_{n=1}^{k} \left(n - \frac{1}{2} + d \right)^{(1-p)/p} - p^p (k+d)^{1/p} \right]$$

当 $k=1$ 时,由 d 的定义知

$$\frac{\partial f}{\partial b_1} > \frac{p b_1^{p-1}}{(1+d)^{1+1/p}} \left[p^{-(1-p)} \left(\frac{1}{2} + d \right)^{(1-p)/p} - p^p (1+d)^{1/p} \right] = 0$$

当 $2 \leqslant k \leqslant N$ 时,由 $1/2 \leqslant p < 1$,可知 $0 < (1-p)/p \leqslant 1$ 和函数 g: $x \in (0, +\infty) \to x^{(1-p)/p}$ 为凹函数,所以我们有

$$\frac{\partial f}{\partial b_k} > \frac{p b_k^{p-1}}{(k+d)^{1+1/p}} \left[p^{-(1-p)} \left(\left(\frac{1}{2} + d \right)^{(1-p)/p} + \right. \right.$$

$$\left. \left. \sum_{n=2}^{k} \left(n - \frac{1}{2} + d \right)^{(1-p)/p} \right) - p^p (k+d)^{1/p} \right]$$

$$> \frac{p b_k^{p-1}}{(k+d)^{1+1/p}} \left[p^{-(1-p)} \left(\left(\frac{1}{2} + d \right)^{(1-p)/p} + \right. \right.$$

$$\left. \left. \int_{\frac{3}{2}}^{k+1/2} \left(x - \frac{1}{2} + d \right)^{(1-p)/p} \mathrm{d}x - p^p (k+d)^{1/p} \right] \right]$$

$$= \frac{p b_k^{p-1}}{(k+d)^{1+1/p}} \left[p^{-(1-p)} \left(\left(\frac{1}{2} + d \right)^{(1-p)/p} + \right. \right.$$

$$\left. \left. p (k+d)^{1/p} - p (1+d)^{1/p} \right) - p^p (k+d)^{1/p} \right]$$

$$= 0$$

总之,在每一个 D_k 上,都有 $\partial f / \partial b_k > 0$. 根据推论 $1.1.3$,知式 $(2.7.25)$ 成立.

推论 2.7.12 如定理 $2.7.11$ 所设,则有

$$\sum_{n=1}^{N} \left(\sum_{m=n}^{N} \frac{a_m}{m+d} \right)^p - p^p \sum_{n=1}^{N} a_n^p \geqslant p^p B_N \sum_{n=1}^{N} \frac{n^p - (n+d)^p}{(n+d)^{p+1}} \quad (2.7.26)$$

证明　由定理 2.7.11 和引理 2.7.10 知

$$\sum_{n=1}^{N} \left(\sum_{m=n}^{N} \frac{a_m}{m+d} \right)^p - p^p \sum_{n=1}^{N} a_n^p \geqslant B_N^p \left[p^p \sum_{n=1}^{N} \frac{n^p}{(n+d)^{p+1}} - p^p \sum_{n=1}^{N} \frac{1}{n+d} \right]$$

推论得证.

推论 2.7.13　设 $1/2 < p < 1, a_n > 0 (n=1,2,\cdots)$，$d$ 为方程(2.7.19)在

$(0,1/2)$ 内唯一的根，且 $\sum_{n=1}^{\infty} \left(\sum_{m=n}^{\infty} \frac{a_k}{m+d} \right)^p$ 收敛，则有

$$\sum_{n=1}^{\infty} \left(\sum_{m=n}^{\infty} \frac{a_m}{m+d} \right)^p \geqslant p^p \sum_{n=1}^{\infty} a_n^p$$

证明　由式(2.7.26)知

$$\sum_{n=1}^{N} \left(\sum_{m=n}^{N} \frac{a_m}{m+d} \right)^p + p^p B_N^p \sum_{n=1}^{N} \frac{(n+d)^p - n^p}{(n+d)^{p+1}} \geqslant p^p \sum_{n=1}^{N} a_n^p$$

下面的证明与推论 2.7.8 的证明相同，我们在此略.

有限项 Hilbert 型不等式的非严格化

1908 年，德国数学家 D. Hilbert 证明了如下著名不等式[18]：若 $\{a_n\}_{n=1}^{+\infty}$ 和 $\{b_n\}_{n=1}^{+\infty}$ 为实数列，满足

$$0 < \sum_{n=1}^{\infty} a_n^2 < \infty$$

及

$$0 < \sum_{n=1}^{\infty} b_n^2 < \infty$$

则有

$$\sum_{n=1}^{\infty} \sum_{m=1}^{\infty} \frac{a_n b_m}{n+m} < \pi \left(\sum_{n=1}^{\infty} a_n^2 \sum_{n=1}^{\infty} b_n^2 \right)^{1/2} \qquad (3.0.1)$$

这里，常数因子 π 为最佳值. 我们称式(0.2.4)为 Hilbert 不等式. 常数因子 π 的最佳性证明是由 Schur 于 1911 年在参考资料[50]中完成的. 对其推广所涉及的不等式都可称为 Hilbert 型不等式.

本章将对一些有限项 Hilbert 型不等式进行非严格化处理(不等式可取等号)，目的是提示这些不等式的一个内在性质，同时统一地证明这些不等式. 不加特别说明，本节都假设 $a_n, b_n > 0, N \geqslant 1, N \in \mathbb{N}$，有

$$D_k = \{(b_1, b_2, \cdots, b_N) \mid b_k = \max_{1 \leqslant n \leqslant N} \{b_n\} >$$

$$\min_{1 \leqslant n \leqslant N} \{b_n\} > 0\} \qquad (k = 1, 2, \cdots, N)$$

其中涉及的无穷级数都收敛. 本章所有结果都是笔者和褚玉明教授共同研究完成的.

3.1 关于 $\pi \sum_{n=1}^{N} a_n^2 - \sum_{n=1}^{N} \sum_{m=1}^{N} \dfrac{a_n a_m}{n+m}$ 的一些不等式

从参考资料[7]中的有关推理知, Hilbert 不等式还有以下几个等价形式

$$\begin{cases} \displaystyle\sum_{n=1}^{N} \sum_{m=1}^{N} \frac{a_n a_m}{n+m} < \pi \sum_{n=1}^{N} a_n^2 \\[4mm] \displaystyle\sum_{n=1}^{\infty} \sum_{m=1}^{\infty} \frac{a_n a_m}{n+m} < \pi \sum_{n=1}^{\infty} a_n^2 \end{cases} \qquad (3.1.1)$$

$$\begin{cases} \displaystyle\sum_{n=1}^{N} \left(\sum_{m=1}^{N} \frac{a_m}{n+m} \right)^2 < \pi^2 \sum_{n=1}^{N} a_n^2 \\[4mm] \displaystyle\sum_{n=1}^{\infty} \left(\sum_{m=1}^{\infty} \frac{a_m}{n+m} \right)^2 < \pi^2 \sum_{n=1}^{\infty} a_n^2 \end{cases} \qquad (3.1.2)$$

本节将利用最值单调定理对式(3.1.1)进行非严格化, 并且以定理 3.1.4 的形式对其加强.

定理 3.1.1 设 $N \geqslant 1, N \in \mathbb{N}, a_n > 0 (n=1,2,\cdots,N)$, 则有

$$\pi \sum_{n=1}^{N} a_n^2 - \sum_{n=1}^{N} \sum_{m=1}^{N} \frac{a_n a_m}{n+m} \geqslant \min_{1 \leqslant n \leqslant N} \{n a_n^2\} \left(\pi \sum_{n=1}^{N} \frac{1}{n} - \sum_{n=1}^{N} \sum_{m=1}^{N} \frac{1}{\sqrt{n}\,\sqrt{m}\,(n+m)} \right) \qquad (3.1.3)$$

等号成立当且仅当 $a_1^2 = 2a_2^2 = \cdots = N a_N^2$.

证明 设 $a_n = b_n / \sqrt{n} \, (n=1,2,\cdots,N)$, 则式(3.1.3)化为

$$\pi \sum_{n=1}^{N} \frac{b_n^2}{n} - \sum_{n=1}^{N} \sum_{m=1}^{N} \frac{b_n b_m}{\sqrt{n}\,\sqrt{m}\,(n+m)}$$

$$\geqslant \min_{1 \leqslant n \leqslant N} \{b_n^2\} \left(\pi \sum_{n=1}^{N} \frac{1}{n} - \sum_{n=1}^{N} \sum_{m=1}^{N} \frac{1}{\sqrt{n}\,\sqrt{m}\,(n+m)} \right) \qquad (3.1.4)$$

设

$$f: \boldsymbol{b} \in (0, +\infty)^N \rightarrow \pi \sum_{n=1}^{N} \frac{b_n^2}{n} - \sum_{n=1}^{N} \sum_{m=1}^{N} \frac{b_n b_m}{\sqrt{n}\,\sqrt{m}\,(n+m)}$$

则在 $D_k (k=1,2,\cdots,N)$ 中, 有

$$\frac{\partial f}{\partial b_k} = \frac{2\pi b_k}{k} - \frac{2}{\sqrt{k}} \sum_{n=1}^{N} \frac{b_n}{\sqrt{n}\,(k+n)}$$

$$> \frac{2 b_k}{k} \left(\pi - \sqrt{k} \sum_{n=1}^{\infty} \frac{1}{\sqrt{n}\,(k+n)} \right)$$

$$> \frac{2 b_k}{k} \left(\pi - \sqrt{k} \int_{0}^{\infty} \frac{1}{\sqrt{x}\,(k+x)} \mathrm{d}x \right)$$

$$= \frac{2b_k}{k} \left(\pi - \int_0^\infty \frac{1}{\sqrt{t}(1+t)} \mathrm{d}t \right)$$
$$= 0 \tag{3.1.5}$$

此时，由推论 1.1.3 知式(3.1.4)成立，等号成立当且仅当 $b_1 = b_2 = \cdots = b_N$.

定理得证.

推论 3.1.2 如定理 3.1.1 所设，则有

$$\pi \sum_{n=1}^N a_n^2 - \sum_{n=1}^N \sum_{m=1}^N \frac{a_n a_m}{n+m} \geqslant \left(\pi - \frac{1}{2} \right) \cdot \min_{1 \leqslant n \leqslant N} \{ n a_n^2 \}$$

等号成立当且仅当 $N=1$.

证明 设

$$f(k) = \pi \sum_{n=1}^k \frac{1}{n} - \sum_{n=1}^k \sum_{m=1}^k \frac{1}{\sqrt{n}\sqrt{m}(n+m)} \quad (k=1,2,\cdots,N)$$

则对于 $1 \leqslant k \leqslant N-1$，有

$$f(k+1) = f(k) + \frac{\pi}{k+1} - \frac{2}{\sqrt{k+1}} \sum_{n=1}^k \frac{1}{\sqrt{n}(k+1+n)} - \frac{1}{2(k+1)^2}$$
$$= f(k) + \frac{\pi}{k+1} - \frac{2}{\sqrt{k+1}} \sum_{n=1}^{k+1} \frac{1}{\sqrt{n}(k+1+n)} + \frac{1}{2(k+1)^2}$$
$$> f(k) + \frac{\pi}{k+1} - \frac{2}{\sqrt{k+1}} \int_0^{k+1} \frac{1}{\sqrt{x}(k+1+x)} \mathrm{d}x + \frac{1}{2(k+1)^2}$$
$$= f(k) + \frac{\pi}{k+1} - \frac{4}{k+1} \cdot \arctan\sqrt{\frac{x}{k+1}} \Big|_0^{k+1} + \frac{1}{2(k+1)^2}$$
$$> f(k)$$

所以 $\{f(k)\}_{k=1}^N$ 为严格单调递增数列. 由式(3.1.3)知

$$\pi \sum_{n=1}^N a_n^2 - \sum_{n=1}^N \sum_{m=1}^N \frac{a_n a_m}{n+m} \geqslant f(N) \cdot \min_{1 \leqslant n \leqslant N} \{ n a_n^2 \} \geqslant f(1) \cdot \min_{1 \leqslant n \leqslant N} \{ n a_n^2 \}$$

推论证毕.

在式(3.1.5)中，易证 $\dfrac{1}{\sqrt{x}(k+x)}$ 在 $(0,+\infty)$ 内为凸函数，由 Hadamard 不等式知

$$\sqrt{k} \sum_{n=1}^\infty \frac{1}{\sqrt{n}(k+n)} \leqslant \sqrt{k} \int_{1/2}^\infty \frac{1}{\sqrt{x}(k+x)} \mathrm{d}x = \int_{1/(2k)}^\infty \frac{1}{\sqrt{t}(1+t)} \mathrm{d}t$$
$$= \pi - 2\arctan\sqrt{\frac{1}{2k}}$$

至此仿照定理 3.1.1 的证明，我们可证下述定理成立.

定理 3.1.3 设 $N \geqslant 1, N \in \mathbb{N}, a_n > 0, c(n) = 2\arctan\sqrt{1/(2n)}$ $(n=1,$

$2,\cdots,N)$,则

$$\sum_{n=1}^{N} (\pi - c(n)) a_n^2 - \sum_{n=1}^{N} \sum_{m=1}^{N} \frac{a_n a_m}{n+m}$$

$$\geqslant \min_{1 \leqslant n \leqslant N} \{na_n^2\} \left(\sum_{n=1}^{N} \frac{\pi - c(n)}{n} - \sum_{n=1}^{N} \sum_{m=1}^{N} \frac{1}{\sqrt{n} \sqrt{m} (n+m)} \right) \qquad (3.1.6)$$

等号成立当且仅当 $a_1^2 = 2a_2^2 = \cdots = Na_N^2$.

下述定理 3.1.4 显然加强了 Hilbert 不等式.

定理 3.1.4 设 $a_n > 0, c(n) = 2\arctan\sqrt{1/(2n)} \ (n = 1, 2, \cdots), \sum_{n=1}^{\infty} (\pi - c(n)) a_n^2$ 收敛,则有

$$\sum_{n=1}^{\infty} (\pi - c(n)) a_n^2 \geqslant \sum_{n=1}^{\infty} \sum_{m=1}^{\infty} \frac{a_n a_m}{n+m} \qquad (3.1.7)$$

证明 设

$$f(k) = \sum_{n=1}^{k} \frac{\pi - c(n)}{n} - \sum_{n=1}^{k} \sum_{m=1}^{k} \frac{1}{\sqrt{n} \sqrt{m} (n+m)} \quad (k = 1, 2, \cdots)$$

则

$$f(k+1) = f(k) + \frac{\pi - c(k+1)}{k+1} - \frac{2}{\sqrt{k+1}} \sum_{n=1}^{k} \frac{1}{\sqrt{n} (k+1+n)} - \frac{1}{2(k+1)^2}$$

$$= f(k) + \frac{\pi - c(k+1)}{k+1} - \left(\frac{2}{\sqrt{k+1}} \sum_{n=1}^{k+1} \frac{1}{\sqrt{n} (k+1+n)} + \frac{1}{2(k+1)^2} \right)$$

$$> f(k) + \frac{\pi - c(k+1)}{k+1} - \left(\frac{2}{\sqrt{k+1}} \int_{0}^{k+1} \frac{1}{\sqrt{x} (k+1+x)} \mathrm{d}x + \frac{1}{2(k+1)^2} \right)$$

$$= f(k) + \frac{\pi - c(k+1)}{k+1} - \left(\frac{2}{k+1} \int_{0}^{1} \frac{1}{\sqrt{t} (1+t)} \mathrm{d}t + \frac{1}{2(k+1)^2} \right)$$

$$= f(k) - \frac{c(k+1)}{k+1} + \frac{1}{2(k+1)^2}$$

则

$$f(k+1) \geqslant f(1) - \sum_{n=2}^{k+1} \frac{c(n)}{n} + \sum_{n=2}^{k} \frac{1}{2n^2}$$

由于易证 $\sum_{n=1}^{\infty} \frac{c(n)}{n}$ 和 $\sum_{n=1}^{\infty} \frac{1}{2n^2}$ 收敛,则由上式知 $\{f(k)\}_{k=1}^{\infty}$ 的下确界不为负无穷大.

同时,由于 $\sum_{n=1}^{\infty} (\pi - c(n)) a_n^2$ 收敛和 $\sum_{n=1}^{\infty} \frac{\pi - c(n)}{n}$ 发散,易用反证法可证 $\{na_n^2\}_{n=1}^{\infty}$ 的下确界为 0. 存在自然数的子数列 $\{n_k\}_{k=1}^{\infty}$,使得 $\lim_{k \to \infty} n_k a_{n_k}^2 = 0$. 由定理 3.1.3 知

$$\sum_{n=1}^{N_k} (\pi - c(n)) a_n^2 - \sum_{n=1}^{N_k} \sum_{m=1}^{n_k} \frac{a_n a_m}{n+m}$$

$$\geqslant \min_{1 \leqslant n \leqslant n_k} \{na_n^2\} \left(\sum_{n=1}^{N_k} \frac{\pi - c(n)}{n} - \sum_{n=1}^{N_k} \sum_{m=1}^{n_k} \frac{1}{\sqrt{n}\,\sqrt{m}\,(n+m)} \right) \qquad (3.1.8)$$

此时在式(3.1.8)中令 $k \to \infty$，知

$$0 \leqslant \lim_{k \to \infty} \min_{1 \leqslant n \leqslant n_k} \{na_n^2\} \leqslant \lim_{k \to \infty} n_k a_{n_k}^2 = 0$$

$$\lim_{k \to \infty} \min_{1 \leqslant n \leqslant n_k} \{na_n^2\} = 0$$

和

$$\lim_{k \to \infty} \left[\min_{1 \leqslant n \leqslant n_k} \{na_n^2\} \left(\sum_{n=1}^{N_k} \frac{\pi - c(n)}{n} - \sum_{n=1}^{N_k} \sum_{m=1}^{n_k} \frac{1}{\sqrt{n}\,\sqrt{m}\,(n+m)} \right) \right] \geqslant 0$$

式(3.1.7)得证.

3.2 关于 $\pi \sum_{n=0}^{N} a_n^2 - \sum_{n=0}^{N} \sum_{m=0}^{N} \frac{a_n a_m}{n+m+1}$ 的一些不等式

参考资料[7]介绍了一个较为精密的 Hilbert 不等式：设 $0 < \sum_{n=1}^{\infty} a_n^2 < \infty$，$0 < \sum_{n=1}^{\infty} b_n^2 < \infty$，则有

$$\sum_{n=0}^{\infty} \sum_{m=0}^{\infty} \frac{a_n b_m}{n+m+1} < \pi \left(\sum_{n=0}^{\infty} a_n^2 \sum_{n=0}^{\infty} b_n^2 \right)^{\frac{1}{2}} \qquad (3.2.1)$$

上式还有以下几个等价形式

$$\begin{cases} \sum_{n=0}^{N} \sum_{m=0}^{N} \frac{a_n a_m}{n+m+1} < \pi \sum_{n=0}^{N} a_n^2 \\ \sum_{n=0}^{\infty} \sum_{m=0}^{\infty} \frac{a_n a_m}{n+m+1} < \pi \sum_{n=0}^{\infty} a_n^2 \end{cases} \qquad (3.2.2)$$

$$\begin{cases} \sum_{n=0}^{N} \left(\sum_{m=0}^{N} \frac{a_m}{n+m+1} \right)^2 < \pi^2 \sum_{n=0}^{N} a_n^2 \\ \sum_{n=0}^{\infty} \left(\sum_{m=0}^{\infty} \frac{a_m}{n+m+1} \right)^2 < \pi^2 \sum_{n=0}^{\infty} a_n^2 \end{cases} \qquad (3.2.3)$$

其中 N 为任一正自然数. 本节将对式(3.2.2)进行非严格化.

定理 3.2.1 设 $N \geqslant 1, N \in \mathbb{N}, a_n > 0, n = 0,1,\cdots,N, B_N = \min_{0 \leqslant n \leqslant N} \{(n+1/2)a_n^2\}$，则有

$$\pi \sum_{n=0}^{N} a_n^2 - \sum_{n=0}^{N} \sum_{m=0}^{N} \frac{a_n a_m}{n+m+1}$$

$$\geqslant B_N \left[\pi \sum_{n=0}^{N} \frac{1}{n+1/2} - \sum_{n=0}^{N} \sum_{m=0}^{N} \frac{1}{\sqrt{n+1/2}\sqrt{m+1/2}\,(n+m+1)} \right] \quad (3.2.4)$$

等号成立当且仅当 $\{(n+1/2)\,a_n^2\}_{n=0}^{N}$ 为常数列.

证明　设 $a_n = \dfrac{b_n}{\sqrt{n+1/2}}, n=0,1,\cdots,N$,则式(3.2.4)化为

$$\pi \sum_{n=0}^{N} \frac{b_n^2}{n+1/2} - \sum_{n=0}^{N} \sum_{m=0}^{N} \frac{b_n b_m}{\sqrt{n+1/2}\sqrt{m+1/2}\,(n+m+1)}$$

$$\geqslant B_N \left[\pi \sum_{n=0}^{N} \frac{1}{n+1/2} - \sum_{n=0}^{N} \sum_{m=0}^{N} \frac{1}{\sqrt{n+1/2}\sqrt{m+1/2}\,(n+m+1)} \right] \quad (3.2.5)$$

其中 $B_N = \min\limits_{0 \leqslant n \leqslant N} \{b_n^2\}$. 设

$$f: \boldsymbol{b} \in (0, +\infty)^N \to$$

$$\pi \sum_{n=0}^{N} \frac{b_n^2}{n+1/2} - \sum_{n=0}^{N} \sum_{m=0}^{N} \frac{b_n b_m}{\sqrt{n+1/2}\sqrt{m+1/2}\,(n+m+1)}$$

则在 $D_k(k=0,1,\cdots,N)$ 上,有

$$\frac{\partial f}{\partial b_k} = \frac{2\pi b_k}{k+1/2} - \frac{2}{\sqrt{k+1/2}} \sum_{n=0}^{N} \frac{b_n}{\sqrt{n+1/2}\,(n+k+1)}$$

$$> \frac{2\pi b_k}{k+1/2} \left[\pi - \sqrt{k+\frac{1}{2}} \sum_{n=0}^{\infty} \frac{1}{\sqrt{n+1/2}\,(n+k+1)} \right]$$

此时易证 $\dfrac{1}{\sqrt{x+1/2}\,(x+k+1)}$ 在 $\left(-\dfrac{1}{2}, +\infty\right)$ 内为凸函数,由 Hadamard 不等式知

$$\frac{\partial f}{\partial b_k} > \frac{2\pi b_k}{k+1/2} \left[\pi - \sqrt{k+\frac{1}{2}} \int_{-\frac{1}{2}}^{+\infty} \frac{1}{\sqrt{x+1/2}\,(x+k+1)} \mathrm{d}x \right]$$

$$= \frac{2\pi b_k}{k+1/2} \left[\pi - \int_{-\frac{1}{2}}^{+\infty} \frac{1}{\sqrt{\dfrac{x+1/2}{k+1/2}} \left(\dfrac{x+1/2}{k+1/2}+1\right)} \mathrm{d}\left(\frac{x+1/2}{k+1/2}\right) \right]$$

$$= \frac{2\pi b_k}{k+1/2} \left[\pi - 2\arctan\sqrt{t} \,\Big|_{0}^{+\infty} \right]$$

$$= 0$$

此时,由推论1.1.3知式(3.2.5)成立,等号成立当且仅当 $b_0 = b_1 = \cdots = b_N$. 定理得证.

引理 3.2.2　设 $x \geqslant 0$,则有 $\pi > 4\arctan\sqrt{\dfrac{x+2}{x+3/2}} - \dfrac{1}{2x+3}$.

证明　设 $f : x \in [0, +\infty) \to 4\arctan\sqrt{\dfrac{x+2}{x+3/2}} - \dfrac{1}{2x+3}$，则

$$f'(x) = \frac{2}{(2x+3)^2} - \frac{1}{(x+3/2)^2\left(1 + \dfrac{x+2}{x+3/2}\right)\sqrt{\dfrac{x+2}{x+3/2}}}$$

$$= \frac{2}{(2x+3)^2\left(1 + \dfrac{x+2}{x+3/2}\right)\sqrt{\dfrac{x+2}{x+3/2}}} \cdot$$

$$\left[\left(2 + \frac{1/2}{x+3/2}\right)\sqrt{1 + \frac{1/2}{x+3/2}} - 2\right]$$

$$> \frac{2}{(2x+3)^2\left(1 + \dfrac{x+2}{x+3/2}\right)\sqrt{\dfrac{x+2}{x+3/2}}}\left[(2+0)\sqrt{1+0} - 2\right]$$

$$= 0$$

所以 f 为严格单调递增函数. 同时 $\lim\limits_{x \to +\infty}\left(4\arctan\sqrt{\dfrac{x+2}{x+3/2}} - \dfrac{1}{2x+3}\right) = 4\arctan 1 = \pi$，所以我们知引理成立.

推论 3.2.3　如定理 3.2.1 所设，则

$$\pi\sum_{n=0}^{N} a_n^2 - \sum_{n=0}^{N}\sum_{m=0}^{N}\frac{a_n a_m}{n+m+1} \geqslant (2\pi - 2)B_N \tag{3.2.6}$$

等号成立当且仅当 $N = 0$.

证明　设

$$f(k) = \pi\sum_{n=0}^{k}\frac{1}{n+1/2} -$$

$$\sum_{n=0}^{k}\sum_{m=0}^{k}\frac{1}{\sqrt{n+1/2}\sqrt{m+1/2}(n+m+1)} \quad (k = 0, 1, \cdots, N)$$

则

$$f(k+1)$$

$$= f(k) + \frac{\pi}{k+3/2} - \frac{2}{\sqrt{k+3/2}}\sum_{n=0}^{k}\frac{1}{\sqrt{n+1/2}(n+k+2)} - \frac{1}{(k+3/2)(2k+3)}$$

$$= f(k) + \frac{\pi}{k+3/2} - \frac{2}{\sqrt{k+3/2}}\sum_{n=0}^{k+1}\frac{1}{\sqrt{n+1/2}(n+k+2)} + \frac{1}{(k+3/2)(2k+3)}$$

$$> f(k) + \frac{\pi}{k+3/2} - \frac{2}{\sqrt{k+3/2}}\int_{-1/2}^{k+3/2}\frac{1}{\sqrt{x+1/2}(x+k+2)}\,\mathrm{d}x + \frac{1}{(k+3/2)(2k+3)}$$

$$> f(k) + \frac{1}{k+3/2}\left[\pi - 2\int_{-1/2}^{k+3/2}\frac{1}{\sqrt{\dfrac{x+1/2}{k+3/2}}\left(\dfrac{x+1/2}{k+3/2}+1\right)}\,\mathrm{d}\left(\frac{x+1/2}{k+3/2}\right) + \frac{1}{2k+3}\right]$$

$$> f(k) + \frac{1}{k+3/2}\left[\pi - 4\arctan\sqrt{\frac{k+2}{k+3/2}} + \frac{1}{2k+3}\right]$$

由引理 3.2.2 知 $\{f(k)\}_{k=0}^{N}$ 为严格单调递增数列. 此时再根据定理 3.2.1, 有

$$\pi\sum_{n=0}^{N} a_n^2 - \sum_{n=0}^{N}\sum_{m=0}^{N} \frac{a_n a_m}{n+m+1} \geqslant B_N f(N) \geqslant B_N f(0) = (2\pi - 2)B_N$$

推论证毕.

3.3 关于 $\left[\dfrac{\pi}{\sin(\pi/p)}\right]^p \sum\limits_{n=1}^{N} a_n^p - \sum\limits_{n=1}^{N}\left(\sum\limits_{m=1}^{N}\dfrac{a_m}{m+n}\right)^p$ 的 一些不等式

设 $p, q > 1, 1/p + 1/q = 1, a_n > 0, b_n > 0 (n = 1, 2, 3, \cdots)$, 且 $\sum\limits_{n=1}^{\infty} a_n^p < \infty$,

$\sum\limits_{n=1}^{\infty} b_n^q < \infty$, 则 Hardy-Hilbert 不等式主要有以下表示形式

$$\sum_{n=1}^{\infty}\sum_{m=1}^{\infty} \frac{a_m b_n}{m+n} < \frac{\pi}{\sin(\pi/p)}\left(\sum_{n=1}^{\infty} a_n^p\right)^{1/p}\left(\sum_{n=1}^{\infty} b_n^q\right)^{1/q} \tag{3.3.1}$$

$$\sum_{n=1}^{\infty}\left(\sum_{m=1}^{\infty}\frac{a_m}{m+n}\right)^p < \left(\frac{\pi}{\sin(\pi/p)}\right)^p\sum_{n=1}^{\infty} a_n^p \tag{3.3.2}$$

$$\sum_{n=1}^{N}\left(\sum_{m=1}^{N}\frac{a_m}{m+n}\right)^p < \left(\frac{\pi}{\sin(\pi/p)}\right)^p\sum_{n=1}^{N} a_n^p \tag{3.3.3}$$

其中 N 为任意正自然数 (下同).

本节将引入参数 $c \in [-1/2, 1/2]$, 对式 (3.3.3) 进行非严格化式的加强.

定理 3.3.1 设 $p > 1, c \in [-1/2, 1/2]$ 为任一实数, $a_n > 0 (n = 1, 2, \cdots, N), B_N = \min\limits_{1 \leqslant n \leqslant N}\{(n+c)a_n^p\}$, 则

$$\left[\frac{\pi}{\sin(\pi/p)}\right]^p\sum_{n=1}^{N} a_n^p - \sum_{n=1}^{N}\left(\sum_{m=1}^{N}\frac{a_m}{n+m}\right)^p$$

$$\geqslant B_N\left\{\left[\frac{\pi}{\sin(\pi/p)}\right]^p\sum_{n=1}^{N}\frac{1}{n+c} - \sum_{m=1}^{N}\left(\sum_{m=1}^{N}\frac{1}{\sqrt[p]{m+c}\,(n+m)}\right)^p\right\} \tag{3.3.4}$$

等号成立当且仅当 $\{(n+c)a_n^p\}_{n=1}^{N}$ 为常数列.

证明 当 $N = 1$ 时, 式 (3.3.4) 显然为真, 下设 $N \geqslant 2, a_n = b_n/(n+c)^{1/p} (n = 1, 2, \cdots, N)$, 则有 $B_N = \min\limits_{1 \leqslant n \leqslant N}\{b_n\}$, 且式 (3.3.4) 化为

$$\left[\frac{\pi}{\sin(\pi/p)}\right]^p\sum_{n=1}^{N}\frac{b_n^p}{n+c} - \sum_{n=1}^{N}\left(\sum_{m=1}^{N}\frac{b_m}{(m+c)^{1/p}(n+m)}\right)^p$$

$$\geqslant B_N\left\{\left[\frac{\pi}{\sin(\pi/p)}\right]^p\sum_{n=1}^{N}\frac{1}{n+c} - \sum_{n=1}^{N}\left(\sum_{m=1}^{N}\frac{1}{\sqrt[p]{m+c}\,(n+m)}\right)^p\right\} \tag{3.3.5}$$

最值定理与分析不等式

令

$$f : b \in (0, +\infty)^N \to$$

$$\left[\frac{\pi}{\sin(\pi/p)}\right]^p \sum_{n=1}^{N} \frac{b_n^p}{n+c} - \sum_{n=1}^{N} \left(\sum_{m=1}^{N} \frac{b_m}{(m+c)^{1/p}(n+m)}\right)^p$$

在 $D_k(k=1,2,\cdots,N)$ 中

$$\frac{\partial f}{\partial b_k} = p \left[\frac{\pi}{\sin(\pi/p)}\right]^p \frac{b_k^{p-1}}{k+c} -$$

$$\sum_{n=1}^{N} \frac{p}{(k+c)^{1/p}(n+k)} \left(\sum_{m=1}^{N} \frac{b_m}{(m+c)^{1/p}(n+m)}\right)^{p-1}$$

$$> p b_k^{p-1} \left\{ \left[\frac{\pi}{\sin(\pi/p)}\right]^p \frac{1}{k+c} - \sum_{n=1}^{\infty} \frac{p}{(k+c)^{1/p}(n+k)} \cdot \right.$$

$$\left. \left(\sum_{m=1}^{\infty} \frac{1}{(m+c)^{1/p}(n+m)}\right)^{p-1} \right\} \qquad (3.3.6)$$

设 $g : x \in (0, +\infty) \to \dfrac{1}{(x+c)^{1/p}(n+x)}$,则有

$$g'(x) = -\frac{1}{p(x+c)^{1/p+1}(n+x)} - \frac{1}{(x+c)^{1/p}(n+x)^2}$$

$$g''(x) = \frac{1/p+1}{p(x+c)^{1/p+2}(n+x)} + \frac{2}{p(x+c)^{1/p+1}(n+x)^2} +$$

$$\frac{2}{(x+c)^{1/p}(n+x)^3} > 0$$

可知 g 为严格凸函数,根据凸函数的 Hadamard 不等式知

$$\sum_{m=1}^{+\infty} \frac{1}{(m+c)^{1/p}(n+m)} < \int_{\frac{1}{2}}^{+\infty} \frac{1}{(x+c)^{1/p}(n+x)} \mathrm{d}x$$

$$= \int_{\frac{1}{2}+c}^{+\infty} \frac{1}{t^{1/p}(n+t-c)} \mathrm{d}t$$

$$= \int_{\frac{1/2+c}{n-c}}^{+\infty} \frac{1}{[(n-c)x]^{1/p}[n+(n-c)x-c]} \mathrm{d}[(n-c)x]$$

$$= \frac{1}{(n-c)^{1/p}} \int_{\frac{1/2+c}{n-c}}^{+\infty} \frac{1}{x^{1/p}(x+1)} \mathrm{d}x$$

$$< \frac{1}{(n-c)^{1/p}} \int_{0}^{+\infty} \frac{1}{x^{1/p}(x+1)} \mathrm{d}x$$

$$= \frac{1}{(n-c)^{1/p}} \cdot \frac{\pi}{\sin(\pi/p)} \qquad (3.3.7)$$

其中最后的结论是定理 0.1.13(Stirling 公式) 所致. 结合 (3.3.6)(3.3.7) 两式,我们有

$$(p b_k^{p-1})^{-1} \frac{\partial f}{\partial b_k} > \left[\frac{\pi}{\sin(\pi/p)}\right]^p \frac{1}{k+c} -$$

$$\left[\frac{\pi}{\sin(\pi/p)}\right]^{p-1}\frac{1}{(k+c)^{1/p}}\sum_{n=1}^{\infty}\frac{1}{(n+k)\,(n-c)^{1-1/p}}$$

同样,利用凸函数的 Hadamard 不等式可证明

$$\sum_{n=1}^{\infty}\frac{1}{(n+k)\,(n-c)^{1-1/p}}<\int_{\frac{1}{2}}^{+\infty}\frac{1}{(x+k)\,(x-c)^{1-1/p}}\mathrm{d}x$$

因此有

$$(pb_k^{p-1})^{-1}\cdot\frac{\partial f}{\partial b_k}$$

$$>\left[\frac{\pi}{\sin(\pi/p)}\right]^{p}\frac{1}{k+c}-\left[\frac{\pi}{\sin(\pi/p)}\right]^{p-1}\frac{1}{(k+c)^{1/p}}\cdot\int_{\frac{1}{2}-c}^{+\infty}\frac{1}{(t+k+c)\,t^{1-1/p}}\mathrm{d}t$$

$$=\left[\frac{\pi}{\sin(\pi/p)}\right]^{p}\frac{1}{k+c}-\left[\frac{\pi}{\sin(\pi/p)}\right]^{p-1}\cdot$$

$$\frac{1}{(k+c)^{1/p}}\int_{\frac{1/2-c}{k+c}}^{+\infty}\frac{1}{[(k+c)x+k+c]\,[(k+c)x]^{1-1/p}}\mathrm{d}[(k+c)x]$$

$$=\left[\frac{\pi}{\sin(\pi/p)}\right]^{p}\frac{1}{k+c}-\left[\frac{\pi}{\sin(\pi/p)}\right]^{p-1}\frac{1}{k+c}\int_{\frac{1/2-c}{k+c}}^{+\infty}\frac{1}{(x+1)\,x^{1-1/p}}\mathrm{d}x$$

$$>\left[\frac{\pi}{\sin(\pi/p)}\right]^{p}\frac{1}{k+c}-\left[\frac{\pi}{\sin(\pi/p)}\right]^{p-1}\frac{1}{k+c}\int_{0}^{+\infty}\frac{1}{(x+1)\,x^{1-1/p}}\mathrm{d}x$$

$$=\left[\frac{\pi}{\sin(\pi/p)}\right]^{p}\frac{1}{k+c}-\left[\frac{\pi}{\sin(\pi/p)}\right]^{p-1}\frac{1}{k+c}\cdot\frac{\pi}{\sin(\pi/p)}$$

$$=0$$

至此,根据推论 1.1.3 知

$$f(b_1,b_2,\cdots,b_N)\geqslant f(B_1,B_2,\cdots,B_N)$$

等号成立当且仅当 $b_1=b_2=\cdots=b_N$. 此即为式(3.3.6),定理 3.3.1 得证.

若 $c=0$,则知下述推论成立.

推论 3.3.2 如定理 3.3.1 所设,则

$$\left[\frac{\pi}{\sin(\pi/p)}\right]^{p}\sum_{n=1}^{N}a_n^p-\sum_{n=1}^{N}\left(\sum_{m=1}^{N}\frac{a_m}{n+m}\right)^p$$

$$\geqslant B_N\left\{\left[\frac{\pi}{\sin(\pi/p)}\right]^{p}\sum_{n=1}^{N}\frac{1}{n}-\sum_{n=1}^{N}\left(\sum_{m=1}^{N}\frac{1}{\sqrt[p]{m}\,(n+m)}\right)^p\right\} \tag{3.3.8}$$

等号成立当且仅当 $\{na_n^p\}_{n=1}^{N}$ 为常数列.

推论 3.3.3 设 N 为任一正自然数,$c\in[0,1/2]$ 为任一实数,$a_n>0(n=1,2,\cdots,N)$,$B_N=\min\limits_{1\leqslant k\leqslant N}\{(k-c)a_k^p\}$,$p>1$,则

$$\left[\frac{\pi}{\sin(\pi/p)}\right]^{p}\sum_{n=1}^{N}a_n^p-\sum_{n=1}^{N}\left(\sum_{m=1}^{N}\frac{a_m}{n+m}\right)^p$$

$$>2cB_N\left[\frac{\pi}{\sin(\pi/p)}\right]^{p}\sum_{n=1}^{N}\frac{1}{n^2-c^2} \tag{3.3.9}$$

特别地,当 $c=1/2$ 时,有

$$\left[\frac{\pi}{\sin(\pi/p)}\right]^p \sum_{n=1}^{N} a_n^p - \sum_{n=1}^{N}\left(\sum_{m=1}^{N}\frac{a_m}{n+m}\right)^p > \frac{4NB_N}{2N+1}\left[\frac{\pi}{\sin(\pi/p)}\right]^p$$

证明 对于式(3.3.4),$c\in[-1/2,0]$,若现将其记为 $-c$,我们有 $c\in[0,1/2]$ 和

$$\left[\frac{\pi}{\sin(\pi/p)}\right]^p \sum_{n=1}^{N} a_n^p - \sum_{n=1}^{N}\left(\sum_{m=1}^{N}\frac{a_m}{n+m}\right)^p$$

$$\geqslant B_N\left\{\left[\frac{\pi}{\sin(\pi/p)}\right]^p \sum_{n=1}^{N}\frac{1}{n-c} - \sum_{n=1}^{N}\left(\sum_{m=1}^{N}\frac{1}{\sqrt[p]{m-c}\,(n+m)}\right)^p\right\}$$

$$> B_N\left\{\left[\frac{\pi}{\sin(\pi/p)}\right]^p \sum_{n=1}^{N}\frac{1}{n-c} - \sum_{n=1}^{N}\left(\sum_{m=1}^{\infty}\frac{1}{\sqrt[p]{m-c}\,(n+m)}\right)^p\right\}$$

由式(3.3.7)知

$$\left[\frac{\pi}{\sin(\pi/p)}\right]^p \sum_{n=1}^{N} a_n^p - \sum_{n=1}^{N}\left(\sum_{m=1}^{N}\frac{a_m}{n+m}\right)^p$$

$$> B_N\left\{\left[\frac{\pi}{\sin(\pi/p)}\right]^p \sum_{n=1}^{N}\frac{1}{n-c} - \sum_{n=1}^{N}\left(\frac{1}{(n+c)^{1/p}}\cdot\frac{\pi}{\sin(\pi/p)}\right)^p\right\}$$

$$= B_N\left[\frac{\pi}{\sin(\pi/p)}\right]^p\left(\sum_{n=1}^{N}\frac{1}{n-c} - \sum_{n=1}^{N}\frac{1}{n+c}\right)$$

$$= 2cB_N\left[\frac{\pi}{\sin(\pi/p)}\right]^p \sum_{n=1}^{N}\frac{1}{n^2-c^2} \tag{3.3.10}$$

当 $c=1/2$ 时,式(3.3.10)化为

$$\left[\frac{\pi}{\sin(\pi/p)}\right]^p \sum_{n=1}^{N} a_n^p - \sum_{n=1}^{N}\left(\sum_{m=1}^{N}\frac{a_m}{n+m}\right)^p$$

$$> B_N\left[\frac{\pi}{\sin(\pi/p)}\right]^p\left(\sum_{n=1}^{N}\frac{1}{n-1/2} - \sum_{n=1}^{N}\frac{1}{n+1/2}\right)$$

$$> B_N\left[\frac{\pi}{\sin(\pi/p)}\right]^p\left(\frac{1}{1-1/2} - \frac{1}{N+1/2}\right)$$

$$= \frac{4NB_N}{2N+1}\left[\frac{\pi}{\sin(\pi/p)}\right]^p$$

推论证毕.

注 3.3.4 若令式(3.3.9)中的 $c=0$,则可推知式(3.3.3)成立;若令式(3.3.9)中的 $N\to\infty$,则也可推知

$$\sum_{n=1}^{N}\left(\sum_{m=1}^{N}\frac{a_m}{n+m}\right)^p \leqslant \left[\frac{\pi}{\sin(\pi/p)}\right]^p \sum_{n=1}^{N} a_n^p$$

引理 3.3.5[86,87] 设 $n\geqslant 1, p>1$,则有

$$\sum_{m=1}^{\infty}\frac{1}{m+n}\left(\frac{n}{m}\right)^{1/p} \leqslant \frac{\pi}{\sin(\pi/p)} - \frac{\tau}{n^{1-1/p}}$$

其中 $\tau = 1 - \gamma, \gamma = 0.577\,215\,6\cdots$ 为 Euler 常数.

引理 3.3.6 设 $0 < x \leqslant a < 1, p > 1$,则

$$(1-x)^p \leqslant 1 - \frac{1-(1-a)^p}{a}x \tag{3.3.11}$$

证明 设

$$f(x) = 1 - \frac{[1-(1-a)^p]x}{a} - (1-x)^p$$

则

$$f''(x) = -p(p-1)(1-x)^{p-2}$$

则知 f 为 $(0,a]$ 上的凹函数. 此时又有 $f(0)=0$ 和 $f(a)=0$,故 $f(x) \geqslant 0$,此即式 $(3.3.11)$.

定理 3.3.7 如定理 3.3.1 所设,则

$$\left(\frac{\pi}{\sin(\pi/p)}\right)^p \sum_{n=1}^N a_n^p - \sum_{n=1}^N \left(\sum_{m=1}^N \frac{a_m}{m+n}\right)^p$$

$$\geqslant \frac{p}{p-1}\left(\left(\frac{\pi}{\sin(\pi/p)}\right)^p - \left(\frac{\pi}{\sin(\pi/p)} - \tau\right)^p\right) \cdot$$

$$\left(1 - \frac{1}{(N+1)^{1-1/p}}\right) \cdot \min_{1 \leqslant n \leqslant N} \{na_n^p\} \tag{3.3.12}$$

其中 $\tau = 1 - \gamma, \gamma = 0.577\,215\,6\cdots$ 为 Euler 常数.

证明 由引理 3.3.5 知

$$\left(\frac{\pi}{\sin(\pi/p)}\right)^p \sum_{n=1}^N \frac{1}{n} - \sum_{n=1}^N \left(\sum_{m=1}^N \frac{1}{m^{1/p}(m+n)}\right)^p$$

$$= \left(\frac{\pi}{\sin(\pi/p)}\right)^p \sum_{n=1}^N \frac{1}{n} - \sum_{n=1}^N \frac{1}{n}\left(\sum_{m=1}^N \frac{1}{m+n}\left(\frac{n}{m}\right)^{1/p}\right)^p$$

$$= \left(\frac{\pi}{\sin(\pi/p)}\right)^p \sum_{n=1}^N \frac{1}{n} - \sum_{n=1}^N \frac{1}{n}\left(\frac{\pi}{\sin(\pi/p)} - \frac{\tau}{n^{1-1/p}}\right)^p$$

$$= \left(\frac{\pi}{\sin(\pi/p)}\right)^p \left[\sum_{n=1}^N \frac{1}{n} - \sum_{n=1}^N \frac{1}{n}\left(1 - \frac{\tau\sin(\pi/p)}{\pi n^{1-1/p}}\right)^p\right]$$

若记 $a = \tau\sin(\pi/p)/\pi, x = \tau\sin(\pi/p)/(\pi n^{1-1/p})$,显然有 $0 \leqslant a < 1$ 和 $0 < x \leqslant a$. 根据引理 3.3.6 知

$$\left(\frac{\pi}{\sin(\pi/p)}\right)^p \sum_{n=1}^N \frac{1}{n} - \sum_{n=1}^N \left(\sum_{m=1}^N \frac{1}{m^{1/p}(m+n)}\right)^p$$

$$\geqslant \left(\frac{\pi}{\sin(\pi/p)}\right)^p \left[\sum_{n=1}^N \frac{1}{n} - \sum_{n=1}^N \frac{1}{n}\left(1 - \frac{1-(1-a)^p}{a}x\right)\right]$$

$$= (1-(1-a)^p)\left(\frac{\pi}{\sin(\pi/p)}\right)^p \sum_{n=1}^N \frac{1}{n^{2-1/p}}$$

118

$$\geqslant \Big(1 - \Big(1 - \frac{\tau \sin(\pi/p)}{\pi}\Big)^{p}\Big)\Big(\frac{\pi}{\sin(\pi/p)}\Big)^{p}\int_{1}^{N+1}\frac{1}{x^{2-1/p}}\mathrm{d}x$$

$$= \frac{p}{p-1}\Big(\Big(\frac{\pi}{\sin(\pi/p)}\Big)^{p} - \Big(\frac{\pi}{\sin(\pi/p)} - \tau\Big)^{p}\Big)\Big(1 - \frac{1}{(N+1)^{1-1/p}}\Big)$$

再由定理 3.3.1 知定理 3.3.7 为真.

引理 3.3.8　设 $N \geqslant 2$ 为正自然数,则

$$\frac{\pi^{2}}{N} > \sum_{n=1}^{N-1}\Big[\frac{2}{\sqrt{N}\,(n+N)}\sum_{m=1}^{N-1}\frac{1}{\sqrt{m}\,(n+m)} + \Big(\frac{1}{\sqrt{N}\,(n+N)}\Big)^{2}\Big] +$$

$$\Big(\sum_{n=1}^{N}\frac{1}{\sqrt{n}\,(N+n)}\Big)^{2}$$

证明　$\dfrac{2}{\sqrt{N}\,(n+N)}, \dfrac{1}{\sqrt{m}\,(n+m)}, \Big(\dfrac{1}{\sqrt{N}\,(n+N)}\Big)^{2}, \dfrac{1}{\sqrt{n}\,(N+n)}$ 关于 m,

n 都为单调递减函数,则

$$\frac{\pi^{2}}{N} - \sum_{n=1}^{N-1}\Big[\frac{2}{\sqrt{N}\,(n+N)}\sum_{m=1}^{N-1}\frac{1}{\sqrt{m}\,(n+m)} + \Big(\frac{1}{\sqrt{N}\,(n+N)}\Big)^{2}\Big] -$$

$$\Big(\sum_{n=1}^{N}\frac{1}{\sqrt{n}\,(N+n)}\Big)^{2}$$

$$> \frac{\pi^{2}}{N} - \int_{0}^{N-1}\int_{0}^{N-1}\frac{2}{\sqrt{N}\,\sqrt{y}\,(x+N)\,(x+y)}\mathrm{d}x\,\mathrm{d}y -$$

$$\int_{0}^{N-1}\Big(\frac{1}{\sqrt{N}\,(x+N)}\Big)^{2}\mathrm{d}x - \Big(\int_{0}^{N}\frac{1}{\sqrt{x}\,(N+x)}\mathrm{d}x\Big)^{2}$$

$$= \frac{\pi^{2}}{N} - \int_{0}^{N-1}\frac{2}{\sqrt{Nx}\,(x+N)}\mathrm{d}x\int_{0}^{\frac{N-1}{x}}\frac{1}{\sqrt{t}\,(1+t)}\mathrm{d}t + \frac{1}{N(x+N)}\Big|_{0}^{N-1} -$$

$$\frac{1}{N}\Big(\int_{0}^{1}\frac{1}{\sqrt{t}\,(1+t)}\mathrm{d}t\Big)^{2}$$

$$= \frac{\pi^{2}}{N} - \frac{4}{\sqrt{N}}\int_{0}^{N-1}\frac{\arctan\sqrt{(N-1)/x}}{\sqrt{x}\,(x+N)}\mathrm{d}x + \frac{1}{2N^{2}-N} - \frac{1}{N^{2}} - \frac{\pi^{2}}{4N}$$

$$= \frac{3\pi^{2}}{4N} - \frac{4}{\sqrt{N}}\int_{+\infty}^{1}\frac{\arctan t}{\sqrt{\frac{N-1}{t^{2}}}\Big(\frac{N-1}{t^{2}} + N\Big)}\mathrm{d}\Big(\frac{N-1}{t^{2}}\Big) - \frac{N-1}{N^{2}\,(2N-1)}$$

$$= \frac{3\pi^{2}}{4N} - \frac{8\sqrt{N-1}}{\sqrt{N}}\int_{1}^{+\infty}\frac{\arctan t}{N-1+Nt^{2}}\mathrm{d}t - \frac{N-1}{N^{2}\,(2N-1)}$$

$$= \frac{3\pi^{2}}{4N} - \frac{8}{N}\int_{1}^{+\infty}\arctan t\,\mathrm{d}\Big(\arctan\Big(t\sqrt{\frac{N}{N-1}}\Big)\Big) - \frac{N-1}{N^{2}\,(2N-1)}$$

$$= \frac{3\pi^{2}}{4N} - \frac{8}{N}\Big[\frac{\pi^{2}}{4} - \frac{\pi}{4}\arctan\sqrt{\frac{N}{N-1}} - \int_{1}^{+\infty}\frac{\arctan\big(t\sqrt{N/(N-1)}\,\big)}{1+t^{2}}\mathrm{d}t\Big] -$$

119

$$\frac{N-1}{N^2(2N-1)}$$

$$=-\frac{5\pi^2}{4N}+\frac{2\pi}{N}\arctan\sqrt{\frac{N}{N-1}}+\frac{8}{N}\int_1^{+\infty}\frac{\arctan\left(t\sqrt{N/(N-1)}\right)}{1+t^2}\mathrm{d}t-$$

$$\frac{N-1}{N^2(2N-1)} \tag{3.3.13}$$

此时若把 $N\in[2,+\infty)$ 看成连续变量,且设

$$f(N)=-\frac{5\pi^2}{4}+2\pi\arctan\sqrt{\frac{N}{N-1}}+8\int_1^{+\infty}\frac{\arctan\left(t\sqrt{N/(N-1)}\right)}{1+t^2}\mathrm{d}t-$$

$$\frac{N-1}{N(2N-1)}$$

则

$$f'(N)=-\frac{\pi}{(2N-1)\sqrt{N(N-1)}}-$$

$$\frac{4}{\sqrt{N(N-1)}}\int_1^{+\infty}\frac{t}{(1+t^2)(N-1+Nt^2)}\mathrm{d}t+$$

$$\frac{2N^2-4N+1}{N^2(2N-1)^2}$$

$$=-\frac{\pi}{(2N-1)\sqrt{N(N-1)}}-$$

$$\frac{2}{\sqrt{N(N-1)}}\int_1^{+\infty}\frac{1}{(1+s)(N-1+Ns)}\mathrm{d}s+$$

$$\frac{2N^2-4N+1}{N^2(2N-1)^2}$$

$$=-\frac{\pi}{(2N-1)\sqrt{N(N-1)}}-\frac{2\ln(2N/2N-1)}{\sqrt{N(N-1)}}+$$

$$\frac{2N^2-4N+1}{N^2(2N-1)^2}$$

进一步有

$$\sqrt{N(N-1)}\,f'(N)=-\frac{\pi}{2N-1}-2\ln\frac{2N}{2N-1}+$$

$$\frac{(2N^2-4N+1)\sqrt{N-1}}{N^{3/2}(2N-1)^2}$$

$$\left(\sqrt{N(N-1)}\,f'(N)\right)'$$

$$=\frac{2\pi}{(2N-1)^2}+\frac{2}{N(2N-1)}+\frac{(4N-4)\sqrt{N-1}}{N^{3/2}(2N-1)^2}+$$

$$\frac{(2N^2-4N+1)}{2N^{3/2}(2N-1)^2\sqrt{N-1}}-\frac{3(2N^2-4N+1)\sqrt{N-1}}{2N^{5/2}(2N-1)^2}-$$

最值定理与分析不等式

$$\frac{4(2N^2-4N+1)\sqrt{N-1}}{N^{3/2}(2N-1)^3}$$

$$2N^{\frac{5}{2}}(2N-1)^3\sqrt{N-1}\left(\sqrt{N(N-1)}f'(N)\right)'$$

$$=4\pi N^{\frac{5}{2}}(2N-1)\sqrt{N-1}+4N^{\frac{3}{2}}(2N-1)^2\sqrt{N-1}+$$

$$8N(2N-1)(N-1)^2+N(2N-1)(2N^2-4N+1)-$$

$$3(2N^2-4N+1)(2N-1)(N-1)-$$

$$8N(N-1)(2N^2-4N+1)$$

因为 $\sqrt{N-1}\geqslant\sqrt{N/2}$，且 $4\pi/\sqrt{2}>8,4/\sqrt{2}>2$，所以

$$2N^{\frac{5}{2}}(2N-1)^3\sqrt{N-1}\left(\sqrt{N(N-1)}f'(N)\right)'$$

$$\geqslant 8N^3(2N-1)+2N^2(2N-1)^2+8N(2N-1)(N-1)^2+$$

$$(2N^2-4N+1)(-12N^2+16N-3)$$

$$=16N^4+24N^3-48N^2+20N-3$$

$$>0$$

故 $\left(\sqrt{N(N-1)}f'(N)\right)'>0,\sqrt{N(N-1)}f'(N)$ 严格单调递增，且易知

$$\lim_{N\to+\infty}\sqrt{N(N-1)}f'(N)$$

$$=\lim_{N\to+\infty}\left[-\frac{\pi}{2N-1}-2\ln\frac{2N}{2N-1}+\frac{(2N^2-4N+1)\sqrt{N-1}}{N^{\frac{3}{2}}(2N-1)^2}\right]=0$$

故 $\sqrt{N(N-1)}f'(N)<0,f'(N)<0,f(N)$ 严格单调递减. 此时

$$\lim_{N\to+\infty}f(N)=\lim_{N\to+\infty}\left[-\frac{5\pi^2}{4}+2\pi\arctan\sqrt{\frac{N}{N-1}}+\right.$$

$$\left.8\int_1^{+\infty}\frac{\arctan(t\sqrt{N/(N-1)})}{1+t^2}dt-\frac{N-1}{N(2N-1)}\right]$$

$$=\lim_{N\to+\infty}\left[-\frac{3\pi^2}{4}+8\int_1^{+\infty}\frac{\arctan t}{1+t^2}dt\right]$$

$$=\lim_{N\to+\infty}\left[-\frac{3\pi^2}{4}+4\left(\frac{\pi^2}{4}-\frac{\pi^2}{16}\right)\right]=0$$

故 $f(N)>0$ 成立，再根据式(3.3.13)知引理成立.

定理 3.3.9 设 $a_n\in\mathbb{R},n=1,2,3,\cdots$，则对任意正自然数 N，有

$$\pi^2\sum_{n=1}^N a_n^2-\sum_{n=1}^N\left(\sum_{m=1}^N\frac{a_m}{n+m}\right)^2\geqslant\left(\pi^2-\frac{1}{4}\right)\cdot\min_{1\leqslant n\leqslant N}\{na_n^2\}\quad(3.3.14)$$

等号成立当且仅当 $N=1$.

证明 不妨假定 $a_n\in\mathbb{R}_{++},n=1,2,3,\cdots$，由推论 3.3.2 知(其中 $p=2$)

$$\pi^2\sum_{n=1}^N a_n^2-\sum_{n=1}^N\left(\sum_{m=1}^N\frac{a_m}{n+m}\right)^2$$

$$\geqslant \min_{1 \leqslant n \leqslant N} \{na_n^2\} \left[\pi^2 \sum_{n=1}^{N} \frac{1}{n} - \sum_{n=1}^{N} \left(\sum_{m=1}^{N} \frac{1}{\sqrt{m}(n+m)} \right)^2 \right]$$

我们只要证

$$\pi^2 \sum_{n=1}^{N} \frac{1}{n} - \sum_{n=1}^{N} \left(\sum_{m=1}^{N} \frac{1}{\sqrt{m}(n+m)} \right)^2 \geqslant \pi^2 - \frac{1}{4} \qquad (3.3.15)$$

令

$$f(k) = \pi^2 \sum_{n=1}^{k} \frac{1}{n} - \sum_{n=1}^{k} \left[\sum_{m=1}^{k} \frac{1}{\sqrt{m}(n+m)} \right]^2 \qquad (k=1,2,3,\cdots,N)$$

则

$$f(k+1) - f(k)$$
$$= \frac{\pi^2}{k+1} - \left(\sum_{m=1}^{k+1} \frac{1}{\sqrt{m}(k+1+m)} \right)^2 -$$
$$\sum_{n=1}^{k} \left(\frac{2}{\sqrt{k+1}(n+k+1)} \sum_{m=1}^{k} \frac{1}{\sqrt{m}(n+m)} + \frac{1}{(k+1)(n+k+1)^2} \right)$$

由引理 3.3.8(此时 $N = k+1$),知 $f(k+1) \geqslant f(k)$,所以 $f(N) \geqslant f(1) = \pi^2 - 1/4$,式(3.3.15)成立.

3.4 关于 $\left[\dfrac{\pi}{\sin(\pi/p)} \right]^p \sum\limits_{n=0}^{N} a_n^p - \sum\limits_{n=0}^{N} \left[\sum\limits_{m=0}^{N} \dfrac{a_m}{m+n+1} \right]^p$ 的一些不等式

设 $p,q > 1, 1/p + 1/q = 1, a_n > 0, b_n > 0 (n = 1,2,3,\cdots)$,且 $\sum\limits_{n=1}^{\infty} a_n^p < \infty$,

$\sum\limits_{n=1}^{\infty} b_n^q < \infty$,则较为精密的 Hardy-Hilbert 不等式主要有以下表示形式

$$\sum_{n=0}^{\infty} \sum_{m=0}^{\infty} \frac{a_m b_n}{m+n+1} < \frac{\pi}{\sin(\pi/p)} \left(\sum_{n=0}^{\infty} a_n^p \right)^{1/p} \left(\sum_{n=0}^{\infty} b_n^q \right)^{1/q} \qquad (3.4.1)$$

$$\sum_{n=0}^{\infty} \left(\sum_{m=0}^{\infty} \frac{a_m}{m+n+1} \right)^p < \left(\frac{\pi}{\sin(\pi/p)} \right)^p \sum_{n=0}^{\infty} a_n^p \qquad (3.4.2)$$

$$\sum_{n=0}^{N} \left(\sum_{m=0}^{N} \frac{a_m}{m+n+1} \right)^p < \left(\frac{\pi}{\sin(\pi/p)} \right)^p \sum_{n=0}^{N} a_n^p \qquad (3.4.3)$$

其中 N 为任意正自然数(下同).

本节将利用最值单调定理对式(3.4.3)进行非严格化的加强.

引理 3.4.1 设 $k \geqslant 1, p > 1$,则有

$$\left(\frac{\pi}{\sin(\pi/p)}\right)^p \frac{1}{(k+1/2)^{1-1/p}}$$

$$> \sum_{n=0}^{\infty}\left[\frac{1}{n+k+1}\left(\sum_{m=0}^{\infty}\frac{1}{(m+n+1)(m+1/2)^{1/p}}\right)^{p-1}\right]$$

证明　设 $f(x)=1/\left[(x+n+1/2)x^{1/p}\right]$，其中 $x>0,n\geqslant 1$，则

$$f'(x)=-\frac{1}{(x+n+1/2)^2 x^{1/p}}-\frac{1}{p(x+n+1/2)x^{1+1/p}}$$

显然 f' 单调递增，故 f 为凸函数，由 Hadamard 不等式知

$$\int_m^{m+1}\frac{1}{(x+n+1/2)x^{1/p}}dx > \frac{1}{(m+1/2+n+1/2)(m+1/2)^{1/p}}$$

$$= \frac{1}{(m+n+1)(m+1/2)^{1/p}}$$

其中 $m=0,1,2,\cdots$. 把以上各式相加，再利用定理 0.1.12 的余元等式，我们有

$$\sum_{m=0}^{\infty}\frac{1}{(m+n+1)(m+1/2)^{1/p}} < \int_0^{+\infty}\frac{1}{(x+n+1/2)x^{1/p}}dx$$

$$= \frac{1}{(n+1/2)^{1/p}}\int_0^{+\infty}\frac{1}{(x/(n+1/2)+1)(x/(n+1/2))^{1/p}}d(x/(n+1/2))$$

$$= \frac{1}{(n+1/2)^{1/p}}\int_0^{+\infty}\frac{u^{(p-1)/p-1}}{1+u}du$$

$$= \frac{\pi}{\sin(\pi/p)(n+1/2)^{1/p}}$$

进一步有

$$\sum_{n=0}^{\infty}\left[\frac{1}{n+k+1}\left(\sum_{m=0}^{\infty}\frac{1}{(m+n+1)(m+1/2)^{1/p}}\right)^{p-1}\right]$$

$$< \left(\frac{\pi}{\sin(\pi/p)}\right)^{p-1}\sum_{n=0}^{+\infty}\left(\frac{1}{(n+k+1)(n+1/2)^{1-1/p}}\right)$$

$$< \left(\frac{\pi}{\sin(\pi/p)}\right)^{p-1}\int_0^{+\infty}\frac{1}{(x+k+1/2)x^{1-1/p}}dx$$

$$= \left(\frac{\pi}{\sin(\pi/p)}\right)^{p-1}\frac{1}{(k+1/2)^{1-1/p}}\cdot$$

$$\int_0^{+\infty}\frac{1}{(x/(k+1/2)+1)\cdot(x/(k+1/2))^{1-1/p}}d(x/(k+1/2))$$

$$= \left(\frac{\pi}{\sin(\pi/p)}\right)^{p-1}\frac{1}{(k+1/2)^{1-1/p}}\int_0^{+\infty}\frac{u^{1/p-1}}{u+1}du$$

$$= \left(\frac{\pi}{\sin(\pi/p)}\right)^p \frac{1}{(k+1/2)^{1-1/p}}$$

引理证毕.

定理 3.4.2　设 $p>1,N$ 为任一正自然数，$a_n>0(n=1,2,\cdots,N)$，和

$B_N = \min\limits_{0\leqslant n\leqslant N}\{(n+1/2)\,a_n^p\}$，则

$$\left(\frac{\pi}{\sin(\pi/p)}\right)^p\sum_{n=0}^N a_n^p - \sum_{n=0}^N\left(\sum_{m=0}^N\frac{a_m}{m+n+1}\right)^p$$

$$\geqslant B_N\left[\left(\frac{\pi}{\sin(\pi/p)}\right)^p\sum_{n=0}^N\frac{1}{n+1/2} - \sum_{n=0}^N\left(\sum_{m=0}^N\frac{1}{(m+n+1)\,(m+1/2)^{1/p}}\right)^p\right]$$

$$(3.4.4)$$

等号成立当且仅当 $\{(n+1/2)\,a_n^p\}_{n=1}^N$ 为常数列.

证明　设 $a_n = b_n/(n+1/2)^{1/p}$，$n=1,2,\cdots,N$，则 $B_N = \min\limits_{0\leqslant n\leqslant N}\{b_n^p\}$，上式化为

$$\left(\frac{\pi}{\sin(\pi/p)}\right)^p\sum_{n=0}^N\frac{b_n^p}{n+1/2} - \sum_{n=0}^N\left(\sum_{m=0}^N\frac{b_m}{(m+n+1)\,(m+1/2)^{1/p}}\right)^p$$

$$\geqslant B_N\left[\left(\frac{\pi}{\sin(\pi/p)}\right)^p\sum_{n=0}^N\frac{1}{n+1/2} - \sum_{n=0}^N\left(\sum_{m=0}^N\frac{1}{(m+n+1)\,(m+1/2)^{1/p}}\right)^p\right]$$

$$(3.4.5)$$

设

$$f\!:\! \boldsymbol{b}\in(0,+\infty)^N\to$$

$$\left(\frac{\pi}{\sin(\pi/p)}\right)^p\sum_{n=0}^N\frac{b_n^p}{n+1/2} - \sum_{n=0}^N\left(\sum_{m=0}^N\frac{b_m}{(m+n+1)\,(m+1/2)^{1/p}}\right)^p$$

则在 $D_k(k=1,2,\cdots,N)$ 上，有

$$\frac{\partial f}{\partial b_k} = p\left(\frac{\pi}{\sin(\pi/p)}\right)^p\frac{b_k^{p-1}}{k+1/2} -$$

$$p\sum_{n=0}^N\frac{1}{(k+1/2)^{1/p}(n+k+1)}\left(\sum_{m=0}^N\frac{b_m}{(m+n+1)\,(m+1/2)^{1/p}}\right)^{p-1}$$

$$> \frac{pb_k^{p-1}}{(k+1/2)^{1/p}}\cdot$$

$$\left[\left(\frac{\pi}{\sin(\pi/p)}\right)^p\frac{1}{(k+1/2)^{1-1/p}} -\right.$$

$$\left.\sum_{n=0}^N\frac{1}{n+k+1}\left(\sum_{m=0}^N\frac{1}{(m+n+1)\,(m+1/2)^{1/p}}\right)^{p-1}\right]$$

$$> \frac{pb_k^{p-1}}{(k+1/2)^{1/p}}\cdot$$

$$\left[\left(\frac{\pi}{\sin(\pi/p)}\right)^p\frac{1}{(k+1/2)^{1-1/p}} -\right.$$

$$\left.\sum_{n=0}^\infty\frac{1}{n+k+1}\left(\sum_{m=0}^\infty\frac{1}{(m+n+1)\,(m+1/2)^{1/p}}\right)^{p-1}\right]$$

最值定理与分析不等式

由引理 3.4.1 知 $\partial f/\partial b_k > 0$. 由推论 1.1.3 知

$$f(b_1, b_2, \cdots, b_N) \geqslant f(B_N^{1/p}, B_N^{1/p}, \cdots, B_N^{1/p})$$

此即为式(3.4.5).定理 3.4.2 证毕.

引理 3.4.3[88]　设 n 为一正自然数,$p > 1$,则

$$\sum_{m=0}^{\infty} \frac{1}{m+n+1} \left(\frac{2n+1}{2m+1}\right)^{1/p} \leqslant \frac{\pi}{\sin(\pi/p)} - \frac{\theta}{(2n+1)^{2-1/p}}$$

其中 $\theta = \ln 2 - \gamma$, $\gamma = 0.577\,215\,6\cdots$ 为 Euler 常数.

利用上述引理,仿照定理 3.3.7 的证明,我们可以得到下述结果.

定理 3.4.4　设 N 为一正自然数,$p > 1$,$a_n > 0 (n=1,2,\cdots,N)$,$\gamma = 0.577\,215\,6\cdots$ 为 Euler 常数,$\theta = \ln 2 - \gamma$,则

$$\left(\frac{\pi}{\sin(\pi/p)}\right)^p \sum_{n=0}^{N} a_n^p - \sum_{n=0}^{N} \left(\sum_{m=0}^{N} \frac{a_m}{m+n+1}\right)^p$$

$$> \frac{p}{2p-1}\left[\left(\frac{\pi}{\sin(\pi/p)}\right)^p - \left(\frac{\pi}{\sin(\pi/p)} - \theta\right)^p\right] \cdot$$

$$\left(1 - \frac{1}{(2N+3)^{2-1/p}}\right) \cdot \min_{0 \leqslant k \leqslant N}\left\{\left(n+\frac{1}{2}\right) a_n^p\right\}$$

引理 3.4.5　$k \geqslant 0$,有

$$f(x) = \frac{\arctan\sqrt{(k+1)/(x+1/2)}}{(x+k+2)\sqrt{x+1/2}}$$

其中 $x \in \left(-\frac{1}{2}, k+\frac{1}{2}\right]$,则 f 为凸函数.

证明　$f'(x) = -\dfrac{\sqrt{k+1}}{(2x+2k+3)(x+k+2)(x+1/2)} -$

$$\frac{\arctan\sqrt{(k+1)/(x+1/2)}}{(x+k+2)^2\sqrt{x+1/2}} -$$

$$\frac{\arctan\sqrt{(k+1)/(x+1/2)}}{2(x+k+2)(x+1/2)\sqrt{x+1/2}}$$

在 $\left(-\dfrac{1}{2}, k+\dfrac{1}{2}\right]$ 中

$$-\frac{\sqrt{k+1}}{(2x+2k+3)(x+k+2)(x+1/2)},\ -\frac{\arctan\sqrt{(k+1)/(x+1/2)}}{(x+k+2)^2\sqrt{x+1/2}}$$

和

$$-\frac{\arctan\sqrt{(k+1)/(x+1/2)}}{2(x+k+2)(x+1/2)\sqrt{x+1/2}}$$

关于 x 都为单调递增函数,所以 $f'(x)$ 为单调递增函数,引理得证.

引理 3.4.6　设 $k \geqslant 0$,$-1/2 < x \leqslant k+1/2$,则

125

$$\arctan\sqrt{\frac{k+1}{x+1/2}} + \frac{10\sqrt{x+1/2}}{41\sqrt{k+3/2}\,(x+k+2)} \leqslant \arctan\sqrt{\frac{k+3/2}{x+1/2}}$$

证明　易证

$$\tan\left(\arctan\sqrt{\frac{k+3/2}{x+1/2}} - \arctan\sqrt{\frac{k+1}{x+1/2}}\right) = \frac{\sqrt{x+1/2}\,(\sqrt{k+3/2} - \sqrt{k+1})}{x+1/2 + \sqrt{k+1}\,\sqrt{k+3/2}}$$

$$(3.4.6)$$

又有

$$\sqrt{k+1}\,\sqrt{k+\frac{3}{2}} \leqslant k+\frac{3}{2}, \quad x+\frac{1}{2} + \sqrt{k+1}\,\sqrt{k+\frac{3}{2}} \leqslant x+k+2$$

$$x+\frac{1}{2} + \sqrt{k+1}\,\sqrt{k+\frac{3}{2}} \leqslant (x+k+2)\,\frac{2\sqrt{k+3/2}}{\sqrt{k+3/2} + \sqrt{k+1}}$$

$$x+\frac{1}{2} + \sqrt{k+1}\,\sqrt{k+\frac{3}{2}} \leqslant 4\sqrt{k+\frac{3}{2}}\,(x+k+2)\left(\sqrt{k+\frac{3}{2}} - \sqrt{k+1}\right)$$

$$\frac{1}{4\sqrt{k+3/2}\,(x+k+2)} \leqslant \frac{\sqrt{k+3/2} - \sqrt{k+1}}{x+1/2 + \sqrt{k+1}\,\sqrt{k+3/2}}$$

$$\frac{\sqrt{x+1/2}}{4\sqrt{k+3/2}\,(x+k+2)} \leqslant \frac{\sqrt{x+1/2}\,(\sqrt{k+3/2} - \sqrt{k+1})}{x+1/2 + \sqrt{k+1}\,\sqrt{k+3/2}} \quad (3.4.7)$$

联立(3.4.6)(3.4.7)两式知

$$\frac{\sqrt{x+1/2}}{4\sqrt{k+3/2}\,(x+k+2)} \leqslant \tan\left(\arctan\sqrt{\frac{k+3/2}{x+1/2}} - \arctan\sqrt{\frac{k+1}{x+1/2}}\right)$$

$$\arctan\left[\frac{\sqrt{x+1/2}}{4\sqrt{k+3/2}\,(x+k+2)}\right] \leqslant \arctan\sqrt{\frac{k+3/2}{x+1/2}} - \arctan\sqrt{\frac{k+1}{x+1/2}}$$

$$(3.4.8)$$

同时

$$\frac{10\sqrt{x+1/2}}{41\sqrt{k+3/2}\,(x+k+2)} \leqslant \frac{10\sqrt{x+1/2}}{82\sqrt{k+3/2}\,\sqrt{x+1/2}\,\sqrt{k+3/2}}$$

$$= \frac{10}{82(k+3/2)} \leqslant \frac{10}{123} \quad (3.4.9)$$

可证当 $0 \leqslant t \leqslant 10/123$ 时有 $\tan t \leqslant 41t/40$. 根据式(3.4.9),我们可令 $t = 10\sqrt{x+1/2}/[41\sqrt{k+3/2}\,(x+k+2)]$,有

$$\tan\frac{10\sqrt{x+1/2}}{41\sqrt{k+3/2}\,(x+k+2)} \leqslant \frac{41}{40}\cdot\frac{10\sqrt{x+1/2}}{41\sqrt{k+3/2}\,(x+k+2)}$$

$$\frac{10\sqrt{x+1/2}}{41\sqrt{k+3/2}\,(x+k+2)} \leqslant \arctan\frac{\sqrt{x+1/2}}{4\sqrt{k+3/2}\,(x+k+2)} \quad (3.4.10)$$

联立式(3.4.8)和式(3.4.10),知引理成立.

引理 3.4.7 设 $k \geqslant 0$,则

$$\left(\pi - 2\arctan\sqrt{\frac{k+1}{k+3/2}}\right)^2 - 4\left(\arctan\sqrt{\frac{k+2}{k+3/2}}\right)^2 - \frac{1}{82\ (k+3/2)^2} > 0$$

$$(3.4.11)$$

证明

$$\left(\pi - 2\arctan\sqrt{\frac{k+1}{k+3/2}}\right)^2 - 4\left(\arctan\sqrt{\frac{k+2}{k+3/2}}\right)^2 - \frac{1}{82\ (k+3/2)^2}$$

$$= 2\left(\frac{\pi}{2} - \arctan\sqrt{\frac{k+1}{k+3/2}} - \arctan\sqrt{\frac{k+2}{k+3/2}}\right) \cdot$$

$$\left(\pi - 2\arctan\sqrt{\frac{k+1}{k+3/2}} + 2\arctan\sqrt{\frac{k+2}{k+3/2}}\right) - \frac{1}{82\ (k+3/2)^2}$$

$$= 2\left[\arctan\left(\frac{1 - \sqrt{\frac{k+1}{k+3/2}}\sqrt{\frac{k+2}{k+3/2}}}{\sqrt{\frac{k+1}{k+3/2}} + \sqrt{\frac{k+2}{k+3/2}}}\right)\right] \cdot$$

$$\left(\pi - 2\arctan\sqrt{\frac{k+1}{k+3/2}} + 2\arctan\sqrt{\frac{k+2}{k+3/2}}\right) - \frac{1}{82\ (k+3/2)^2}$$

$$> 2\pi\left[\arctan\left(\frac{k+3/2 - \sqrt{k^2+3k+2}}{\sqrt{k+3/2}\ (\sqrt{k+1} + \sqrt{k+2})}\right)\right] - \frac{1}{82\ (k+3/2)^2}$$

$$= 2\pi\arctan\left(\frac{1}{4\sqrt{k+3/2}\ (\sqrt{k+1} + \sqrt{k+2})\ (k+3/2 + \sqrt{k^2+3k+2})}\right) -$$

$$\frac{1}{82\ (k+3/2)^2}$$

$$> 2\pi\arctan\left(\frac{1}{8\sqrt{k+3/2}\ \sqrt{k+3/2}\ (k+3/2 + k+3/2)}\right) - \frac{1}{82\ (k+3/2)^2}$$

$$= 2\pi\arctan\left(\frac{1}{16\ (k+3/2)^2}\right) - \frac{1}{82\ (k+3/2)^2} \qquad (3.4.12)$$

可证明 $f: t \in [0, 1/36] \to 2t - \tan t$ 单调递增,则当 $0 \leqslant t \leqslant 1/36$ 时有 $2t \geqslant \tan t$,取 $t = [32\ (k+3/2)^2]^{-1}$,有

$$\frac{1}{16\ (k+3/2)^2} \geqslant \tan\frac{1}{32\ (k+3/2)^2} > \tan\frac{1}{164\pi\ (k+3/2)^2}$$

$$2\pi\arctan\left(\frac{1}{16\ (k+3/2)^2}\right) > \frac{1}{82\ (k+3/2)^2} \qquad (3.4.13)$$

联立式(3.4.12)(3.4.13)知引理成立.

定理 3.4.8 设 $a_n \in \mathbb{R}$, $n = 1, 2, 3, \cdots$,则对任何自然数 N,有

127

$$\pi^2 \sum_{n=0}^{N} a_n^2 - \sum_{n=0}^{N} \left(\sum_{m=0}^{N} \frac{a_m}{n+m+1} \right)^2 \geqslant (2\pi^2 - \sqrt{2}) \cdot \min_{0 \leqslant n \leqslant N} \left\{ \left(n + \frac{1}{2} \right) a_n^2 \right\}$$

$$(3.4.14)$$

等号成立当且仅当 $N = 0$.

证明 不妨设 $a_n \in \mathbb{R}_{++}$，再设

$$f(N) = \pi^2 \sum_{n=0}^{N} \frac{1}{n+1/2} - \sum_{n=0}^{N} \left(\sum_{m=0}^{N} \frac{1}{\sqrt{m+1/2}\,(n+m+1)} \right)^2$$

其中 N 为自然数，则对 $k \geqslant 0$，有

$$f(k+1) - f(k)$$

$$= \frac{\pi^2}{k+3/2} - \left(\sum_{m=0}^{k+1} \frac{1}{\sqrt{m+1/2}\,(k+m+2)} \right)^2 -$$

$$2 \sum_{n=0}^{k} \sum_{m=0}^{k} \frac{1}{\sqrt{m+1/2}\,\sqrt{k+3/2}\,(n+k+2)\,(n+m+1)} -$$

$$\sum_{n=0}^{k} \frac{1}{(k+3/2)\,(n+k+2)^2}$$

易证 $\dfrac{1}{\sqrt{m+1/2}\,(k+m+2)}$ 关于 $m \in (-1/2, k+3/2]$ 为凸函数，

$\dfrac{1}{\sqrt{m+1/2}\,(n+m+1)}$ 关于 $m \in (-1/2, k+1/2]$ 为凸函数，$(n+k+2)^{-2}$ 关

于 $n \in (-1/2, k+1/2]$ 为凸函数. 由 Hadamard 不等式，有

$$f(k+1) - f(k) \geqslant \frac{\pi^2}{k+3/2} - \left(\int_{-1/2}^{k+3/2} \frac{1}{\sqrt{x+1/2}\,(k+x+2)} \mathrm{d}x \right)^2 -$$

$$\frac{2}{\sqrt{k+3/2}} \sum_{n=0}^{k} \frac{1}{n+k+2} \int_{-1/2}^{k+1/2} \frac{1}{\sqrt{x+1/2}\,(n+x+1)} \mathrm{d}x -$$

$$\frac{1}{k+3/2} \int_{-1/2}^{k+1/2} \frac{1}{(x+k+2)^2} \mathrm{d}x$$

$$= \frac{\pi^2}{k+3/2} - \frac{4\,(\arctan\sqrt{(k+2)/(k+3/2)}\,)^2}{k+3/2} -$$

$$\frac{4}{\sqrt{k+3/2}} \sum_{n=0}^{k} \frac{\arctan\sqrt{(k+1)/(n+1/2)}}{(n+k+2)\sqrt{n+1/2}} -$$

$$\frac{1}{k+3/2} \int_{-1/2}^{k+1/2} \frac{1}{(x+k+2)^2} \mathrm{d}x$$

根据引理 3.4.5 和引理 3.4.6，我们有

$$f(k+1) - f(k)$$

$$\geqslant \frac{\pi^2}{k+3/2} - \frac{4\,(\arctan\sqrt{(k+2)/(k+3/2)}\,)^2}{k+3/2} -$$

最值定理与分析不等式

$$\frac{4}{\sqrt{k+3/2}}\int_{-1/2}^{k+1/2}\frac{\arctan\sqrt{(k+1)/(x+1/2)}}{(x+k+2)\sqrt{x+1/2}}\mathrm{d}x\ -$$

$$\frac{1}{k+3/2}\int_{-1/2}^{k+1/2}\frac{1}{(x+k+2)^2}\mathrm{d}x$$

$$=\frac{\pi^2}{k+3/2}-\frac{4\left(\arctan\sqrt{(k+2)/(k+3/2)}\,\right)^2}{k+3/2}-\frac{4}{\sqrt{k+3/2}}\cdot$$

$$\int_{-1/2}^{k+1/2}\frac{\left[\arctan\sqrt{\dfrac{k+1}{x+1/2}}+\dfrac{10\sqrt{x+1/2}}{41\sqrt{k+3/2}\,(x+k+2)}\right]}{(x+k+2)\sqrt{x+1/2}}\mathrm{d}x\ -$$

$$\frac{1}{41(k+3/2)}\int_{-1/2}^{k+1/2}\frac{1}{(x+k+2)^2}\mathrm{d}x$$

$$\geqslant\frac{\pi^2}{k+3/2}-\frac{4\left(\arctan\sqrt{(k+2)/(k+3/2)}\,\right)^2}{k+3/2}-$$

$$\frac{4}{\sqrt{k+3/2}}\int_{-1/2}^{k+1/2}\frac{\arctan\sqrt{(k+3/2)/(x+1/2)}}{(x+k+2)\sqrt{x+1/2}}\mathrm{d}x\ -$$

$$\frac{1}{41(k+3/2)}\int_{-1/2}^{k+1/2}\frac{1}{(x+k+2)^2}\mathrm{d}x$$

$$=\frac{\pi^2}{k+3/2}-\frac{4\left(\arctan\sqrt{(k+2)/(k+3/2)}\,\right)^2}{k+3/2}-$$

$$\frac{8}{k+3/2}\int_{-1/2}^{k+1/2}\left(\frac{\pi}{2}-\arctan\sqrt{\frac{x+1/2}{k+3/2}}\right)\mathrm{d}\left(\arctan\sqrt{\frac{x+1/2}{k+3/2}}\right)+$$

$$\frac{1}{41(k+3/2)}\cdot\frac{1}{x+k+2}\bigg|_{-1/2}^{k+1/2}$$

$$=\frac{1}{k+3/2}\left[\pi^2-4\pi\arctan\sqrt{\frac{k+1}{k+3/2}}-\frac{k+1}{41(2k+5/2)(k+5/2)^2}\right]$$

$$\geqslant\frac{1}{k+3/2}\left[\left(\pi-2\arctan\sqrt{\frac{k+1}{k+3/2}}\right)^2-\right.$$

$$4\left(\arctan\sqrt{\frac{k+2}{k+3/2}}\right)^2-\frac{1}{82\,(k+3/2)^2}\bigg]$$

由引理 3.4.7 知 $f(k+1)\geqslant f(k)$. 又 $f(0)=2\pi^2-\sqrt{2}$,再根据定理 3.4.2($p=2$),我们可知式(3.4.13)成立,定理得证.

129

最值压缩定理与平均不等式

第 4 章

在本章中,我们设 $n \in \mathbb{N}_{++}, n \geqslant 2, \boldsymbol{x} = (x_1, x_2, \cdots, x_n) \in \mathbb{R}^n, A(\boldsymbol{x}) = \sum_{i=1}^{n} x_i/n$ 为 $\boldsymbol{x}$ 的算术平均. 若 $\boldsymbol{x} \in \mathbb{R}_{++}^n$,记

$$M_p(\boldsymbol{x}) = \left(\sum_{i=1}^{n} \frac{x_i^p}{n}\right)^{1/p} (p \neq 0), M_0(\boldsymbol{x}) = \sqrt[n]{\prod_{i=1}^{n} x_i}$$

为 $\boldsymbol{x}$ 的 p 次幂平均. $A(\boldsymbol{x}) = M_1(\boldsymbol{x}), G(\boldsymbol{x}) = M_0(\boldsymbol{x})$ 和 $H(\boldsymbol{x}) = M_{-1}(\boldsymbol{x})$ 分别为 $\boldsymbol{x}$ 的算术平均、几何平均和调和平均. 记 $\overline{M}_p(\boldsymbol{x}) = (M_p(\boldsymbol{x}), M_p(\boldsymbol{x}), \cdots, M_p(\boldsymbol{x})) \in (0, +\infty)^n$,同样可分别记为 $\overline{A}(\boldsymbol{x}), \overline{G}(\boldsymbol{x})$ 和 $\overline{H}(\boldsymbol{x})$.

S-凸(凹)函数(见定义 0.5.1)是一类极其重要的函数,是建立和发现不等式的重要工具. 同时它在控制理论和图论等研究领域有广泛的应用.其基本定理(即定理 0.5.4)在不等式理论中占据重要的地位.读者可参见参考资料[1][3][4]可见一斑. 但在使用其基本定理证明形如 $f(\boldsymbol{x}) \geqslant (\leqslant) f(\overline{A}(\boldsymbol{x}))$ 不等式时,我们发现此定理不仅要求函数对称,而且对任何 $x_i, x_j (1 \leqslant i, j \leqslant n)$,都需要满足条件 $(x_i - x_j)(\partial f/\partial x_i - \partial f/\partial x_j) \geqslant (\leqslant) 0$.这一条件也比较苛刻.其结论为:对任何 $\boldsymbol{x} > \boldsymbol{y}$,都有 $f(\boldsymbol{x}) \geqslant (\leqslant) f(\boldsymbol{y})$. 而我们欲证的 $f(\boldsymbol{x}) \geqslant (\leqslant) f(\overline{A}(\boldsymbol{x}))$,不过是其中的一种情形. 本章的目的是建立一个新的定理,使其在证明形如 $f(\boldsymbol{x}) \geqslant (\leqslant) f(\overline{A}(\boldsymbol{x}))$ 不等式时,起到弱化 S-凸(凹)函数基本定理的条件和克服其缺陷的作用. 作为应用,我们不仅可以统一证明 A-G-H 不等式、Hölder 不等式和 Minkowski 不等式等著名不等式,而且还可以发现一些新的不等式.

4.1 最值压缩定理的证明

首先我们建立如下引理,在本书主要定理的证明过程中,它起着重要的作用.

引理 4.1.1 设区间 $I = [m, M] \subseteq \mathbb{R}$, $f : I^2 \to \mathbb{R}$ 的偏导数存在且连续,若 $D = \{(x_1, x_2) \mid m \leqslant x_2 \leqslant x_1 \leqslant M\} \subseteq I^2$,则 $\partial f / \partial x_1 \geqslant (\leqslant) \partial f / \partial x_2$ 在 D 上恒成立的充要条件为:对满足 $b < b + l \leqslant a - l < a$ 的任意 $a, b \in I$ 和 l ,有 $f(a, b) \geqslant (\leqslant) f(a - l, b + l)$.

证明 只需考虑 $f(a, b) \geqslant f(a - l, b + l)$ 的情形,对 $f(a, b) \leqslant f(a - l, b + l)$ 的情形类似可证. 任取 $x_1, x_2 \in D$,不妨设 $x_1 > x_2$. 取 l 使得 $m \leqslant x_2 < x_2 + l \leqslant x_1 - l < x_1 \leqslant M$,则

$$f(x_1 - l, x_2 + l) - f(x_1, x_2) \leqslant 0$$

由 Lagrange 中值定理知,存在 $\xi_l \in (0, l)$,使得

$$l\left(-\frac{\partial f(x_1 - \xi_l, x_2 + \xi_l)}{\partial x_1} + \frac{\partial f(x_1 - \xi_l, x_2 + \xi_l)}{\partial x_2}\right) \leqslant 0$$

$$-\frac{\partial f(x_1 - \xi_l, x_2 + \xi_l)}{\partial x_1} + \frac{\partial f(x_1 - \xi_l, x_2 + \xi_l)}{\partial x_2} \leqslant 0$$

令 $l \to 0^+$ 直接可得

$$\frac{\partial f(x_1, x_2)}{\partial x_1} \geqslant \frac{\partial f(x_1, x_2)}{\partial x_2}$$

反之,若 $\partial f / \partial x_1 \geqslant \partial f / \partial x_2$ 在 D 上恒成立,任取 $a, b \in I$ 和 l ,且 $b < b + l \leqslant a - l < a$,由 Lagrange 中值定理知,存在 $\xi_l (0 < \xi_l < l)$,使得

$$f(a, b) - f(a - l, b + l)$$
$$= -(f(a - l, b + l) - f(a, b))$$
$$= -l\left(-\frac{\partial f(a - \xi_l, b + \xi_l)}{\partial x_1} + \frac{\partial f(a - \xi_l, b + \xi_l)}{\partial x_2}\right)$$
$$= l\left(\frac{\partial f(a - \xi_l, b + \xi_l)}{\partial x_1} - \frac{\partial f(a - \xi_l, b + \xi_l)}{\partial x_2}\right)$$

此时,因为 $(a - \xi_l, b + \xi_l) \subseteq D$,所以

$$\frac{\partial f(a - \xi_l, b + \xi_l)}{\partial x_1} - \frac{\partial f(a - \xi_l, b + \xi_l)}{\partial x_2} \geqslant 0$$

从而有 $f(a, b) \geqslant f(a - l, b + l)$.

定理 4.1.2(最值压缩定理) 设集合 $D \subseteq \mathbb{R}^n$ 是有内点的对称凸集,$f : D \to \mathbb{R}$ 连续且存在连续偏导数,对于 $i = 1, 2, \cdots, n$,记

$$\check{D}_i = \{\boldsymbol{x} \in D \mid x_i = \max_{1 \leqslant k \leqslant n}\{x_k\}\} - \{\boldsymbol{x} \in D \mid x_1 = x_2 = \cdots = x_n\}$$

$$\hat{D}_i = \{\boldsymbol{x} \in D \mid x_i = \min_{1 \leqslant k \leqslant n}\{x_k\}\} - \{\boldsymbol{x} \in D \mid x_1 = x_2 = \cdots = x_n\}$$

若任取 $j \neq i$,不等式 $\partial f/\partial x_i > (<) \partial f/\partial x_j$ 在 $\check{D}_i \cap \hat{D}_j$ 上恒成立,则对于任意的 $\boldsymbol{a} \in D$,有 $f(\boldsymbol{a}) \geqslant (\leqslant) f(\overline{A}(\boldsymbol{a}))$,等号成立当且仅当 $a_1 = a_2 = \cdots = a_n$.

证明　若 $n = 2$,由引理 4.1.1 易知结论成立.

下设 $n \geqslant 3$,由于 D 为对称凸集,我们不难说明以下所谈论的点 $\boldsymbol{a}$ 都在 D 内.

先证 $\partial f/\partial x_i > \partial f/\partial x_j$ 成立的情形.若 $a_1 = a_2 = \cdots = a_n$,则结论显然成立. 下设 $\max_{1 \leqslant i \leqslant n}\{a_i\} \neq \min_{1 \leqslant i \leqslant n}\{a_i\}$,不妨设 $a_1 = \max_{1 \leqslant i \leqslant n}\{a_i\}$,$a_n = \min_{1 \leqslant i \leqslant n}\{a_i\}$.

(1) 若 $a_1 > \max_{2 \leqslant i \leqslant n}\{a_i\}$,$a_n < \min_{1 \leqslant i \leqslant n-1}\{a_i\}$,因 $\partial f/\partial x_i > \partial f/\partial x_j$ 在 $\check{D}_1 \cap \hat{D}_n$ 上成立,由引理 4.1.1 知,我们可以调整 a_1, a_n 为 $a_1^{(1)}, a_n^{(1)}$,满足 $l = a_1 - a_1^{(1)} = a_n^{(1)} - a_n > 0$,直至 $a_1^{(1)}$ 等于某个 $a_i (i \neq 1)$,不妨设其为 a_2,或 $a_n^{(1)}$ 等于某个 $a_i (i \neq n)$,不妨设其为 a_{n-1},但都有

$$f(a_1, a_2, a_3, \cdots, a_n) \geqslant f(a_1^{(1)}, a_2, a_3, \cdots, a_n^{(1)})$$

为了统一记号,不妨记 $a_i^{(1)} = a_i$,$2 \leqslant i \leqslant n-1$,则有

$$f(a_1, a_2, a_3, \cdots, a_n) \geqslant f(a_1^{(1)}, a_2^{(1)}, a_3^{(1)}, \cdots, a_n^{(1)})$$

若此时已有 $a_1^{(1)} = a_2^{(1)} = \cdots = a_n^{(1)}$,由定理可知结论成立. 否则对于 $a_1^{(1)} = a_2^{(1)} > a_n^{(1)}$ 的情形,根据定理条件

$$\left. \frac{\partial f(\boldsymbol{x})}{\partial x_1} \right|_{\boldsymbol{x}=(a_1^{(1)}, a_2^{(1)}, a_3^{(1)}, \cdots, a_n^{(1)})} > \left. \frac{\partial f(\boldsymbol{x})}{\partial x_n} \right|_{\boldsymbol{x}=(a_1^{(1)}, a_2^{(1)}, a_3^{(1)}, \cdots, a_n^{(1)})}$$

仍成立,利用偏导数的连续性,存在 $\varepsilon > 0$,使得

$$\left. \frac{\partial f(\boldsymbol{x})}{\partial x_1} \right|_{\boldsymbol{x}=(s, a_2^{(1)}, a_3^{(1)}, \cdots, t)} > \left. \frac{\partial f(\boldsymbol{x})}{\partial x_n} \right|_{\boldsymbol{x}=(s, a_2^{(1)}, a_3^{(1)}, \cdots, t)}$$

$s \in [a_1^{(1)} - \varepsilon, a_1^{(1)}]$,$t \in [a_n^{(1)}, a_n^{(1)} + \varepsilon]$. 令 $a_1^{(2)}$ 为 $a_1^{(1)} - \varepsilon$,$a_n^{(2)}$ 为 $a_n^{(1)} + \varepsilon$,其余仍设 $a_i^{(2)} = a_i^{(1)}$,$2 \leqslant i \leqslant n-1$,由引理 4.1.1 知

$$f(a_1^{(1)}, a_2^{(1)}, a_3^{(1)}, \cdots, a_n^{(1)}) \geqslant f(a_1^{(2)}, a_2^{(2)}, a_3^{(2)}, \cdots, a_n^{(2)})$$

至此 $a_2^{(2)} = \max_{1 \leqslant i \leqslant n}\{a_i^{(2)}\}$. 对于 $a_1^{(1)} > a_{n-1}^{(1)} = a_n^{(1)}$ 的情形,我们可做类似处理,使得 $a_{n-1}^{(2)} = \min_{1 \leqslant i \leqslant n}\{a_i^{(2)}\}$. 反复进行这种最大值与最小值,但总和保持不变的调整,若经过 i 次调整后,数组 $\{a_1^{(i)}, a_2^{(i)}, \cdots, a_n^{(i)}\}$ 满足 $a_1^{(i)} = a_2^{(i)} = \cdots = a_n^{(i)}$,则命题已得证. 不然我们设各个数组 $\{a_1^{(i)}, a_2^{(i)}, \cdots, a_n^{(i)}\}$ $(i = 1, 2, \cdots)$ 中最大值的下确界为 α,不妨设 $\max\{a_1^{(i)}, a_2^{(i)}, \cdots, a_n^{(i)}\} = a_{i_0}^{(i)}$ $(i = 1, 2, \cdots, 1 \leqslant i_0 \leqslant n)$ 的极限值为 α. 对于众多的 i_0,我们也不妨设有无穷个 $i_0 = 1$,即存在 $i = 1, 2, \cdots$ 的一个子列 $i_j (j = 1, 2, \cdots)$,使得

132

$$\max\{a_1^{(i_j)},a_2^{(i_j)},\cdots,a_n^{(i_j)}\}=a_1^{(i_j)}\to\alpha$$

由于调整是始终在最大值与最小值之间进行,所以若 $a_i\geqslant(\leqslant)A(\boldsymbol{a}),i=2,3,\cdots,n$,则 $\{a_i^{i_j},j=1,2,\cdots\}$ 是单调递减(递增)数列,因此 $\lim\limits_{j\to+\infty}a_i^{i_j}(i=2,3,\cdots,n)$ 都存在,设为 b_i,即有

$$\lim_{j\to+\infty}(a_1^{(i_j)},a_2^{(i_j)},\cdots,a_n^{(i_j)})=(\alpha,b_2,b_3,\cdots,b_n)$$

因为 $\max\{a_1^{(i_j)},a_2^{(i_j)},\cdots,a_n^{(i_j)}\}=a_1^{(i_j)}$,所以 $\max\{\alpha,b_2,b_3,\cdots,b_n\}=\alpha$. 由 f 的连续性,我们知

$$f(a_1,a_2,a_3,\cdots,a_n)\geqslant f(\alpha,b_2,b_3,\cdots,b_n)$$

若 $\alpha=b_2=b_3=\cdots=b_n$,则命题得证. 若不然,$\alpha$ 与 $\min\{\alpha,b_2,b_3,\cdots,b_n\}$ 还可以调整,不断地重复以上工作. 设各个向量的分量的最大值的下确界为 β,分量的最小值的上确界为 γ,则必有 $\beta=\gamma=A(\boldsymbol{a})$,不然 β 与 γ 还可以继续调整,而保持函数值 f 不增,这与 β 的定义矛盾. 由此可得

$$f(a_1,a_2,a_3,\cdots,a_n)\geqslant f(\overline{A}(\boldsymbol{a}))$$

成立.

(2) 对于 $a_1=\max\limits_{2\leqslant i\leqslant n}\{a_i\}$ 或 $a_n=\min\limits_{1\leqslant i\leqslant n-1}\{a_i\}$ 的情形,已在(1)中证明.

对于 $\partial f/\partial x_i<\partial f/\partial x_j$ 在 $\check{D}_i\bigcap\hat{D}_j$ 上恒成立的情形,我们只需考虑函数 $-f$ 即可.

等号成立当且仅当上述调整停止,即 $a_1=a_2=\cdots=a_n$. 定理证毕.

为什么称此定理是最值压缩定理呢? 从以上证明中,我们可以看出,调整始终在最大值与最小值之间进行,直至 $\boldsymbol{a}$ 的各分量调整到 $A(\boldsymbol{a})$ 为止.

推论 4.1.3 设 $J\subseteq(-\infty,+\infty)$ 为区间,$f:J^n\to\mathbb{R}$ 为连续的对称函数,且存在连续偏导数,记

$$\check{D}=\{\boldsymbol{x}\in J^n\mid x_1=\max_{1\leqslant k\leqslant n}\{x_k\}\},\hat{D}=\{\boldsymbol{x}\in J^n\mid x_2=\min_{1\leqslant k\leqslant n}\{x_k\}\}$$

$$D^0=\check{D}\bigcap\hat{D}-\{\boldsymbol{x}\mid x_1=x_2=\cdots=x_n\}\quad(\text{下同})\qquad(4.1.1)$$

若不等式 $\partial f/\partial x_1>(<)\partial f/\partial x_2$ 在 D^0 上恒成立,则对于任意的 $\boldsymbol{a}\in J^n$,都有 $f(\boldsymbol{a})\geqslant(\leqslant)f(\overline{A}(\boldsymbol{a}))$,等号成立当且仅当 $a_1=a_2=\cdots=a_n$.

证明 因 f 为对称函数,$\partial f/\partial x_1>(<)\partial f/\partial x_2$ 在

$$\check{D}_1\bigcap\hat{D}_2$$

$$=(\check{D}-\{\boldsymbol{x}\mid x_1=x_2=\cdots=x_n\})\bigcap(\hat{D}-\{\boldsymbol{x}\mid x_1=x_2=\cdots=x_n\})$$

$$=\check{D}\bigcap\hat{D}-\{\boldsymbol{x}\mid x_1=x_2=\cdots=x_n\}=D^0$$

上恒成立时,必有 $\partial f/\partial x_i>(<)\partial f/\partial x_j$ 在 $\check{D}_i\bigcap\hat{D}_j$ 上恒成立,由定理 4.1.2 直接可得推论 4.1.3.

下面拟对定理 4.1.2 中的函数进行适当变形,使最值压缩定理的应用更广泛. 设区间 $I \subseteq \mathbb{R}$,$g: I \to g(I) \subseteq \mathbb{R}$;对于 $\boldsymbol{a} \in I^n$,记 $\widetilde{g}(\boldsymbol{a}) = (g(a_1), g(a_2), \cdots, g(a_n))$;对于 $E \subseteq I^n \subseteq \mathbb{R}^n$,记 $\widetilde{g}(E) = \{(g(x_1), g(x_2), \cdots, g(x_n)) \mid \boldsymbol{x} \in E\}$,同时 D^0 的定义见式(4.1.1).

定理 4.1.4 设 $I, J \subseteq \mathbb{R}$ 为两个区间,$g: I \to g(I) \subseteq \mathbb{R}$ 和其反函数 $g^{-1}: g(I) \to I$ 都为严格单调的可微函数,$J^n \subseteq \widetilde{g}(I)$,且 $f: J^n \to \mathbb{R}$ 对称且有连续偏导数. 若不等式

$$(g^{-1}(a_1) - g^{-1}(a_2))\left(g'(g^{-1}(a_1))\frac{\partial f(\boldsymbol{a})}{\partial a_1} - g'(g^{-1}(a_2))\frac{\partial f(\boldsymbol{a})}{\partial a_2}\right) > (<)0$$

在 D^0 上恒成立,则对于任意的 $\boldsymbol{a} \in J^n$,都有

$$f(\boldsymbol{a}) \geqslant (\leqslant) f\left(\widetilde{g}\left(\frac{1}{n}\sum_{i=1}^{n} g^{-1}(a_i)\right)\right)$$

证明 这里我们只给出

$$(g^{-1}(a_1) - g^{-1}(a_2))\left(g'(g^{-1}(a_1))\frac{\partial f(\boldsymbol{a})}{\partial a_1} - g'(g^{-1}(a_2))\frac{\partial f(\boldsymbol{a})}{\partial a_2}\right) > 0$$

时的证明,因为对于另一种情形,证明是同理的.

考虑函数 $F = f \circ \widetilde{g}: \widetilde{g}^{-1}(J^n) \to \mathbb{R}$,若设 $\boldsymbol{a} = \widetilde{g}(\boldsymbol{x})$,$\boldsymbol{x} \in \widetilde{g}^{-1}(J^n)$,则

$$\frac{\partial F}{\partial x_1} - \frac{\partial F}{\partial x_2} = \frac{\partial f(\widetilde{g}(\boldsymbol{x}))}{\partial a_1}g'(x_1) - \frac{\partial f(\widetilde{g}(\boldsymbol{x}))}{\partial a_2}g'(x_2)$$

$$= g'(g^{-1}(a_1))\frac{\partial f(\boldsymbol{a})}{\partial a_1} - g'(g^{-1}(a_2))\frac{\partial f(\boldsymbol{a})}{\partial a_2}$$

(1) 若 g^{-1},g 严格单调递增,则 $\boldsymbol{a} \in D^0$ 当且仅当 $\boldsymbol{x} = \widetilde{g}^{-1}(\boldsymbol{a})$ 的各个分量中,第一分量最大,第二分量最小,此时由条件知

$$g'(g^{-1}(a_1))\frac{\partial f(\boldsymbol{a})}{\partial a_1} - g'(g^{-1}(a_2))\frac{\partial f(\boldsymbol{a})}{\partial a_2} > 0$$

即 $\partial F/\partial x_1 - \partial F/\partial x_2 > 0$,由推论 4.1.3 知 $F(\boldsymbol{x}) \geqslant F(\overline{A}(\boldsymbol{x}))$,即

$$f(\boldsymbol{a}) \geqslant (\leqslant) f\left(\widetilde{g}\left(\frac{1}{n}\sum_{i=1}^{n} g^{-1}(a_i)\right)\right)$$

(2) 若 g^{-1},g 严格单调递减,则 $\boldsymbol{a} \in D^0$ 当且仅当 $\boldsymbol{x} = \widetilde{g}^{-1}(\boldsymbol{a})$ 的各个分量中,第一分量最小,第二分量最大,此时由条件知

$$\frac{\partial f(\boldsymbol{a})}{\partial a_1}g'(g^{-1}(a_1)) - \frac{\partial f(\boldsymbol{a})}{\partial a_2}g'(g^{-1}(a_2)) < 0$$

$$\frac{\partial F}{\partial x_1} - \frac{\partial F}{\partial x_2} < 0, \quad (x_1 - x_2)\left(\frac{\partial F}{\partial x_1} - \frac{\partial F}{\partial x_2}\right) > 0$$

由推论 4.1.3 知 $F(\boldsymbol{x}) \geqslant F(\overline{A}(\boldsymbol{x}))$,即

$$f(\boldsymbol{a}) \geqslant (\leqslant) f\left(\widetilde{g}\left(\frac{1}{n}\sum_{i=1}^{n} g^{-1}(a_i)\right)\right)$$

最值定理与分析不等式

推论 4.1.5 设 $0 \leqslant m < M(M$ 可为 $+\infty)$, $J = (m, M)$, $f:(m,M)^n \to \mathbb{R}$ 为对称函数, 且有连续偏导数. 若不等式 $a_1 \partial f / \partial a_1 > (<) a_2 \partial f / \partial a_2$ 在 D^0 上恒成立, 则对于任意的 $\boldsymbol{a} \in J^n$, 都有

$$f(\boldsymbol{a}) \geqslant (\leqslant) f(\overline{G}(\boldsymbol{a}))$$

证明 在定理 4.1.4 中, 令 $g: x \in (\ln m, \ln M) \to \mathrm{e}^x$, 则 $g^{-1}: x \in (m, M) \to \ln x$. 在 D^0 上

$$(g^{-1}(a_1) - g^{-1}(a_2)) \left(g'(g^{-1}(a_1)) \frac{\partial f(x)}{\partial a_1} - g'(g^{-1}(a_2)) \frac{\partial f(x)}{\partial a_2} \right)$$

$$= (\ln a_1 - \ln a_2) \left(a_1 \frac{\partial f(\boldsymbol{a})}{\partial a_1} - a_2 \frac{\partial f(\boldsymbol{a})}{\partial a_2} \right)$$

$$> (<) 0$$

根据定理 4.1.4 知, 对于任意的 $\boldsymbol{a} \in I^n$ 都有

$$f(\boldsymbol{a}) \geqslant (\leqslant) f \left(\overline{g} \left(\frac{1}{n} \sum_{i=1}^{n} \ln a_i \right) \right)$$

$$= f(\mathrm{e}^{\frac{1}{n} \sum_{i=1}^{n} \ln a_i}, \mathrm{e}^{\frac{1}{n} \sum_{i=1}^{n} \ln a_i}, \cdots, \mathrm{e}^{\frac{1}{n} \sum_{i=1}^{n} \ln a_i})$$

$$= f(\overline{G}(\boldsymbol{a}))$$

推论证毕.

推论 4.1.6 设 $p \neq 0$, 区间 $J \subseteq (0, +\infty)$, 且 $f: J^n \to \mathbb{R}$ 对称且有连续偏导数. 若不等式

$$a_1^{1-p} \frac{\partial f}{\partial a_1} - a_2^{1-p} \frac{\partial f}{\partial a_2} > (<) 0$$

在 D^0 上恒成立, 则对于任意的 $\boldsymbol{a} \in J^n$, 都有 $f(\boldsymbol{a}) \geqslant (\leqslant) f(\overline{M}_p(\boldsymbol{a}))$.

证明 若令 $g^{-1}: x \in J \to x^p$, 式 (4.3.1) 化为

$$(g^{-1}(a_1) - g^{-1}(a_2)) \left(g'(g^{-1}(a_1)) \frac{\partial f(\boldsymbol{a})}{\partial a_1} - g'(g^{-1}(a_2)) \frac{\partial f(\boldsymbol{a})}{\partial a_2} \right)$$

$$= (a_1^p - a_2^p) \left(\frac{1}{p} (a_1^p)^{1/p-1} \frac{\partial f(\boldsymbol{a})}{\partial a_1} - \frac{1}{p} (a_2^p)^{1/p-1} \frac{\partial f(\boldsymbol{a})}{\partial a_2} \right)$$

$$= \frac{1}{p} (a_1^p - a_2^p) \left(a_1^{1-p} \frac{\partial f(\boldsymbol{a})}{\partial a_1} - a_2^{1-p} \frac{\partial f(\boldsymbol{a})}{\partial a_2} \right)$$

$$> (<) 0$$

根据定理 4.1.4 知, 对于任意的 $\boldsymbol{a} \in I^n$ 都有

$$f(\boldsymbol{a}) \geqslant (\leqslant) f \left(\overline{g} \left(\frac{1}{n} \sum_{i=1}^{n} a_i^p \right) \right)$$

$$= f \left(\left(\frac{1}{n} \sum_{i=1}^{n} a_i^p \right)^{1/p}, \left(\frac{1}{n} \sum_{i=1}^{n} a_i^p \right)^{1/p}, \cdots, \left(\frac{1}{n} \sum_{i=1}^{n} a_i^p \right)^{1/p} \right)$$

即 $f(\boldsymbol{a}) \geqslant (\leqslant) f(\overline{M}_p(\boldsymbol{a}))$. 推论证毕.

4.2 一些已知不等式的统一证明

为了让读者更好地理解最值压缩定理的内容,本节将利用最值压缩定理,统一地证明一些著名的不等式.

本节皆设 $1 \leqslant i,j \leqslant n, \boldsymbol{a}, \boldsymbol{b} \in \mathbb{R}_{++}^n$,和

$$\check{D}_i = \{\boldsymbol{b} \in \mathbb{R}_{++}^n \mid b_i = \max_{1 \leqslant k \leqslant n} \{b_k\}\} - \{\boldsymbol{b} \in \mathbb{R}_{++}^n \mid b_1 = b_2 = \cdots = b_n\}$$

$$\hat{D}_i = \{\boldsymbol{b} \in \mathbb{R}_{++}^n \mid b_i = \min_{1 \leqslant k \leqslant n} \{b_k\}\} - \{\boldsymbol{b} \in \mathbb{R}_{++}^n \mid b_1 = b_2 = \cdots = b_n\}$$

定理 4.2.1(Hölder 不等式) 设 $(x_1, x_2, \cdots, x_n), (x_1, x_2, \cdots, x_n) \in \mathbb{R}_+^n$, $p, q > 1$,且 $1/p + 1/q = 1$,则

$$\left(\sum_{k=1}^n x_k^p\right)^{1/p} \left(\sum_{k=1}^n y_k^q\right)^{1/q} \geqslant \sum_{k=1}^n x_k y_k$$

等式成立当且仅当 $x_1^p/y_1^q = x_2^p/y_2^q = \cdots = x_n^p/y_n^q$(其中当分母为 0 时,分子亦要求为 0).

证明 由于连续性,我们不妨假定 $\boldsymbol{x}, \boldsymbol{y} \in \mathbb{R}_{++}^n$.再设函数

$$f: \boldsymbol{b} \to \left(\sum_{k=1}^n a_k\right)^{1/p} \left(\sum_{k=1}^n a_k b_k\right)^{1/q} - \sum_{k=1}^n a_k b_k^{1/q}$$

有 $\partial f/\partial b_i = 1/q \cdot \left(\sum_{k=1}^n a_k\right)^{1/p} \left(\sum_{k=1}^n a_k b_k\right)^{1/q-1} a_i - 1/q \cdot a_i b_i^{1/q-1}$,故知

$$\frac{\partial f}{\partial b_i} - \frac{\partial f}{\partial b_j} = \frac{1}{q} \left[\frac{\sum\limits_{k=1}^n a_k}{\sum\limits_{k=1}^n b_k a_k}\right]^{1/p} (a_i - a_j) - \frac{1}{q}(a_i b_i^{-1/p} - a_j b_j^{-1/p})$$

当 $\boldsymbol{b} \in \check{D}_i \bigcap \hat{D}_j$ 时,若 $a_i \geqslant a_j$,则

$$\frac{\partial f}{\partial b_i} - \frac{\partial f}{\partial b_j} \geqslant \frac{1}{q} \left[\frac{\sum\limits_{k=1}^n a_k}{b_i \sum\limits_{k=1}^n a_k}\right]^{1/p} (a_i - a_j) - \frac{1}{q}(a_i b_i^{-1/p} - a_j b_j^{-1/p})$$

$$= \frac{1}{q} a_j (b_j^{-1/p} - b_i^{-1/p}) > 0$$

若 $a_i \leqslant a_j$,则

$$\frac{\partial f}{\partial b_i} - \frac{\partial f}{\partial b_j} \geqslant \frac{1}{q} \left[\frac{\sum\limits_{k=1}^n a_k}{b_j \sum\limits_{k=1}^n a_k}\right]^{1/p} (a_i - a_j) - \frac{1}{q}(a_i b_i^{-1/p} - a_j b_j^{-1/p})$$

136

$$= \frac{1}{q} a_i (b_j^{-1/p} - b_i^{-1/p}) > 0$$

由定理 4.1.2 知 $f(\boldsymbol{b}) \geqslant f(\overline{A}(\boldsymbol{b}))$，即

$$\Big(\sum_{k=1}^{n} a_k\Big)^{1/p} \Big(\sum_{k=1}^{n} a_k b_k\Big)^{1/q} - \sum_{k=1}^{n} a_k b_k^{1/q} \geqslant 0$$

令 $a_k = x_k^p, b_k = y_k^q / x_k^p$，即知 Hölder 不等式成立，等号成立当且仅当 $b_k = y_k^q / x_k^p$ 皆相等.

定理 4.2.2(Minkowski **不等式**)　设 $(x_1, x_2, \cdots, x_n), (y_1, y_2, \cdots, y_n) \in \mathbb{R}_+^n, p > 1$，则

$$\Big(\sum_{k=1}^{n} x_k^p\Big)^{1/p} + \Big(\sum_{k=1}^{n} y_k^p\Big)^{1/p} \geqslant \Big(\sum_{k=1}^{n} (x_k + y_k)^p\Big)^{1/p}$$

等式成立当且仅当 $x_1^p / y_1^q = x_2^p / y_2^q = \cdots = x_n^p / y_n^q$（其中当分母为 0 时，分子亦要求为 0）.

证明　由于连续性，我们不妨假定 $\boldsymbol{x}, \boldsymbol{y} \in \mathbb{R}_{++}^n$，再设

$$f: \boldsymbol{b} \to \Big(\sum_{k=1}^{n} a_k b_k\Big)^{1/p} - \Big(\sum_{k=1}^{n} a_k (b_k^{1/p} + 1)^p\Big)^{1/p}$$

则

$$\frac{\partial f}{\partial b_i} = \frac{1}{p} a_i \Big(\sum_{k=1}^{n} a_k b_k\Big)^{1/p-1} - \frac{1}{p} a_i b_i^{1/p-1} (b_i^{1/p} + 1)^{p-1} \Big(\sum_{k=1}^{n} a_k (b_k^{1/p} + 1)^p\Big)^{1/p-1}$$

$$= \frac{1}{p} a_i \Big(\sum_{k=1}^{n} a_k b_k\Big)^{1/p-1} - \frac{1}{p} a_i (1 + b_i^{-1/p})^{p-1} \Big(\sum_{k=1}^{n} a_k (b_k^{1/p} + 1)^p\Big)^{1/p-1}$$

$$p\Big(\frac{\partial f}{\partial b_i} - \frac{\partial f}{\partial b_j}\Big) = (a_i - a_j) \Big(\sum_{k=1}^{n} a_k b_k\Big)^{1/p-1} -$$
$$[a_i (1 + b_i^{-1/p})^{p-1} - a_j (1 + b_j^{-1/p})^{p-1}] \cdot$$
$$\Big(\sum_{k=1}^{n} a_k (b_k^{1/p} + 1)^p\Big)^{1/p-1}$$

当 $\boldsymbol{b} \in \breve{D}_i \cap \hat{D}_j$ 时，$\dfrac{\partial f}{\partial b_i} > \dfrac{\partial f}{\partial b_j}$ 等价于

$$(a_i - a_j)^{p/(p-1)} \cdot \sum_{k=1}^{n} a_k (b_k^{1/p} + 1)^p$$

$$> \Big(\sum_{k=1}^{n} a_k b_k\Big) [a_i (1 + b_i^{-1/p})^{p-1} - a_j (1 + b_j^{-1/p})^{p-1}]^{p/(p-1)}$$

$$\sum_{k=1}^{n} [a_k (b_k^{1/p} + 1)^p (a_i - a_j)^{p/(p-1)}]$$

$$> \sum_{k=1}^{n} [a_k b_k (a_i (1 + b_i^{-1/p})^{p-1} - a_j (1 + b_j^{-1/p})^{p-1})^{p/(p-1)}]$$

只要证对于任何 $k(1 \leqslant k \leqslant n)$ 都有

$$(b_k^{1/p}+1)^p (a_i-a_j)^{p/(p-1)}$$
$$> b_k \left[a_i (1+b_i^{-1/p})^{p-1} - a_j (1+b_j^{-1/p})^{p-1} \right]^{p/(p-1)}$$
$$\Leftrightarrow (b_k^{1/p}+1)^{p-1} (a_i-a_j) > b_k^{(p-1)/p} \left[a_i (1+b_i^{-1/p})^{p-1} - a_j (1+b_j^{-1/p})^{p-1} \right]$$
$$\Leftrightarrow a_i \left((b_k^{1/p}+1)^{p-1} - b_k^{(p-1)/p} (1+b_i^{-1/p})^{p-1} \right) +$$
$$a_j \left(b_k^{(p-1)/p} (1+b_j^{-1/p})^{p-1} - (b_k^{1/p}+1)^{p-1} \right) > 0$$
$$\Leftrightarrow a_i \left((b_k^{1/p}+1)^{p-1} - (b_k^{1/p}+(b_k/b_i)^{1/p})^{p-1} \right) +$$
$$a_j \left((b_k^{1/p}+(b_k/b_j)^{1/p})^{p-1} - (b_k^{1/p}+1)^{p-1} \right) > 0 \qquad (4.2.1)$$

由于 $b_j \leqslant b_k \leqslant b_i$, 且 $b_j < b_i$, 我们易知式 (4.2.1) 为真. 由定理 4.1.2 知 $f(\boldsymbol{b}) \geqslant f(\overline{A}(\boldsymbol{b}))$, 即

$$\left(\sum_{k=1}^{n} a_k b_k \right)^{1/p} - \left(\sum_{k=1}^{n} a_k (b_k^{1/p}+1)^p \right)^{1/p} \geqslant 0$$

再由 $a_k = x_k^p, b_k = y_k^p/x_k^p$, 整理即得 Minkowski 不等式, 等号成立当且仅当 $b_k = y_k^q/x_k^p (1 \leqslant k \leqslant n)$ 皆相等.

定理 4.2.3 (加权算术－几何不等式) 设 $0 < p_i < 1, i=1,2,\cdots,n$, 且 $\sum_{i=1}^{n} p_i = 1, \boldsymbol{b} \in \mathbb{R}_{++}^n$, 则 $\sum_{k=1}^{n} p_k b_k \geqslant \prod_{k=1}^{n} b_k^{p_k}$.

证明 设 $f: \boldsymbol{b} \rightarrow \sum_{k=1}^{n} p_k b_k - \prod_{k=1}^{n} b_k^{p_k}$, 则有

$$\frac{\partial f}{\partial b_i} = p_i - \frac{p_i}{b_i} \prod_{k=1}^{n} b_k^{p_k}, \quad \frac{\partial f}{\partial b_i} - \frac{\partial f}{\partial b_j} = p_i - p_j - \left(\frac{p_i}{b_i} - \frac{p_j}{b_j} \right) \prod_{k=1}^{n} b_k^{p_k}$$

当 $\boldsymbol{b} \in \breve{D}_i \cap \hat{D}_j$ 时, $\partial f/\partial b_i > \partial f/\partial b_j$ 等价于

$$(p_i - p_j) \prod_{k=1}^{n} b_k^{-p_k} - \left(\frac{p_i}{b_i} - \frac{p_j}{b_j} \right) > 0 \qquad (4.2.2)$$

当 $p_i \geqslant p_j$ 时, 我们有

$$(p_i - p_j) \prod_{k=1}^{n} b_k^{-p_k} - \left(\frac{p_i}{b_i} - \frac{p_j}{b_j} \right) \geqslant (p_i - p_j) \frac{1}{b_i} - \left(\frac{p_i}{b_i} - \frac{p_j}{b_j} \right) > 0$$

当 $p_i \leqslant p_j$ 时, 我们有

$$(p_i - p_j) \prod_{k=1}^{n} b_k^{-p_k} - \left(\frac{p_i}{b_i} - \frac{p_j}{b_j} \right) \geqslant (p_i - p_j) \frac{1}{b_j} - \left(\frac{p_i}{b_i} - \frac{p_j}{b_j} \right) > 0$$

总之式 (4.2.2) 成立. 由已知 $f(\boldsymbol{b}) \geqslant f(\overline{A}(\boldsymbol{b}))$, 即加权算术－几何不等式得证.

定理 4.2.4 (幂平均不等式) 设 $r \in \mathbb{R}, M_r(\boldsymbol{a})$ 为 $\boldsymbol{a}$ 的幂平均, 则 $M_r(\boldsymbol{a})$ 关于 r 单调递增, 且当 $a_i(i=1,2,\cdots,n)$ 不全相等时, $M_r(\boldsymbol{a})$ 关于 r 严格单调递增.

证明 任取 $r,s \in \mathbb{R}, r > s$, 下证 $M_r(\boldsymbol{a}) \geqslant M_s(\boldsymbol{a})$, 等号成立当且仅当 $a_1 = a_2 = \cdots = a_n$. 由于 $M_r(\boldsymbol{a})$ 关于 $r \in \mathbb{R}$ 的连续性, 我们只要证 $r,s \neq 0$ 的情

形.设函数

$$f(\boldsymbol{b}) = \left(\frac{1}{n} \sum_{i=1}^{n} b_i^{r/s} \right)^{1/r} - \left(\frac{1}{n} \sum_{i=1}^{n} b_i \right)^{1/s}$$

有

$$\frac{\partial f}{\partial b_1} = \frac{1}{ns} b_1^{r/s-1} \left(\frac{1}{n} \sum_{i=1}^{n} b_i^{r/s} \right)^{1/r-1} - \frac{1}{ns} \left(\frac{1}{n} \sum_{i=1}^{n} b_i \right)^{1/s-1}$$

$$\frac{\partial f}{\partial b_1} - \frac{\partial f}{\partial b_2} = \frac{1}{ns} (b_1^{r/s-1} - b_2^{r/s-1}) \left(\frac{1}{n} \sum_{i=1}^{n} b_i^{r/s} \right)^{1/r-1} r/s - 1$$

当 $\boldsymbol{b} \in \check{D}_i \cap \hat{D}_j$ 时,若 $r > s > 0$ 或 $r > 0 > s$,则易得 $\partial f(\boldsymbol{b})/\partial b_1 >$ $\partial f(\boldsymbol{b})/\partial b_2$;若 $0 > r > s$,则有 $r/s - 1 < 0$,也有 $\partial f(\boldsymbol{b})/\partial b_1 > \partial f(\boldsymbol{b})/\partial b_2$. 至此由推论 6.2.3,知 $f(\boldsymbol{b}) \geqslant f(\overline{A}(\boldsymbol{b}))$,即

$$\left(\sum_{i=1}^{n} b_i^{r/s}/n \right)^{1/r} \geqslant \left(\sum_{i=1}^{n} b_i/n \right)^{1/s}$$

再令 $b_i = a_i^s$,易知 $M_r(\boldsymbol{a}) \geqslant M_s(\boldsymbol{a})$,等号成立的条件也可明显看出.

我们还可以证以下 Fanky 型不等式,详细过程在此略.

定理 4.2.5[6]69   设 $0 < a_i \leqslant 1/2, i = 1, 2, \cdots, n$,则

$$\frac{1}{G(1-\boldsymbol{a})} - \frac{1}{G(\boldsymbol{a})} \geqslant \frac{1}{H(1-\boldsymbol{a})} - \frac{1}{H(\boldsymbol{a})}$$

定理 4.2.6[6]71   设 $0 < a_i \leqslant 1/2, i = 1, 2, \cdots, n$,则

$$A(\boldsymbol{a}) - A(1-\boldsymbol{a}) \geqslant H(\boldsymbol{a}) - H(1-\boldsymbol{a})$$

定理 4.2.7(即定理 1.4.1[6]37)

$$\frac{nA(\boldsymbol{a})}{H(\boldsymbol{a})} - (n-1) \leqslant \frac{A(\boldsymbol{a}^n)}{H(\boldsymbol{a}^n)}$$

证明   命题显然等价于

$$\frac{\sum_{k=1}^{n} a_k \cdot \sum_{k=1}^{n} 1/a_k}{n} - (n-1) \leqslant \frac{\sum_{k=1}^{n} a_k^n \cdot \sum_{k=1}^{n} 1/a_k^n}{n^2} \tag{4.2.3}$$

设 $f: \boldsymbol{a} \in (0, +\infty)^n \to \dfrac{\sum_{k=1}^{n} a_k^n \cdot \sum_{k=1}^{n} 1/a_k^n}{n^2} - \dfrac{\sum_{k=1}^{n} a_k \cdot \sum_{k=1}^{n} 1/a_k}{n}$. 在 D_1 内

$$na_1^{n+1} \frac{\partial f}{\partial a_1} = a_1^{2n} \sum_{k=1}^{n} \frac{1}{a_k^n} - \sum_{k=1}^{n} a_k^n - a_1^{n+1} \sum_{k=1}^{n} \frac{1}{a_k} + a_1^{n-1} \sum_{k=1}^{n} a_k$$

$$na_1^{n+1} \frac{\partial f}{\partial a_1} - na_2^{n+1} \frac{\partial f}{\partial a_2} = (a_1^{2n} - a_2^{2n}) \sum_{k=1}^{n} \frac{1}{a_k^n} - (a_1^{n+1} - a_2^{n+1}) \sum_{k=1}^{n} \frac{1}{a_k} +$$

$$(a_1^{n-1} - a_2^{n-1}) \sum_{k=1}^{n} a_k \tag{4.2.4}$$

设

$$g : a_3 \in [a_2, a_1] \to (a_1^{2n} - a_2^{2n}) \sum_{k=1}^{n} \frac{1}{a_k^n} - (a_1^{n+1} - a_2^{n+1}) \sum_{k=1}^{n} \frac{1}{a_k} +$$

$$(a_1^{n-1} - a_2^{n-1}) \sum_{k=1}^{n} a_k$$

则

$$g'(a_3) = \frac{1}{a_3^{n+1}} \left[-n(a_1^{2n} - a_2^{2n}) + (a_1^{n+1} - a_2^{n+1}) a_3^{n-1} + (a_1^{n-1} - a_2^{n-1}) a_3^{n+1} \right]$$

$$\leqslant \frac{1}{a_3^{n+1}} \left[-n(a_1^{2n} - a_2^{2n}) + (a_1^{n+1} - a_2^{n+1}) a_1^{n-1} + (a_1^{n-1} - a_2^{n-1}) a_1^{n+1} \right]$$

$$\leqslant \frac{1}{a_3^{n+1}} (-(n-2)a_1^{2n} - a_1^{n-1} a_2^{n+1} - a_1^{n+1} a_2^{n-1} + n a_2^{2n})$$

$$< 0$$

同理可知式(4.2.4)的右式

$$(a_1^{2n} - a_2^{2n}) \sum_{k=1}^{n} \frac{1}{a_k^n} - (a_1^{n+1} - a_2^{n+1}) \sum_{k=1}^{n} \frac{1}{a_k} + (a_1^{n-1} - a_2^{n-1}) \sum_{k=1}^{n} a_k$$

关于 $a_i \in [a_2, a_1]$ $(i = 3, 4, \cdots, n)$ 单调递减, 所以

$$n a_1^{n+1} \frac{\partial f}{\partial a_1} - n a_2^{n+1} \frac{\partial f}{\partial a_2}$$

$$\geqslant (a_1^{2n} - a_2^{2n}) \left(\frac{n-1}{a_1^n} + \frac{1}{a_2^n} \right) - (a_1^{n+1} - a_2^{n+1}) \left(\frac{n-1}{a_1} + \frac{1}{a_2} \right) +$$

$$(a_1^{n-1} - a_2^{n-1}) \left[(n-1) a_1 + a_2 \right]$$

$$= \left(\frac{a_1^{2n}}{a_2^n} - \frac{a_1^{n+1}}{a_2} \right) + (n-1) \left(\frac{a_2^{n+1}}{a_1} - \frac{a_2^{2n}}{a_1^n} \right) +$$

$$(a_1^{n-1} a_2 - a_2^n) + (n-1)(a_1^n - a_1 a_2^{n-1})$$

由推论 4.1.6 知, 对于任何 $\boldsymbol{a} \in (0, +\infty)^n$, 都有 $f(\boldsymbol{a}) \geqslant (\leqslant) f(\overline{M}_p(\boldsymbol{a}))$, 其中 $p = -n$, 此即为式(4.2.3).

定理 4.2.8(Kober 不等式[6]42) 设 $n \geqslant 3$, 则有

$$(n-2) A(\boldsymbol{a}) + G(\boldsymbol{a}) \geqslant \frac{2}{n} \sum_{1 \leqslant i < j \leqslant n} \sqrt{a_i a_j}$$

证明 若令 $a_k \to a_k^2$, 则我们只要证

$$f(\boldsymbol{a}) \overset{\text{def}}{=} \frac{n-2}{n} \sum_{k=1}^{n} a_k^2 + \sqrt[n]{\prod_{k=1}^{n} a_k^2} - \frac{2}{n} \sum_{1 \leqslant i < j \leqslant n} a_i a_j \geqslant 0 \qquad (4.2.5)$$

$$\frac{\partial f}{\partial a_1} = \frac{2n-4}{n} a_1 + \frac{2}{n a_1} \sqrt[n]{\prod_{k=1}^{n} a_k^2} - \frac{2}{n} \sum_{i=2}^{n} a_i$$

$$a_1 \frac{\partial f}{\partial a_1} - a_2 \frac{\partial f}{\partial a_2} = \frac{2}{n} (a_1 - a_2) \left[(n-2)(a_1 + a_2) - \sum_{i=3}^{n} a_i \right]$$

140

则当 $a_1 = \max\limits_{1 \leqslant i \leqslant n}\{a_i\} > a_2 = \min\limits_{1 \leqslant i \leqslant n}\{a_i\} > 0$ 时

$$a_1 \frac{\partial f}{\partial a_1} - a_2 \frac{\partial f}{\partial a_2} \geqslant \frac{2}{n}(a_1 - a_2)[(n-2)(a_1+a_2) - (n-2)a_1] > 0$$

由推论 4.1.5 知,对于任何 $\boldsymbol{a} \in (0, +\infty)^n$,都有 $f(\boldsymbol{a}) \geqslant f(G(\boldsymbol{a}))$,即知式 (4.2.5) 成立.

定理 4.2.9(Janos Suranyi **不等式**)

$$(n-1)\sum_{i=1}^{n} a_i^n + n\prod_{i=1}^{n} a_i \geqslant \sum_{i=1}^{n} a_i \cdot \sum_{i=1}^{n} a_i^{n-1} \qquad (4.2.6)$$

证明 对于 $n=2$,易证命题成立,下设 $n \geqslant 3$ 和

$$f: \boldsymbol{a} \in (0, +\infty)^n \to (n-1)\sum_{i=1}^{n} a_i^n - \sum_{i=1}^{n} a_i \cdot \sum_{i=1}^{n} a_i^{n-1}$$

则

$$\frac{\partial f}{\partial a_1} = n(n-1)a_1^{n-1} - \sum_{i=1}^{n} a_i^{n-1} - (n-1)a_1^{n-2}\sum_{i=1}^{n} a_i$$

$$a_1 \frac{\partial f}{\partial a_1} - a_2 \frac{\partial f}{\partial a_2} = n(n-1)(a_1^n - a_2^n) - (a_1-a_2)\sum_{i=1}^{n} a_i^{n-1} -$$

$$(n-1)(a_1^{n-1} - a_2^{n-1})\sum_{i=1}^{n} a_i$$

在 $a_1 = \max\limits_{1 \leqslant i \leqslant n}\{a_i\} > a_2 = \min\limits_{1 \leqslant i \leqslant n}\{a_i\} > 0$ 的条件下,欲证 $a_1 \partial f/\partial a_1 - a_2 \partial f/\partial a_2 > 0$ 等价于

$$n(n-1)(a_1^n - a_2^n) - (a_1-a_2)[(n-1)a_1^{n-1} + a_2^{n-1}] -$$

$$(n-1)(a_1^{n-1} - a_2^{n-1})[(n-1)a_1 + a_2] > 0$$

$$(n^2 - 2n)a_2^{n-2}(a_1 - a_2) > 0$$

对于 $n \geqslant 3$,上式成立,由推论 4.1.5 知,对于任何 $\boldsymbol{a} \in (0, +\infty)^n$,都有 $f(\boldsymbol{a}) \geqslant f(\overline{G}(\boldsymbol{a}))$,此即为式(4.2.6).

4.3　新建几个平均不等式

利用最值压缩定理,本节将建立几个新的平均不等式,其中包括对著名的 Sierpinski 不等式的推广和加强.

著名的 Sierpinski 不等式(见参考资料[1] 第 21 页,[6] 第 39 页)为

$$[A(\boldsymbol{a})]^{n-1} H(\boldsymbol{a}) \geqslant [G(\boldsymbol{a})]^n \geqslant A(\boldsymbol{a})[H(\boldsymbol{a})]^{n-1}$$

我们将利用最值压缩定理,以定理 4.3.1 和定理 4.3.2 的形式对其进行推广,以定理 4.3.3 和推论 4.3.4 对其进行加强.从定理 4.3.1 到定理 4.3.7,这些结果是笔者与合作者共同研究的结果,读者可参阅参考资料[22].

定理 4.3.1 设 $\beta > 0 > \alpha$，则当 $\beta + \alpha > 0, \lambda = -2\alpha/n(\beta - \alpha)$ 时，或当 $\beta + \alpha \leqslant 0, \lambda = 1/n$ 时

$$G(\boldsymbol{a}) \geqslant [M_\alpha(\boldsymbol{a})]^{1-\lambda} \cdot [M_\beta(\boldsymbol{a})]^\lambda \tag{4.3.1}$$

成立.

证明 设

$$f(\boldsymbol{a}) = \frac{1}{n}\sum_{i=1}^{n}\ln a_i - \frac{1-\lambda}{\alpha}\ln\left(\frac{1}{n}\sum_{i=1}^{N}a_i^\alpha\right) - \frac{\lambda}{\beta}\ln\left(\frac{1}{n}\sum_{i=1}^{N}a_i^\beta\right)$$

则

$$\frac{\partial f}{\partial a_1} = \frac{1}{na_1} - \frac{1-\lambda}{\displaystyle\sum_{i=1}^{N}a_i^\alpha}a_1^{\alpha-1} - \frac{\lambda}{\displaystyle\sum_{i=1}^{N}a_i^\beta}a_1^{\beta-1}$$

$$a_1^{1-\alpha}\frac{\partial f}{\partial a_1} - a_2^{1-\alpha}\frac{\partial f}{\partial a_2} = \left(\frac{1}{na_1^\alpha} - \frac{1}{na_2^\alpha}\right) - \frac{\lambda}{\displaystyle\sum_{i=1}^{N}a_i^\beta}(a_1^{\beta-\alpha} - a_2^{\beta-\alpha})$$

则当 $a_1 = \max\limits_{1\leqslant i\leqslant n}\{a_i\} > a_2 = \min\limits_{1\leqslant i\leqslant n}\{a_i\} > 0$ 时

$$a_1^{1-\alpha}\frac{\partial f}{\partial a_1} - a_2^{1-\alpha}\frac{\partial f}{\partial a_2}$$

$$\geqslant \frac{1}{n}(a_1^{-\alpha} - a_2^{-\alpha}) - \frac{\lambda}{a_1^\beta + (n-1)a_2^\beta}(a_1^{\beta-\alpha} - a_2^{\beta-\alpha})$$

$$= \frac{1}{a_1^\beta + (n-1)a_2^\beta} \cdot$$

$$\left[\frac{a_1^{\beta-\alpha} + (n-1)a_2^\beta a_1^{-\alpha} - a_1^\beta a_2^{-\alpha} - (n-1)a_2^{\beta-\alpha}}{n} - \lambda(a_1^{\beta-\alpha} - a_2^{\beta-\alpha})\right]$$

$$= \frac{a_2^{\beta-\alpha}}{a_1^\beta + (n-1)a_2^\beta}\left[\frac{t^{\beta-\alpha} + (n-1)t^{-\alpha} - t^\beta - (n-1)}{n} - \lambda(t^{\beta-\alpha} - 1)\right] \tag{4.3.2}$$

其中 $a_1/a_2 = t$，则 $t > 1$.

当 $\alpha + \beta > 0, \lambda = -2\alpha/n(\beta - \alpha)$ 时，式(4.3.2)化为

$$a_1^{1-\alpha}\frac{\partial f}{\partial a_1} - a_2^{1-\alpha}\frac{\partial f}{\partial a_2}$$

$$\geqslant \frac{a_2^{\beta-\alpha}}{n(a_1^\beta + (n-1)a_2^\beta)}\left[\frac{\beta+\alpha}{\beta-\alpha}t^{\beta-\alpha} - t^\beta + (n-1)t^{-\alpha} - (n-1) - \frac{2\alpha}{\beta-\alpha}\right]$$

$$\geqslant \frac{a_2^{\beta-\alpha}}{n(a_1^\beta + (n-1)a_2^\beta)}\left[\frac{\beta+\alpha}{\beta-\alpha}t^{\beta-\alpha} - t^\beta + t^{-\alpha} - \frac{\beta+\alpha}{\beta-\alpha}\right]$$

此时

$$\left[\frac{\beta+\alpha}{\beta-\alpha}t^{\beta-\alpha} - t^\beta + t^{-\alpha} - \frac{\beta+\alpha}{\beta-\alpha}\right]' = t^{-\alpha-1}\left[(\beta+\alpha)t^\beta - \beta t^{\beta+\alpha} - \alpha\right]$$

$$\left[(\beta+\alpha)t^\beta - \beta t^{\beta+\alpha} - \alpha\right]' = \beta(\beta+\alpha)(t^{\beta-1} - t^{\beta+\alpha-1}) > 0$$

易知

$$\frac{\beta+\alpha}{\beta-\alpha}t^{\beta-\alpha}-t^{\beta}+t^{-\alpha}-\frac{\beta+\alpha}{\beta-\alpha}>0, a_1^{1-\alpha}\frac{\partial f}{\partial a_1}-a_2^{1-\alpha}\frac{\partial f}{\partial a_2}>0$$

利用推论 4.1.6,对于任何 $\boldsymbol{a}\in(0,+\infty)^n$,都有

$$f(\boldsymbol{a})\geqslant f(\overline{M}_\alpha(\boldsymbol{a})), \ln G(\boldsymbol{a})\geqslant(1-\lambda)\ln M_\alpha(\boldsymbol{a})+\lambda\ln M_\beta(\boldsymbol{a})$$

式(4.3.1)成立.

当 $\beta+\alpha\leqslant 0,\lambda=1/n$ 时,式(4.3.2)化为

$$a_1^{1-\alpha}\frac{\partial f}{\partial a_1}-a_2^{1-\alpha}\frac{\partial f}{\partial a_2}=\frac{a_2^{\beta-\alpha}}{n(a_1^\beta+(n-1)a_2^\beta)}\left[(n-1)t^{-\alpha}-t^\beta-n+2\right]$$

$$>\frac{a_2^{\beta-\alpha}}{n(a_1^\beta+(n-1)a_2^\beta)}\left[(n-1)t^\beta-t^\beta-n+2\right]$$

$$>0$$

从而式(4.3.1)也成立.

同理我们可证以下结果,读者可将其作为练习.

定理 4.3.2 $\beta>0>\alpha$,则当 $\lambda=\sup\limits_{t>1}\left[(nt-t+1)(1-t^{\alpha/\beta})/(nt-nt^{\alpha/\beta})\right]$ 时,特别地当 $\beta+\alpha\geqslant 0,\lambda=(n-1)/n$ 时,或当 $\beta+\alpha<0,\lambda=1-2\beta/(n\beta-n\alpha)$ 时,有

$$G(\boldsymbol{a})\leqslant[M_\alpha(\boldsymbol{a})]^{1-\lambda}\cdot[M_\beta(\boldsymbol{a})]^\lambda$$

定理 4.3.3 设 $r=-\dfrac{\ln n}{(n-1)[\ln n-\ln(n-1)]}$,则有 $r\leqslant-1$ 和

$$A(\boldsymbol{a})M_{1/r}^{n-1}(\boldsymbol{a})\leqslant G^n(\boldsymbol{a})\leqslant A^{n-1}(\boldsymbol{a})M_r(\boldsymbol{a}) \tag{4.3.3}$$

证明 当 $n=2$ 时,$r=-1$.当 $n\geqslant 3$ 时

$$r=-\frac{\ln n}{\ln(1+1/(n-1))^{n-1}}<-\frac{\ln n}{\ln e}=-\ln n\leqslant-1$$

设 $f:\boldsymbol{a}\in(0,+\infty)^n\to A(\boldsymbol{a})[M_r(\boldsymbol{a})]^{1/(n-1)}-G^{n/(n-1)}(\boldsymbol{a})$,则

$$\frac{\partial f}{\partial a_1}=\frac{1}{n}\left(\frac{1}{n}\sum_{i=1}^n a_i^r\right)^{1/(m-r)}+\frac{a_1^{r-1}}{n(n-1)}A(\boldsymbol{a})\left(\frac{1}{n}\sum_{i=1}^n a_i^r\right)^{1/(m-r)-1}-$$

$$\frac{1}{(n-1)a_1}G^{n/(n-1)}(\boldsymbol{a})$$

$$a_1^{1-r}\frac{\partial f}{\partial a_1}-a_2^{1-r}\frac{\partial f}{\partial a_2}$$

$$=\frac{a_1^{1-r}-a_2^{1-r}}{n}\left(\frac{1}{n}\sum_{i=1}^n a_i^r\right)^{1/(m-r)}-\frac{1}{n-1}(a_1^{-r}-a_2^{-r})G^{n/(n-1)}(\boldsymbol{a})$$

$$=G^{n/(n-1)}(\boldsymbol{a})\left[\frac{a_1^{1-r}-a_1^{1-r}}{n}\left(\frac{1}{n}\sum_{i=1}^n\prod_{k=1,\neq i}^n a_k^{-r}\right)^{1/(m-r)}-\frac{1}{n-1}(a_1^{-r}-a_2^{-r})\right]$$

则当 $a_1=\max\limits_{1\leqslant i\leqslant n}\{a_i\}>a_2=\min\limits_{1\leqslant i\leqslant n}\{a_i\}>0$ 时,考虑到 $n^{1+1/[r(n-1)]}=n^{1-(\ln n-\ln(n-1))/\ln n}=n-1$,我们有

143

$$G^{-n/(n-1)}(\boldsymbol{a})\left(a_1^{1-r}\frac{\partial f}{\partial a_1}-a_2^{1-r}\frac{\partial f}{\partial a_2}\right)$$

$$\geqslant \frac{a_1^{1-r}-a_2^{1-r}}{n}\left(\frac{1}{n}a_1^{-r(n-1)}+\frac{n-1}{n}a_1^{-r(n-2)}a_2^{-r}\right)^{1/(m-r)}-\frac{1}{n-1}(a_1^{-r}-a_2^{-r})$$

$$\geqslant \frac{a_1^{1-r}-a_2^{1-r}}{(n-1)a_1}\cdot\frac{1}{(1+(n-1)a_1^r a_2^{-r})^{-1/(m-r)}}-\frac{1}{n-1}(a_1^{-r}-a_2^{-r})$$

因为 $-\dfrac{1}{r(n-1)}=\dfrac{\ln n-\ln(n-1)}{\ln n}\in(0,1)$，由 Bernoulli 不等式 $(1+x)^\alpha<1+\alpha x$（其中 $x\geqslant-1,x\neq0,0<\alpha<1$），再令 $t=a_1/a_2>1,s=-r>1$，我们有

$$G^{-n/(n-1)}(\boldsymbol{a})\left(a_1^{1-r}\frac{\partial f}{\partial a_1}-a_2^{1-r}\frac{\partial f}{\partial a_2}\right)$$

$$\geqslant \frac{a_1^{1-r}-a_2^{1-r}}{(n-1)a_1}\cdot\frac{1}{1-1/r\cdot a_1^r a_2^{-r}}-\frac{1}{n-1}(a_1^{-r}-a_2^{-r})$$

$$=\frac{a_2^s}{n-1}\left[\frac{st^{1+s}-s}{t^{1-s}(st^s+1)}-t^s+1\right]$$

$$=\frac{a_2^s}{n-1}\cdot\frac{st+t^{1-s}-s-t}{t^{1-s}(st^s+1)}$$

此时，对于 $s>1$ 和 $t>1$，利用微积分知识易证 $st+t^{1-s}-s-t>0$. 我们有 $\partial f/\partial a_1-\partial f/\partial a_2>0$. 至此，可由推论 4.1.6 知，对于任何 $\boldsymbol{a}\in(0,+\infty)^n$，都有 $f(\boldsymbol{a})\geqslant f(\overline{M}_r(\boldsymbol{a}))$，即

$$\frac{\sum\limits_{k=1}^n a_k}{n}\left[\frac{\sum\limits_{k=1}^n a_k^r}{n}\right]^{1/[r(n-1)]}\geqslant\left(\prod_{k=1}^n a_k\right)^{1/(n-1)} \tag{4.3.4}$$

$$[A(\boldsymbol{a})]^{(n-1)/n}[M_r(\boldsymbol{a})]^{1/n}\geqslant G(\boldsymbol{a})$$

由式（4.3.4），我们有

$$\left(\prod_{k=1}^n a_k\right)^r\geqslant\left[\frac{\sum\limits_{k=1}^n a_k}{n}\right]^{r(n-1)}\frac{\sum\limits_{k=1}^n a_k^r}{n}$$

令 $a_i\to a_i^{1/r}(i=1,2,\cdots,n)$，则

$$G(\boldsymbol{a})\geqslant[A(\boldsymbol{a})]^{1/n}[M_{1/r}(\boldsymbol{a})]^{(n-1)/n} \tag{4.3.5}$$

定理证毕.

推论 4.3.4 设 $s=\dfrac{\ln n}{(n-1)[\ln n-\ln(n-1)]}$，则有 $s\geqslant1$ 和

$$H^{n-1}(\boldsymbol{a})M_s(\boldsymbol{a})\leqslant G^n(\boldsymbol{a})\leqslant H(\boldsymbol{a})M_{1/s}^{n-1}(\boldsymbol{a}) \tag{4.3.6}$$

证明 在式（4.3.5）中，令 $a_i\to1/a_i(i=1,2,\cdots,n)$，有

最值定理与分析不等式

$$\frac{1}{\prod\limits_{k=1}^{n} a_k} \geqslant \frac{\sum\limits_{k=1}^{n} 1/a_k}{n} \left[\frac{\sum\limits_{k=1}^{n} a_k^{-1/r}}{n} \right]^{(n-1)r}$$

$$H(\boldsymbol{a}) \left[\frac{\sum\limits_{k=1}^{n} a_k^{1/s}}{n} \right]^{(n-1)s} \geqslant G^n(\boldsymbol{a})$$

$$H(\boldsymbol{a}) M_{1/s}^{n-1}(\boldsymbol{a}) \geqslant G^n(\boldsymbol{a})$$

在式(4.3.5)中,令 $a_k \to a_k^{-r} (k=1,2,\cdots,n)$,我们有

$$\left(\prod_{k=1}^{n} a_k \right)^{-r} \geqslant \frac{\sum\limits_{k=1}^{n} a_k^{-r}}{n} \left[\frac{\sum\limits_{k=1}^{n} 1/a_k}{n} \right]^{(n-1)r}$$

$$\prod_{k=1}^{n} a_k \geqslant \left[\frac{\sum\limits_{k=1}^{n} 1/a_k}{n} \right]^{-(n-1)} \left[\frac{\sum\limits_{k=1}^{n} a_k^{-r}}{n} \right]^{-1/r}$$

$$G^n(\boldsymbol{a}) \geqslant H^{(n-1)}(\boldsymbol{a}) M_s(\boldsymbol{a})$$

式(4.3.6)得证.

注 4.3.5 由于 $M_{-1}(\boldsymbol{a}) = H(\boldsymbol{a}), M_0(\boldsymbol{a}) = G(\boldsymbol{a}), M_1(\boldsymbol{a}) = A(\boldsymbol{a})$ 和 $M_t(\boldsymbol{a})$ 关于 t 单调递增,则知定理 4.2.10 和推论 4.2.11 都是 Sierpinski 不等式的加强.

在参考资料[89][6]第 39 页有这样一个不等式

$$\frac{n-1}{n} A(\boldsymbol{a}) + \frac{1}{n} H(\boldsymbol{a}) \geqslant G(\boldsymbol{a}) \tag{4.3.7}$$

这里我们加强为如下两个定理.

定理 4.3.6 设 $p = (1-n-\sqrt{5n^2-6n+1})/2n$,则

$$\frac{n-1}{n} \cdot A(\boldsymbol{a}) + \frac{1}{n} \cdot M_p(\boldsymbol{a}) \geqslant G(\boldsymbol{a}) \tag{4.3.8}$$

证明 设 $f: \boldsymbol{a} \in (0, +\infty)^n \to (n-1)/n \cdot A(\boldsymbol{a}) - G(\boldsymbol{a})$,则

$$\frac{\partial f}{\partial a_1} = \frac{n-1}{n^2} - \frac{1}{na_1} \sqrt[n]{\prod_{i=1}^{n} a_i}$$

$$a_1^{1-p} \frac{\partial f}{\partial a_1} - a_2^{1-p} \frac{\partial f}{\partial a_2} = \frac{n-1}{n^2} (a_1^{1-p} - a_2^{1-p}) - \frac{1}{n} (a_1^{-p} - a_2^{-p}) \sqrt[n]{\prod_{i=1}^{n} a_i}$$

当 $a_1 = \max\limits_{1 \leqslant i \leqslant n} \{a_i\} > a_2 = \min\limits_{1 \leqslant i \leqslant n} \{a_i\} > 0$ 时,若设 $a_1/a_2 = t$,则 $t > 1$,且

$$n^2 \left(a_1^{1-p} \frac{\partial f}{\partial a_1} - a_2^{1-p} \frac{\partial f}{\partial a_2} \right) \geqslant (n-1)(a_1^{1-p} - a_2^{1-p}) - n(a_1^{-p} - a_2^{-p}) a_1^{(n-1)/n} a_2^{1/n}$$

$$\geqslant a_2^{1-p} \left[(n-1)(t^{1-p} - 1) - n(t^{-p} - 1) t^{(n-1)/n} \right]$$

设
$$g : t \in (1, +\infty) \to (n-1)(t^{1-p}-1) - n(t^{-p}-1)t^{(n-1)/n}$$
有
$$g'(t) = (n-1)(1-p)t^{-p} - (n-1-pn)t^{-p-1/n} + (n-1)t^{-1/n}$$

$$[t^{1/n}g'(t)]' = t^{-p-1}\left[(n-1)(1-p)\left(-p+\frac{1}{n}\right)t^{1/n} + p(n-1-pn)\right]$$

$$> t^{-p-1}\left[(n-1)(1-p)\left(-p+\frac{1}{n}\right) + p(n-1-pn)\right]$$

$$= 0$$

所以 $t^{1/n}g'(t)$ 为单调递增函数. 又
$$\lim_{t\to 1+} t^{1/n}g'(t) = (n-1)(1-p) - (n-1-pn) + n-1$$
$$= p+n-1$$

此时易证 $p+n-1 \geqslant 0$, 所以有 $t^{1/n}g'(t) > 0$, $g(t)$ 为严格单调递增函数.

此时 $\lim_{t\to 1+} g(t) = 0$, 因此有 $n^2\left(a_1^{1-p}\dfrac{\partial f}{\partial a_1} - a_2^{1-p}\dfrac{\partial f}{\partial a_2}\right) > 0$. 可由推论 4.1.6 知, 对于任何 $\boldsymbol{a} \in (0, +\infty)^n$, 都有 $f(\boldsymbol{a}) \geqslant f(\overline{M}_p(\boldsymbol{a}))$, 即知式 (4.3.8) 成立.

可证 $p = (1-n-\sqrt{5n^2-6n+1})/2n \leqslant -1$, 再根据幂平均关于参数 p 单调递增, 所以式 (4.3.8) 强于式 (4.3.7).

定理 4.3.7 设 $p = n^2/(n^2+4n-4)$, 则
$$pA(\boldsymbol{a}) + (1-p)H(\boldsymbol{a}) \geqslant G(\boldsymbol{a}) \tag{4.3.9}$$

证明 先假定 $p > n^2/(n^2+4n-4)$, 设 $f : \boldsymbol{a} \in (0, +\infty)^n \to pA(\boldsymbol{a}) + (1-p)H(\boldsymbol{a})$, 则有

$$\frac{\partial f}{\partial a_1} = \frac{p}{n} + (1-p)\frac{n}{a_1^2\left(\sum\limits_{i=1}^n a_i^{-1}\right)^2}$$

$$a_1\frac{\partial f}{\partial a_1} - a_2\frac{\partial f}{\partial a_2} = (a_1-a_2)\left[\frac{p}{n} - (1-p)\frac{n}{a_1 a_2\left(\sum\limits_{i=1}^n a_i^{-1}\right)^2}\right]$$

当 $a_1 = \max\limits_{1\leqslant i\leqslant n}\{a_i\} > a_2 = \min\limits_{1\leqslant i\leqslant n}\{a_i\} > 0$ 时, 若设 $a_1/a_2 = t$, 则 $t>1$, 且

$$\frac{1}{a_1-a_2}\left(a_1\frac{\partial f}{\partial a_1} - a_2\frac{\partial f}{\partial a_2}\right)$$

$$\geqslant \frac{p}{n} - (1-p)\frac{n}{a_1 a_2\left((n-1)a_1^{-1} + a_2^{-1}\right)^2}$$

$$> \frac{n}{(n-1+t)^2(n^2+4n-4)}\left[(n-1+t)^2 - t(4n-4)\right]$$

$$= \frac{n(t-n+1)^2}{(n-1+t)^2(n^2+4n-4)}$$

146

$$\geqslant 0$$

可由推论 4.1.5 知,对于任何 $\boldsymbol{a} \in (0, +\infty)^n$,都有 $f(\boldsymbol{a}) \geqslant f(\overline{G}(\boldsymbol{a}))$,即知式(4.3.9)成立.

由于连续性,我们可知,对于 $p = n^2/(n^2 + 4n - 4)$,式(4.3.9)也成立.

注 4.3.8 可证 $(1 - n - \sqrt{5n^2 - 6n + 1})/2n \leqslant -1, n^2/(n^2 + 4n - 4) \leqslant (n-1)/n$,再根据幂平均关于参数 p 单调递增,所以式(4.3.8)和式(4.3.9)都强于式(4.3.7).

在研究优化不等式的过程中,文家金先生(成都)提出了一个问题.现以下述定理的形式解答.

定理 4.3.9 若 $n \geqslant 3, 1 \leqslant k \leqslant n, k \in \mathbb{N}, p = (k-1)/(n-1)$ 和

$$\prod_n^k(\boldsymbol{a}) = \left(\prod_{1 \leqslant i_1 < \cdots < i_k \leqslant n} k^{-1} \sum_{j=1}^k a_{i_j}\right)^{1/\binom{n}{k}}$$

则

$$\prod_n^k(\boldsymbol{a}) \geqslant [A(\boldsymbol{a})]^p [G(\boldsymbol{a})]^{1-p} \tag{4.3.10}$$

成立,其中 p 为最佳.

证明 设

$$f(\boldsymbol{a}) = \left(\prod_{i=1}^n a_i\right)^{-(n-k) \cdot \binom{n}{k}/[n(n-1)]} \cdot \prod_{1 \leqslant i_1 < \cdots < i_k \leqslant n} k^{-1} \sum_{j=1}^k a_{i_j}$$

则

$$\frac{\partial f}{\partial a_1} = -\frac{(n-k) \cdot \binom{n}{k}}{n(n-1)a_1} \left(\prod_{i=1}^n a_i\right)^{-(n-k) \cdot \binom{n}{k}/[n(n-1)]} \cdot \prod_{1 \leqslant i_1 < \cdots < i_k \leqslant n} k^{-1} \sum_{j=1}^k a_{i_j} +$$

$$\left(\prod_{i=1}^n a_i\right)^{-(n-k) \cdot \binom{n}{k}/[n(n-1)]} \cdot \prod_{1 \leqslant i_1 < \cdots < i_k \leqslant n} k^{-1} \sum_{j=1}^k a_{i_j} \cdot$$

$$\left[\sum_{2 \leqslant i_1 < \cdots < i_{k-1} \leqslant n} \frac{1}{a_1 + \sum_{i=1}^{k-1} a_{i_j}}\right]$$

$$\frac{\partial f}{\partial a_1} - \frac{\partial f}{\partial a_2} = -\frac{(n-k) \cdot \binom{n}{k}}{n(n-1)} \left(\prod_{i=1}^n a_i\right)^{-(n-k) \cdot \binom{n}{k}/[n(n-1)]} \cdot$$

$$\prod_{1 \leqslant i_1 < \cdots < i_k \leqslant n} k^{-1} \sum_{j=1}^k a_{i_j} \left(\frac{1}{a_1} - \frac{1}{a_2}\right) +$$

$$\left(\prod_{i=1}^n a_i\right)^{-(n-k) \cdot \binom{n}{k}/[n(n-1)]} \cdot \prod_{1 \leqslant i_1 < \cdots < i_k \leqslant n} k^{-1} \sum_{j=1}^k a_{i_j}$$

147

$$\left[\sum_{3\leqslant i_1<\cdots<i_{k-1}\leqslant n}\left(\frac{1}{a_1+\sum\limits_{i=1}^{k-1}a_{i_j}}-\frac{1}{a_2+\sum\limits_{i=1}^{k-1}a_{i_j}}\right)\right]\right)$$

$$=\frac{(n-k)\cdot\binom{n}{k}}{n(n-1)a_1a_2}\left(\prod_{i=1}^{n}a_i\right)^{-(n-k)\cdot\binom{n}{k}/[n(n-1)]}\cdot$$

$$\prod_{1\leqslant i_1<\cdots<i_k\leqslant n}k^{-1}\sum_{j=1}^{k}a_{i_j}(a_1-a_2)-$$

$$\left(\prod_{i=1}^{n}a_i\right)^{-(n-k)\cdot\binom{n}{k}/[n(n-1)]}\cdot\prod_{1\leqslant i_1<\cdots<i_k\leqslant n}k^{-1}\sum_{j=1}^{k}a_{i_j}\cdot$$

$$\sum_{3\leqslant i_1<\cdots<i_{k-1}\leqslant n}\frac{a_1-a_2}{(a_1+\sum\limits_{i=1}^{k-1}a_{i_j})(a_2+\sum\limits_{i=1}^{k-1}a_{i_j})}$$

则当 $a_1=\max\limits_{1\leqslant i\leqslant n}\{a_i\}>a_2=\min\limits_{1\leqslant i\leqslant n}\{a_i\}>0$ 时,$\partial f/\partial a_1-\partial f/\partial a_2>0$ 等价于

$$\frac{(n-k)\cdot\binom{n}{k}}{n(n-1)a_1a_2}>\sum_{3\leqslant i_1<\cdots<i_{k-1}\leqslant n}\frac{1}{(a_1+\sum\limits_{i=1}^{k-1}a_{i_j})(a_2+\sum\limits_{i=1}^{k-1}a_{i_j})}$$

只要证

$$\frac{(n-k)\cdot\binom{n}{k}}{n(n-1)a_1a_2}>\sum_{3\leqslant i_1<\cdots<i_{k-1}\leqslant n}\frac{1}{(a_1+(k-1)a_2)ka_2}$$

$$\frac{(n-k)\cdot\binom{n}{k}}{n(n-1)a_1a_2}>\frac{\binom{n-2}{k-1}}{ka_2(a_1+(k-1)a_2)}$$

$$\Leftrightarrow a_1+(k-1)a_2>a_1$$

上式显然成立. 至此由推论 4.1.3,有 $f(\boldsymbol{a})\geqslant f(\overline{A}(\boldsymbol{a}))$,即

$$\left(\prod_{i=1}^{n}a_i\right)^{-(n-k)\cdot\binom{n}{k}/[n(n-1)]}\cdot\prod_{1\leqslant i_1<\cdots<i_k\leqslant n}k^{-1}\sum_{j=1}^{k}a_{i_j}$$

$$\geqslant A(\boldsymbol{a})^{-(n-k)\cdot\binom{n}{k}/(n-1)}\cdot\prod_{1\leqslant i_1<\cdots<i_k\leqslant n}A(\boldsymbol{a})$$

$$=A(\boldsymbol{a})^{\binom{n}{k}[1-(n-k)/(n-1)]}=A(\boldsymbol{a})^{\binom{n}{k}(k-1)/(n-1)}$$

上式即为式(4.3.10).

令 $a_1=a_2=\cdots=a_{n-1}=1,a_n=x$,式(4.3.10) 化为

$$\left(\frac{x+k-1}{k}\right)^{\binom{n-1}{k-1}/\binom{n}{k}}\geqslant\left(\frac{x+n-1}{n}\right)^{p}(\sqrt[n]{x})^{1-p}$$

最值定理与分析不等式

$$p \leqslant \frac{k/n \cdot \ln(x+k-1)/k - \ln x/n}{\ln(x+n-1) - \ln n\sqrt[n]{x}}$$

令 $x \to +\infty$，则上式化为

$$p \leqslant \lim_{x \to +\infty} \frac{k/n \cdot 1/(x+k-1) - 1/x}{1/(x+n-1) - 1/(nx)} = \lim_{x \to +\infty} \frac{kx/(x+k-1) - 1}{nx/(x+n-1) - 1} = \frac{k-1}{n-1}$$

故知 $p = (k-1)/(n-1)$ 为最佳系数.

参考资料[90] 提出了这样一个不等式：设 $\boldsymbol{a} \in \mathbb{R}_{++}^n, r \geqslant 1$，则

$$A^{r-1}(\boldsymbol{a})G(\boldsymbol{a}) \leqslant \lambda A(\boldsymbol{a}^r) + (1-\lambda)G(\boldsymbol{a}^r) \tag{4.3.11}$$

其中 $\lambda = (r^2 - r + 1)/r^2$.

参考资料[6] 在其附录 152 个未解决的问题的问题 2 中提出了，使不等式 (4.3.11) 成立的最小 λ 为多少？此类问题常被称为平均值之间的优化问题. 读者可见参考资料[91][92].

我们这里把此式改进为下述定理.

定理 4.3.10　设 $\boldsymbol{a} \in (0, +\infty)^n, r \geqslant 1$，则

$$A^{r-1}(\boldsymbol{a})G(\boldsymbol{a}) \leqslant \lambda A(\boldsymbol{a}^r) + (1-\lambda)G(\boldsymbol{a}^r) \tag{4.3.12}$$

其中

$$\lambda = \frac{(r-1)(nr-r+1)}{(n-1)r^2 + 2r - 1}$$

证明　设

$$f(\boldsymbol{a}) = \frac{\lambda A(\boldsymbol{a}^r) + (1-\lambda)G(\boldsymbol{a}^r)}{A^{r-1}(\boldsymbol{a})}$$

$$= \frac{\lambda}{n} \sum_{i=1}^n a_i^r \cdot \left(\frac{\sum_{i=1}^n a_i}{n}\right)^{1-r} +$$

$$(1-\lambda)\sqrt[n]{\left(\prod_{i=1}^n a_i\right)^r} \cdot \left(\frac{\sum_{i=1}^n a_i}{n}\right)^{1-r}$$

则

$$\frac{\partial f}{\partial a_1} = \frac{\lambda r}{n}a_1^{r-1} \cdot \left(\frac{\sum_{i=1}^n a_i}{n}\right)^{1-r} + \frac{\lambda(1-r)}{n^2}\sum_{i=1}^n a_i^r \cdot \left(\frac{\sum_{i=1}^n a_i}{n}\right)^{-r} +$$

$$\frac{(1-\lambda)r}{na_1}\sqrt[n]{\left(\prod_{i=1}^n a_i\right)^r} \cdot \left(\frac{\sum_{i=1}^n a_i}{n}\right)^{1-r} +$$

$$\frac{(1-\lambda)(1-r)}{n}\sqrt[n]{\left(\prod_{i=1}^n a_i\right)^r} \cdot \left(\frac{\sum_{i=1}^n a_i}{n}\right)^{-r}$$

$$a_1 \frac{\partial f}{\partial a_1} - a_2 \frac{\partial f}{\partial a_2} = \frac{\lambda r}{n} (a_1^r - a_2^r) \cdot \left[\frac{\sum_{i=1}^n a_i}{n} \right]^{1-r} +$$

$$\frac{\lambda(1-r)(a_1 - a_2)}{n^2} \sum_{i=1}^n a_i^r \cdot \left[\frac{\sum_{i=1}^n a_i}{n} \right]^{-r} +$$

$$\frac{(1-\lambda)(1-r)(a_1-a_2)}{n} \sqrt[n]{\left(\prod_{i=1}^n a_i \right)^r} \cdot \left[\frac{\sum_{i=1}^n a_i}{n} \right]^{-r}$$

$$= \frac{1}{n} \left[\frac{\sum_{i=1}^n a_i}{n} \right]^{1-r} \left[\lambda r(a_1^r - a_2^r) + \lambda(1-r)(a_1-a_2) \frac{\sum_{i=1}^n a_i^r}{\sum_{i=1}^n a_i} + \right.$$

$$\left. n(1-\lambda)(1-r)(a_1-a_2) \frac{\sqrt[n]{\left(\prod_{i=1}^n a_i \right)^r}}{\sum_{i=1}^n a_i} \right] \qquad (4.3.13)$$

设

$$g(a_1) = \lambda a_1^r - (1-\lambda)(r-1)a_1^{(n-1)(r-1)/n+1} a_2^{(r-1)/n} + (r-1-\lambda r)a_2^r$$

其中 $a_1 > a_2$,则

$$g'(a_1) = a_1^{(n-1)(r-1)/n} \left[\lambda r a_1^{(r-1)/n} - (1-\lambda)(r-1)\left(\frac{n-1}{n}(r-1)+1 \right) a_2^{(r-1)/n} \right]$$

$$> a_1^{(n-1)(r-1)/n} a_2^{(r-1)/n} \left[\lambda r - (1-\lambda)(r-1)\left(\frac{n-1}{n}(r-1)+1 \right) \right]$$

因为 $\lambda = (r-1)(nr-r+1)/[(n-1)r^2 + 2r-1]$,故知 $g'(a_1) > 0$ 和

$$g(a_1) > g(a_2) = \lambda a_2^r - (1-\lambda)(r-1)a_2^r + (r-1-\lambda r)a_2^r = 0$$

所以在 $a_1 = \max\limits_{1 \leqslant i \leqslant n}\{a_i\} > a_2 = \min\limits_{1 \leqslant i \leqslant n}\{a_i\}$ 条件下

$$\lambda a_1^r - (1-\lambda)(r-1)a_1^{(n-1)(r-1)/n+1} a_2^{(r-1)/n} + (r-1-\lambda r)a_2^r > 0$$

$$\lambda a_1^r - \lambda r a_2^r + \lambda(r-1)a_1^{r-1} a_2 -$$

$$(1-\lambda)(r-1)(a_1-a_2)a_1^{(n-1)(r-1)/n} a_2^{(r-1)/n} > 0$$

$$\lambda r(a_1^r - a_2^r) - \lambda(r-1)(a_1-a_2)a_1^{r-1} -$$

$$(1-\lambda)(r-1)(a_1-a_2) \sqrt[n]{\left(\prod_{i=1}^n a_i \right)^{r-1}} \geqslant 0$$

$$\lambda r(a_1^r - a_2^r) - \lambda(r-1)(a_1-a_2) \frac{\sum_{i=1}^n a_i^r}{\sum_{i=1}^n a_i} -$$

最值定理与分析不等式

$$n(1-\lambda)(r-1)(a_1-a_2)\frac{\sqrt[n]{(\prod\limits_{i=1}^{n} a_i)^r}}{\sum\limits_{i=1}^{n} a_i}>0$$

再联立式(4.3.13)知 $a_1\partial f/\partial a_1-a_2\partial f/\partial a_2>0$. 由推论 4.1.5 知 $f(\boldsymbol{a})\geqslant f(\overline{G}(\boldsymbol{a}))$ ，即知式(4.3.12)成立.

注 4.3.11 当 $r\geqslant 1$ 时，我们易证

$$\frac{(r-1)(nr-r+1)}{(n-1)r^2+2r-1}\leqslant\frac{r-1}{r}<\frac{r^2-r+1}{r^2}$$

故不等式(4.3.12)强于式(4.3.11).下述推论成立.

推论 4.3.12 设 $\boldsymbol{a}\in(0,+\infty)^n,r\geqslant 1$ ，则

$$rA^{r-1}(\boldsymbol{a})G(\boldsymbol{a})\leqslant(r-1)A(\boldsymbol{a}^r)+G(\boldsymbol{a}^r)$$

我们再给出两个优化不等式及其证明，类似的结论还可见参考资料 [91]～[94].

定理 4.3.13 设

$$\beta>1>r>0,\lambda\leqslant\max\left\{\frac{(1-r)}{(\beta-1)n+(1-r)},\frac{r(2\beta-1)}{\beta(n\beta-n+r)}\right\}$$

则有

$$(1-\lambda)G^r(\boldsymbol{a})+\lambda\left[M_\beta(\boldsymbol{a})\right]^r\leqslant A^r(\boldsymbol{a}) \tag{4.3.14}$$

证明 设

$$f(\boldsymbol{a})=A^r(\boldsymbol{a})-(1-\lambda)G^r(\boldsymbol{a})=\left(\sum_{i=1}^{n}\frac{a_i}{n}\right)^r-(1-\lambda)\left(\prod_{i=1}^{n}a_i\right)^{\frac{r}{n}}$$

则

$$\frac{\partial f}{\partial a_1}=\frac{r}{n}\left(\frac{1}{n}\sum_{i=1}^{n}a_i\right)^{r-1}-\frac{r(1-\lambda)}{na_1}\left(\prod_{i=1}^{n}a_i\right)^{\frac{r}{n}}$$

$$a_1^{1-\beta}\frac{\partial f}{\partial a_1}-a_2^{1-\beta}\frac{\partial f}{\partial a_1}=\frac{r}{n}(a_1^{1-\beta}-a_2^{1-\beta})\left(\frac{1}{n}\sum_{i=1}^{n}a_i\right)^{r-1}-$$

$$\frac{r(1-\lambda)}{n}\left(\frac{1}{a_1^\beta}-\frac{1}{a_2^\beta}\right)\left(\prod_{i=1}^{n}a_i\right)^{\frac{r}{n}}$$

$$a_1^{1-\beta}\frac{\partial f(\boldsymbol{a})}{\partial a_1}-a_2^{1-\beta}\frac{\partial f(\boldsymbol{a})}{\partial a_2}>0$$

$$\Leftrightarrow\frac{r}{n}(a_1 a_2^\beta-a_1^\beta a_2)\left(\frac{1}{n}\sum_{i=1}^{n}a_i\right)^{r-1}-\frac{r(1-\lambda)}{n}(a_2^\beta-a_1^\beta)\left(\prod_{i=1}^{n}a_i\right)^{\frac{r}{n}}>0$$

$$(1-\lambda)(a_1^\beta-a_2^\beta)\left(\prod_{i=1}^{n}a_i\right)^{\frac{r}{n}}\left(\frac{1}{n}\sum_{i=1}^{n}a_i\right)^{1-r}>(a_1^\beta a_2-a_1 a_2^\beta)$$

当 $a_1=\max\limits_{1\leqslant i\leqslant n}\{a_i\}>a_2=\min\limits_{1\leqslant i\leqslant n}\{a_i\}>0$ 时，只要证

$$(1-\lambda)(a_1^\beta - a_2^\beta)(a_1 a_2^{n-1})^{\frac{r}{n}}\left(\frac{1}{n}a_1 + \frac{n-1}{n}a_2\right)^{1-r} > (a_1^\beta a_2 - a_1 a_2^\beta)$$

若令 $a_1/a_2 = t > 1$,则上式化为

$$(1-\lambda)(t^\beta - 1)\, t^{\frac{r}{n}}\,(t+n-1)^{1-r} > n^{1-r}(t^\beta - t) \qquad (4.3.15)$$

(1) 若

$$\lambda \leqslant \max\left\{\frac{(1-r)}{(\beta-1)n+(1-r)}, \frac{r(2\beta-1)}{\beta(n\beta-n+r)}\right\} = \frac{r(2\beta-1)}{\beta(n\beta-n+r)}$$

欲证式(4.3.15),只要证

$$(1-\lambda)(t^\beta - 1)\, t^{r/n} > t^\beta - t$$
$$(1-\lambda)(t^\beta - 1) > t^{\beta - r/n} - t^{1-r/n} \qquad (4.3.16)$$

设

$$f(t) = (1-\lambda)(t^\beta - 1) - t^{\beta - r/n} + t^{1-r/n} \quad (t \in (1, +\infty))$$

则

$$f'(t) = (1-\lambda)\beta t^{\beta-1} - \left(\beta - \frac{r}{n}\right)t^{\beta - r/n - 1} + \left(1 - \frac{r}{n}\right)t^{-r/n}$$

$$[t^{r/n}f'(t)]' = (1-\lambda)\beta\left(\beta + \frac{r}{n} - 1\right)t^{\beta + r/n - 2} - \left(\beta - \frac{r}{n}\right)(\beta - 1)t^{\beta - 2}$$

$$= \frac{1}{n}t^{\beta-2}\left[(1-\lambda)\beta(n\beta + r - n)t^{r/n} - (n\beta - r)(\beta - 1)\right]$$

$$> \frac{1}{n}t^{\beta-2}\left[\left(1 - \frac{r(2\beta-1)}{\beta(n\beta-n+r)}\right)\beta(n\beta + r - n) - \right.$$

$$\left. (n\beta - r)(\beta - 1)\right]$$

$$= 0$$

故 $t^{r/n}f'(t)$ 在 $(1, +\infty)$ 内严格单调递增,又知

$$\lim_{t\to 1^+} t^{r/n}f'(t) = \lim_{t\to 1^+}\left[(1-\lambda)\beta t^{\beta + r/n - 1} - \left(\beta - \frac{r}{n}\right)t^{\beta-1} + \left(1 - \frac{r}{n}\right)\right]$$

$$= -\lambda\beta + 1 \geqslant \left[-\beta\frac{r(2\beta-1)}{\beta(n\beta-n+r)} + 1\right] > 0$$

进而有 $f'(t) > 0$, $f(t)$ 在 $(1, +\infty)$ 内严格单调递增, $f(t) > 0$, 即式(4.3.16)
成立.

(2) 若

$$\lambda \leqslant \max\left\{\frac{(1-r)}{(\beta-1)n+(1-r)}, \frac{r(2\beta-1)}{\beta(n\beta-n+r)}\right\} = \frac{(1-r)}{(\beta-1)n+(1-r)}$$

欲证式(4.3.15),只要证

$$(1-\lambda)(t^\beta - 1)(t+n-1)^{1-r} > n^{1-r}(t^\beta - t) \qquad (4.3.17)$$

设

$$g(t) = (1-\lambda)(t^\beta - 1)(t+n-1)^{1-r} - n^{1-r}(t^\beta - t) \quad (t \in (1, +\infty))$$

最值定理与分析不等式

则

$$g'(t) = (1-\lambda)\beta t^{\beta-1}(t+n-1)^{1-r} + (1-\lambda)(1-r)(t^{\beta}-1)(t+n-1)^{-r} - n^{1-r}(\beta t^{\beta-1}-1)$$

$$> (1-\lambda)\beta t^{\beta-1}(t+n-1)^{1-r} - n^{1-r}(\beta t^{\beta-1}-1)$$

$$\overset{\text{def}}{=} h(t)$$

$$t^{2-\beta}h'(t) = (1-\lambda)\beta[(\beta-1)(t+n-1)^{1-r} + (1-r)t(t+n-1)^{-r}] - n^{1-r}\beta(\beta-1)$$

$$> (1-\lambda)\beta[(\beta-1)n^{1-r} + (1-r)n^{-r}] - n^{1-r}\beta(\beta-1)$$

$$= n^{-r}\beta[(1-r)-\lambda(n(\beta-1)+(1-r))] \geqslant 0$$

所以 $h'(t) > 0$, 所以 $h(t)$ 在 $(1,+\infty)$ 上严格单调递增, 又

$$\lim_{t\to 1^+} h(t) = n^{1-r}(1-\lambda\beta) > 0$$

故 $g'(t) > 0$, $g(t)$ 在 $(1,+\infty)$ 内严格单调递增, 易验证 $g(1^+) = 0$, 式 (4.3.17) 成立.

至此式 (4.3.15) 得证, $a_1^{1-\beta}\partial f(\boldsymbol{a})/\partial a_1 - a_2^{1-\beta}\partial f(\boldsymbol{a})/\partial a_2 > 0$ 成立, 由推论 4.1.6 知, 对于任何 $\boldsymbol{a}$, 都有 $f(\boldsymbol{a}) \geqslant f(\overline{M}_\beta(\boldsymbol{a}))$, 定理为真.

同理我们可证以下定理, 详细过程在此略.

定理 4.3.14 设 $0 < r < \beta, \lambda \geqslant [n(\beta+1)-r]/[(\beta+1)(n+r)]$, 则

$$(1-\lambda)H^r(\boldsymbol{a}) + \lambda[M_\beta(\boldsymbol{a})]^r \geqslant G^r(\boldsymbol{a})$$

4.4 关于陈计型不等式的一些研究

1989 年, 参考资料 [61] 提出了一个分析不等式: 设 $\boldsymbol{a} \in (0,+\infty)^n, n \geqslant 2$, $n \in \mathbb{N}$ (下同), $r \geqslant n/(n-1), \lambda = n^{1-r}$, 则

$$A^r(\boldsymbol{a}) \geqslant \lambda A(\boldsymbol{a}^r) + (1-\lambda)G^r(\boldsymbol{a}) \tag{4.4.1}$$

并且证明了 $n=2$ 的情形. 1991 年, 参考资料 [62] 证明了当 $r \geqslant 2$ 时, 式 (4.4.1) 成立. 1992 年, 参考资料 [57] 给出了一个完整的证明, 并证明了式 (4.4.1) 成立的充要条件为 $r \geqslant n/(n-1)$. 而参考资料 [63] 研究了式 (4.4.1) 的反向问题

$$A^r(\boldsymbol{a}) \leqslant \lambda A(\boldsymbol{a}^r) + (1-\lambda)G^r(\boldsymbol{a}) \tag{4.4.2}$$

成立的条件.

我们把此类不等式称为陈计型不等式. 在此节中, 我们不仅用最值压缩定理统一而又简单地证明以上已知结果, 而且介绍一些新的不等式, 进而完善对参数 r 的讨论.

引理 4.4.1[57] 设 $x \geqslant y > 0, r \geqslant n/(n-1)$, 则

$$(x-y)[x+(n-1)y]^{r-1} \geqslant x^r - y^r$$

从其证明过程得知,上式等号成立当且仅当 $x=y$.

定理 4.4.2[57]　设 $r \geqslant n/(n-1), \lambda = n^{1-r}$,则式(4.4.1)成立.

证明　设 $f: \boldsymbol{a} \in (0,+\infty)^n \to \left(\sum\limits_{i=1}^n a_i\right)^r - \sum\limits_{i=1}^n a_i^r$,当

$$a_1 = \max_{1 \leqslant i \leqslant n}\{a_i\} > a_2 = \min_{1 \leqslant i \leqslant n}\{a_i\} > 0$$

时,有

$$\frac{\partial f(\boldsymbol{a})}{\partial a_1} = r\left(\sum_{i=1}^n a_i\right)^{r-1} - r a_1^{r-1}, \frac{\partial f(\boldsymbol{a})}{\partial a_2} = r\left(\sum_{i=1}^n a_i\right)^{r-1} - r a_2^{r-1}$$

$$a_1 \frac{\partial f(\boldsymbol{a})}{\partial a_1} - a_2 \frac{\partial f(\boldsymbol{a})}{\partial a_2} = r\left[(a_1 - a_2)\left(\sum_{i=1}^n a_i\right)^{r-1} - (a_1^r - a_2^r)\right]$$

$$\geqslant r\left[(a_1 - a_2)(a_1 + (n-1)a_2)^{r-1} - (a_1^r - a_2^r)\right]$$

由引理 4.4.1 知 $a_1 \partial f(\boldsymbol{a})/\partial a_1 - a_2 \partial f(\boldsymbol{a})/\partial a_2 > 0$.根据推论 4.1.5 知,对于任意的 $\boldsymbol{a} \in (0,+\infty)^n$,都有 $f(\boldsymbol{a}) \geqslant f(\bar{G}(\boldsymbol{a}))$,即

$$\left(\frac{1}{n}\sum_{i=1}^n a_i\right)^r - n^{1-r}\sum_{i=1}^n a_i^r \geqslant (1 - n^{1-r})G^r(\boldsymbol{a})$$

引理 4.4.3[6]43-44　若 $x,y > 0, x \neq y$,则它们的 Stolarsky 平均

$$S_r(x,y) = \begin{cases} \left(\dfrac{x^r - y^r}{r(x-y)}\right)^{1/(r-1)}, & r \neq 0, 1 \\[3mm] \dfrac{x-y}{\ln x - \ln y}, & r = 0 \\[3mm] \dfrac{1}{\mathrm{e}}(x^x/y^y)^{1/(x-y)}, & r = 1 \end{cases}$$

关于 r 为严格单调递增函数.

定理 4.4.4　设 $1 < r < n/(n-1), \lambda \leqslant \dfrac{1}{m^{r-1}}\left(\dfrac{n}{n-1}\right)^{(r-1)(n-1)}$,则式(4.4.1)成立.

证明　当 $a_1 = \max\limits_{1 \leqslant i \leqslant n}\{a_i\} > a_2 = \min\limits_{1 \leqslant i \leqslant n}\{a_i\} > 0$ 时,由引理 4.4.1 知

$$(a_1 - a_2)[a_1 + (n-1)a_2]^{1/(n-1)} > a_1^{n/(n-1)} - a_2^{n/(n-1)}$$

$$a_1 + (n-1)a_2 > \left(\frac{n}{n-1}\right)^{n-1}\left(\frac{a_1^{n/(n-1)} - a_2^{n/(n-1)}}{n/(n-1)(a_1 - a_2)}\right)^{n-1}$$

根据引理 4.4.3 及 $r < n/(n-1)$ 知

$$a_1 + (n-1)a_2 > \left(\frac{n}{n-1}\right)^{n-1} S_r(a_1, a_2)$$

$$(a_1 - a_2)\left(\frac{1}{n}a_1 + \frac{n-1}{n}a_2\right)^{r-1} > \frac{1}{m^{r-1}}\left(\frac{n}{n-1}\right)^{(r-1)(n-1)}(a_1^r - a_2^r)$$

$$(a_1 - a_2)\left(\frac{1}{n}\sum_{i=1}^{n} a_i\right)^{r-1} > \lambda(a_1^r - a_2^r)$$

函数 f 如定理 4.4.2 的证明所设,则当 $a_1 = \max\limits_{1 \leqslant i \leqslant n}\{a_i\} > a_2 = \min\limits_{1 \leqslant i \leqslant n}\{a_i\} > 0$ 时,有

$$a_1\frac{\partial f}{\partial a_1} - a_2\frac{\partial f}{\partial a_2} = \frac{r}{n}(a_1 - a_2)A^{r-1}(\boldsymbol{a}) - \frac{\lambda r}{n}(a_1^r - a_2^r) > 0$$

根据推论 4.1.5 知,对于任意的 $\boldsymbol{a} \in (0, +\infty)^n$,都有 $f(\boldsymbol{a}) \geqslant f(\overline{G}(\boldsymbol{a}))$,即知定理 4.4.4 真.

引理 4.4.5[57]   设 $x > y > 0$,和

$$g(s) = \begin{cases} ((x^s - y^s)/(x-y))^{1/(s-1)} & , s \neq 1, s > 0 \\ \lim\limits_{s \to 1} g(s) = (x^x/y^y)^{1/(x-y)} & , s = 1 \end{cases}$$

则 g 关于 s 是严格单调递减函数.

其实参考资料[57]只给出"g 关于 s 是单调递减函数"这个结论,但从其证明过程知上述引理是正确的.

定理 4.4.6[64]   设 $0 < r < 1$,则式(4.4.1)对于任何 $\boldsymbol{a} \in (0, +\infty)^n$ 成立的充要条件为 $\lambda \leqslant (n/(n-1))^{1-r}$.

证明   当 $a_1 = \max\limits_{1 \leqslant i \leqslant n}\{a_i\} > a_2 = \min\limits_{1 \leqslant i \leqslant n}\{a_i\} > 0$ 时,在引理 4.4.5 中,我们有

$$g(r) > g(2)$$

$$a_1 + a_2 < \left(\frac{a_1^r - a_2^r}{a_1 - a_2}\right)^{1/(r-1)}$$

$$a_1 + \frac{1}{n-1}a_2 < \left(\frac{a_1 - a_2}{a_1^r - a_2^r}\right)^{1/(1-r)}$$

$$\left(\frac{n}{n-1}\right)^{1-r}(a_1^r - a_2^r)\left(\frac{n-1}{n}a_1 + \frac{1}{n}a_2\right)^{1-r} < a_1 - a_2$$

$$\lambda(a_1^r - a_2^r)\left(\frac{n-1}{n}a_1 + \frac{1}{n}a_2\right)^{1-r} < a_1 - a_2$$

函数 f 如定理 4.4.2 的证明所设,则当 $a_1 = \max\limits_{1 \leqslant i \leqslant n}\{a_i\} > a_2 = \min\limits_{1 \leqslant i \leqslant n}\{a_i\} \geqslant 0$ 时

$$a_1\frac{\partial f(\boldsymbol{a})}{\partial a_1} - a_2\frac{\partial f(\boldsymbol{a})}{\partial a_2}$$

$$= \frac{r}{n}(a_1 - a_2)\left(\frac{1}{n}\sum_{i=1}^{n} a_i\right)^{r-1} - \frac{r\lambda}{n}(a_1^r - a_2^r)$$

$$= \frac{r}{n}\left(\frac{1}{n}\sum_{i=1}^{n} a_i\right)^{r-1}\left[(a_1 - a_2) - \lambda(a_1^r - a_2^r)\left(\frac{1}{n}\sum_{i=1}^{n} a_i\right)^{1-r}\right]$$

$$> 0$$

根据推论 4.1.5 知,对于任意的 $\boldsymbol{a} \in (0, +\infty)^n$,都有 $f(\boldsymbol{a}) \geqslant f(\overline{G}(\boldsymbol{a}))$,充分性得证.

在 $A^r(\boldsymbol{a}) \geqslant \lambda A(\boldsymbol{a}^r) + (1-\lambda)G^r(\boldsymbol{a})$ 中,$a_1 = a_2 = \cdots = a_{n-1} = 1, a_n = t$,则

$$\left(\frac{n-1}{n} + \frac{t}{n}\right)^r \geqslant \lambda \left(\frac{n-1}{n} + \frac{t^r}{n}\right) + (1-\lambda)t^{\frac{r}{n}}$$

令 $t \to 0^+$,我们有 $\lambda \leqslant (n/(n-1))^{1-r}$,必要性得证.

下面我们来研究 $r < 0$ 的情形,我们得到如下结果.

定理 4.4.7 设 $r < 0, \lambda \geqslant \dfrac{(n-r)(1-r)}{-2r+r^2}$,则

$$A^r(\boldsymbol{a}) + (\lambda-1)A(\boldsymbol{a}^r) \geqslant \lambda G^r(\boldsymbol{a})$$

证明 为了讨论的方便性,令 $s = -r > 0$,则有 $\lambda \geqslant \dfrac{(n+s)(1+s)}{2s+s^2}$,欲证

$$f(\boldsymbol{a}) \overset{\text{def}}{=} \left[\frac{n}{\sum\limits_{i=1}^{n} a_i}\right]^s + \frac{\lambda-1}{n}\sum_{i=1}^{n} a_i^{-s} - \lambda \left(\prod_{i=1}^{n} a_i\right)^{-s/n} \geqslant 0 \qquad (4.4.3)$$

由于连续性,不妨假定 $\lambda > \dfrac{(n+s)(1+s)}{2s+s^2}$. 当 $a_1 = \max\limits_{1\leqslant i \leqslant n}\{a_i\} > a_2 = \min\limits_{1\leqslant i \leqslant n}\{a_i\} > 0$ 时

$$\frac{\partial f}{\partial a_1} = -\frac{sn}{\left(\sum\limits_{i=1}^{n} a_i\right)^2}\left[\frac{n}{\sum\limits_{i=1}^{n} a_i}\right]^{s-1} - \frac{(\lambda-1)s}{n}a_1^{-s-1} + \frac{s\lambda}{na_1}\left(\prod_{i=1}^{n} a_i\right)^{-s/n}$$

$$\frac{n}{s}\left(\frac{\partial f}{\partial a_1} - \frac{\partial f}{\partial a_2}\right) = (\lambda-1)(a_2^{-s-1} - a_1^{-s-1}) - \lambda\left(\prod_{i=1}^{n} a_i\right)^{-s/n}\left(\frac{1}{a_2} - \frac{1}{a_1}\right)$$

$$\geqslant (\lambda-1)(a_2^{-s-1} - a_1^{-s-1}) - \lambda a_1^{-s/n} a_2^{-s(n-1)/n}\left(\frac{1}{a_2} - \frac{1}{a_1}\right)$$

$$= \frac{1}{a_1^{s+1} a_2^{s+1}}\left[(\lambda-1)(t^{s+1} - 1) - \lambda(t^{s(n-1)/n+1} - t^{s(n-1)/n})\right]$$

$$\overset{\text{def}}{=} \frac{1}{a_1^{s+1} a_2^{s+1}} g(t)$$

其中 $t = a_1/a_2 > 1$,则

$$g'(t) = (\lambda-1)(s+1)t^s - \lambda\left[\frac{s(n-1)}{n} + 1\right]t^{s(n-1)/n} + \frac{s\lambda(n-1)}{n}t^{s(n-1)/n-1}$$

$$\left[t^{-s(n-1)/n+1} g'(t)\right]' = (\lambda-1)(s+1)\left(\frac{s}{n} + 1\right)t^{s/n} - \lambda\left[\frac{s(n-1)}{n} + 1\right]$$

$$\geqslant (\lambda-1)(s+1)\left(\frac{s}{n} + 1\right) - \lambda\left[\frac{s(n-1)}{n} + 1\right]$$

$$= \lambda\left(\frac{s^2}{n} + \frac{2s}{n}\right) - (s+1)\left(\frac{s}{n} + 1\right)$$

$$\geqslant \frac{(n+s)(1+s)}{2s+s^2}\left(\frac{s^2}{n} + \frac{2s}{n}\right) - (s+1)\left(\frac{s}{n} + 1\right)$$

$$= 0$$

最值定理与分析不等式

所以 $t^{-s(n-1)/n+1}g'(t)$ 为单调递增函数. 考虑到

$$\lim_{t\to 1^+} t^{-s(n-1)/n+1}g'(t)$$

$$= \lim_{t\to 1^+}\left[(\lambda-1)(s+1)t^{s/n+1} - \lambda\left(\frac{s(n-1)}{n}+1\right)t + \frac{s\lambda(n-1)}{n}\right]$$

$$= s\lambda - s - 1 > s\frac{(n+s)(1+s)}{2s+s^2} - s - 1 = \frac{(n-2)(1+s)}{2+s} \geqslant 0$$

所以 $t^{-s(n-1)/n+1}g'(t) > 0, g'(t) > 0, g(t)$ 为严格单调递增函数. 又易证 $\lim_{t\to 1^+}g(t) = 0$, 故 $g(t) > 0$. 根据推论 4.1.3 知, 对于任意的 $\boldsymbol{a}\in(0,+\infty)^n$, 都有 $f(\boldsymbol{a})\geqslant f(\overline{A}(\boldsymbol{a}))$, 式 (4.4.3) 成立.

对于不等式 $A^r(\boldsymbol{a})\leqslant\lambda A(\boldsymbol{a}^r)+(1-\lambda)G^r(\boldsymbol{a})$ (即式 (4.4.2)), 参考资料 [63] 提出猜想: 当 $r=n\geqslant 2, \lambda=((n-1)/n)^{n-1}$ 时, 该式成立. 参考资料 [65][66] 分别得到下述两个定理.

引理 4.4.8[65]　设 $x > y > 0$, 则

$$\left(\frac{x^n-y^n}{x-y}\right)^{1/(n-1)}\geqslant x+\frac{1}{n-1}y$$

定理 4.4.9[65]　设 $1\leqslant r\leqslant n$ 时, 则

$$A^r(\boldsymbol{a})\leqslant\left(\frac{n-1}{n}\right)^{r-1}A(\boldsymbol{a}^r)+\left[1-\left(\frac{n-1}{n}\right)^{r-1}\right]G^r(\boldsymbol{a}) \qquad (4.4.4)$$

证明　由于连续性, 我们不妨设 $1 < r < n$. 当 $a_1 = \max\limits_{1\leqslant i\leqslant n}\{a_i\} > a_2 = \min\limits_{1\leqslant i\leqslant n}\{a_i\} > 0$ 时, 由引理 4.4.8 知

$$\frac{n-1}{n}\left(\frac{a_1^n-a_2^n}{a_1-a_2}\right)^{1/(n-1)}\geqslant\frac{n-1}{n}a_1+\frac{1}{n}a_2 \qquad (4.4.5)$$

$$\frac{n-1}{n}\left(\frac{a_1^r-a_2^r}{a_1-a_2}\right)^{1/(r-1)} > \frac{n-1}{n}a_1+\frac{1}{n}a_2$$

$$\left(\frac{n-1}{n}\right)^{r-1}(a_1^r-a_2^r) > (a_1-a_2)\left(\frac{n-1}{n}a_1+\frac{1}{n}a_2\right)^{r-1}$$

此时若设

$$f(\boldsymbol{a})=\left(\frac{n-1}{n}\right)^{r-1}A(\boldsymbol{a}^r)-A^r(\boldsymbol{a})$$

当 $a_1 = \max\limits_{1\leqslant i\leqslant n}\{a_i\} > a_2 = \min\limits_{1\leqslant i\leqslant n}\{a_i\} > 0$ 时, 我们有

$$\frac{\partial f}{\partial a_1}=\frac{r}{n}\left(\frac{n-1}{n}\right)^{r-1}a_1^{r-1}-\frac{r}{n}\left(\frac{1}{n}\sum_{i=1}^n a_i\right)^{r-1}$$

$$a_1\frac{\partial f}{\partial a_1}-a_2\frac{\partial f}{\partial a_2}=\frac{r}{n}\left(\frac{n-1}{n}\right)^{r-1}(a_1^r-a_2^r)-\frac{r}{n}(a_1-a_2)\left(\frac{1}{n}\sum_{i=1}^n a_i\right)^{r-1}$$

$$\geqslant\frac{r}{n}\left[\left(\frac{n-1}{n}\right)^{r-1}(a_1^r-a_2^r)-(a_1-a_2)\left(\frac{n-1}{n}a_1+\frac{1}{n}a_2\right)^{r-1}\right]$$

$$> 0$$

根据推论 4.1.5 知, 对于任意 $a \in (0, +\infty)^n$, 都有 $f(a) \geqslant f(\bar{G}(a))$, 此即为式 (4.4.4).

定理 4.4.10[66] 设 $r \geqslant n \geqslant 2$, 则有

$$A^r(a) \leqslant \left(\frac{r-1}{n} \right)^{r-1} A(a^r) + \left(1 - \left(\frac{r-1}{n} \right)^{r-1} \right) G^r(a) \qquad (4.4.6)$$

证明 由于连续性, 我们不妨设 $r > n \geqslant 2$. 当 $a_1 = \max\limits_{1 \leqslant i \leqslant n} \{a_i\} > a_2 = \min\limits_{1 \leqslant i \leqslant n} \{a_i\} > 0$ 时, 由式 (4.4.5) 知

$$n^{1/(n-1)} \frac{n-1}{n} \left(\frac{a_1^n - a_2^n}{n(a_1 - a_2)} \right)^{1/(n-1)} \geqslant \frac{n-1}{n} a_1 + \frac{1}{n} a_2$$

若设 $g: t \in [n, +\infty) \rightarrow t^{1/(t-1)} (t-1)$, 易证 g 为严格单调递增函数, 再结合引理 4.4.3, 我们有

$$r^{1/(r-1)} \frac{r-1}{n} \left(\frac{a_1^r - a_2^r}{r(a_1 - a_2)} \right)^{1/(r-1)} \geqslant \frac{n-1}{n} a_1 + \frac{1}{n} a_2$$

$$\left(\frac{r-1}{n} \right)^{r-1} (a_1^r - a_2^r) > (a_1 - a_2) \left(\frac{n-1}{n} a_1 + \frac{1}{n} a_2 \right)^{r-1}$$

此时若设

$$f(a) = \left(\frac{r-1}{n} \right)^{r-1} A(a^r) - A^r(a)$$

当 $a_1 = \max\limits_{1 \leqslant i \leqslant n} \{a_i\} > a_2 = \min\limits_{1 \leqslant i \leqslant n} \{a_i\} > 0$ 时, 我们有

$$a_1 \frac{\partial f}{\partial a_1} - a_2 \frac{\partial f}{\partial a_2} = \frac{r}{n} \left(\frac{r-1}{n} \right)^{r-1} (a_1^r - a_2^r) - \frac{r}{n} (a_1 - a_2) \left(\frac{1}{n} \sum_{i=1}^{n} a_i \right)^{r-1}$$

$$\geqslant \frac{r}{n} \left[\left(\frac{r-1}{n} \right)^{r-1} (a_1^r - a_2^r) - (a_1 - a_2) \left(\frac{n-1}{n} a_1 + \frac{1}{n} a_2 \right)^{r-1} \right]$$

$$> 0$$

根据推论 4.1.5 知, 对于任意 $a \in (0, +\infty)^n$, 都有 $f(a) \geqslant f(\bar{G}(a))$, 此即为式 (4.4.6).

对于 $0 < r < 1$, 参考资料 [64] 证明了: 当 $\lambda = \frac{n-1}{r} \cdot \left[\frac{1+(1-r)(n-1)}{(2-r)(n-1)} \right]^{2-r}$ 时, 式 (4.4.2) 成立. 我们在这里给出一个与其不分强弱的结果.

定理 4.4.11 设 $0 < r < 1$, 则

$$A^r(a) \leqslant \frac{n^{1-r}}{r 2^{1-r}} A(a^r) + \left(1 - \frac{n^{1-r}}{r 2^{1-r}} \right) G^r(a) \qquad (4.4.7)$$

证明 设

最值定理与分析不等式

$$f(\boldsymbol{a}) = \frac{n^{1-r}}{r\,2^{1-r}}A\,(\boldsymbol{a}^r) - A^r(\boldsymbol{a})$$

当 $a_1 = \max\limits_{1 \leqslant i \leqslant n}\{a_i\} > a_2 = \min\limits_{1 \leqslant i \leqslant n}\{a_i\} > 0$ 时

$$\frac{\partial f}{\partial a_1} = \frac{1}{n^r\,2^{1-r}}a_1^{r-1} - \frac{r}{n}\left(\frac{1}{n}\sum_{i=1}^{n}a_i\right)^{r-1}$$

$$a_1\frac{\partial f}{\partial a_1} - a_2\frac{\partial f}{\partial a_2} = \frac{1}{n^r\,2^{1-r}}(a_1^r - a_2^r) - \frac{r}{n^r}\cdot\frac{a_1 - a_2}{\left(\sum\limits_{i=1}^{n}a_i\right)^{1-r}}$$

$$\geqslant \frac{1}{n^r\,2^{1-r}}(a_1^r - a_2^r) - \frac{r}{n^r}\cdot\frac{a_1 - a_2}{[a_1 + (n-1)a_2]^{1-r}}$$

$$= \frac{r(a_1 - a_2)}{n^r}\left[\frac{1}{2^{1-r}(a_1 - a_2)}\int_{a_2}^{a_1}x^{r-1}\mathrm{d}x - \frac{1}{[a_1 + (n-1)a_2]^{1-r}}\right]$$

$$> \frac{r(a_1 - a_2)}{n^r}\left[\frac{1}{2^{1-r}}\cdot\left(\frac{a_1 + a_2}{2}\right)^{r-1} - \frac{1}{[a_1 + (n-1)a_2]^{1-r}}\right]$$

$$= \frac{r(a_1 - a_2)}{n^r}\left[\frac{1}{(a_1 + a_2)^{1-r}} - \frac{1}{[a_1 + (n-1)a_2]^{1-r}}\right]$$

$$> 0$$

根据推论 4.1.5 知,对于任意 $\boldsymbol{a} \in (0, +\infty)^n$,都有 $f(\boldsymbol{a}) \geqslant f(\overline{G}(\boldsymbol{a}))$,此即为式(4.4.7).

4.5 有关 $A(\boldsymbol{a}) - G(\boldsymbol{a})$ 的上、下界的不等式(1)

在数学不等式理论和经济生活中,对于众多正数的平均,算术平均和几何平均最为重要.关于它们的差的估计,也是不等式理论研究中最基础的一部分.利用最值压缩定理,本节将统一证明一些有关 $A(\boldsymbol{a}) - G(\boldsymbol{a})$ 上、下界的不等式.

不作特殊说明,本节都设 $n \in \mathbf{N}, n \geqslant 2, 0 < m < M$,有

$$\boldsymbol{a} = (a_1, a_2, \cdots, a_n) \in [m, M]^n, \boldsymbol{w} = (w_1, w_2, \cdots, w_n) \in [0, 1]^n$$

且 $\sum\limits_{i=1}^{n}w_i = 1$.记

$$M_p(\boldsymbol{w}, \boldsymbol{a}) = \left(\sum_{i=1}^{n}w_i a_i\right)^{1/p}(p \neq 0), M_0(\boldsymbol{a}) = \prod_{i=1}^{n}a_i^{w_i}$$

为 $\boldsymbol{a}$ 的 p 次加权幂平均,其中 $w_i(i = 1, 2, \cdots, n) \geqslant 0$ 为权系数. $A(\boldsymbol{w}, \boldsymbol{a}) = M_1(\boldsymbol{w}, \boldsymbol{a})$ 和 $G(\boldsymbol{w}, \boldsymbol{a}) = M_0(\boldsymbol{w}, \boldsymbol{a})$ 分别为 $\boldsymbol{a}$ 的加权算术平均和几何平均.当 $w_1 = w_2 = \cdots = w_n = 1/n$ 时, $M_p(\boldsymbol{w}, \boldsymbol{a})$, $A(\boldsymbol{w}, \boldsymbol{a})$ 和 $G(\boldsymbol{w}, \boldsymbol{a})$ 又分别记为 $M_p(\boldsymbol{a})$, $A(\boldsymbol{a})$ 和 $G(\boldsymbol{a})$.同时我们记

$$\overline{M}_p(\boldsymbol{a}) = (M_p(\boldsymbol{a}), M_p(\boldsymbol{a}), \cdots, M_p(\boldsymbol{a}))$$

同理可定义 $\overline{A}(a)$ 和 $\overline{G}(a)$.

首先,罗列一些已有研究结果.参考资料[6]的第35页和[95]记述了

$$A(a) - G(a) \geqslant n\left(\sqrt{M} - \sqrt{m}\right)^2$$

参考资料[2]中有

$$\frac{\min_{1 \leqslant i \leqslant n}\{w_i\}}{n-1} \sum_{1 \leqslant i < j \leqslant n} (a_i^{1/2} - a_j^{1/2})^2 \leqslant A(w,a) - G(w,a)$$

$$\leqslant \max_{1 \leqslant i \leqslant n}\{w_i\} \sum_{1 \leqslant i < j \leqslant n} (a_i^{1/2} - a_j^{1/2})^2$$

和

$$\frac{1}{1 - \min_{1 \leqslant i \leqslant n}\{w_i\}} \sum_{1 \leqslant i < j \leqslant n} w_i w_j (a_i^{1/2} - a_j^{1/2})^2 \leqslant A(w,a) - G(w,a)$$

$$\leqslant \frac{1}{\min_{1 \leqslant i \leqslant n}\{w_i\}} \sum_{1 \leqslant i < j \leqslant n} w_i w_j (a_i^{1/2} - a_j^{1/2})^2 \tag{4.5.1}$$

参考资料[58]和[15]的第156页有

$$\frac{1}{2M} \sum_{i=1}^{n} w_i (a_i - A(w,a))^2 \leqslant A(w,a) - G(w,a)$$

$$\leqslant \frac{1}{2m} \sum_{i=1}^{n} w_i (a_i - A(w,a))^2 \tag{4.5.2}$$

参考资料[49][96]中有

$$\frac{1}{4M}\left(\sum_{i=1}^{n} w_i a_i^2 - G^2(w,a)\right) \leqslant A(w,a) - G(w,a)$$

$$\leqslant \frac{1}{4m}\left(\sum_{i=1}^{n} w_i a_i^2 - G^2(w,a)\right) \tag{4.5.3}$$

参考资料[1]第39页,[97]中的相应结果等价于

$$\frac{\sum\limits_{1 \leqslant i < j \leqslant n} (a_i - a_j)^2}{2n^2 M} \leqslant A(a) - G(a) \leqslant \frac{\sum\limits_{1 \leqslant i < j \leqslant n} (a_i - a_j)^2}{2n^2 m} \tag{4.5.4}$$

本节将对以上各式给予统一证明或加强,主要结果出自于参考资料[170].

定理 4.5.1

$$\frac{\sum\limits_{1 \leqslant i < j \leqslant n} (a_i - a_j)^2}{2n^2 M^{(n-2)/(n-1)} A^{1/(n-1)}(a)} \leqslant A(a) - G(a) \leqslant \frac{\sum\limits_{1 \leqslant i < j \leqslant n} (a_i - a_j)^2}{2n^2 m^{(n-1)/n} A^{1/n}(a)}$$

$$\tag{4.5.5}$$

证明 设

$$f: a \in [m, M]^n \to 2n^2 M^{(n-2)/(n-1)} A^{1/(n-1)}(a)(A(a) - G(a)) -$$

$$\sum_{1 \leqslant i < j \leqslant n} (a_i - a_j)^2$$

当 $a_1 = \max\limits_{1 \leqslant i \leqslant n} \{a_i\} > a_2 = \min\limits_{1 \leqslant i \leqslant n} \{a_i\}$ 时

$$\frac{\partial f}{\partial a_1} = \frac{n M^{(n-2)/(n-1)}}{n-1} \left(\frac{1}{n} \sum_{i=1}^{n} a_i \right)^{1/(n-1)-1} \left[\frac{1}{n} \sum_{i=1}^{n} a_i - \sqrt[n]{\prod_{i=1}^{n} a_i} \right] +$$

$$2n^2 M^{(n-2)/(n-1)} \left(\frac{1}{n} \sum_{i=1}^{n} a_i \right)^{1/(n-1)} \left[\frac{1}{n} - \frac{1}{na_1} \sqrt[n]{\prod_{i=1}^{n} a_i} \right] -$$

$$2 \sum_{2 \leqslant i \leqslant n} (a_1 - a_i)$$

$$\frac{\partial f}{\partial a_1} - \frac{\partial f}{\partial a_2} = 2n M^{(n-2)/(n-1)} \frac{(a_1 - a_2)}{a_1 a_2} \left(\frac{1}{n} \sum_{i=1}^{n} a_i \right)^{1/(n-1)} \sqrt[n]{\prod_{i=1}^{n} a_i} - 2n(a_1 - a_2)$$

$$= \frac{2n(a_1 - a_2)}{a_1 a_2} \left[M^{(n-2)/(n-1)} \left(\frac{1}{n} \sum_{i=1}^{n} a_i \right)^{1/(n-1)} \sqrt[n]{\prod_{i=1}^{n} a_i} - a_1 a_2 \right]$$

$$> \frac{2n(a_1 - a_2)}{a_1 a_2} \left[a_1^{(n-2)/(n-1)} \cdot (a_1^{1/n} a_2^{(n-1)/n})^{1/(n-1)} \cdot \right.$$

$$\left. a_1^{1/n} a_2^{(n-1)/n} - a_1 a_2 \right]$$

$$= 0$$

其中 $a_1/n + (n-1)a_2/n \geqslant a_1^{1/n} a_2^{(n-1)/n}$ 是利用二元加权算术 — 几何不等式(见推论 1.3.4). 根据推论 4.1.3,对于任何 $\boldsymbol{a} \in [m,M]^n$ 都有 $f(\boldsymbol{a}) \geqslant f(\overline{A}(\boldsymbol{a}))$,此即为式(4.5.5)的左式.

再设

$$g : \boldsymbol{a} \in [m,M]^n \to$$

$$\sum_{1 \leqslant i < j \leqslant n} (a_i - a_j)^2 - 2n^2 m^{(n-1)/n} A^{1/n}(\boldsymbol{a})(A(\boldsymbol{a}) - G(\boldsymbol{a}))$$

当 $a_1 = \max\limits_{1 \leqslant i \leqslant n} \{a_i\} > a_2 = \min\limits_{1 \leqslant i \leqslant n} \{a_i\}$ 时

$$\frac{\partial g}{\partial a_1} = 2 \sum_{2 \leqslant i \leqslant n} (a_1 - a_i) - 2m^{(n-1)/n}(A(\boldsymbol{a}))^{1/n-1}(A(\boldsymbol{a}) - G(\boldsymbol{a})) -$$

$$2n^2 m^{(n-1)/n} A^{1/n}(\boldsymbol{a}) \left(\frac{1}{n} - \frac{1}{na_1} G(\boldsymbol{a}) \right)$$

$$\frac{\partial g}{\partial a_1} - \frac{\partial g}{\partial a_2} = \frac{2n(a_1 - a_2)}{a_1 a_2} (a_1 a_2 - m^{(n-1)/n} A^{1/n}(\boldsymbol{a}) G(\boldsymbol{a}))$$

$$> \frac{2n(a_1 - a_2)}{a_1 a_2} (a_1 a_2 - a_2^{(n-1)/n} a_1^{1/n} a_1^{(n-1)/n} a_2^{1/n})$$

$$= 0$$

进而对于任何 $\boldsymbol{a} \in [m,M]^n$,都有 $g(\boldsymbol{a}) \geqslant g(\overline{A}(\boldsymbol{a}))$,此即为式(4.5.5)的右式.

由于

$$\sum_{1 \leqslant i < j \leqslant n} (a_i - a_j)^2 = n \sum_{i=1}^{n} (a_i - A(\boldsymbol{a}))^2$$

由定理 4.5.1 知下述推论成立.

推论 4.5.2

$$\frac{\sum_{i=1}^{n}(a_i-A(\boldsymbol{a}))^2}{2nM^{(n-2)/(n-1)}A^{1/(n-1)}(\boldsymbol{a})}\leqslant A(\boldsymbol{a})-G(\boldsymbol{a})\leqslant\frac{\sum_{i=1}^{n}(a_i-A(\boldsymbol{a}))^2}{2nm^{(n-1)/n}A^{1/n}(\boldsymbol{a})}$$

$$(4.5.6)$$

定理 4.5.3

$$\frac{\sum_{1\leqslant i<j\leqslant n}(a_i-a_j)^2}{2n[(n-1)M+G(\boldsymbol{a})]}\leqslant A(\boldsymbol{a})-G(\boldsymbol{a})\leqslant\frac{(n-1)\sum_{1\leqslant i<j\leqslant n}(a_i-a_j)^2}{2n^2[(n-2)m+G(\boldsymbol{a})]}$$

$$(4.5.7)$$

证明 设

$$f:\boldsymbol{a}\in[m,M]^n\to(n-1)\sum_{1\leqslant i<j\leqslant n}(a_i-a_j)^2-$$
$$2n^2(A(\boldsymbol{a})-G(\boldsymbol{a}))[(n-2)m+G(\boldsymbol{a})]$$

当 $a_1=\max\limits_{1\leqslant i\leqslant n}\{a_i\}>a_2=\min\limits_{1\leqslant i\leqslant n}\{a_i\}$ 时

$$\frac{\partial f}{\partial a_1}=2(n-1)\sum_{2\leqslant i\leqslant n}(a_1-a_i)-$$
$$2n\left(1-\frac{1}{a_1}G(\boldsymbol{a})\right)[(n-2)m+G(\boldsymbol{a})]-$$
$$\frac{2n}{a_1}G(\boldsymbol{a})(A(\boldsymbol{a})-G(\boldsymbol{a}))$$

$$a_1\frac{\partial f}{\partial a_1}-a_2\frac{\partial f}{\partial a_2}$$

$$=2(n-1)^2(a_1^2-a_2^2)-2(n-1)(a_1-a_2)\sum_{3\leqslant i\leqslant n}a_i-$$
$$2n(a_1-a_2)[(n-2)m+G(\boldsymbol{a})]$$

$$\geqslant 2(n-1)^2(a_1^2-a_2^2)-2(n-2)(n-1)(a_1-a_2)a_1-$$
$$2n(a_1-a_2)[(n-2)a_2+a_1^{(n-1)/n}a_2^{1/n}]$$

$$=2n(a_1-a_2)\left(\frac{n-1}{n}a_1+\frac{1}{n}a_2-a_1^{(n-1)/n}a_2^{1/n}\right)$$

$$>0$$

根据推论 4.1.5 知,对于任何 $\boldsymbol{a}\in[m,M]^n$ 都有 $f(\boldsymbol{a})\geqslant f(\bar{G}(\boldsymbol{a}))$,此即为式 (4.5.7) 的右式.

再设

$$g:\boldsymbol{a}\in[m,M]^n\to 2n(A(\boldsymbol{a})-G(\boldsymbol{a}))[(n-1)M+G(\boldsymbol{a})]-\sum_{1\leqslant i<j\leqslant n}(a_i-a_j)^2$$

同理可证:当 $a_1=\max\limits_{1\leqslant i\leqslant n}\{a_i\}>a_2=\min\limits_{1\leqslant i\leqslant n}\{a_i\}$ 时,$a_1\partial g/\partial a_1-a_2\partial g/\partial a_2>0$. 进而

最值定理与分析不等式

对于任何 $a \in [m,M]^n$，都有 $g(a) \geqslant g(\overline{G}(a))$，此即为式(4.5.7) 的左式.

推论 4.5.4

$$\frac{\sum\limits_{i=1}^{n} (a_i - A(a))^2}{2[(n-1)M + G(a)]} \leqslant A(a) - G(a) \leqslant \frac{(n-1)\sum\limits_{i=1}^{n} (a_i - A(a))^2}{2n[(n-2)m + G(a)]}$$

$$(4.5.8)$$

定理 4.5.5

$$\frac{\sum\limits_{i=1}^{n} (a_i - G(a))^2}{2nM} \leqslant A(a) - G(a) \leqslant \frac{(n-1)\sum\limits_{i=1}^{n} (a_i - G(a))^2}{2n[(n-2)m + A(a)]}$$

$$(4.5.9)$$

证明 设

$$f: a \in [m,M]^n \to (n-1)\sum_{i=1}^{n} (a_i - G(a))^2 -$$
$$2n[(n-2)m + A(a)](A(a) - G(a))$$

则

$$\frac{\partial f}{\partial a_1} = 2(n-1)(a_1 - G(a))\left(1 - \frac{1}{na_1}G(a)\right) -$$

$$\frac{2(n-1)}{na_1}G(a)\sum_{i=2}^{n}(a_i - G(a)) -$$

$$2(A(a) - G(a)) - 2[(n-2)m + A(a)]\left(1 - \frac{1}{a_1}G(a)\right)$$

$$= 2(n-1)(a_1 - G(a)) - \frac{2(n-1)}{na_1}G(a)\sum_{i=1}^{n}(a_i - G(a)) -$$

$$2(A(a) - G(a)) - 2[(n-2)m + A(a)]\left(1 - \frac{1}{a_1}G(a)\right)$$

$$a_1\frac{\partial f}{\partial a_1} - a_2\frac{\partial f}{\partial a_2}$$

$$= 2(n-1)(a_1^2 - a_1 G(a) - a_2^2 + a_2 G(a)) -$$

$$2(a_1 - a_2)(A(a) - G(a)) - 2[(n-2)m + A(a)](a_1 - a_2)$$

$$= 2(a_1 - a_2)[(n-1)a_1 + (n-1)a_2 - (n-2)G(a) -$$

$$2A(a) - (n-2)m]$$

$$\geqslant 2(a_1 - a_2)\left[(n-1)a_1 + (n-1)a_2 - (n-2)a_1^{(n-1)/n}a_2^{1/n} -\right.$$

$$\left.\frac{2(n-1)}{n}a_1 - \frac{2}{n}a_2 - (n-2)a_2\right]$$

$$\geqslant 2(n-2)(a_1 - a_2)\left[\frac{n-1}{n}a_1 + \frac{1}{n}a_2 - a_1^{(n-1)/n}a_2^{1/n}\right]$$

163

所以当 $n \geqslant 3$ 和 $a_1 = \max\limits_{1 \leqslant i \leqslant n}\{a_i\} > a_2 = \min\limits_{1 \leqslant i \leqslant n}\{a_i\}$ 时，$a_1 \partial f / \partial a_1 - a_2 \partial f / \partial a_2 > 0$，进而对于任何 $\boldsymbol{a} \in [m, M]^n$，都有 $f(\boldsymbol{a}) \geqslant f(\overline{G}(\boldsymbol{a}))$，此即为式(4.5.9)的右式. 而对于 $n = 2$，直接可验证式(4.5.9)的右式取等号成立.

设 $g: \boldsymbol{a} \in [m, M]^n \to 2nM(A(\boldsymbol{a}) - G(\boldsymbol{a})) - \sum\limits_{i=1}^{n}(a_i - G(\boldsymbol{a}))^2$. 当 $a_1 = \max\limits_{1 \leqslant i \leqslant n}\{a_i\} > a_2 = \min\limits_{1 \leqslant i \leqslant n}\{a_i\}$ 时，有

$$\frac{\partial g}{\partial a_1} = 2M\left(1 - \frac{1}{a_1}G(\boldsymbol{a})\right) - 2\left[(a_1 - G(\boldsymbol{a})) - \frac{1}{na_1}\sum_{i=1}^{n}(a_i - G(\boldsymbol{a}))\right]$$

$$a_1 \frac{\partial g}{\partial a_1} - a_2 \frac{\partial g}{\partial a_2} = 2(a_1 - a_2)(M - a_1 - a_2 + G(\boldsymbol{a})) > 0$$

进而对于任何 $\boldsymbol{a} \in [m, M]^n$，都有 $g(\boldsymbol{a}) \geqslant g(\overline{G}(\boldsymbol{a}))$，此即为式(4.5.7)的右式.

定理 4.5.6

$$\frac{\sum\limits_{i=1}^{n} a_i^2 / n - G^2(\boldsymbol{a})}{2M + 2G(\boldsymbol{a})} \leqslant A(\boldsymbol{a}) - G(\boldsymbol{a}) \leqslant \frac{(n-1)\left(\sum\limits_{i=1}^{n} a_i^2 / n - G^2(\boldsymbol{a})\right)}{2(n-2)m + 2nG(\boldsymbol{a})}$$

$$(4.5.10)$$

证明 设

$$f: \boldsymbol{a} \in [m, M]^n \to (n-1)\left(\frac{1}{n}\sum_{i=1}^{n} a_i^2 - G^2(\boldsymbol{a})\right) -$$
$$2[(n-2)m + nG(\boldsymbol{a})](A(\boldsymbol{a}) - G(\boldsymbol{a}))$$

当 $a_1 = \max\limits_{1 \leqslant i \leqslant n}\{a_i\} > a_2 = \min\limits_{1 \leqslant i \leqslant n}\{a_i\}$ 时，有

$$\frac{\partial f}{\partial a_1} = (n-1)\left(\frac{2}{n}a_1 - \frac{2}{na_1}G^2(\boldsymbol{a})\right) - \frac{2}{a_1}G(\boldsymbol{a})(A(\boldsymbol{a}) - G(\boldsymbol{a})) -$$
$$2[(n-2)m + nG(\boldsymbol{a})]\left(\frac{1}{n} - \frac{1}{na_1}G(\boldsymbol{a})\right)$$

$$a_1 \frac{\partial f}{\partial a_1} - a_2 \frac{\partial f}{\partial a_2} = \frac{2}{n}(a_1 - a_2)[(n-1)a_1 + (n-1)a_2 -$$
$$(n-2)m - nG(\boldsymbol{a})]$$

$$\geqslant \frac{2}{n}(a_1 - a_2)[(n-1)a_1 + (n-1)a_2 -$$
$$(n-2)a_2 - na_1^{(n-1)/n}a_2^{1/n}]$$

$$\geqslant 2(a_1 - a_2)\left[\frac{n-1}{n}a_1 + \frac{1}{n}a_2 - a_1^{(n-1)/n}a_2^{1/n}\right]$$

$$> 0$$

进而对于任何 $\boldsymbol{a} \in [m, M]^n$，都有 $f(\boldsymbol{a}) \geqslant f(\overline{G}(\boldsymbol{a}))$，此即为式(4.5.10)的右式.

式(4.5.10)的右式同理可证，本书在此略.

164

推论 4.5.7

$$\frac{\sum_{i=1}^{n} w_i a_i^2 - G^2(\boldsymbol{w}, \boldsymbol{a})}{2M + 2G(\boldsymbol{w}, \boldsymbol{a})} \leqslant A(\boldsymbol{w}, \boldsymbol{a}) - G(\boldsymbol{w}, \boldsymbol{a}) \leqslant \frac{\sum_{i=1}^{n} w_i a_i^2 - G^2(\boldsymbol{w}, \boldsymbol{a})}{2m + 2G(\boldsymbol{w}, \boldsymbol{a})}$$

$$(4.5.11)$$

证明 (1) 若 $w_i(i=1,2,\cdots,n)$ 都为有理数，不妨设它们的分母相同，记 $w_i = t_i / T$，则由 $\sum_{i=1}^{n} w_i = 1$ 知 $T = \sum_{i=1}^{n} t_i$，对于向量

$$\boldsymbol{a} = (\underbrace{a_1, \cdots, a_1}_{t_1}, \underbrace{a_2, \cdots, a_2}_{t_2}, \cdots, \underbrace{a_n, \cdots, a_n}_{t_n})$$

和定理 4.5.6，我们有

$$\frac{\dfrac{1}{T}\sum_{i=1}^{n} t_i a_i^2 - \left(\sqrt[T]{\prod_{i=1}^{n} a_i^{t_i}}\right)^2}{2M + 2\sqrt[T]{\prod_{i=1}^{n} a_i^{t_i}}} \leqslant \frac{1}{T}\sum_{i=1}^{n} t_i a_i - \sqrt[T]{\prod_{i=1}^{n} a_i^{t_i}}$$

$$\leqslant \frac{(T-1)\left[\dfrac{1}{T}\sum_{i=1}^{n} t_i a_i^2 - \left(\sqrt[T]{\prod_{i=1}^{n} a_i^{t_i}}\right)^2\right]}{2(T-2)m + 2T\sqrt[T]{\prod_{i=1}^{n} a_i^{t_i}}}$$

$$\frac{\sum_{i=1}^{n} w_i a_i^2 - G^2(\boldsymbol{w}, \boldsymbol{a})}{2M + 2G(\boldsymbol{w}, \boldsymbol{a})} \leqslant A(\boldsymbol{w}, \boldsymbol{a}) - G(\boldsymbol{w}, \boldsymbol{a})$$

$$\leqslant \frac{(T-1)\left[\sum_{i=1}^{n} w_i a_i^2 - G^2(\boldsymbol{w}, \boldsymbol{a})\right]}{2(T-2)m + 2(T-1)\sqrt[T]{\prod_{i=1}^{n} a_i^{t_i}} + 2m}$$

$$\frac{\sum_{i=1}^{n} w_i a_i^2 - G^2(\boldsymbol{w}, \boldsymbol{a})}{2M + 2G(\boldsymbol{w}, \boldsymbol{a})} \leqslant A(\boldsymbol{w}, \boldsymbol{a}) - G(\boldsymbol{w}, \boldsymbol{a})$$

$$\leqslant \frac{\sum_{i=1}^{n} w_i a_i^2 - G^2(\boldsymbol{w}, \boldsymbol{a})}{2m + 2G(\boldsymbol{w}, \boldsymbol{a})}$$

与定理 4.5.7 的证明相同，我们可证下述定理成立.

定理 4.5.8

$$\frac{(n-1)\left(\sum_{i=1}^{n} a_i^2 / n - G^2(\boldsymbol{a})\right)}{(2n-4)M + 2nA(\boldsymbol{a})} \leqslant A(\boldsymbol{a}) - G(\boldsymbol{a}) \leqslant \frac{\sum_{i=1}^{n} a_i^2 / n - G^2(\boldsymbol{a})}{3m + A(\boldsymbol{a})}$$

注 4.5.9 若 $w_1 = w_2 = \cdots = w_n = 1/n$,则式(4.5.7)和式(4.5.8)都强于式(4.5.2).同时利用它们仿照推论 4.5.7 的证明,我们也可以证明式(4.5.2).同时,式(4.5.11)明显强于式(4.5.3).

在参考资料[1]第 39 页和参考资料[97]中,有这样一个结果:设 $0 < a_1 \leqslant a_2 \leqslant \cdots \leqslant a_n$,则

$$\frac{1}{2n^2} \cdot \frac{a_1^3}{a_n^4} \sum_{1 \leqslant i < j \leqslant n} (a_i - a_j)^2 \leqslant G(\boldsymbol{a}) - H(\boldsymbol{a}) \leqslant \frac{1}{2n^2} \cdot \frac{a_n^3}{a_1^4} \sum_{1 \leqslant i < j \leqslant n} (a_i - a_j)^2$$

在这里,我们将其加强为

$$\frac{1}{2n^2} \cdot \frac{a_1^{(n-1)/n}}{a_n^{(2n-1)/n}} \sum_{1 \leqslant i < j \leqslant n} (a_i - a_j)^2 \leqslant G(\boldsymbol{a}) - H(\boldsymbol{a})$$

$$\leqslant \frac{1}{2n^2} \cdot \frac{a_n^{(n-3)/n}}{a_1^{(2n-3)/n}} \sum_{1 \leqslant i < j \leqslant n} (a_i - a_j)^2$$

其等价于下述定理 4.5.10.

定理 4.5.10

$$\frac{1}{2n^2} \cdot \frac{m^{(n-1)/n}}{M^{(2n-1)/n}} \sum_{1 \leqslant i < j \leqslant n} (a_i - a_j)^2 \leqslant G(\boldsymbol{a}) - H(\boldsymbol{a})$$

$$\leqslant \frac{1}{2n^2} \cdot \frac{M^{(n-3)/n}}{m^{(2n-3)/n}} \sum_{1 \leqslant i < j \leqslant n} (a_i - a_j)^2 \tag{4.5.12}$$

证明 当 $n = 2$ 时,不妨设 $a_2 \leqslant a_1$,欲证式(4.5.12),只需证

$$\frac{1}{8} \cdot \frac{a_2 (a_1 - a_2)^2}{a_1 \sqrt{a_1 a_2}} \leqslant G(\boldsymbol{a}) - H(\boldsymbol{a}) \leqslant \frac{1}{8} \cdot \frac{(a_1 - a_2)^2}{\sqrt{a_1 a_2}}$$

此式为易证,在此略.

当 $n \geqslant 3$ 时,设

$$f: \boldsymbol{a} \in [m, M]^n \to \frac{1}{2n^2} \cdot \frac{M^{(n-3)/n}}{m^{(2n-3)/n}} \sum_{1 \leqslant i < j \leqslant n} (a_i - a_j)^2 - G(\boldsymbol{a}) + H(\boldsymbol{a})$$

当 $a_1 = \max_{1 \leqslant i \leqslant n} \{a_i\} > a_2 = \min_{1 \leqslant i \leqslant n} \{a_i\}$ 时,有

$$\frac{\partial f}{\partial a_1} = \frac{1}{n^2} \cdot \frac{M^{(n-3)/n}}{m^{(2n-3)/n}} \sum_{2 \leqslant i \leqslant n} (a_1 - a_i) - \frac{1}{n a_1} G(\boldsymbol{a}) + \frac{n}{\left(\sum\limits_{i=1}^{n} a_i^{-1}\right)^2} a_1^{-2}$$

$$= \frac{M^{(n-3)/n}}{n m^{(2n-3)/n}} (a_1 - A(\boldsymbol{a})) - \frac{1}{n a_1} G(\boldsymbol{a}) + \frac{n}{\left(\sum\limits_{i=1}^{n} a_i^{-1}\right)^2} a_1^{-2}$$

$$a_1^2 \frac{\partial f}{\partial a_1} - a_2^2 \frac{\partial f}{\partial a_2}$$

$$= \frac{a_1 - a_2}{n} \left[\frac{M^{(n-3)/n}}{m^{(2n-3)/n}} (a_1^2 + a_1 a_2 + a_2^2 - (a_1 + a_2) A(\boldsymbol{a})) - G(\boldsymbol{a}) \right]$$

最值定理与分析不等式

$$\geqslant \frac{a_1 - a_2}{n}\left[\frac{a_1^{(n-3)/n}}{a_2^{(2n-3)/n}}\left(a_1^2 + a_1 a_2 + a_2^2 - \right.\right.$$

$$\left.\left.(a_1 + a_2)\left(\frac{n-1}{n}a_1 + \frac{1}{n}a_2\right)\right) - a_1^{(n-1)/n}a_2^{1/n}\right]$$

$$= \frac{a_1 - a_2}{n}\left[\frac{a_1^{(n-3)/n}}{na_2^{(2n-3)/n}}(a_1^2 + (n-1)a_2^2) - a_1^{(n-1)/n}a_2^{1/n}\right]$$

$$> \frac{a_1 - a_2}{n}\left[\frac{a_1^{(n-3)/n}}{a_2^{(2n-3)/n}}a_1^{2/n}a_2^{2(n-1)/n} - a_1^{(n-1)/n}a_2^{1/n}\right]$$

$$= 0$$

根据推论 4.1.6(其中 $p = -1$)知,对于任何 $\boldsymbol{a} \in [m, M]^n$ 都有 $f(\boldsymbol{a}) \geqslant f(\overline{H}(\boldsymbol{a}))$,此即为式(4.5.12)的右式.

式(4.5.12)的左式同理可证,本书在此略.

定理 4.5.11(即定理 1.9.5)

(1) 若 $\alpha > n$,则

$$\frac{\alpha^2}{2n^2}m^{\alpha-2}\sum_{1\leqslant k,j\leqslant n}(a_k - a_j)^2 \leqslant A(\boldsymbol{a}^\alpha) - G(\boldsymbol{a}^\alpha) \leqslant \frac{\alpha^2}{2n^2}M^{\alpha-2}\sum_{1\leqslant k,j\leqslant n}(a_k - a_j)^2$$
$$(4.5.13)$$

(2) 若 $2 \leqslant \alpha \leqslant n$,则

$$\frac{\alpha}{2n(n-1)}m^{\alpha-2}\sum_{1\leqslant k,j\leqslant n}(a_k - a_j)^2 \leqslant A(\boldsymbol{a}^\alpha) - G(\boldsymbol{a}^\alpha) \leqslant \frac{\alpha}{2n}M^{\alpha-2}\sum_{1\leqslant k,j\leqslant n}(a_k - a_j)^2$$
$$(4.5.14)$$

(3) 若 $n/(n-1) < \alpha \leqslant 2$,则

$$\frac{\alpha}{2n(n-1)M^{2-\alpha}}\sum_{1\leqslant k,j\leqslant n}(a_k - a_j)^2 \leqslant A(\boldsymbol{a}^\alpha) - G(\boldsymbol{a}^\alpha) \leqslant \frac{\alpha}{2nm^{2-\alpha}}\sum_{1\leqslant k,j\leqslant n}(a_k - a_j)^2$$
$$(4.5.15)$$

(4) 若 $0 < \alpha \leqslant n/(n-1)$,则

$$\frac{\alpha^2}{2n^2M^{2-\alpha}}\sum_{1\leqslant k<j\leqslant n}(a_k - a_j)^2 \leqslant A(\boldsymbol{a}^\alpha) - G(\boldsymbol{a}^\alpha) \leqslant \frac{\alpha^2}{2n^2m^{2-\alpha}}\sum_{1\leqslant k<j\leqslant n}(a_k - a_j)^2$$
$$(4.5.16)$$

证明 利用推论 4.1.5,可证式(4.5.13)、式(4.5.15)和式(4.5.16),证明方法同下方式(4.5.14)的证明. 我们在此略.

当 $2 \leqslant \alpha \leqslant n$ 时,设

$$f: \boldsymbol{a} \in [m, M]^n \to \frac{\alpha}{2n}M^{\alpha-2}\sum_{1\leqslant k,j\leqslant n}(a_k - a_j)^2 - A(\boldsymbol{a}^\alpha) + G(\boldsymbol{a}^\alpha)$$

在 $a_1 = \max_{1\leqslant i\leqslant n}\{a_i\} > a_2 = \min_{1\leqslant i\leqslant n}\{a_i\}$ 条件下

$$\frac{\partial f}{\partial a_1} = \frac{\alpha}{n}M^{\alpha-2}\sum_{2\leqslant i\leqslant n}(a_1 - a_i) - \frac{\alpha}{n}a_1^{\alpha-1} + \frac{\alpha}{na_1}G(\boldsymbol{a}^\alpha)$$

$$= \frac{\alpha}{n}\left[nM^{\alpha-2}(a_1 - A(\boldsymbol{a})) - a_1^{\alpha-1} + \frac{1}{a_1}G(\boldsymbol{a}^{\alpha})\right]$$

$$\frac{n}{\alpha}\left(a_1\frac{\partial f}{\partial a_1} - a_2\frac{\partial f}{\partial a_2}\right) = nM^{\alpha-2}\left[a_1^2 - a_2^2 - (a_1 - a_2)A(\boldsymbol{a})\right] - a_1^{\alpha} + a_2^{\alpha}$$

$$\geqslant na_1^{\alpha-2}\left[a_1^2 - a_2^2 - (a_1 - a_2)\left(\frac{n-1}{n}a_1 + \frac{1}{n}a_2\right)\right] - a_1^{\alpha} + a_2^{\alpha}$$

$$= (n-2)a_1^{\alpha-1}a_2 - (n-1)a_1^{\alpha-2}a_2^2 + a_2^{\alpha}$$

$$= a_2^{\alpha}\left[(n-2)t^{\alpha-1} - (n-1)t^{\alpha-2} + 1\right]$$

其中 $t = a_1/a_2 \in (1, +\infty)$. 此时利用导数知识,易证 $(n-2)t^{\alpha-1} - (n-1)t^{\alpha-2} + 1 > 0$. 至此知 $a_1\partial f(\boldsymbol{a})/\partial a_1 - a_2\partial f(\boldsymbol{a})/\partial a_2 > 0$,根据推论4.1.5知,对于任何 $\boldsymbol{a} \in [m, M]^n$,都有 $f(\boldsymbol{a}) \geqslant f(\overline{G}(\boldsymbol{a}))$,此即为式(4.5.14)的右式.

当 $2 \leqslant \alpha \leqslant n$ 时,设

$$g: \boldsymbol{a} \in [m, M]^n \to A(\boldsymbol{a}^{\alpha}) - G(\boldsymbol{a}^{\alpha}) - \frac{\alpha}{2n(n-1)}m^{\alpha-2}\sum_{1 \leqslant k,j \leqslant n}(a_k - a_j)^2$$

在 $a_1 = \max\limits_{1 \leqslant i \leqslant n}\{a_i\} > a_2 = \min\limits_{1 \leqslant i \leqslant n}\{a_i\}$ 的条件下

$$\frac{n}{\alpha}\left(a_1\frac{\partial f}{\partial a_1} - a_2\frac{\partial f}{\partial a_2}\right)$$

$$= a_1^{\alpha} - a_2^{\alpha} - \frac{n}{n-1}m^{\alpha-2}\left[a_1^2 - a_2^2 - (a_1 - a_2)A(\boldsymbol{a})\right]$$

$$\geqslant a_1^{\alpha} - a_2^{\alpha} - \frac{n}{n-1}a_2^{\alpha-2}\left[a_1^2 - a_2^2 - (a_1 - a_2)\left(\frac{1}{n}a_1 + \frac{n-1}{n}a_2\right)\right]$$

$$= a_1^2(a_1^{\alpha-2} - a_2^{\alpha-2}) + \frac{n-2}{n-1}a_2^{\alpha-1}(a_1 - a_2)$$

所以当 $\alpha > 2$ 时,我们有 $a_1\partial g(\boldsymbol{a})/\partial a_1 - a_2\partial g(\boldsymbol{a})/\partial a_2 > 0$,根据推论4.1.5知,对于任何 $\boldsymbol{a} \in [m, M]^n$,都有 $g(\boldsymbol{a}) \geqslant g(\overline{G}(\boldsymbol{a}))$,此即为式(4.5.14)的左式.由于连续性,当 $\alpha = 2$ 时,显然式(4.5.14)也成立.

4.6 有关 $A(\boldsymbol{a}) - G(\boldsymbol{a})$ 的上、下界的不等式(2)

本节没有使用4.5节中的符号,结果主要摘自参考资料[167][168].

引理4.6.1 设 $k, n \in \mathbb{N}_{++}, 3 \leqslant k \leqslant n, b_2, b_3, \cdots, b_n > 0$ 且 $b_2 \leqslant b_i (3 \leqslant i \leqslant n)$,则有

$$(k-1)\sum_{3 \leqslant i_2 < \cdots < i_k \leqslant n}\left(\prod_{j=2}^{k}b_{i_j}\right) \geqslant (n-k)b_2\sum_{3 \leqslant i_3 < \cdots < i_k \leqslant n}\left(\prod_{j=3}^{k}b_{i_j}\right)$$

证明 对 n 进行数学归纳法.当 $n = 3$ 时,易知命题为真.假设命题对于 $n-1$ 成立,当 $n \geqslant 4$ 时,设

$$f(b_2, b_3, \cdots, b_n) = (k-1) \sum_{3 \leqslant i_2 < \cdots < i_k \leqslant n} \left(\prod_{j=2}^{k} b_{i_j} \right) -$$

$$(n-k) b_2 \sum_{3 \leqslant i_3 < \cdots < i_k \leqslant n} \left(\prod_{j=3}^{k} b_{i_j} \right)$$

有

$$\frac{\partial f(b_2, b_3, \cdots, b_n)}{b_n} = (k-1) \sum_{3 \leqslant i_2 < \cdots < i_{k-1} \leqslant n-1} \left(\prod_{j=2}^{k-1} b_{i_j} \right) -$$

$$(n-k) b_2 \sum_{3 \leqslant i_3 < \cdots < i_{k-1} \leqslant n-1} \left(\prod_{j=3}^{k-1} b_{i_j} \right)$$

根据假设

$$\sum_{3 \leqslant i_2 < \cdots < i_{k-1} \leqslant n-1} \left(\prod_{j=2}^{k-1} b_{i_j} \right) \geqslant \frac{n-1-(k-1)}{k-2} \cdot b_2 \sum_{3 \leqslant i_3 < \cdots < i_{k-1} \leqslant n-1} \left(\prod_{j=3}^{k-1} b_{i_j} \right)$$

进而有

$$\frac{\partial f(b_2, b_3, \cdots, b_n)}{b_n} \geqslant \frac{n-k}{k-2} \cdot b_2 \sum_{3 \leqslant i_2 < \cdots < i_{k-1} \leqslant n-1} \left(\prod_{j=2}^{k-1} b_{i_j} \right) \geqslant 0$$

所以 $f(b_2, b_3, \cdots, b_n)$ 关于 b_n 是单调递增函数,同理可证 $f(b_2, b_3, \cdots, b_n)$ 关于 $b_i (i=3,4,\cdots,n)$ 是单调递增函数,进而有

$$f(b_2, b_3, \cdots, b_n) \geqslant f(b_2, b_2, \cdots, b_2)$$

$$= (k-1) \sum_{3 \leqslant i_2 < \cdots < i_k \leqslant n} \left(\prod_{j=2}^{k} b_2 \right) - (n-k) b_2 \sum_{3 \leqslant i_3 < \cdots < i_k \leqslant n} \left(\prod_{j=3}^{k} b_2 \right)$$

$$= b_2^{k-2} \left[(k-1) \sum_{3 \leqslant i_2 < \cdots < i_k \leqslant n} 1 - (n-k) \sum_{3 \leqslant i_3 < \cdots < i_k \leqslant n} 1 \right]$$

$$= b_2^{k-2} \left[(k-1) C_{n-2}^{k-2} - (n-k) C_{n-2}^{k-2} \right] = 0$$

引理 4.6.1 证毕.

定理 4.6.2 设 $n, k \in \mathbb{N}, n \geqslant 2, 1 \leqslant k \leqslant n, \boldsymbol{a} = (a_1, a_2, \cdots, a_n)^n \in (0, +\infty)^n, \boldsymbol{a}$ 的 k 次 Hamy 平均为 $\sigma_n(\boldsymbol{a}, k) = \dfrac{1}{C_n^k} \sum_{1 \leqslant i_1 < \cdots < i_k \leqslant n} \left(\prod_{j=1}^{k} a_{i_j} \right)^{1/k}$,则

$$(A_n(\boldsymbol{a}^{1/k}))^{kp} \cdot (G_n(\boldsymbol{a}^{1/k}))^{k(1-p)} \leqslant \sigma_n(\boldsymbol{a}, k) \leqslant q A_n(\boldsymbol{a}) + (1-q) G_n(\boldsymbol{a}) \tag{4.6.1}$$

其中 $q = \dfrac{n-k}{n-1}$ 和 $p = \dfrac{n-k}{kn-k}$ 为最佳.

证明 当 $n=2$ 或 $k=1$ 或 $k=n$ 时,定理显然为真. 下设 $n \geqslant 3$.

(1) 在 $3 \leqslant k \leqslant n-1$ 的情形下,式(4.6.1)的左式证明如下.

设 $f: \boldsymbol{a} \in (0, +\infty)^n \to q A_n(\boldsymbol{a}) + (1-q) G_n(\boldsymbol{a}) - \sigma_n(\boldsymbol{a}, k)$,则

$$f(\boldsymbol{a}) = \frac{n-k}{n(n-1)} \sum_{i=1}^{n} a_i + \frac{k-1}{n-1} \sqrt[n]{\prod_{i=1}^{n} a_i} - \frac{1}{C_n^k} \sum_{1 \leqslant i_1 < \cdots < i_k \leqslant n} \left(\prod_{j=1}^{k} a_{i_j} \right)^{1/k}$$

$$\frac{\partial f(\boldsymbol{a})}{\partial a_1} = \frac{n-k}{n(n-1)} + \frac{k-1}{n(n-1)a_1}\sqrt[n]{\prod_{i=1}^n a_i} - \frac{1}{kC_n^k}\sum_{2\leqslant i_2<\cdots<i_k\leqslant n}\frac{1}{a_1}\Big(a_1\prod_{j=2}^k a_{i_j}\Big)^{1/k}$$

和

$$a_1\frac{\partial f(\boldsymbol{a})}{\partial a_1} = \frac{n-k}{n(n-1)}a_1 + \frac{k-1}{n(n-1)}\sqrt[n]{\prod_{i=1}^n a_i} - \frac{1}{kC_n^k}\sum_{2\leqslant i_2<\cdots<i_k\leqslant n}\Big(a_1\prod_{j=2}^k a_{i_j}\Big)^{1/k}$$

$$= \frac{n-k}{n(n-1)}a_1 + \frac{k-1}{n(n-1)}\sqrt[n]{\prod_{i=1}^n a_i} -$$

$$\frac{1}{kC_n^k}\Big[\sum_{3\leqslant i_2<\cdots<i_k\leqslant n}\Big(a_1\prod_{j=2}^k a_{i_j}\Big)^{1/k} + \sum_{3\leqslant i_3<\cdots<i_k\leqslant n}\Big(a_1 a_2\prod_{j=3}^k a_{i_j}\Big)^{1/k}\Big]$$

根据对称性,我们也有

$$a_2\frac{\partial f(\boldsymbol{a})}{\partial a_2} = \frac{n-k}{n(n-1)}a_2 + \frac{k-1}{n(n-1)}\sqrt[n]{\prod_{i=1}^n a_i} -$$

$$\frac{1}{kC_n^k}\Big[\sum_{3\leqslant i_2<\cdots<i_k\leqslant n}\Big(a_2\prod_{j=2}^k a_{i_j}\Big)^{1/k} + \sum_{3\leqslant i_3<\cdots<i_k\leqslant n}\Big(a_1 a_2\prod_{j=3}^k a_{i_j}\Big)^{1/k}\Big]$$

当 $a_1 = \max\limits_{1\leqslant i\leqslant n}\{a_i\} > a_2 = \min\limits_{1\leqslant i\leqslant n}\{a_i\}$ 和

$$a_1\frac{\partial f(\boldsymbol{a})}{\partial a_1} - a_2\frac{\partial f(\boldsymbol{a})}{\partial a_2} = \frac{n-k}{n(n-1)}(a_1-a_2) - \frac{a_1^{1/k}-a_2^{1/k}}{kC_n^k}\sum_{3\leqslant i_2<\cdots<i_k\leqslant n}\Big(\prod_{j=2}^k a_{i_j}\Big)^{1/k}$$

$$\geqslant \frac{n-k}{n(n-1)}(a_1-a_2) - \frac{a_1^{1/k}-a_2^{1/k}}{kC_n^k}\sum_{3\leqslant i_2<\cdots<i_k\leqslant n}\Big(\prod_{j=2}^k a_1\Big)^{1/k}$$

$$= \frac{n-k}{n(n-1)}(a_1-a_2) - \frac{a_1^{1/k}-a_2^{1/k}}{kC_n^k}\sum_{3\leqslant i_2<\cdots<i_k\leqslant n}a_1^{(k-1)/k}$$

$$= \frac{n-k}{n(n-1)}(a_1-a_2) - \frac{C_{n-2}^{k-1}}{kC_n^k}(a_1^{1/k}-a_2^{1/k})a_1^{(k-1)/k}$$

$$= \frac{n-k}{n(n-1)}(a_1^{(k-1)/k}-a_2^{(k-1)/k})a_2^{1/k}$$

$$> 0$$

时,对于任何 $\boldsymbol{a}\in(0,+\infty)^n$,都有 $f(\boldsymbol{a})\geqslant f(\overline{G}_n(\boldsymbol{a}))=0$,即

$$\sigma_n(\boldsymbol{a},k)\leqslant qA_n(\boldsymbol{a})+(1-q)G_n(\boldsymbol{a})$$

成立.

(2) 在 $3\leqslant k\leqslant n-1$ 的情形下,式(4.6.1)的右式的证明如下.

只要证

$$\frac{1}{C_n^k}\sum_{1\leqslant i_1<\cdots<i_k\leqslant n}\Big(\prod_{j=1}^k a_{i_j}\Big)^{1/k} \geqslant \frac{1}{n^p}\Big(\sum_{i=1}^n a_i^{1/k}\Big)^{kp}\Big(\prod_{i=1}^n a_i\Big)^{(1-p)/n}$$

令 $a_i = b_i^k (i=1,2,\cdots,n)$,即只要证

$$\frac{1}{C_n^k}\sum_{1\leqslant i_1<\cdots<i_k\leqslant n}\Big(\prod_{j=1}^k b_{i_j}\Big) \geqslant \frac{1}{n^p}\Big(\sum_{i=1}^n b_i\Big)^{kp}\Big(\prod_{i=1}^n b_i\Big)^{\frac{k(1-p)}{n}} \qquad (4.6.2)$$

设

$$g:\boldsymbol{b} \in (0,+\infty)^n \to \frac{1}{C_n^k} \sum_{1\leqslant i_1<\cdots<i_k\leqslant n} \Big(\prod_{j=1}^k b_{i_j}\Big) \cdot \Big(\prod_{i=1}^n b_i\Big)^{-\frac{k(1-p)}{n}} - \frac{1}{n^p}\Big(\sum_{i=1}^n b_i\Big)^p$$

则

$$\frac{\partial g(\boldsymbol{b})}{\partial b_1} = \frac{1}{C_n^k}\Big[\sum_{2\leqslant i_2<\cdots<i_k\leqslant n}\Big(\prod_{j=2}^k b_{i_j}\Big) - \frac{k(1-p)}{nb_1}\sum_{1\leqslant i_1<\cdots<i_k\leqslant n}\Big(\prod_{j=1}^k b_{i_j}\Big)\Big]\Big(\prod_{i=1}^n b_i\Big)^{-\frac{k(1-p)}{n}} -$$

$$\frac{p}{n^p}\Big(\sum_{i=1}^n b_i\Big)^{p-1}$$

及

$$\frac{\partial g(\boldsymbol{b})}{\partial b_1} - \frac{\partial g(\boldsymbol{b})}{\partial b_2} = \frac{1}{C_n^k}\Big[(b_2 - b_1)\sum_{3\leqslant i_3<\cdots<i_k\leqslant n}\Big(\prod_{j=3}^k b_{i_j}\Big) -$$

$$\frac{k(1-p)}{n}\Big(\frac{1}{b_1}-\frac{1}{b_2}\Big)\sum_{1\leqslant i_1<\cdots<i_k\leqslant n}\Big(\prod_{j=1}^k b_{i_j}\Big)\Big]\Big(\prod_{i=1}^n b_i\Big)^{-\frac{k(1-p)}{n}}$$

要证$\dfrac{\partial g(\boldsymbol{b})}{\partial b_1} > \dfrac{\partial g(\boldsymbol{b})}{\partial b_2}$,只要证

$$\frac{k(1-p)}{nb_1 b_2}(b_1-b_2)\sum_{1\leqslant i_1<\cdots<i_k\leqslant n}\Big(\prod_{j=1}^k b_{i_j}\Big) - (b_1-b_2)\sum_{3\leqslant i_3<\cdots<i_k\leqslant n}\Big(\prod_{j=3}^k b_{i_j}\Big) > 0$$

考虑到 $p=\dfrac{n-k}{kn-k}$ 和 $b_1 > b_2$,只要证

$$\frac{k-1}{n-1}\sum_{1\leqslant i_1<\cdots<i_k\leqslant n}\Big(\prod_{j=1}^k b_{i_j}\Big) > b_1 b_2 \sum_{3\leqslant i_3<\cdots<i_k\leqslant n}\Big(\prod_{j=3}^k b_{i_j}\Big)$$

又因为

$$\sum_{1\leqslant i_1<\cdots<i_k\leqslant n}\Big(\prod_{j=1}^k b_{i_j}\Big)$$

$$= b_1 b_2 \sum_{3\leqslant i_3<\cdots<i_k\leqslant n}\Big(\prod_{j=3}^k b_{i_j}\Big) + (b_1+b_2)\sum_{3\leqslant i_2<\cdots<i_k\leqslant n}\Big(\prod_{j=2}^k b_{i_j}\Big) + \sum_{3\leqslant i_1<\cdots<i_k\leqslant n}\Big(\prod_{j=1}^k b_{i_j}\Big)$$

$$> b_1 b_2 \sum_{3\leqslant i_3<\cdots<i_k\leqslant n}\Big(\prod_{j=3}^k b_{i_j}\Big) + b_1\sum_{3\leqslant i_2<\cdots<i_k\leqslant n}\Big(\prod_{j=2}^k b_{i_j}\Big)$$

所以只要证

$$\frac{k-1}{n-1}\Big[b_1 b_2 \sum_{3\leqslant i_3<\cdots<i_k\leqslant n}\Big(\prod_{j=3}^k b_{i_j}\Big) + b_1\sum_{3\leqslant i_2<\cdots<i_k\leqslant n}\Big(\prod_{j=2}^k b_{i_j}\Big)\Big]$$

$$\geqslant b_1 b_2 \sum_{3\leqslant i_3<\cdots<i_k\leqslant n}\Big(\prod_{j=3}^k b_{i_j}\Big) \Leftrightarrow (k-1)\sum_{3\leqslant i_2<\cdots<i_k\leqslant n}\Big(\prod_{j=2}^k b_{i_j}\Big)$$

$$\geqslant (n-k)b_2\sum_{3\leqslant i_3<\cdots<i_k\leqslant n}\Big(\prod_{j=3}^k b_{i_j}\Big)$$

至此由引理 4.6.1 知$\dfrac{\partial g(\boldsymbol{b})}{\partial b_1} > \dfrac{\partial g(\boldsymbol{b})}{\partial b_2}$,进而可得,对于任何 $\boldsymbol{b} \in (0,+\infty)^n$,

都有 $g(\boldsymbol{a}) \geqslant g(\overline{A}_n(\boldsymbol{a})) = 0$，此即为式(4.6.2)，从而式(4.6.1)的右式也成立.

(3) 在 $k=2$ 的情形下，式(4.6.1)等价化为

$$\left(\frac{1}{n}\sum_{i=1}^{n}\sqrt{a_i}\right)^{\frac{n-2}{n-1}} \cdot \left(\prod_{i=1}^{n}a_i\right)^{\frac{1}{2(n-1)}} \leqslant \frac{2}{n(n-1)}\sum_{1\leqslant i_1<i_2\leqslant n}\sqrt{a_{i_1}a_{i_2}}$$

$$\leqslant \frac{n-2}{n-1}A_n(\boldsymbol{a}) + \frac{1}{n-1}G_n(\boldsymbol{a})$$

它的左、右式的证明分别类似以上两种方法，而且在记法上会简洁许多，我们不再在此重复，读者可尝试证明.

(4) 下证 q 和 p 的最佳性.

取特例 $\boldsymbol{a} = (1,1,\cdots,1,t)\ (t>0, t\neq 1)$，式(4.6.1)的右式化为

$$\frac{1}{C_n^k}(t^{1/k}C_{n-1}^{k-1} + C_{n-1}^k) \leqslant \frac{q(n-1+t)}{n} + (1-q)t^{\frac{1}{n}}$$

$$q \geqslant \frac{kt^{1/k} + n - k - nt^{\frac{1}{n}}}{n-1+t-nt^{\frac{1}{n}}}$$

令 $t \to 0^+$，我们有

$$q \geqslant \lim_{t\to 0^+}\frac{kt^{1/k}+n-k-nt^{\frac{1}{n}}}{n-1+t-nt^{\frac{1}{n}}} = \frac{n-k}{n-1}$$

所以 $q = \dfrac{n-k}{n-1}$ 时具有最佳性.

取特例 $\boldsymbol{a} = (1,1,\cdots,1,t)\ (t>0, t\neq 1)$，式(4.6.1)的左式化为

$$\left(\frac{n-1+t^{1/k}}{n}\right)^{kp} \cdot t^{\frac{1-p}{n}} \leqslant \frac{1}{C_n^k}(t^{1/k}C_{n-1}^{k-1} + C_{n-1}^k)$$

当 $t \to +\infty$ 时，比较上式 t 的最高次方，我们有

$$p + \frac{1-p}{n} \leqslant \frac{1}{k}, kn p + k - kp \leqslant n, p \leqslant \frac{n-k}{kn-k}$$

故 $p = \dfrac{n-k}{kn-k}$ 的最佳性得证.

至此定理 4.6.2 证毕.

引理 4.6.3　设 $n \geqslant 2$，则 $n^3 - 2n^2\sqrt{n} + 2n\sqrt{n} - n + 1 > 0$.

证明　设 $h: x \in (2, +\infty) \to x^3 - 2x^{\frac{5}{2}} + 2x^{\frac{3}{2}} - x + 1$，有

$$h'(x) = 3x^2 - 5x^{\frac{3}{2}} + 3x^{\frac{1}{2}} - 1$$

$$h''(x) = 6x - \frac{15}{2}x^{\frac{1}{2}} + \frac{3}{2}x^{-\frac{1}{2}} = (\sqrt{x}-1)\left(6\sqrt{x} - \frac{3}{2} - \frac{3}{2\sqrt{x}}\right)$$

$$\geqslant (\sqrt{2}-1)\left(6\sqrt{2} - \frac{3}{2} - \frac{3}{2\sqrt{2}}\right) > 1$$

所以 $h'(x)$ 为单调递增函数

Extremum Theorem and Analytic Inequalities

$$h'(x) \geqslant h'(2) = 12 - 7\sqrt{2} - 1 > 0$$

进而有 $h(x)$ 单调递增和 $h(n) \geqslant h(2) = 8 - 4\sqrt{2} - 1 > 0$. 引理 4.6.3 得证.

定理 4.6.4 设 $\boldsymbol{a} = (a_1, a_2, \cdots, a_n) \in (0, +\infty)^n$, 则

$$\frac{1}{n\sqrt{n}}(A(\boldsymbol{a}) - G(\boldsymbol{a})) \leqslant S(\boldsymbol{a}) - A(\boldsymbol{a}) \leqslant \sqrt{n}(A(\boldsymbol{a}) - G(\boldsymbol{a})) \quad (4.6.3)$$

证明 (1) 设 $f: \boldsymbol{a} \in (0, +\infty)^n \to \sqrt{n}(A(\boldsymbol{a}) - G(\boldsymbol{a})) - (S(\boldsymbol{a}) - A(\boldsymbol{a}))$. 因为

$$A(\boldsymbol{a}) = \frac{1}{n}\sum_{i=1}^{n}a_i, G(\boldsymbol{a}) = \sqrt[n]{\prod_{i=1}^{n}a_i}, S(\boldsymbol{a}) = \sqrt{\frac{1}{n}\sum_{i=1}^{n}a_i^2}$$

所以

$$\frac{\partial f}{\partial a_1} = \sqrt{n}\left(\frac{1}{n} - \frac{1}{na_1}G(\boldsymbol{a})\right) - \left(\frac{a_1}{\sqrt{n} \cdot \sqrt{\sum\limits_{i=1}^{n}a_i^2}} - \frac{1}{n}\right)$$

$$a_1\frac{\partial f}{\partial a_1} = \frac{\sqrt{n}+1}{n}a_1 - \frac{\sqrt{n}}{n}G(\boldsymbol{a}) - \frac{a_1^2}{\sqrt{n} \cdot \sqrt{\sum\limits_{i=1}^{n}a_i^2}}$$

和

$$a_1\frac{\partial f}{\partial a_1} - a_2\frac{\partial f}{\partial a_2} = \frac{\sqrt{n}+1}{n}(a_1 - a_2) - \frac{a_1^2 - a_2^2}{\sqrt{n} \cdot \sqrt{\sum\limits_{i=1}^{n}a_i^2}}$$

$$= \frac{a_1 - a_2}{n\sqrt{\sum\limits_{i=1}^{n}a_i^2}}\left[(\sqrt{n}+1)\sqrt{\sum_{i=1}^{n}a_i^2} - \sqrt{n}(a_1 + a_2)\right]$$

当 $a_1 = \max\limits_{1\leqslant i\leqslant n}\{a_i\} > a_2 = \min\limits_{1\leqslant i\leqslant n}\{a_i\}$ 时

$$a_1\frac{\partial f}{\partial a_1} - a_2\frac{\partial f}{\partial a_2}$$

$$\geqslant \frac{a_1 - a_2}{n\sqrt{\sum\limits_{i=1}^{n}a_i^2}}\left[(\sqrt{n}+1)\sqrt{a_1^2 + (n-1)a_2^2} - \sqrt{n}(a_1 + a_2)\right]$$

$$= \frac{a_1 - a_2}{n\sqrt{\sum\limits_{i=1}^{n}a_i^2}} \cdot \frac{(\sqrt{n}+1)^2(a_1^2 + (n-1)a_2^2) - n(a_1 + a_2)^2}{(\sqrt{n}+1)\sqrt{a_1^2 + (n-1)a_2^2} + \sqrt{n}(a_1 + a_2)}$$

$$= \frac{a_1 - a_2}{n\sqrt{\sum\limits_{i=1}^{n}a_i^2}} \cdot \frac{(2\sqrt{n}+1)a_1^2 - 2na_1a_2 + (n^2 + 2n\sqrt{n} - n - 2\sqrt{n} - 1)a_2^2}{(\sqrt{n}+1)\sqrt{a_1^2 + (n-1)a_2^2} + \sqrt{n}(a_1 + a_2)}$$

$$> \frac{a_1 - a_2}{n\sqrt{\sum\limits_{i=1}^{n} a_i^2}} \cdot \frac{2\sqrt{n}a_1^2 - 2na_1a_2 + (n^2 + 2n\sqrt{n} - n - 2\sqrt{n})a_2^2}{(\sqrt{n}+1)\sqrt{a_1^2 + (n-1)a_2^2} + \sqrt{n}(a_1 + a_2)}$$

因为对于 $n \geqslant 2$,易证 $2n\sqrt{n} - n - 2\sqrt{n} > 0$,进而有

$$a_1 \frac{\partial f}{\partial a_1} - a_2 \frac{\partial f}{\partial a_2} > \frac{a_1 - a_2}{n\sqrt{\sum\limits_{i=1}^{n} a_i^2}} \cdot \frac{2\sqrt{n}a_1^2 - 2na_1a_2 + n^2a_2^2}{(\sqrt{n}+1)\sqrt{a_1^2 + (n-1)a_2^2} + \sqrt{n}(a_1 + a_2)}$$

$$> \frac{a_1 - a_2}{n\sqrt{\sum\limits_{i=1}^{n} a_i^2}} \cdot \frac{2\sqrt{2\sqrt{n}n^2}\,a_1a_2 - 2na_1a_2}{(\sqrt{n}+1)\sqrt{a_1^2 + (n-1)a_2^2} + \sqrt{n}(a_1 + a_2)}$$

$$> 0$$

至此,对于任意的 $a \in D$,都有 $f(a) \geqslant f(\overline{G}(a))$,即

$$\sqrt{n}(A(a) - G(a)) - (S(a) - A(a))$$

$$\geqslant \sqrt{n}(A(\overline{G}(a)) - G(\overline{G}(a))) - (S(\overline{G}(a)) - A(\overline{G}(a))) = 0$$

即知式(4.6.3)的右式成立.

(2) 设 $g: a \in (0, +\infty)^n \to S(a) - A(a) - \dfrac{1}{n\sqrt{n}}(A(a) - G(a))$,有

$$\frac{\partial g}{\partial a_1} = \left(\frac{a_1}{\sqrt{n} \cdot \sqrt{\sum\limits_{i=1}^{n} a_i^2}} - \frac{1}{n} \right) - \frac{1}{n\sqrt{n}} \left(\frac{1}{n} - \frac{1}{na_1} G(a) \right)$$

$$a_1 \frac{\partial g}{\partial a_1} = \left(\frac{a_1^2}{\sqrt{n} \cdot \sqrt{\sum\limits_{i=1}^{n} a_i^2}} - \frac{a_1}{n} \right) - \frac{1}{n\sqrt{n}} \left(\frac{a_1}{n} - \frac{1}{n} G(a) \right)$$

和

$$a_1 \frac{\partial g}{\partial a_1} - a_2 \frac{\partial g}{\partial a_2} = \frac{a_1^2 - a_2^2}{\sqrt{n} \cdot \sqrt{\sum\limits_{i=1}^{n} a_i^2}} - \left(\frac{1}{n} + \frac{1}{n^2\sqrt{n}} \right)(a_1 - a_2)$$

$$= \frac{a_1 - a_2}{n^2\sqrt{n}\sqrt{\sum\limits_{i=1}^{n} a_i^2}} \left(n^2(a_1 + a_2) - (n\sqrt{n} + 1)\sqrt{\sum\limits_{i=1}^{n} a_i^2} \right)$$

当 $a_1 = \max\limits_{1 \leqslant i \leqslant n}\{a_i\} > a_2 = \min\limits_{1 \leqslant i \leqslant n}\{a_i\}$ 时

$$a_1 \frac{\partial g}{\partial a_1} - a_2 \frac{\partial g}{\partial a_2}$$

$$\geqslant \frac{a_1 - a_2}{n^2\sqrt{n}\sqrt{\sum\limits_{i=1}^{n} a_i^2}} \left(n^2(a_1 + a_2) - (n\sqrt{n} + 1)\sqrt{(n-1)a_1^2 + a_2^2} \right)$$

最值定理与分析不等式

$$= \frac{a_1 - a_2}{n^2 \sqrt{n} \sqrt{\sum_{i=1}^{n} a_i^2}} \cdot \frac{n^4 (a_1 + a_2)^2 - (n\sqrt{n} + 1)^2 [(n-1)a_1^2 + a_2^2]}{n^2 (a_1 + a_2) + (n\sqrt{n} + 1)\sqrt{(n-1)a_1^2 + a_2^2}}$$

$$= \frac{a_1 - a_2}{n^2 \sqrt{n} \sqrt{\sum_{i=1}^{n} a_i^2}} \cdot$$

$$\frac{(n^3 - 2n^2\sqrt{n} + 2n\sqrt{n} - n + 1) a_1^2 + 2n^4 a_1 a_2 + (n^4 - (n\sqrt{n} + 1)^2) a_2^2}{n^2 (a_1 + a_2) + (n\sqrt{n} + 1)\sqrt{(n-1)a_1^2 + a_2^2}}$$

对于 $n \geqslant 2$, $n^4 - (n\sqrt{n} + 1)^2 > 0$ 显然成立. 根据引理 4.6.3, 我们知 $a_1 \frac{\partial g}{\partial a_1} - a_2 \frac{\partial g}{\partial a_2} > 0$. 由此知, 对于任意的 $a \in D$, 都有 $g(a) \geqslant g(\overline{G}(a))$, 此即为式(4.6.3) 的左式.

定理 4.6.5 设 $a = (a_1, a_2, \cdots, a_n) \in (0, +\infty)^n$, 则

$$\sqrt{\frac{n}{n-1}}(A(a) - G(a)) \leqslant S(a) - G(a) \leqslant \frac{n}{\sqrt{n-1}}(A(a) - G(a))$$

$$(4.6.4)$$

证明 设 $\alpha \in \mathbb{R}$, $\alpha < 1$, 有

$$f: a \in (0, +\infty)^n \to \frac{n}{\sqrt{n-1}}(A(a) - G(a)) - S(a) + G(a)$$

即有

$$\frac{\partial f}{\partial a_1} = \frac{n}{\sqrt{n-1}}\left(\frac{1}{n} - \frac{1}{na_1}G(a)\right) - \alpha \left(\frac{a_1}{\sqrt{n\sum_{i=1}^{n} a_i^2}} - \frac{1}{na_1}G(a)\right)$$

$$a_1 \frac{\partial f}{\partial a_1} = \frac{1}{\sqrt{n-1}}(a_1 - G(a)) - \alpha \left(\frac{a_1^2}{\sqrt{n\sum_{i=1}^{n} a_i^2}} - \frac{1}{n}G(a)\right)$$

和

$$a_1 \frac{\partial f}{\partial a_1} - a_2 \frac{\partial f}{\partial a_2} = \frac{a_1 - a_2}{\sqrt{n-1}} - \alpha \frac{a_1^2 - a_2^2}{\sqrt{n\sum_{i=1}^{n} a_i^2}}$$

$$= \frac{a_1 - a_2}{\sqrt{n-1}\sqrt{n\sum_{i=1}^{n} a_i^2}}\left[\sqrt{n\sum_{i=1}^{n} a_i^2} - \alpha \sqrt{n-1}(a_1 + a_2)\right]$$

当 $a_1 = \max_{1 \leqslant i \leqslant n}\{a_i\} > a_2 = \min_{1 \leqslant i \leqslant n}\{a_i\}$ 时

$$a_1 \frac{\partial f}{\partial a_1} - a_2 \frac{\partial f}{\partial a_2}$$

$$\geqslant \frac{a_1 - a_2}{\sqrt{n-1}\sqrt{n\sum_{i=1}^{n}a_i^2}}\left[\sqrt{n(a_1^2 + (n-1)a_2^2)} - \alpha\sqrt{n-1}(a_1 + a_2)\right]$$

$$> \frac{a_1 - a_2}{\sqrt{n-1}\sqrt{n\sum_{i=1}^{n}a_i^2}}\left[\sqrt{n(a_1^2 + (n-1)a_2^2)} - \sqrt{n-1}(a_1 + a_2)\right]$$

$$= \frac{a_2(a_1 - a_2)}{\sqrt{n-1}\sqrt{n\sum_{i=1}^{n}a_i^2}}\left[\sqrt{n(t^2 + n-1)} - \sqrt{n-1}(t+1)\right]$$

其中 $t = \dfrac{a_1}{a_2} > 1$. 此时要证 $a_1\dfrac{\partial f}{\partial a_1} - a_2\dfrac{\partial f}{\partial a_2} > 0$,只需证

$$n(t^2 + n-1) \geqslant (n-1)(t+1)^2 \Leftrightarrow (t-n+1)^2 \geqslant 0$$

至此,对于任意的 $\boldsymbol{a} \in D$,都有 $f(\boldsymbol{a}) \geqslant f(\overline{G}(\boldsymbol{a}))$,即

$$\frac{n}{\sqrt{n-1}}(A(\boldsymbol{a}) - G(\boldsymbol{a})) - \alpha(S(\boldsymbol{a}) - G(\boldsymbol{a})) \geqslant 0$$

令 $\alpha \to 1$ 知式(4.6.4)的右式成立.

设

$$g: \boldsymbol{a} \in (0, +\infty)^n \to (S(\boldsymbol{a}) - G(\boldsymbol{a})) - \sqrt{\frac{n}{n-1}}(A(\boldsymbol{a}) - G(\boldsymbol{a}))$$

则

$$\frac{\partial g}{\partial a_1} = \frac{a_1}{\sqrt{n\sum_{i=1}^{n}a_i^2}} - \frac{1}{na_1}G(\boldsymbol{a}) - \sqrt{\frac{n}{n-1}}\left(\frac{1}{n} - \frac{1}{na_1}G(\boldsymbol{a})\right)$$

$$a_1\frac{\partial g}{\partial a_1} = \frac{a_1^2}{\sqrt{n\sum_{i=1}^{n}a_i^2}} - \frac{1}{n}G(\boldsymbol{a}) - \sqrt{\frac{n}{n-1}}\left(\frac{a_1}{n} - \frac{1}{n}G(\boldsymbol{a})\right)$$

和

$$a_1\frac{\partial g}{\partial a_1} - a_2\frac{\partial g}{\partial a_2} = \frac{a_1^2 - a_2^2}{\sqrt{n\sum_{i=1}^{n}a_i^2}} - \sqrt{\frac{n}{n-1}} \cdot \frac{a_1 - a_2}{n}$$

$$= \frac{a_1 - a_2}{\sqrt{n^2 - n}\sqrt{n\sum_{i=1}^{n}a_i^2}}\left[\sqrt{n^2 - n}(a_1 + a_2) - \sqrt{n\sum_{i=1}^{n}a_i^2}\right]$$

当 $a_1 = \max\limits_{1 \leqslant i \leqslant n}\{a_i\} > a_2 = \min\limits_{1 \leqslant i \leqslant n}\{a_i\}$ 时

$$a_1 \frac{\partial g}{\partial a_1} - a_2 \frac{\partial g}{\partial a_2}$$

$$\geqslant \frac{a_1 - a_2}{\sqrt{n^2 - n} \sqrt{n \sum\limits_{i=1}^{n} a_i^2}} \left[\sqrt{n^2 - n}\,(a_1 + a_2) - \sqrt{n(n-1)a_1^2 + na_2^2} \right] > 0$$

因而,对于任意的 $a \in D$,都有 $g(a) \geqslant g(\bar{G}(a))$,此即为式(4.6.4)的左式.

2019 年,刘保乾和樊益武两位先生提出并证明下述不等式:若 $a = (a_1, a_2, \cdots, a_n) \in (0, +\infty)^n$,则

$$A(a) \geqslant G^{n/(n+2)}(a) \cdot M_2^{2/(n+2)}(a)$$

现在我们把它加强为下述定理.

定理 4.6.6 设 $a = (a_1, a_2, \cdots, a_n) \in (0, +\infty)^n$.

(1) 若 $\lambda = \dfrac{n}{2\sqrt{n-1}+n}$,则

$$A(a) \geqslant G^{\lambda}(a) \cdot M_2^{1-\lambda}(a) \tag{4.6.5}$$

(2) 若实数 r 满足 $n \geqslant 3^r \left(\dfrac{r-1}{r+1}\right)^{r-1} - 1$,则

$$A(a) \geqslant G^{n/(n+2)}(a) \cdot M_r^{2/(n+2)}(a) \tag{4.6.6}$$

证明 (1) 设 $f: a \in (0, +\infty)^n \to A(a) - G^{\lambda}(a) \cdot M_2^{1-\lambda}(a)$,则

$$\frac{\partial f}{\partial a_1} = \frac{1}{n} - \frac{\lambda}{na_1} G^{\lambda}(a) \cdot M_2^{1-\lambda}(a) - G^{\lambda}(a) \cdot \frac{1-\lambda}{2} \cdot$$

$$\frac{2a_1}{n} \left(\frac{a_1^2 + a_2^2 + \cdots + a_n^2}{n} \right)^{-\frac{1+\lambda}{2}}$$

因此

$$\frac{\partial f}{\partial a_1} - \frac{\partial f}{\partial a_2} = \frac{\lambda}{n} \left(\frac{1}{a_2} - \frac{1}{a_1} \right) G^{\lambda}(a) \cdot M_2^{1-\lambda}(a) -$$

$$\frac{1-\lambda}{n}(a_1 - a_2) G^{\lambda}(a) \left(\frac{a_1^2 + a_2^2 + \cdots + a_n^2}{n} \right)^{-\frac{1+\lambda}{2}}$$

当 $a_1 = \max\limits_{1 \leqslant i \leqslant n}\{a_i\} > a_2 = \min\limits_{1 \leqslant i \leqslant n}\{a_i\}$ 时,为证上式大于或等于 0,只需证

$$\frac{\lambda}{a_1 a_2} \cdot \frac{a_1^2 + a_2^2 + \cdots + a_n^2}{n} - (1-\lambda) \geqslant 0 \Leftrightarrow$$

$$\lambda \left[a_1^2 + (n-1)a_2^2 \right] - n(1-\lambda)a_1 a_2 \geqslant 0$$

此时设 $t = \dfrac{a_1}{a_2} > 1$,只需证

$$\lambda(t^2 + n - 1) - n(1-\lambda)t \geqslant 0 \Leftrightarrow$$

$$\lambda(t^2 + nt + n - 1) - nt \geqslant 0 \Leftrightarrow$$

$$\lambda \geqslant \frac{nt}{t^2 + nt + n - 1} \Leftrightarrow$$

$$\lambda \geqslant \frac{n}{t + \dfrac{n-1}{t} + n}$$

由基本不等式及 $\lambda = \dfrac{n}{2\sqrt{n-1} + n}$ 知上式成立. 至此我们有 $\dfrac{\partial f}{\partial a_1} - \dfrac{\partial f}{\partial a_2} \geqslant 0$,

由最值压缩定理知

$$f(\boldsymbol{a}) \geqslant f(A(\boldsymbol{a}), A(\boldsymbol{a}), \cdots, A(\boldsymbol{a})) = 0$$

式(4.6.5)证毕.

(2) 类似可证式(4.6.6),本书在此略.

4.7 有关 $A(\boldsymbol{a}) - H(\boldsymbol{a})$ 的上、下界的不等式

本节没有使用 4.5 节中的符号,结果主要摘自参考资料[166].

定理 4.7.1

$$\frac{\sum\limits_{i=1}^{n} (a_i - A(\boldsymbol{a}))^2}{n(n-1)(A(\boldsymbol{a}) + H(\boldsymbol{a}))} \leqslant A(\boldsymbol{a}) - H(\boldsymbol{a}) \leqslant \frac{k\sum\limits_{i=1}^{n} (a_i - A(\boldsymbol{a}))^2}{A(\boldsymbol{a}) + H(\boldsymbol{a})}$$

$$(4.7.1)$$

其中

$$k = \frac{2n^3 - 8n^2 + 12n - 6 + (2n^2 - 5n + 4)\sqrt{n^2 - 3n + 3}}{2n^3 - 6n^2 + 6n + (2n^2 - 4n)\sqrt{n^2 - 3n + 3}} \leqslant 1$$

证明 由于 $\dfrac{1}{n}\sum\limits_{i=1}^{n} (a_i - A(\boldsymbol{a}))^2 = \dfrac{1}{n}\sum\limits_{i=1}^{n} a_i^2 - A^2(\boldsymbol{a})$,故式(4.7.1)的左式

等价于

$$0 \leqslant f(\boldsymbol{a}) = nA^2(\boldsymbol{a}) - (n-1)H^2(\boldsymbol{a}) - \frac{1}{n}\sum_{i=1}^{n} a_i^2 \qquad (4.7.2)$$

$$\frac{\partial f}{\partial a_j} = 2A(\boldsymbol{a}) - 2(n-1)H(\boldsymbol{a}) \frac{n}{\left(\sum\limits_{i=1}^{n} a_i^{-1}\right)^2} a_j^{-2} - \frac{2}{n}a_j \quad (j=1,2)$$

$$a_1^2 \frac{\partial f}{\partial a_1} - a_2^2 \frac{\partial f}{\partial a_2} = 2A(\boldsymbol{a})(a_1^2 - a_2^2) - \frac{2}{n}(a_1^3 - a_2^3)$$

$$= \frac{2}{n}(a_1 - a_2)\left[(a_1 + a_2)\sum_{i=1}^{n} a_i - (a_1^2 + a_1 a_2 + a_2^2)\right]$$

当 $a_1 = \max\limits_{1 \leqslant i \leqslant n}\{a_i\} > a_2 = \min\limits_{1 \leqslant i \leqslant n}\{a_i\}$ 时

$$a_1^2 \frac{\partial f}{\partial a_1} - a_2^2 \frac{\partial f}{\partial a_2} \geqslant \frac{2}{n}(a_1 - a_2)\left[(a_1 + a_2)(a_1 + (n-1)a_2) - \right.$$

$$(a_1^2 + a_1 a_2 + a_2^2)\big]$$

$$= \frac{2}{n}(a_1 - a_2)\big[(n-1)a_1 a_2 + (n-2)a_2^2\big] > 0$$

至此，对于任意的 $\boldsymbol{a} \in (0, +\infty)^n$，都有 $f(\boldsymbol{a}) \geqslant f(\overline{H}(\boldsymbol{a}))$，此即为式(4.7.2).

再假设

$$K > k = \frac{2n^3 - 8n^2 + 12n - 6 + (2n^2 - 5n + 4)\sqrt{n^2 - 3n + 3}}{2n^3 - 6n^2 + 6n + (2n^2 - 4n)\sqrt{n^2 - 3n + 3}}$$

设

$$g:\boldsymbol{a} \in (0, +\infty)^n \to K\sum_{i=1}^n a_i^2 - (1+nK)A^2(\boldsymbol{a}) + H^2(\boldsymbol{a})$$

则

$$\frac{\partial g}{\partial a_1} = 2Ka_1 - 2(1+nK)\frac{1}{n}A(\boldsymbol{a}) + 2H(\boldsymbol{a})\frac{n}{\left(\sum_{i=1}^n a_i^{-1}\right)^2}a_1^{-2}$$

$$a_1^2\frac{\partial g}{\partial a_1} - a_2^2\frac{\partial g}{\partial a_2} = 2K(a_1^3 - a_2^3) - 2(1+nK)\frac{a_1^2 - a_2^2}{n}A(\boldsymbol{a})$$

$$= 2(a_1 - a_2)\left[K(a_1^2 + a_1 a_2 + a_2^2) - (1+nK)\frac{a_1 + a_2}{n}A(\boldsymbol{a})\right]$$

当 $a_1 = \max\limits_{1\leqslant i\leqslant n}\{a_i\} > a_2 = \min\limits_{1\leqslant i\leqslant n}\{a_i\}$ 时，$\frac{a_1}{a_2} = t > 1$ 且

$$a_1^2\frac{\partial g}{\partial a_1} - a_2^2\frac{\partial g}{\partial a_2}$$

$$\geqslant 2(a_1 - a_2)\left[K(a_1^2 + a_1 a_2 + a_2^2) - (1+nK)\frac{a_1 + a_2}{n}\left(\frac{n-1}{n}a_1 + \frac{1}{n}a_2\right)\right]$$

$$= \frac{2(1+nK)}{n^2}(a_1 - a_2)\left[\frac{Kn^2}{1+nK}(a_1^2 + a_1 a_2 + a_2^2) - ((n-1)a_1^2 + na_1 a_2 + a_2^2)\right]$$

$$= \frac{2(1+nK)}{n^2}(a_1 - a_2)(a_1^2 + a_1 a_2 + a_2^2)\left[\frac{n^2}{1/K + n} - \frac{(n-1)a_1^2 + na_1 a_2 + a_2^2}{a_1^2 + a_1 a_2 + a_2^2}\right]$$

$$> \frac{2(1+nK)}{n^2}(a_1 - a_2)(a_1^2 + a_1 a_2 + a_2^2)\left[\frac{n^2}{1/k + n} - \frac{(n-1)t^2 + nt + 1}{t^2 + t + 1}\right]$$

$$= \frac{2(1+nK)}{n^2}(a_1 - a_2)(a_1^2 + a_1 a_2 + a_2^2)\left[\frac{kn^2}{1+kn} - \frac{(n-1)t^2 + nt + 1}{t^2 + t + 1}\right]$$

由微积分知识易知 $\dfrac{(n-1)t^2 + nt + 1}{t^2 + t + 1}$ 关于 $t \in [1, +\infty)$，在 $(n-2) +$

$\sqrt{n^2 - 3n + 3}$ 处取最大值，所以

$$a_1^2\frac{\partial g}{\partial a_1} - a_2^2\frac{\partial g}{\partial a_2} > \frac{2(1+nK)}{n^2}(a_1 - a_2)(a_1^2 + a_1 a_2 + a_2^2)\cdot$$

$$\left[\frac{kn^2}{1+nk} - \frac{(n-1)t^2 + nt + 1}{t^2 + t + 1}\right]_{t=(n-2)+\sqrt{n^2-3n+3}}$$

179

$$=0$$

至此,对于任意的 $\boldsymbol{a} \in (0, +\infty)^n$,都有 $f(\boldsymbol{a}) \geqslant f(\overline{H}(\boldsymbol{a}))$,即

$$K \sum_{i=1}^{n} a_i^2 - (1+nK) A^2(\boldsymbol{a}) + H^2(\boldsymbol{a}) \geqslant 0$$

在上式中令 $K \to k$,知

$$k \sum_{i=1}^{n} a_i^2 - (1+nk) A^2(\boldsymbol{a}) + H^2(\boldsymbol{a}) \geqslant 0$$

上式等价于式(4.7.1)的右式.

易证

$$\frac{2n^3 - 8n^2 + 12n - 6 + (2n^2 - 5n + 4)\sqrt{n^2 - 3n + 3}}{2n^3 - 6n^2 + 6n + (2n^2 - 4n)\sqrt{n^2 - 3n + 3}} \leqslant 1$$

定理 4.7.1 证毕.

定理 4.7.2

$$\frac{\displaystyle\sum_{i=1}^{n} (a_i - A(\boldsymbol{a}))^2}{2(n-1)^2 A(\boldsymbol{a})} \leqslant A(\boldsymbol{a}) - H(a) \leqslant \frac{\displaystyle\sum_{i=1}^{n} (a_i - A(\boldsymbol{a}))^2}{A(\boldsymbol{a})} \qquad (4.7.3)$$

证明 因式(4.7.3)的右式弱于式(4.6.1)的右式,故成立.

当 $n=2$ 时,式(4.7.3)的左式等号成立. 下设 $n \geqslant 3$. 由于

$$\frac{1}{n} \sum_{i=1}^{n} (a_i - A(\boldsymbol{a}))^2 = \frac{1}{n} \sum_{i=1}^{n} a_i^2 - A^2(\boldsymbol{a})$$

所以式(4.7.3)的左式等价于

$$0 \leqslant f(\boldsymbol{a}) = \frac{2n^2 - 3n + 2}{2(n-1)^2} A^2(\boldsymbol{a}) - A(\boldsymbol{a}) H(\boldsymbol{a}) - \frac{1}{2(n-1)^2} \sum_{i=1}^{n} a_i^2$$

$$(4.7.4)$$

我们有

$$\frac{\partial f}{\partial a_j} = \frac{2n^2 - 3n + 2}{n(n-1)^2} A(\boldsymbol{a}) - \frac{1}{n} H(\boldsymbol{a}) - A(\boldsymbol{a}) \frac{n}{\left(\displaystyle\sum_{i=1}^{n} a_i^{-1}\right)^2} a_j^{-2} -$$

$$\frac{1}{(n-1)^2} a_j \quad (j=1,2)$$

$$\frac{\partial f}{\partial a_1} - \frac{\partial f}{\partial a_2} = (a_1 - a_2) \left[A(\boldsymbol{a}) \frac{n(a_1 + a_2)}{a_1^2 a_2^2 \left(\displaystyle\sum_{i=1}^{n} a_i^{-1}\right)^2} - \frac{1}{(n-1)^2} \right]$$

当 $a_1 = \max\limits_{1 \leqslant i \leqslant n} \{a_i\} > a_2 = \min\limits_{1 \leqslant i \leqslant n} \{a_i\}$ 时

$$\frac{\partial f}{\partial a_1} - \frac{\partial f}{\partial a_2}$$

最值定理与分析不等式

$$\geqslant (a_1 - a_2)\left[\left(\frac{1}{n}a_1 + \frac{n-1}{n}a_2\right)\frac{n(a_1+a_2)}{a_1^2 a_2^2\left(a_1^{-1}+(n-1)a_2^{-1}\right)^2} - \frac{1}{(n-1)^2}\right]$$

$$= (a_1 - a_2)\left[\frac{(a_1+(n-1)a_2)(a_1+a_2)}{(a_2+(n-1)a_1)^2} - \frac{1}{(n-1)^2}\right]$$

$$= \frac{a_1 - a_2}{(n-1)^2\left[a_2+(n-1)a_1\right]^2}\left[(n-1)(n^2-n-2)a_1 a_2 + \right.$$

$$\left. (n^3 - 3n^2 + 3n - 2)a_2^2\right] > 0$$

因此,对于任意的 $\boldsymbol{a} \in (0, +\infty)^n$,都有 $f(\boldsymbol{a}) \geqslant f(\overline{A}(\boldsymbol{a}))$,此即为式(4.7.4).

定理 4.7.2 证毕.

定理 4.7.3

$$\frac{\sum\limits_{i=1}^{n}(a_i - H(\boldsymbol{a}))^2}{n^2(A(\boldsymbol{a}) + H(\boldsymbol{a}))} \leqslant A(\boldsymbol{a}) - H(\boldsymbol{a}) \leqslant \frac{\sum\limits_{i=1}^{n}(a_i - H(\boldsymbol{a}))^2}{A(\boldsymbol{a}) + H(\boldsymbol{a})} \quad (4.7.5)$$

证明   式(4.7.5)等价于

$$\frac{1}{n^2}\sum_{i=1}^{n}(a_i - H(\boldsymbol{a}))^2 \leqslant A^2(\boldsymbol{a}) - H^2(\boldsymbol{a}) \leqslant \sum_{i=1}^{n}(a_i - H(\boldsymbol{a}))^2$$

$$(4.7.6)$$

设

$$f: \boldsymbol{a} \in (0, +\infty)^n \to A^2(\boldsymbol{a}) - H^2(\boldsymbol{a}) - \frac{1}{n^2}\sum_{i=1}^{n}(a_i - H(\boldsymbol{a}))^2$$

和

$$g: \boldsymbol{a} \in (0, +\infty)^n \to \sum_{i=1}^{n}(a_i - H(\boldsymbol{a}))^2 - A^2(\boldsymbol{a}) + H^2(\boldsymbol{a})$$

则

$$\frac{\partial f}{\partial a_1} = \frac{2}{n}A(\boldsymbol{a}) - 2H(\boldsymbol{a})\frac{n}{\left(\sum\limits_{i=1}^{n}a_i^{-1}\right)^2}a_1^{-2} - \frac{2}{n^2}(a_1 - H(\boldsymbol{a})) +$$

$$\frac{2a_1^{-2}}{n\left(\sum\limits_{i=1}^{n}a_i^{-1}\right)^2}\sum_{i=1}^{n}(a_i - H(\boldsymbol{a}))$$

$$a_1^2\frac{\partial f}{\partial a_1} - a_2^2\frac{\partial f}{\partial a_2}$$

$$= \frac{2(a_1 - a_2)}{n^2}\left[(a_1+a_2)(nA(\boldsymbol{a}) + H(\boldsymbol{a})) - (a_1^2 + a_1 a_2 + a_2^2)\right]$$

$$\frac{\partial g}{\partial a_1} = 2(a_1 - H(\boldsymbol{a})) - \frac{2n}{\left(\sum\limits_{i=1}^{n}a_i^{-1}\right)^2}a_1^{-2}\sum_{i=1}^{n}(a_i - H(\boldsymbol{a})) -$$

181

$$\frac{2}{n}A(\boldsymbol{a}) + \frac{2n}{\left(\sum\limits_{i=1}^{n} a_i^{-1}\right)^2} a_1^{-2} H(\boldsymbol{a})$$

$$a_1^2 \frac{\partial g}{\partial a_1} - a_2^2 \frac{\partial g}{\partial a_2} = 2(a_1 - a_2)\left[a_1^2 + a_1 a_2 + a_2^2 - (a_1 + a_2)\left(H(\boldsymbol{a}) + \frac{1}{n}A(\boldsymbol{a})\right)\right]$$

当 $a_1 = \max\limits_{1 \leqslant i \leqslant n}\{a_i\} > a_2 = \min\limits_{1 \leqslant i \leqslant n}\{a_i\}$ 时

$$a_1^2 \frac{\partial f}{\partial a_1} - a_2^2 \frac{\partial f}{\partial a_2}$$

$$\geqslant \frac{2(a_1 - a_2)}{n^2}\left[(a_1 + a_2)\left(a_1 + (n-1)a_2 + \frac{n}{a_1^{-1} + (n-1)a_2^{-1}}\right) - \right.$$

$$(a_1^2 + a_1 a_2 + a_2^2)\bigg]$$

$$= \frac{2(a_1 - a_2)}{n^2\left[(n-1)a_1 + a_2\right]}\left[(n^2 - n + 1)a_1^2 a_2 + \right.$$

$$(n^2 - n + 1)a_1 a_2^2 + (n-2)a_2^3\bigg] > 0$$

$$a_1^2 \frac{\partial g}{\partial a_1} - a_2^2 \frac{\partial g}{\partial a_2} \geqslant 2(a_1 - a_2)\bigg[a_1^2 + a_1 a_2 + a_2^2 - (a_1 + a_2) \cdot$$

$$\left(\frac{n}{(n-1)a_1^{-1} + a_2^{-1}} + \frac{n-1}{n^2}a_1 + \frac{1}{n^2}a_2\right)\bigg]$$

$$\frac{n^2\left[a_1 + (n-1)a_2\right]}{2(a_1 - a_2)}\left(a_1^2 \frac{\partial g}{\partial a_1} - a_2^2 \frac{\partial g}{\partial a_2}\right)$$

$$= (n^2 - n + 1)a_1^3 - (n^2 - n + 1)a_1^2 a_2 -$$

$$(n^2 - n + 1)a_1 a_2^2 + (n^3 - n^2 - n + 1)a_2^3$$

$$= a_2^3 h(t)$$

其中 $t = a_1/a_2 > 1$,有

$$h(t) = (n^2 - n + 1)t^3 - (n^2 - n + 1)t^2 - (n^2 - n + 1)t + (n^3 - n^2 - n + 1)$$

由于

$$h'(t) = 3(n^2 - n + 1)t^2 - 2(n^2 - n + 1)t - (n^2 - n + 1) > 0$$

所以 $h(t) > \lim\limits_{t \to 1^+} h(t) = n^3 - 2n^2 \geqslant 0$. 至此,对于任意的 $\boldsymbol{a} \in (0, +\infty)^n$,都有

$$f(\boldsymbol{a}) \geqslant f(\overline{H}(\boldsymbol{a})) \text{ 和 } g(\boldsymbol{a}) \geqslant g(\overline{H}(\boldsymbol{a}))$$

即式(4.7.6)的左、右两个不等式成立. 定理 4.7.3 证毕.

定理 4.7.4

$$\frac{\frac{1}{n}\sum\limits_{i=1}^{n} a_i^2 - H^2(\boldsymbol{a})}{n(A(\boldsymbol{a}) + H(\boldsymbol{a}))} \leqslant A(\boldsymbol{a}) - H(\boldsymbol{a}) \leqslant k\,\frac{\frac{1}{n}\sum\limits_{i=1}^{n} a_i^2 - H^2(\boldsymbol{a})}{A(\boldsymbol{a}) + H(\boldsymbol{a})} \quad (4.7.7)$$

其中

$$k = \max\limits_{t \geqslant 1}\frac{(n-1)t^2 + nt + 1}{n(t^2 + t + 1)} = \left.\frac{(n-1)t^2 + nt + 1}{n(t^2 + t + 1)}\right|_{t = n-2 + \sqrt{n^2 - 3n + 3}}$$

最值定理与分析不等式

$$= \frac{2n^3 - 8n^2 + 12n - 6 + (2n^2 - 5n + 4)\sqrt{n^2 - 3n + 3}}{2n^3 - 6n^2 + 6n + (2n^2 - 4n)\sqrt{n^2 - 3n + 3}} \quad (4.7.8)$$

证明 其中这里的 k 等同于定理 4.7.1 中的 k. 式(4.7.7)的左、右两个不等式分别等价于

$$nA^2(\boldsymbol{a}) - (n-1)H^2(\boldsymbol{a}) - \frac{1}{n}\sum_{i=1}^n a_i^2 \geqslant 0 \quad (4.7.9)$$

和

$$\frac{k}{n}\sum_{i=1}^n a_i^2 + (1-k)H^2(\boldsymbol{a}) - A^2(\boldsymbol{a}) \geqslant 0 \quad (4.7.10)$$

设 $K > k$ 和

$$f : \boldsymbol{a} \in (0, +\infty)^n \to nA^2(\boldsymbol{a}) - (n-1)H^2(\boldsymbol{a}) - \frac{1}{n}\sum_{i=1}^n a_i^2$$

$$g : \boldsymbol{a} \in (0, +\infty)^n \to \frac{K}{n}\sum_{i=1}^n a_i^2 + (1-K)H^2(\boldsymbol{a}) - A^2(\boldsymbol{a})$$

则

$$\frac{\partial f}{\partial a_1} = 2A(\boldsymbol{a}) - \frac{2n(n-1)}{\left(\sum_{i=1}^n a_i^{-1}\right)^2}a_1^{-2}H(\boldsymbol{a}) - \frac{2}{n}a_1$$

$$a_1^2\frac{\partial f}{\partial a_1} - a_2^2\frac{\partial f}{\partial a_2} = 2(a_1 - a_2)\left[(a_1 + a_2)A(\boldsymbol{a}) - \frac{1}{n}(a_1^2 + a_1 a_2 + a_2^2)\right]$$

和

$$\frac{\partial g}{\partial a_1} = \frac{2K}{n}a_1 + \frac{2(1-K)n}{\left(\sum_{i=1}^n a_i^{-1}\right)^2}a_1^{-2}H(\boldsymbol{a}) - \frac{2}{n}A(\boldsymbol{a})$$

$$a_1^2\frac{\partial g}{\partial a_1} - a_2^2\frac{\partial g}{\partial a_2} = \frac{2}{n}(a_1 - a_2)\left[K(a_1^2 + a_1 a_2 + a_2^2) - (a_1 + a_2)A(\boldsymbol{a})\right]$$

当 $a_1 = \max_{1\leqslant i\leqslant n}\{a_i\} > a_2 = \min_{1\leqslant i\leqslant n}\{a_i\}$ 时

$$a_1^2\frac{\partial f}{\partial a_1} - a_2^2\frac{\partial f}{\partial a_2} \geqslant 2(a_1 - a_2)\left[(a_1 + a_2)\left(\frac{1}{n}a_1 + \frac{n-1}{n}a_2\right) - \frac{1}{n}(a_1^2 + a_1 a_2 + a_2^2)\right]$$

$$= \frac{2}{n}(a_1 - a_2)\left[(n-1)a_1 a_2 + (n-2)a_2^2\right]$$

$$> 0$$

$$a_1^2\frac{\partial g}{\partial a_1} - a_2^2\frac{\partial g}{\partial a_2}$$

$$\geqslant \frac{2}{n}(a_1 - a_2)\left[K(a_1^2 + a_1 a_2 + a_2^2) - (a_1 + a_2)\left(\frac{n-1}{n}a_1 + \frac{1}{n}a_2\right)\right]$$

$$= \frac{2}{n}(a_1 - a_2)(a_1^2 + a_1 a_2 + a_2^2) \left[K - \frac{(n-1)a_1^2 + na_1 a_2 + a_2^2}{n(a_1^2 + a_1 a_2 + a_2^2)} \right]$$

$$= \frac{2}{n}(a_1 - a_2)(a_1^2 + a_1 a_2 + a_2^2) \left[K - \frac{(n-1)t^2 + nt + 1}{n(t^2 + t + 1)} \right]$$

其中 $t = a_1/a_2 > 1$. 由 k 的定义知

$$a_1^2 \frac{\partial g}{\partial a_1} - a_2^2 \frac{\partial g}{\partial a_2} \geqslant \frac{2}{n}(a_1 - a_2)(a_1^2 + a_1 a_2 + a_2^2)(K - k) > 0$$

对于任意的 $\boldsymbol{a} \in (0, +\infty)^n$, 有 $f(\boldsymbol{a}) \geqslant f(\overline{H}(\boldsymbol{a}))$, 此即为式(4.7.9). 同理有 $g(\boldsymbol{a}) \geqslant g(\overline{H}(\boldsymbol{a}))$, 即

$$\frac{K}{n} \sum_{i=1}^{n} a_i^2 + (1-K)H^2(\boldsymbol{a}) - A^2(\boldsymbol{a}) \geqslant 0$$

再令 $K \to k$, 知式(4.7.10)成立.

定理 4.7.4 证毕.

定理 4.7.5

$$\frac{1}{n(n-1)} \sum_{1 \leqslant i < j \leqslant n} (a_i^{1/2} - a_j^{1/2})^2 \leqslant A(\boldsymbol{a}) - H(\boldsymbol{a}) \leqslant \frac{2}{n} \sum_{1 \leqslant i < j \leqslant n} (a_i^{1/2} - a_j^{1/2})^2$$

$$(4.7.11)$$

证明 设

$$f: \boldsymbol{a} \in (0, +\infty)^n \to A(\boldsymbol{a}) - H(\boldsymbol{a}) - \frac{1}{n(n-1)} \sum_{1 \leqslant i < j \leqslant n} (a_i^{1/2} - a_j^{1/2})^2$$

和

$$g: \boldsymbol{a} \in (0, +\infty)^n \to \frac{2}{n} \sum_{1 \leqslant i < j \leqslant n} (a_i^{1/2} - a_j^{1/2})^2 - A(\boldsymbol{a}) + H(\boldsymbol{a})$$

则

$$\frac{\partial f}{\partial a_k} = \frac{1}{n} - \frac{n}{\left(\sum_{i=1}^{n} a_i^{-1} \right)^2} a_k^{-2} - \frac{1}{n(n-1)} \frac{1}{\sqrt{a_1}} \sum_{2 \leqslant j \leqslant n} (\sqrt{a_k} - \sqrt{a_j})$$

$$= \frac{1}{n} - \frac{n}{\left(\sum_{i=1}^{n} a_i^{-1} \right)^2} a_k^{-2} - \frac{1}{n(n-1)} \frac{1}{\sqrt{a_k}} \sum_{1 \leqslant j \leqslant n} (\sqrt{a_k} - \sqrt{a_j})$$

$$= \frac{1}{n} - \frac{n}{\left(\sum_{i=1}^{n} a_i^{-1} \right)^2} a_k^{-2} - \frac{1}{n-1} + \frac{1}{n(n-1)} \frac{1}{\sqrt{a_k}} \sum_{1 \leqslant i \leqslant n} \sqrt{a_i}$$

$$= -\frac{1}{n(n-1)} - \frac{n}{\left(\sum_{i=1}^{n} a_i^{-1} \right)^2} a_k^{-2} + \frac{2}{n(n-1)} \frac{1}{\sqrt{a_k}} \sum_{1 \leqslant i \leqslant n} \sqrt{a_i} \quad (k = 1, 2)$$

$$a_1^2 \frac{\partial f}{\partial a_1} - a_2^2 \frac{\partial f}{\partial a_2} = -\frac{1}{n(n-1)}(a_1^2 - a_2^2) +$$

184

$$\frac{1}{n(n-1)}(a_1\sqrt{a_1}-a_2\sqrt{a_2})\sum_{1\leqslant i\leqslant n}\sqrt{a_i}$$

$$\frac{\partial g}{\partial a_k}=\frac{2}{n\sqrt{a_k}}\sum_{1\leqslant j\leqslant n}(\sqrt{a_k}-\sqrt{a_j})-\frac{1}{n}+\frac{n}{\left(\sum\limits_{i=1}^{n}a_i^{-1}\right)^2}a_k^{-2}$$

$$=\left(2-\frac{1}{n}\right)-\frac{2}{n\sqrt{a_k}}\sum_{1\leqslant i\leqslant n}\sqrt{a_i}+\frac{n}{\left(\sum\limits_{i=1}^{n}a_i^{-1}\right)^2}a_k^{-2}\quad(k=1,2)$$

$$a_1^2\frac{\partial g}{\partial a_1}-a_2^2\frac{\partial g}{\partial a_2}=\left(2-\frac{1}{n}\right)(a_1^2-a_2^2)-\frac{2}{n}(a_1\sqrt{a_1}-a_2\sqrt{a_2})\sum_{1\leqslant i\leqslant n}\sqrt{a_i}$$

当 $a_1=\max\limits_{1\leqslant i\leqslant n}\{a_i\}>a_2=\min\limits_{1\leqslant i\leqslant n}\{a_i\}$ 时

$$a_1^2\frac{\partial f}{\partial a_1}-a_2^2\frac{\partial f}{\partial a_2}\geqslant-\frac{1}{n(n-1)}(a_1^2-a_2^2)+$$

$$\frac{1}{n(n-1)}(a_1\sqrt{a_1}-a_2\sqrt{a_2})\left[\sqrt{a_1}+(n-1)\sqrt{a_2}\right]$$

$$=\frac{1}{n}a_1\sqrt{a_1a_2}-\frac{1}{n(n-1)}a_2\sqrt{a_1a_2}-\frac{n-2}{n(n-1)}a_2^2$$

$$>\frac{1}{n}a_2\sqrt{a_1a_2}-\frac{1}{n(n-1)}a_2\sqrt{a_1a_2}-\frac{n-2}{n(n-1)}a_2^2$$

$$=\frac{n-2}{n(n-1)}a_2\sqrt{a_1a_2}-\frac{n-2}{n(n-1)}a_2^2>0$$

$$a_1^2\frac{\partial g}{\partial a_1}-a_2^2\frac{\partial g}{\partial a_2}=\left(2-\frac{1}{n}\right)(a_1^2-a_2^2)-\frac{2}{n}(a_1\sqrt{a_1}-a_2\sqrt{a_2})\sum_{1\leqslant i\leqslant n}a_i^{1/2}$$

$$\geqslant\left(2-\frac{1}{n}\right)(a_1^2-a_2^2)-$$

$$\frac{2}{n}(a_1\sqrt{a_1}-a_2\sqrt{a_2})\left[(n-1)\sqrt{a_1}+\sqrt{a_2}\right]$$

$$=\frac{1}{n}a_1^2-\frac{2}{n}a_1\sqrt{a_1a_2}+\frac{2n-2}{n}a_2\sqrt{a_1a_2}-\frac{2n-3}{n}a_2^2$$

$$=\frac{1}{n}a_2^2k(t)$$

其中

$$k(t)=t^4-2t^3+(2n-2)t-(2n-3),t=\sqrt{\frac{a_1}{a_2}}>1$$

此时

$$k''(t)=12t^2-12t>0$$

所以

$$k'(t)>\lim_{t\to1^+}k'(t)=\lim_{t\to1^+}[4-6+(2n-2)]\geqslant0$$

$$k(t) > \lim_{t \to 1^+} k(t) = 0$$

至此证得 $a_1^2 \dfrac{\partial g}{\partial a_1} - a_2^2 \dfrac{\partial g}{\partial a_2} > 0.$ 对于任意的 $\boldsymbol{a} \in (0, +\infty)^n$,都有 $f(\boldsymbol{a}) \geqslant f(\overline{H}(\boldsymbol{a}))$ 和 $g(\boldsymbol{a}) \geqslant g(\overline{H}(\boldsymbol{a}))$,即式(4.7.11)的左、右两个不等式成立.

定理 4.7.6 设 $k_1 = \min\{1/n^2, 1/(2(n-1)^2)\}$ 和 $k_2 = \max\{1/n^2, 1/(8n-16)\}$,则有

$$k_1 \frac{\displaystyle\sum_{1 \leqslant i < j \leqslant n} (a_i - a_j)^2}{M} \leqslant A(\boldsymbol{a}) - H(\boldsymbol{a}) \leqslant k_2 \frac{\displaystyle\sum_{1 \leqslant i < j \leqslant n} (a_i - a_j)^2}{m}$$

$$(4.7.12)$$

证明 由于连续性,不妨设

$$k_1 < \min\left\{\frac{1}{n^2}, \frac{1}{2(n-1)^2}\right\} \text{ 和 } k_2 > \max\left\{\frac{1}{n^2}, \frac{1}{8n-16}\right\}$$

对于 $n = 2$,命题易证,下设 $n \geqslant 3$.

设

$$f(\boldsymbol{a}) = A(\boldsymbol{a}) - H(\boldsymbol{a}) - k_1 \sum_{1 \leqslant i < j \leqslant n} \frac{(a_i - a_j)^2}{M}$$

在 $a_1 = \max\limits_{1 \leqslant i \leqslant n}\{a_i\} > a_2 = \min\limits_{1 \leqslant i \leqslant n}\{a_i\}$ 的条件下,有

$$\frac{\partial f(\boldsymbol{a})}{\partial a_1} = \frac{1}{n} - \frac{n}{a_1^2 \left(\sum\limits_{i=1}^n a_i^{-1}\right)^2} - 2k_1 \frac{(n-1)a_1 - \sum\limits_{2 \leqslant i \leqslant n} a_i}{M}$$

$$\frac{\partial f(\boldsymbol{a})}{\partial a_1} - \frac{\partial f(\boldsymbol{a})}{\partial a_2} = \frac{n(a_1^2 - a_2^2)}{a_1^2 a_2^2 \left(\sum\limits_{i=1}^n a_i^{-1}\right)^2} - 2k_1 \frac{na_1 - na_2}{M}$$

$$= \frac{n(a_1 - a_2)}{M a_1^2 a_2^2 \left(\sum\limits_{i=1}^n a_i^{-1}\right)^2} \left[M(a_1 + a_2) - 2k_1 a_1^2 a_2^2 \left(\sum\limits_{i=1}^n a_i^{-1}\right)^2\right]$$

$$\geqslant \frac{n(a_1 - a_2)}{M a_1^2 a_2^2 \left(\sum\limits_{i=1}^n a_i^{-1}\right)^2} \left[M(a_1 + a_2) - 2k_1 a_1^2 a_2^2 \left(\frac{n-1}{a_2} + \frac{1}{a_1}\right)^2\right]$$

$$= \frac{n(a_1 - a_2)}{M a_1^2 a_2^2 \left(\sum\limits_{i=1}^n a_i^{-1}\right)^2} \left[M(a_1 + a_2) - 2k_1 ((n-1)a_1 + a_2)^2\right]$$

而 $M(a_1 + a_2) - 2k((n-1)a_1 + a_2)^2$ 关于 a_1 为开口向下的抛物线,令 $a_2 \to 0^+$ 和 $a_2 \to a_1^-$,再根据 k_1 的定义知

$$M(a_1 + a_2) - 2k_1((n-1)a_1 + a_2)^2 > 0$$

至此知

$$\frac{\partial f(\boldsymbol{a})}{\partial a_1} - \frac{\partial f(\boldsymbol{a})}{\partial a_2} > 0$$

根据推论 4.1.3 知,对于任何 $\boldsymbol{a} \in [m, M]^n$,都有 $f(\boldsymbol{a}) \geqslant f(\overline{A}(\boldsymbol{a}))$,此即为式 (4.5.13) 的左式.

再设

$$g(\boldsymbol{a}) = k_2 \sum_{1 \leqslant i < j \leqslant n} \frac{(a_i - a_j)^2}{m} - A(\boldsymbol{a}) + H(\boldsymbol{a})$$

在 $a_1 = \max\limits_{1 \leqslant i \leqslant n}\{a_i\} > a_2 = \min\limits_{1 \leqslant i \leqslant n}\{a_i\}$ 的条件下,易有

$$\frac{\partial g(\boldsymbol{a})}{\partial a_1} - \frac{\partial g(\boldsymbol{a})}{\partial a_2} = \frac{na_1 - na_2}{ma_1^2 a_2^2 \left(\sum\limits_{i=1}^n a_i^{-1}\right)^2} \left[2k_2 a_1^2 a_2^2 \left(\sum_{i=1}^n a_i^{-1}\right)^2 - m(a_1 + a_2)\right]$$

$$\geqslant \frac{na_1 - na_2}{ma_1^2 a_2^2 \left(\sum\limits_{i=1}^n a_i^{-1}\right)^2} \left[2k_2 a_1^2 a_2^2 \left(\frac{n-1}{a_1} + \frac{1}{a_2}\right)^2 - m(a_1 + a_2)\right]$$

$$\geqslant \frac{na_1 - na_2}{ma_1^2 a_2^2 \left(\sum\limits_{i=1}^n a_i^{-1}\right)^2} \left[2k_2 ((n-1)a_2 + a_1)^2 - a_2(a_1 + a_2)\right]$$

$$= \frac{2(na_1 - na_2)(a_1 + (n-1)a_2)^2}{ma_1^2 a_2^2 \left(\sum\limits_{i=1}^n a_i^{-1}\right)^2} \left[k_2 - \frac{t+1}{2(t+n-1)^2}\right]$$

其中 $t = a_1/a_2 > 1$. 当 $n = 3, 4$ 时,$(t+1)/[2(t+n-1)^2]$ 单调递减,由 k_2 的定义知 $k_2 \geqslant (t+1)/[2(t+n-1)^2]$,当 $n \geqslant 5$ 时,$(t+1)/[2(t+n-1)^2]$ 在 $t = n-3$ 时取最大值,由 k_2 的定义知 $k_2 > (t+1)/[2(t+n-1)^2]$. 至此知 $\partial g(\boldsymbol{a})/\partial a_1 - \partial g(\boldsymbol{a})/\partial a_2 > 0$,根据推论 4.1.3 知,对于任何 $\boldsymbol{a} \in [m, M]^n$,都有 $g(\boldsymbol{a}) \geqslant g(\overline{A}(\boldsymbol{a}))$,此即为式(4.7.12) 的右式.

4.8 $n-1$ 元最值压缩定理的一些应用

本节继续考虑有 n 个变元的分析不等式. 设它们的变量为 $\boldsymbol{a} = (a_1, a_2, \cdots, a_n)$,这里我们将撇开 $\boldsymbol{a}$ 的最大(小) 分量,对其余的 $n-1$ 个分量实行最值压缩定理. 其中将用数学计算软件或程序得到一些数据,此工作主要由何灯老师和彭贵芝老师完成.

上海大学冷岗松教授和陈胜利先生(福建省) 在"中国不等式研究小组"的论坛等处,各自提出一个猜想.

问题 1 设 $a_i > 0 (i = 1, 2, \cdots, n)$,试确定使如下不等式成立的所有正整数 n

187

$$\left(\sum_{i=1}^{n} a_i\right)^4 \sum_{i=1}^{n} \frac{1}{a_i^2} - n^4\left(\sum_{i=1}^{n} a_i^2\right) \geqslant 0 \tag{4.8.1}$$

问题 2 设 $a_i > 0 (i=1,2,\cdots,n)$，$\sum_{i=1}^{n} a_i^2 = n$，试确定使如下不等式成立的所有正整数 n

$$\sum_{i=1}^{n} \frac{1}{a_i} + 2\sum_{i=1}^{n} a_i \geqslant 3n \tag{4.8.2}$$

冷岗松教授指明问题 1 对于 $n=11$ 不成立. 参考资料[100]证明了式 (4.8.1)对于任何 $a_i > 0 (i=1,2,\cdots,n)$ 成立的充要条件为 $1 \leqslant n \leqslant 10$. 中国科学院成都计算机应用研究所杨路教授用反例说明：当 $n \geqslant 23$ 时，问题 2 不成立，同时他们开发的数学软件证明了如下结果：设 $2 \leqslant n \leqslant 9$，则有

$$\frac{1}{n} \sum_{i=1}^{n} a_i^2 \sum_{i=1}^{n} \frac{1}{a_i} + 2\sum_{i=1}^{n} a_i \geqslant 3\sqrt{n\sum_{i=1}^{n} a_i^2} \tag{4.8.3}$$

我们易知式(4.8.1)与式(4.8.3)等价. 参考资料[14]242-243用最值压缩定理证明了：当 $1 \leqslant n \leqslant 18$ 时，式(4.8.3)成立. 姚勇先生(四川省)能用参考资料[100]中叙述的方法证明式(4.8.3)对于任何 $a_i > 0 (i=1,2,\cdots,n)$ 成立的充要条件为 $1 \leqslant n \leqslant 22$.

引理 4.8.1 用 Bottema 软件可证明：若 $t \geqslant 1$，则

$$(t^2+t+1)(t+8)^4 - 9^4 t^3 > 0 \tag{4.8.4}$$

$$(t^2+t+1)(t+4)^4 - 625t^3 > 0 \tag{4.8.5}$$

$$(t+9)^4(9t^2+1) - 10\,000t^2(t^2+9) \geqslant 0 \tag{4.8.6}$$

$$(t^2+t+1)(t^2+17) - 36t^2 > 0 \tag{4.8.7}$$

$$(t^2+t+1)(t^2+10) - 22t^2 > 0 \tag{4.8.8}$$

引理 4.8.2 用 Bottema 软件可证明：若 $t \geqslant 1, n=19,20,21,22$，则有

$$(n-1+t^2)[(n-1)t+1] + 2nt(n-1+t) - 3nt\sqrt{n(n-1+t^2)} > 0 \tag{4.8.9}$$

定理 4.8.3[100] 设 $2 \leqslant n \leqslant 10, a_i > 0 (i=1,2,\cdots,n)$，则有

$$\left(\sum_{i=1}^{n} a_i\right)^4 \sum_{i=1}^{n} \frac{1}{a_i^2} - n^4\left(\sum_{i=1}^{n} a_i^2\right) \geqslant 0$$

证明 设

$$f: \boldsymbol{a} \in (0,+\infty)^n \to \left(\sum_{i=1}^{n} a_i\right)^4 \sum_{i=1}^{n} \frac{1}{a_i^2} - n^4\left(\sum_{i=1}^{n} a_i^2\right)$$

则

$$\frac{\partial f}{\partial a_1} = 4\left(\sum_{i=1}^{n} a_i\right)^3 \sum_{i=1}^{n} \frac{1}{a_i^2} - 2\frac{1}{a_1^3}\left(\sum_{i=1}^{n} a_i\right)^4 - 2n^4 a_1$$

$$\frac{\partial f}{\partial a_1} - \frac{\partial f}{\partial a_2} = 2\left(\frac{1}{a_2^3} - \frac{1}{a_1^3}\right)\left(\sum_{i=1}^{n} a_i\right)^4 - 2n^4(a_1 - a_2)$$

当 $2 \leqslant n \leqslant 9$ 时,若设 $a_1 = \max\limits_{1 \leqslant i \leqslant n}\{a_i\} > a_2 = \min\limits_{1 \leqslant i \leqslant n}\{a_i\} > 0, t = a_1/a_2$,则有 $t > 1$ 和

$$\frac{\partial f}{\partial a_1} - \frac{\partial f}{\partial a_2} \geqslant 2\left(\frac{1}{a_2^3} - \frac{1}{a_1^3}\right)[a_1 + (n-1)a_2]^4 - 2n^4(a_1 - a_2)$$

$$= 2a_2^3 \cdot \frac{a_1 - a_2}{a_1^3}[(t^2 + t + 1)(t + n - 1)^4 - n^4 t^3]$$

欲证 $\partial f/\partial a_1 - \partial f/\partial a_2 > 0$,只要证:当 $t > 1$ 时

$$(t^2 + t + 1)(t + n - 1)^4 - n^4 t^3 > 0$$

$$\sqrt[4]{t^2 + t + 1}\,(t + n - 1) - n\sqrt[4]{t^3} > 0 \qquad (4.8.10)$$

由于上式的左边关于 n 是一次的,只要证明上式对于 $n = 0$ 和 9 时为真即可. 而前一结论显然为真. 对于 $n = 9$,式(4.8.10)等价于式(4.8.4). 对于任何 $\boldsymbol{a} \in (0, +\infty)^n$,都有 $f(\boldsymbol{a}) \geqslant f(A(\boldsymbol{a})) = 0$ 成立.

对于 $n = 10$,使用 $n-1$ 元的最值压缩定理. 由所证的不等式关于变量的对称性,我们不妨假设 a_{10} 为 $a_1, a_2, \cdots, a_9, a_{10}$ 中的最大值,对 $a_1, a_2, \cdots, a_9$ 使用最值压缩定理. 当 $a_1 = \max\limits_{1 \leqslant i \leqslant 9}\{a_i\} > a_2 = \min\limits_{1 \leqslant i \leqslant 9}\{a_i\} > 0$ 时,我们有

$$\frac{\partial f}{\partial a_1} - \frac{\partial f}{\partial a_2} \geqslant 2\left(\frac{1}{a_2^3} - \frac{1}{a_1^3}\right)(a_1 + 8a_2 + a_n)^4 - 20\,000(a_1 - a_2)$$

$$\geqslant 2\left(\frac{1}{a_2^3} - \frac{1}{a_1^3}\right)(2a_1 + 8a_2)^4 - 20\,000(a_1 - a_2)$$

$$= 32a_2^3 \cdot \frac{a_1 - a_2}{a_1^3}[(t^2 + t + 1)(t + 4)^4 - 625t^3]$$

由式(4.8.5)知 $\partial f/\partial a_1 - \partial f/\partial a_2 > 0$. 若记 $A_9(\boldsymbol{a}) = \frac{1}{9}\sum\limits_{i=1}^{9} a_i, t = \frac{a_{10}}{A_9(\boldsymbol{a})} \geqslant$ 1,由最值压缩定理知

$$f(a_1, \cdots, a_9, a_{10}) \geqslant f(A_9(\boldsymbol{a}), \cdots, A_9(\boldsymbol{a}), a_{10})$$

$$= (9A_9(\boldsymbol{a}) + a_{10})^4\left(\frac{9}{A_9^2(\boldsymbol{a})} + \frac{1}{a_{10}^2}\right) - 10\,000(9A_9^2(\boldsymbol{a}) + a_{10}^2)$$

$$= \frac{A_9^2(\boldsymbol{a})}{t^2}[(9 + t)^4(9t^2 + 1) - 10\,000t^2(9 + t^2)]$$

再根据式(4.8.6),定理 4.8.3 得证.

显然问题 2 与定理 4.8.4 是等价的.

定理 4.8.4 设 $2 \leqslant n \leqslant 22, a_i > 0 (i = 1, 2, \cdots, n)$,则有

$$\frac{1}{n}\sum_{i=1}^{n} a_i \sum_{i=1}^{n} \frac{1}{\sqrt{a_i}} + 2\sum_{i=1}^{n}\sqrt{a_i} \geqslant 3\sqrt{n\sum_{i=1}^{n} a_i}$$

证明　设

$$f: a \in (0, +\infty)^n \to \frac{1}{n} \sum_{i=1}^{n} a_i \sum_{i=1}^{n} \frac{1}{\sqrt{a_i}} + 2 \sum_{i=1}^{n} \sqrt{a_i} - 3 \sqrt{n \sum_{i=1}^{n} a_i}$$

则

$$\frac{\partial f}{\partial a_1} = \frac{1}{n} \sum_{i=1}^{n} \frac{1}{\sqrt{a_i}} - \frac{1}{2n} \frac{1}{a_1 \sqrt{a_1}} \sum_{i=1}^{n} a_i + \frac{1}{\sqrt{a_1}} - \frac{3n}{2 \sqrt{n \sum_{i=1}^{n} a_i}}$$

$$\frac{\partial f}{\partial a_1} - \frac{\partial f}{\partial a_2} = \frac{1}{2n} \left(\frac{1}{a_2 \sqrt{a_2}} - \frac{1}{a_1 \sqrt{a_1}} \right) \sum_{i=1}^{n} a_i + \frac{1}{\sqrt{a_1}} - \frac{1}{\sqrt{a_2}}$$

若 $2 \leqslant n \leqslant 18$，设 $a_1 = \max\limits_{1 \leqslant i \leqslant n} \{a_i\} > a_2 = \min\limits_{1 \leqslant i \leqslant n} \{a_i\} > 0$ 和 $t = \sqrt{a_1/a_2} > 1$，且我们有

$$\frac{\partial f}{\partial a_1} - \frac{\partial f}{\partial a_2} \geqslant \frac{a_2}{2na_1 \sqrt{a_1}} (t^3 - 1)(t^2 + n - 1) - \frac{1}{\sqrt{a_1}}(t - 1)$$

$$= \frac{a_2(t-1)}{2na_1 \sqrt{a_1}} \left[(t^2 + t + 1)(t^2 + n - 1) - 2nt^2 \right]$$

由于上式右边的 $(t^2 + t + 1)(t^2 + n - 1) - 2nt^2$ 关于 n 是一次的，所以欲证 $\partial f/\partial a_1 - \partial f/\partial a_2 > 0$，只要证

$$(t^2 + t + 1)(t^2 + n - 1) - 2nt^2 > 0$$

对于 $n = 0$ 和 $n = 18$ 为真，前一结论显然成立；对于 $n = 18$，由式(4.8.7)知，结论也成立. 至此，我们知：对于任何 $a \in (0, +\infty)^n$，都有 $f(a) \geqslant f(A(a)) = 0$.

当 $18 \leqslant n \leqslant 22$ 时，使用 $n - 1$ 元最值压缩定理. 由所证的不等式关于变量的对称性，我们不妨假设 a_n 为 $a_1, a_2, \cdots, a_{n-1}, a_n$ 中的最大值，对 $a_1, a_2, \cdots, a_{n-1}$ 使用最值压缩定理. 当 $a_1 = \max\limits_{1 \leqslant i \leqslant n-1} \{a_i\} > a_2 = \min\limits_{1 \leqslant i \leqslant n-1} \{a_i\} > 0$ 时

$$\frac{\partial f}{\partial a_1} - \frac{\partial f}{\partial a_2} = \frac{1}{2n} \left(\frac{1}{a_2 \sqrt{a_2}} - \frac{1}{a_1 \sqrt{a_1}} \right) [a_n + a_1 + (n-2)a_2] +$$

$$\frac{1}{\sqrt{a_1}} - \frac{1}{\sqrt{a_2}}$$

$$\geqslant \frac{1}{2n} \left(\frac{1}{a_2 \sqrt{a_2}} - \frac{1}{a_1 \sqrt{a_1}} \right) [2a_1 + (n-2)a_2] +$$

$$\frac{1}{\sqrt{a_1}} - \frac{1}{\sqrt{a_2}}$$

同样若令 $t = \sqrt{a_1/a_2}$，则有 $t > 1$，我们有

$$\frac{\partial f}{\partial a_1} - \frac{\partial f}{\partial a_2} \geqslant \frac{a_2(t-1)}{2na_1 \sqrt{a_1}} \left[(t^2 + t + 1)(2t^2 + n - 2) - 2nt^2 \right]$$

由于上式右边的 $(t^2 + t + 1)(2t^2 + n - 2) - 2nt^2$ 关于 n 是一次的，所以欲

证 $\partial f/\partial a_1 - \partial f/\partial a_2 > 0$，只要证

$$(t^2 + t + 1)(2t^2 + n - 2) - 2nt^2 > 0$$

对于 $n=0$ 和 $n=22$ 为真，前一结论显然成立；对于 $n=22$，由式（4.8.8）知，结论也成立. 若记

$$A_{n-1}(\boldsymbol{a}) = \frac{1}{n-1}\sum_{i=1}^{n-1} a_i, \quad t = \sqrt{\frac{a_n}{A_{n-1}(\boldsymbol{a})}} \geqslant 1$$

由最值压缩定理知

$$f(a_1, \cdots, a_{n-1}, a_n) \geqslant f(A_{n-1}(\boldsymbol{a}), \cdots, A_{n-1}(\boldsymbol{a}), a_n)$$

$$= \frac{1}{n}\big[(n-1)A_{n-1}(\boldsymbol{a}) + a_n\big]\left[\frac{n-1}{\sqrt{A_{n-1}(\boldsymbol{a})}} + \frac{1}{\sqrt{a_n}}\right] +$$

$$2\big[(n-1)\sqrt{A_{n-1}(\boldsymbol{a})} + \sqrt{a_n}\big] -$$

$$3\sqrt{n\big[(n-1)A_{n-1}(\boldsymbol{a}) + a_n\big]}$$

$$= \frac{\sqrt{A_{n-1}(\boldsymbol{a})}}{n\sqrt{t}}\big[(n-1+t^2)\big[(n-1)t+1\big] +$$

$$2nt(n-1+t) - 3nt\sqrt{n(n-1+t^2)}\big]$$

根据式（4.8.9），我们知 $f(a_1, a_2, \cdots, a_n) \geqslant 0$. 定理得证.

同时，姚勇先生在"中国不等式研究小组"的论坛提出了如下问题：设 $n \geqslant 3, \boldsymbol{a} = (a_1, a_2, \cdots, a_n) \in (0, +\infty)^n$，记 $M_2(\boldsymbol{a}) = \left(\frac{1}{n}\sum_{i=1}^{n} a_i^2\right)^{1/2}$，试求最佳 k_n，使得

$$k_n T_2(\boldsymbol{a}) + (2 - k_n)H(\boldsymbol{a}) \geqslant A(\boldsymbol{a}) + G(\boldsymbol{a}) \tag{4.8.11}$$

这一问题有一定的难度，引起了杨路教授和成都大学文家金教授的注意，他们证明了 k_3 是一元十五次方程

$16\,003\,008k^{15} - 260\,620\,416k^{14} + 1\,894\,505\,760k^{13} - 7\,943\,145\,120k^{12} +$

$20\,506\,198\,464k^{11} - 31\,088\,540\,016k^{10} + 18\,428\,855\,184k^9 +$

$23\,394\,482\,784k^8 - 56\,499\,199\,164k^7 + 38\,839\,867\,608k^6 +$

$8\,126\,589\,030k^5 - 27\,732\,405\,304k^4 + 12\,619\,399\,167k^3 +$

$2\,348\,050\,485k^2 - 3\,402\,354\,727k + 751\,526\,649 = 0 \tag{4.8.12}$

的最大正根 $k_3 = 1.170\,683\,367\cdots$.

下面将撇开 $\boldsymbol{a}$ 的最小分量，对其余的 $n-1$ 个分量实行最值压缩定理，在理论上解决了 k_n 的最佳性问题，作为特例给出了 k_3, k_4, k_5 的具体值.

定理 4.8.5 设

$$k_n^* = \sup_{t>1}\left\{\frac{t + 1 + t^{\frac{n-2}{n}}}{\sqrt{n}\,(t^2 + t + 1)}\sqrt{(n-2)t^2 + 2}\right\}$$

$$k_n^{**} = \sup_{t>1} \left\{ \frac{\dfrac{(n-1)t+1}{n} + t^{\frac{n-1}{n}} - \dfrac{2nt}{n-1+t}}{\sqrt{\dfrac{(n-1)t^2+1}{n}} - \dfrac{nt}{n-1+t}} \right\}$$

$\tilde{k}_n = \max\{k_n^*, k_n^{**}\}$，则有

$$\tilde{k}_n T_2(\boldsymbol{a}) + (2 - \tilde{k}_n) H(\boldsymbol{a}) \geqslant A(\boldsymbol{a}) + G(\boldsymbol{a})$$

若 $k_n^{**} \geqslant k_n^*$，即 $\tilde{k}_n = k_n^{**}$，则 $k_n = k_n^{**}$ 为使式(4.8.11)成立的最佳值.

证明　对于式(4.8.11)，由于各个 a_i 为对称的，所以我们不妨设 a_n 最小. 先设 a_n 为唯一的最小值. 设

$$f(\boldsymbol{a}) = \tilde{k}_n T(\boldsymbol{a}, n) + (2 - \tilde{k}_n) H(\boldsymbol{a}, n) - A(\boldsymbol{a}, n) - G(\boldsymbol{a}, n)$$

则

$$\frac{\partial f}{\partial a_1} = \tilde{k}_n \frac{a_1}{\sqrt{n \sum_{i=1}^{n} a_i^2}} + (2 - \tilde{k}_n) \frac{n a_1^{-2}}{\left(\sum_{i=1}^{n} a_i^{-1} \right)^2} - \frac{1}{n} - \frac{1}{n a_1} \sqrt[n]{\prod_{i=1}^{n} a_i}$$

当 $a_1 = \max_{1 \leqslant i \leqslant n-1}\{a_k\} > a_2 = \min_{1 \leqslant i \leqslant n-1}\{a_i\} > a_n = \min_{1 \leqslant i \leqslant n}\{a_i\}$ 时

$$a_1^2 \frac{\partial f}{\partial a_1} - a_2^2 \frac{\partial f}{\partial a_2} = \tilde{k}_n \frac{a_1^3 - a_2^3}{\sqrt{n \sum_{i=1}^{n} a_i^2}} - \frac{a_1^2 - a_2^2}{n} - \frac{a_1 - a_2}{n} \sqrt[n]{\prod_{i=1}^{n} a_i}$$

和

$$\frac{1}{a_1 - a_2} \left(a_1^2 \frac{\partial f}{\partial a_1} - a_2^2 \frac{\partial f}{\partial a_2} \right) = \tilde{k}_n \frac{a_1^2 + a_1 a_2 + a_2^2}{\sqrt{n \sum_{i=1}^{n} a_i^2}} - \frac{a_1 + a_2}{n} - \frac{1}{n} \sqrt[n]{\prod_{i=1}^{n} a_i}$$

$$\geqslant \tilde{k}_n \frac{a_1^2 + a_1 a_2 + a_2^2}{\sqrt{n((n-2)a_1^2 + a_2^2 + a_n^2)}} - \frac{a_1 + a_2}{n} - \frac{1}{n} \sqrt[n]{a_1^{n-2} a_2 a_n}$$

$$> \tilde{k}_n \frac{a_1^2 + a_1 a_2 + a_2^2}{\sqrt{n((n-2)a_1^2 + 2a_2^2)}} - \frac{a_1 + a_2}{n} - \frac{1}{n} \sqrt[n]{a_1^{n-2} a_2^2}$$

$$\geqslant \frac{a_2}{n} \left[\tilde{k}_n \frac{\sqrt{n}(t^2 + t + 1)}{\sqrt{(n-2)t^2 + 2}} - (t+1) - t^{\frac{n-2}{n}} \right]$$

其中 $t = a_1/a_2$. 由 k_n^* 的定义知 $a_1^2 \cdot \partial f / \partial a_1 - a_2^2 \cdot \partial f / \partial a_2 > 0$. 若记

$$H(\boldsymbol{a}, n-1) = \frac{n}{\sum_{i=1}^{n-1} a_i^{-1}}$$

则根据推论 4.1.6(此时 $p = -1$)知，对于任何的 $\boldsymbol{a} \in \{\boldsymbol{a} \mid \min_{1 \leqslant i \leqslant n-1}\{a_k\} > a_n\}$，都有

$$f(\boldsymbol{a}) \geqslant f(H(\boldsymbol{a}, n-1), H(\boldsymbol{a}, n-1), \cdots, H(\boldsymbol{a}, n-1), a_n) \quad (4.8.13)$$

最值定理与分析不等式

由连续性知，当 a_n 为 $a_i(1 \leqslant i \leqslant n)$ 的最小值但不是唯一最小值时，式 (4.8.13) 仍成立. 此时显然有 $H(a, n-1) \geqslant a_n$. 设 $t = H(a, n-1)/a_n$，由于 f 是一次齐次函数，则有

$$f(\boldsymbol{a}) \geqslant a_n f\left(\frac{H(\boldsymbol{a}, n-1)}{a_n}, \frac{H(\boldsymbol{a}, n-1)}{a_n}, \cdots, \frac{H(\boldsymbol{a}, n-1)}{a_n}, 1\right)$$

$$= a_n f(t, t, \cdots, t, 1)$$

$$= a_n\left[\tilde{k}_n \sqrt{\frac{1}{n}\left((n-1)t^2 + 1\right)} + \right.$$

$$\left. (2 - k_n)\frac{n}{\frac{n-1}{t} + 1} - \frac{(n-1)t + 1}{n} - t^{\frac{n-1}{n}}\right]$$

$$= a_n\left\{\tilde{k}_n\left[\sqrt{\frac{1}{n}\left((n-1)t^2 + 1\right)} - \frac{nt}{n-1+t}\right] + \right.$$

$$\left. \frac{2nt}{n-1+t} - \frac{(n-1)t+1}{n} - t^{\frac{n-1}{n}}\right\} \qquad (4.8.14)$$

由 k_n^{**} 的定义知 $f(\boldsymbol{a}) \geqslant 0$，定理证毕.

当 $\tilde{k}_n = k_n^{**} \geqslant k_n^*$ 时，若

$$k_n T_2(\boldsymbol{a}) + (2 - k_n)H(\boldsymbol{a}) \geqslant A(\boldsymbol{a}) + G(\boldsymbol{a})$$

$$k_n \geqslant \frac{A(\boldsymbol{a}) + G(\boldsymbol{a}) - 2H(\boldsymbol{a})}{T(\boldsymbol{a}) - H(\boldsymbol{a})} \qquad (若\ T(\boldsymbol{a}) \neq H(\boldsymbol{a}))$$

取 $\boldsymbol{a} = (t, t, \cdots, t, 1)$，$t > 1$ 时，我们有

$$k_n \geqslant \frac{\dfrac{(n-1)t+1}{n} + t^{\frac{n-1}{n}} - \dfrac{2nt}{n-1+t}}{\sqrt{\dfrac{(n-1)t^2+1}{n}} - \dfrac{nt}{n-1+t}}$$

所以知 $k_n = k_n^{**}$ 是使式 (4.8.11) 成立的最佳值.

注 对于 k_n^{**} 的定义中所涉及的函数，我们有

$$\lim_{t \to 1} \frac{\dfrac{(n-1)t+1}{n} + t^{\frac{n-1}{n}} - \dfrac{2nt}{n-1+t}}{\sqrt{\dfrac{(n-1)t^2+1}{n}} - \dfrac{nt}{n-1+t}}$$

$$= \lim_{t \to 1} \frac{\dfrac{n-1}{n} + \dfrac{n-1}{n}t^{-\frac{1}{n}} - \dfrac{2n(n-1)}{(n-1+t)^2}}{\dfrac{(n-1)t}{\sqrt{n[(n-1)t^2+1]}} - \dfrac{n(n-1)}{(n-1+t)^2}}$$

$$= \lim_{t \to 1} \frac{\dfrac{1}{n} + \dfrac{1}{n}t^{-\frac{1}{n}} - \dfrac{2n}{(n-1+t)^2}}{\dfrac{t}{\sqrt{n[(n-1)t^2+1]}} - \dfrac{n}{(n-1+t)^2}}$$

$$=\lim_{t\to 1}\frac{-\dfrac{1}{n^2}t^{-\frac{1}{n}-1}+\dfrac{4n}{(n-1+t)^3}}{\dfrac{\sqrt{n[(n-1)t^2+1]}-\dfrac{n(n-1)t^2}{\sqrt{n[(n-1)t^2+1]}}}{n[(n-1)t^2+1]}+\dfrac{2n}{(n-1+t)^3}}$$

$$=\lim_{t\to 1}\frac{-\dfrac{1}{n^2}+\dfrac{4n}{n^3}}{\dfrac{n-\dfrac{n(n-1)}{n}}{n^2}+\dfrac{2n}{n^3}}=1$$

此性质可作为以下运用 Bottema 10 软件的一个补充说明.

定理 4.8.6 当 $n=3$ 时, $k_3=1.170\ 683\ 367\cdots$ 为方程(4.8.12) 的最大正根.

证明 当 $t\in(1,+\infty)$ 时,可证

$$\left[\frac{t+1+t^{\frac{1}{3}}}{\sqrt{3}\,(t^2+t+1)}\sqrt{t^2+2}\right]'=\frac{\dfrac{1}{3}t^{\frac{7}{3}}+\dfrac{2}{3}t^{-\frac{2}{3}}-\dfrac{2}{3}t^{\frac{10}{3}}-3t-2t^{\frac{4}{3}}-\dfrac{4}{3}t^{\frac{1}{3}}}{\sqrt{3}\,\sqrt{t^2+2}\,(t^2+t+1)^2}<0$$

所以

$$k_3^*=\sup_{t>1}\left\{\frac{t+1+t^{\frac{1}{3}}}{\sqrt{3}\,(t^2+t+1)}\sqrt{t^2+2}\right\}=\lim_{t\to 1^+}\left\{\frac{t+1+t^{\frac{1}{3}}}{\sqrt{3}\,(t^2+t+1)}\sqrt{t^2+2}\right\}=1$$

对于

$$k_3^{**}=\sup_{t>1}\left\{\frac{\dfrac{2t+1}{3}+t^{\frac{2}{3}}-\dfrac{6t}{2+t}}{\sqrt{\dfrac{2t^2+1}{3}}-\dfrac{3t}{2+t}}\right\}$$

我们可用 Bottema 10 软件证明 k_3^{**} 是方程(4.8.12) 的最大正根 $1.170\ 683\ 367\cdots$.
由于 $k_3^{**}>k_3^*$,所以 $k_3=1.170\ 683\ 367\cdots$.

定理 4.8.7 当 $n=4$ 时, $k_4=1.290\ 562\ 990\cdots$ 为方程
$944\ 223\ 282\ 033\ 408k^{21}-22\ 992\ 240\ 431\ 736\ 576k^{20}+$
$258\ 410\ 014\ 133\ 940\ 864k^{19}-1\ 761\ 031\ 985\ 923\ 686\ 528k^{18}+$
$8\ 024\ 553\ 655\ 783\ 793\ 856k^{17}-25\ 289\ 990\ 834\ 097\ 567\ 168k^{16}+$
$54\ 350\ 478\ 156\ 655\ 465\ 848k^{15}-71\ 873\ 824\ 932\ 223\ 863\ 960k^{14}+$
$29\ 692\ 577\ 871\ 580\ 664\ 833k^{13}+87\ 102\ 456\ 594\ 650\ 782\ 211k^{12}-$
$190\ 761\ 278\ 359\ 645\ 267\ 986k^{11}+152\ 206\ 626\ 216\ 960\ 595\ 410k^{10}+$
$19\ 133\ 505\ 196\ 720\ 521\ 019k^9-146\ 789\ 545\ 797\ 937\ 047\ 191k^8+$
$110\ 889\ 519\ 765\ 920\ 673\ 644k^7+3\ 820\ 967\ 844\ 604\ 617\ 172k^6-$
$57\ 415\ 055\ 016\ 745\ 026\ 761k^5+34\ 525\ 117\ 137\ 181\ 337\ 045k^4-$

最值定理与分析不等式

2 443 213 657 137 411 922k^3 − 5 975 054 975 348 177 550k^2 +

2 719 609 202 969 453 261k − 392 988 367 615 167 873 = 0　　(4.8.15)

的最大正根.

证明　当 $t \in (1, +\infty)$ 时,可证

$$\left[\frac{t+1+\sqrt{t}}{\sqrt{2}\,(t^2+t+1)} \sqrt{t^2+1} \right]' = -\frac{t^4 - t^3 - 2t^2\sqrt{t} + 2t\sqrt{t} + t - 1}{2\sqrt{2t}\,\sqrt{t^2+1}\,(t^2+t+1)^2}$$

$$= -\frac{(\sqrt{t}-1)^3\,(t^2\sqrt{t} + 3t^2 + 5t\sqrt{t} + 5t + 3\sqrt{t} + 1)}{2\sqrt{2t}\,\sqrt{t^2+1}\,(t^2+t+1)^2}$$

$$< 0$$

所以

$$k_4^* = \sup_{t>1}\left\{ \frac{t+1+\sqrt{t}}{\sqrt{2}\,(t^2+t+1)} \sqrt{t^2+1} \right\} = \lim_{t\to 1^+}\left\{ \frac{t+1+\sqrt{t}}{\sqrt{2}\,(t^2+t+1)} \sqrt{t^2+1} \right\} = 1$$

对于

$$k_n^{**} = \sup_{t>1}\left\{ \frac{\dfrac{3t+1}{4} + t^{\frac{3}{4}} - \dfrac{8t}{3+t}}{\sqrt{\dfrac{3t^2+1}{4} - \dfrac{4t}{3+t}}} \right\}$$

我们可用 Bottema 10 软件证明 k_4^{**} 是方程(4.6.15)的最大正根 1.290 562 990⋯.
由于 $k_4^{**} > k_4^*$,所以 $k_4 = 1.290\ 562\ 990\cdots$.

定理 4.8.8　当 $n = 5$ 时,$k_5 = 1.375\ 278\ 147\ 0\cdots$ 为方程

846 685 610 975 232 000k^{23} − 19 467 049 325 359 104 000k^{22} +

209 712 634 301 244 211 200k^{21} − 1 372 379 075 129 451 110 400k^{20} +

5 954 596 477 048 930 590 720k^{19} − 17 438 168 135 318 046 474 240k^{18} +

32 558 357 973 300 300 232 704k^{17} − 28 232 692 492 193 658 643 968k^{16} −

27 412 390 994 964 983 777 536k^{15} + 114 913 810 329 751 751 721 600k^{14} −

130 852 510 509 788 751 074 240k^{13} + 3 766 284 036 537 394 209 344k^{12} +

155 482 699 633 852 692 355 472k^{11} − 156 792 218 897 023 232 967 376k^{10} +

1 345 087 387 464 188 011 100k^9 + 116 942 299 013 373 462 268 460k^8 −

91 201 441 955 442 986 661 755k^7 + 7 850 989 107 141 142 909 175k^6 +

28 341 141 447 250 875 223 505k^5 − 16 992 264 939 449 260 289 765k^4 +

1 747 182 107 986 762 743 115k^3 + 1 911 072 203 010 990 202 601k^2 −

815 685 045 768 968 454 877k + 104 806 662 065 836 395 641 = 0　　(4.8.16)

的最大正根.

证明　用 Bottema 10 软件可证

$$k_5^* = \sup_{t>1}\left\{ \frac{t+1+t^{\frac{3}{5}}}{\sqrt{5}\,(t^2+t+1)} \sqrt{3t^2+2} \right\}$$

约为 1. 100 369 077 108 845.

$$k_5^{**} = \sup_{t>1} \left\{ \frac{\dfrac{4t+1}{5} + t^{\frac{4}{5}} - \dfrac{10t}{4+t}}{\sqrt{\dfrac{4t^2+1}{5}} - \dfrac{5t}{4+t}} \right\}$$

为方程(4.8.17)的最大正根 1. 375 278 147 0. 由于 $k_5^{**} > k_5^{*}$，所以 $k_5 = 1. 375 278 147 0\cdots$.

与定理 4.8.8 的证明相仿，我们可以研究 $6 \leqslant n \leqslant 30$ 的情形，我们有以下定理成立，但相应方程不再具体给出.

定理 4.8.9

$k_6 = 1. 439 082 09\cdots, k_7 = 1. 489 296 97\cdots, k_8 = 1. 530 086 96\cdots$

$k_9 = 1. 564 021 17\cdots, k_{10} = 1. 592 784 52\cdots, k_{11} = 1. 617 535 18\cdots$

$k_{12} = 1. 639 099 47\cdots, k_{13} = 1. 658 084 94\cdots, k_{14} = 1. 674 949 71\cdots$

$k_{15} = 1. 690 046 49\cdots, k_{16} = 1. 703 651 87\cdots, k_{17} = 1. 715 986 10\cdots$

$k_{18} = 1. 727 227 03\cdots, k_{19} = 1. 737 519 99\cdots, k_{20} = 1. 746 985 01\cdots$

$k_{21} = 1. 755 722 21\cdots, k_{22} = 1. 763 815 81\cdots, k_{23} = 1. 771 337 22\cdots$

$k_{24} = 1. 778 347 44\cdots, k_{25} = 1. 784 898 88\cdots, k_{26} = 1. 791 036 88\cdots$

$k_{27} = 1. 796 800 86\cdots, k_{28} = 1. 802 225 28\cdots, k_{29} = 1. 807 340 40\cdots$

$k_{30} = 1. 812 172 92\cdots$

注 4.8.10　在式(4.8.12) 中，令 $x = (n+1, n+1, \cdots, n+1, 1)$，再令 $n \to +\infty$，可知 $\lim\limits_{n \to +\infty} k_n = 2$.

最后我们提出一个猜想：对于任何 $n \geqslant 3, n \in \mathbb{N}$，都有

$$k_n^{*} = \sup_{t>1} \left\{ \frac{t+1+t^{\frac{n-2}{n}}}{\sqrt[n]{n}\,(t^2+t+1)} \sqrt{(n-2)t^2+2} \right\}$$

$$< k_n^{**}$$

$$= \sup_{t>1} \left\{ \frac{\dfrac{(n-1)t+1}{n} + t^{\frac{n-1}{n}} - \dfrac{2nt}{n-1+t}}{\sqrt{\dfrac{(n-1)t^2+1}{n}} - \dfrac{nt}{n-1+t}} \right\}$$

4.9　"代数不等式新旧方法"的
几个结果统一加强与证明

2007 年，Vasilc Cirtoaje 主编的 *Algebraic Inequalities-Old and New Methods*(参考资料[169]) 的出版，引起了国内外一些数学论坛的讨论. 其中第

最值定理与分析不等式

一章和第八章共提出 140 多个不等式问题,成为我国一些数学论坛讨论的话题.

本节(主要引自参考资料[165])将用最值压缩定理,不仅对其中的八个结果统一证明,而且对其中四个结果进行了加强,得到四个新的分析不等式.

参考资料[169]中的第一章第 3 题,即参考资料[17]中的第九章第一节第 3 题为:设 $a,b,c \geqslant 0, abc=1$,求证:$\dfrac{a+b+c}{3} \geqslant \sqrt[5]{\dfrac{a^2+b^2+c^2}{3}}$. 现把它加强为下述定理 4.9.1.

定理 4.9.1　设 $a,b,c \geqslant 0$,则

$$\frac{a+b+c}{3} \geqslant \sqrt[5]{(abc)^{\frac{5-k}{3}} \cdot \frac{a^k+b^k+c^k}{3}} \qquad (4.9.1)$$

其中 $k > 2.19$ 为满足不等式

$$\frac{5-k}{3}(t-1)(t^k+2) \geqslant k(t^k-t) \qquad (4.9.2)$$

对任何 $t \in [1, +\infty)$ 都成立的常数.

证明　先设 $a,b,c > 0, p > 1$,且

$$f : (a,b,c) \in (0, +\infty)^3 \to \frac{a+b+c}{3} - \sqrt[5]{(abc)^{(5-k)p/3} \cdot \frac{a^k+b^k+c^k}{3}}$$

则

$$\frac{\partial f}{\partial a} = \frac{1}{3} - \frac{(abc)^{(5-k)p/3}\left(\dfrac{(5-k)p}{3a}(a^k+b^k+c^k)+ka^{k-1}\right)}{15\left((abc)^{(5-k)p/3} \cdot \dfrac{a^k+b^k+c^k}{3}\right)^{4/5}}$$

$$\frac{\partial f}{\partial a} - \frac{\partial f}{\partial b} = \frac{(abc)^{(5-k)p/3}\left[p\left(\dfrac{5-k}{3b}-\dfrac{5-k}{3a}\right)(a^k+b^k+c^k)-k(a^{k-1}-b^{k-1})\right]}{15\left((abc)^{(5-k)p/3} \cdot \dfrac{a^k+b^k+c^k}{3}\right)^{4/5}}$$

当 $a \geqslant c \geqslant b$,且 $a > b$ 时,记 $t = \dfrac{a}{b} > 1$,我们有

$$\frac{15\left((abc)^{(5-k)p/3} \cdot \dfrac{a^k+b^k+c^k}{3}\right)^{4/5}}{(abc)^{(5-k)/3}}\left(\frac{\partial f}{\partial a} - \frac{\partial f}{\partial b}\right)$$

$$\geqslant p\left(\frac{5-k}{3b}-\frac{5-k}{3a}\right)(a^k+2b^k)-k(a^{k-1}-b^{k-1})$$

$$> \left(\frac{5-k}{3b}-\frac{5-k}{3a}\right)(a^k+2b^k)-k(a^{k-1}-b^{k-1})$$

$$= \frac{1}{ab}\left[\frac{5-k}{3}(a-b)(a^k+2b^k)-kab(a^{k-1}-b^{k-1})\right]$$

$$= \frac{1}{ab} \cdot b^{k+1} \left[\frac{5-k}{3}(t-1)(t^k+2) - kt(t^{k-1}-1) \right]$$

可用 Maple 9 计算机数学软件证明式$(4.9.2)$成立,即知 $\partial f/\partial a_1 > \partial f/\partial a_2$. 根据推论 $4.1.3$ 知,对于 $(a,b,c) \in (0,+\infty)^3$,有

$$f(a,b,c) \geqslant f\left(\frac{a+b+c}{3}, \frac{a+b+c}{3}, \frac{a+b+c}{3} \right)$$

即

$$\frac{a+b+c}{3} - \sqrt[5]{(abc)^{(5-k)p/3} \cdot \frac{a^k+b^k+c^k}{3}}$$

$$\geqslant \frac{a+b+c}{3} - \sqrt[5]{\left(\frac{a+b+c}{3} \right)^{p(5-k)} \cdot \left(\frac{a+b+c}{3} \right)^k} \quad (4.9.3)$$

在式$(4.9.3)$中,令 $p \to 1^+$,可知式$(4.9.1)$成立.

此时,对于 $a,b,c \geqslant 0$,定理 $4.9.1$ 显然也为真. 定理证毕.

参考资料$[169]$中的第八章第 37 题,即参考资料$[17]$中的第九章第二节第 19 题:设 $a_1,a_2,\cdots,a_n > 0$,$\prod\limits_{k=1}^{n} a_k = 1$,求证:$\sum\limits_{k=1}^{n} \frac{1}{a_k} + \frac{4n}{n+\sum\limits_{k=1}^{n} a_k} \geqslant n+2$. 现在我们把它加强为下述定理 $4.9.2$.

定理 4.9.2 设 $a_1,a_2,\cdots,a_n > 0$,$\prod\limits_{k=1}^{n} a_k = 1$,则 $\sum\limits_{k=1}^{n} \frac{1}{a_k} + \frac{2n}{\sum\limits_{k=1}^{n} a_k} \geqslant n+2$.

证明 设 $f: a \in (0,+\infty)^n \to \sum\limits_{k=1}^{n} \frac{1}{a_k} + \frac{2n}{\sum\limits_{k=1}^{n} a_k}$,则

$$\frac{\partial f}{\partial a_1} = -\frac{1}{a_1^2} - \frac{2n}{\left(\sum\limits_{k=1}^{n} a_k \right)^2}, a_1 \frac{\partial f}{\partial a_1} = -\frac{1}{a_1} - \frac{2na_1}{\left(\sum\limits_{k=1}^{n} a_k \right)^2}$$

$$a_1 \frac{\partial f}{\partial a_1} - a_2 \frac{\partial f}{\partial a_2} = \frac{a_1-a_2}{a_1 a_2 \left(\sum\limits_{k=1}^{n} a_k \right)^2} \left[\left(\sum\limits_{k=1}^{n} a_k \right)^2 - 2na_1 a_2 \right]$$

当 $a_1 = \max\limits_{1 \leqslant i \leqslant n} \{a_i\} > a_2 = \min\limits_{1 \leqslant i \leqslant n} \{a_i\} > 0$ 时

$$a_1 \frac{\partial f}{\partial a_1} - a_2 \frac{\partial f}{\partial a_2} \geqslant \frac{a_1-a_2}{a_1 a_2 \left(\sum\limits_{k=1}^{n} a_k \right)^2} \left[(a_1+(n-1)a_2)^2 - 2na_1 a_2 \right]$$

$$= \frac{a_1-a_2}{a_1 a_2 \left(\sum\limits_{k=1}^{n} a_k \right)^2} \left[a_1^2 - 2a_1 a_2 + (n-1)a_2^2 \right]$$

$$> 0$$

根据推论 4.1.5 知,对于 $a \in (0, +\infty)^n$,有 $f(a) \geqslant f(\overline{G}(a))$,即

$$\sum_{k=1}^{n} \frac{1}{a_k} + \frac{2n}{\sum\limits_{k=1}^{n} a_k} \geqslant \frac{n+2}{\sqrt[n]{\prod\limits_{k=1}^{n} a_k}}$$

定理 4.9.2 证毕.

参考资料[169]中的第八章第 91 题,即参考资料[17]中的第九章第二节第

73 题:设 $x_1, x_2, \cdots, x_n \geqslant 0$,求证:$\sum\limits_{k=1}^{n} x_k \geqslant (n-1) \sqrt[n]{\prod\limits_{k=1}^{n} x_k} + \sqrt{\dfrac{\sum\limits_{k=1}^{n} x_k^2}{n}}$. 现在我

们把它加强为下述定理 4.9.3.

定理 4.9.3　设 $x_1, x_2, \cdots, x_n \geqslant 0$,则

$$\sum_{k=1}^{n} x_k \geqslant (n - \sqrt{n-1}) \sqrt[n]{\prod_{k=1}^{n} x_k} + \sqrt{\frac{n-1}{n} \sum_{k=1}^{n} x_k^2}$$

证明　设 $p > 1$ 和

$$f: x \in [0, +\infty)^n \to p \sum_{k=1}^{n} x_k - (n - \sqrt{n-1}) \sqrt[n]{\prod_{k=1}^{n} x_k} - \sqrt{\frac{n-1}{n} \sum_{k=1}^{n} x_k^2}$$

则

$$\frac{\partial f}{\partial x_1} = p - \frac{n - \sqrt{n-1}}{n x_1} \sqrt[n]{\prod_{k=1}^{n} x_k} - \sqrt{\frac{n-1}{n}} \cdot \frac{x_1}{\sqrt{\sum\limits_{k=1}^{n} x_k^2}}$$

$$x_1 \frac{\partial f}{\partial x_1} = p x_1 - \frac{n - \sqrt{n-1}}{n} \sqrt[n]{\prod_{k=1}^{n} x_k} - \sqrt{\frac{n-1}{n}} \cdot \frac{x_1^2}{\sqrt{\sum\limits_{k=1}^{n} x_k^2}}$$

$$x_1 \frac{\partial f}{\partial x_1} - x_2 \frac{\partial f}{\partial x_2} = p x_1 - p x_2 - \sqrt{\frac{n-1}{n}} \cdot \frac{x_1^2 - x_2^2}{\sqrt{\sum\limits_{k=1}^{n} x_k^2}}$$

$$= \frac{x_1 - x_2}{\sqrt{\sum\limits_{k=1}^{n} x_k^2}} \left[p \sqrt{\sum_{k=1}^{n} x_k^2} - \sqrt{\frac{n-1}{n}} (x_1 + x_2) \right]$$

$$> \frac{x_1 - x_2}{\sqrt{\sum\limits_{k=1}^{n} x_k^2}} \left[\sqrt{\sum_{k=1}^{n} x_k^2} - \sqrt{\frac{n-1}{n}} (x_1 + x_2) \right]$$

当 $x_1 = \max\limits_{1 \leqslant i \leqslant n} \{x_i\} > x_2 = \min\limits_{1 \leqslant i \leqslant n} \{x_i\} > 0$ 时

$$x_1 \frac{\partial f}{\partial x_1} - x_2 \frac{\partial f}{\partial x_2} \geqslant \frac{x_1 - x_2}{\sqrt{\sum_{k=1}^{n} x_k^2}} \left(\sqrt{x_1^2 + (n-1)x_2^2} - \sqrt{\frac{n-1}{n}}(x_1 + x_2) \right)$$

此时易证

$$\sqrt{x_1^2 + (n-1)x_2^2} \geqslant \sqrt{\frac{n-1}{n}}(x_1 + x_2)$$

等价于 $[x_1 - (n-1)x_2]^2 \geqslant 0$，所以有 $x_1 \partial f / \partial x_1 > x_2 \partial f / \partial x_2$. 根据推论 4.1.5 知，对于 $\boldsymbol{x} \in (0, +\infty)^n$，有 $f(\boldsymbol{x}) \geqslant f(\bar{G}(\boldsymbol{x}))$，即

$$p \sum_{k=1}^{n} x_k - (n - \sqrt{n-1}) \sqrt[n]{\prod_{k=1}^{n} x_k} - \sqrt{\frac{n-1}{n} \sum_{k=1}^{n} x_k^2}$$

$$\geqslant pnG(\boldsymbol{x}) - (n - \sqrt{n-1})G(\boldsymbol{x}) - \sqrt{n-1}\,G(\boldsymbol{x})$$

即

$$p \sum_{k=1}^{n} x_k - (n - \sqrt{n-1}) \sqrt[n]{\prod_{k=1}^{n} x_k} - \sqrt{\frac{n-1}{n} \sum_{k=1}^{n} x_k^2} \geqslant n(p-1)G(\boldsymbol{x})$$

在上式中，令 $p \to 1^+$，可知定理 4.9.3 为真.

参考资料 [169] 中的第八章第 80 题，即参考资料 [17] 中的第九章第二节第 62 题：设 $a, b, c > 0, abc = 1$，则

$$a^2 + b^2 + c^2 + 9(ab + ac + bc) \geqslant 10(a + b + c)$$

现在我们把它加强为下述定理 4.9.4.

定理 4.9.4 设 $a, b, c > 0, abc = 1$，则

$$k(a^2 + b^2 + c^2) + 9(ab + ac + bc) \geqslant (9 + k)\sqrt[3]{abc}(a + b + c)$$

其中

$$k = \max_{s \in [1, +\infty)} \left\{ \frac{-9s^3 + 27s^2 - 18}{s^3 + 6s^2 + 2} \right\} = \frac{9\sqrt[3]{2} - 9}{2\sqrt[3]{2} + 1}$$

证明 利用微积分知识，易证 $\dfrac{-9s^3 + 27s^2 - 18}{s^3 + 6s^2 + 2}$ 在 $s = \sqrt[3]{4} \in [1, +\infty)$ 内取最大值，即有

$$\max_{s \in [1, +\infty)} \left\{ \frac{-9s^3 + 27s^2 - 18}{s^3 + 6s^2 + 2} \right\} = \frac{9\sqrt[3]{2} - 9}{2\sqrt[3]{2} + 1}$$

设 $p > 1$ 和

$$f : (a, b, c) \in (0, +\infty)^3 \to$$

$$kp(a^2 + b^2 + c^2) + 9(ab + ac + bc) - (9 + k)\sqrt[3]{abc}(a + b + c)$$

则

$$\frac{\partial f}{\partial a} = 2kpa + 9(b + c) - \frac{9 + k}{3a}\sqrt[3]{abc}(a + b + c) - (9 + k)\sqrt[3]{abc}$$

$$\frac{\partial f}{\partial a} - \frac{\partial f}{\partial b} = \frac{a-b}{ab}\left[\frac{9+k}{3}\sqrt[3]{abc}\,(a+b+c) - ab\,(9-2kp)\right]$$

当 $a \geqslant c \geqslant b$,且 $a > b$ 时,记 $t = s^3 = \dfrac{a}{b} > 1$,我们有

$$\frac{\partial f}{\partial a} - \frac{\partial f}{\partial b} \geqslant \frac{a-b}{ab}\left[\frac{9+k}{3}\sqrt[3]{ab^2}\,(a+2b) - ab\,(9-2kp)\right]$$

$$> \frac{a-b}{ab}\left[\frac{9+k}{3}\sqrt[3]{ab^2}\,(a+2b) - ab\,(9-2k)\right]$$

$$= \frac{a-b}{ab}\cdot b^2\left[\frac{9+k}{3}\sqrt[3]{t}\,(t+2) - (9-2k)\,t\right]$$

$$= \frac{a-b}{3ab}\cdot b^2 s\left[(9+k)\,(s^3+2) - (27-6k)\,s^2\right]$$

$$= \frac{a-b}{3ab}\cdot b^2 s\left[(9s^3+18-27s^2) + k\,(s^3+6s^2+2)\right]$$

由 k 的定义知 $\partial f/\partial a_1 > \partial f/\partial a_2$. 根据推论 4.1.3 知,对于 $(a,b,c) \in (0,+\infty)^3$,有

$$f(a,b,c) \geqslant f\left(\frac{a+b+c}{3}, \frac{a+b+c}{3}, \frac{a+b+c}{3}\right)$$

即

$$kp\,(a^2+b^2+c^2) + 9\,(ab+ac+bc) - (9+k)\sqrt[3]{abc}\,(a+b+c)$$

$$\geqslant 3k\,(p-1)\left(\frac{a+b+c}{3}\right)^2$$

在上式中,令 $p \to 1^+$,可知定理 4.9.4 为真.

下述定理 4.9.5 为参考资料[169]中的第一章第 5 题,即参考资料[17]中的第九章第一节第 5 题.

定理 4.9.5 设 $a,b,c \geqslant 0$,则
$$a^2+b^2+c^2+2abc+1 \geqslant 2(ab+bd+ca)$$

证明 由连续性知,可不妨假定 $a,b,c > 0$. 设
$$f: (a,b,c) \in (0,+\infty)^3 \to a^2+b^2+c^2+2abc+1 - 2(ab+bd+ca)$$
则

$$\frac{\partial f}{\partial a} = 2a+2bc-2(b+c),\ a\frac{\partial f}{\partial a} = 2a^2+2abc-2a(b+c)$$

$$a\frac{\partial f}{\partial a} - b\frac{\partial f}{\partial b} = 2(a-b)\,(a+b-c)$$

当 $a \geqslant c \geqslant b$,且 $a > b$ 时,易知 $a\dfrac{\partial f}{\partial a} - b\dfrac{\partial f}{\partial b} \geqslant 2b(a-b) > 0$. 对于任意 $(a,b,c) \in (0,+\infty)^3$,若设 $t = \sqrt[3]{abc}$,由推论 4.1.5 知 $f(a,b,c) \geqslant f(t,t,t)$,即

$$a^2 + b^2 + c^2 + 2abc + 1 - 2(ab + bd + ca)$$

$$\geqslant 3t^2 + 2t^3 + 1 - 6t^2 = (t-1)^2(2t+1) \geqslant 0$$

定理 $4.9.5$ 证毕.

下述定理 $4.9.6$ 为参考资料[169]中的第八章第 65 题,即参考资料[17]中的第九章第二节第 47 题.

定理 4.9.6　设 $a_1, a_2, \cdots, a_n > 0, \sum\limits_{k=1}^{n} a_k = n$,则

$$\prod_{k=1}^{n} a_k \left(\sum_{k=1}^{n} \frac{1}{a_k} - n + 3 \right) \leqslant 3$$

证明　欲证结论等价于

$$\prod_{k=1}^{n} a_k \left[\sum_{k=1}^{n} \frac{1}{a_k} - \frac{n(n-3)}{\sum\limits_{k=1}^{n} a_k} \right] \leqslant 3$$

设 $f: \boldsymbol{a} \in (0, +\infty)^n \to 3 - \prod\limits_{k=1}^{n} a_k \left[\sum\limits_{k=1}^{n} \frac{1}{a_k} - \dfrac{n(n-3)}{\sum\limits_{k=1}^{n} a_k} \right]$,则有

$$\frac{\partial f}{\partial a_1} = -\frac{1}{a_1} \prod_{k=1}^{n} a_k \left[\sum_{k=1}^{n} \frac{1}{a_k} - \frac{n(n-3)}{\sum\limits_{k=1}^{n} a_k} \right] - \prod_{k=1}^{n} a_k \left[-\frac{1}{a_1^2} + \frac{n(n-3)}{\left(\sum\limits_{k=1}^{n} a_k \right)^2} \right]$$

$$\frac{\partial f}{\partial a_1} - \frac{\partial f}{\partial a_2} = \left(\frac{1}{a_2} - \frac{1}{a_1} \right) \prod_{k=1}^{n} a_k \left[\sum_{k=1}^{n} \frac{1}{a_k} - \frac{n(n-3)}{\sum\limits_{k=1}^{n} a_k} \right] - \prod_{k=1}^{n} a_k \left(\frac{1}{a_2^2} - \frac{1}{a_1^2} \right)$$

$$= \frac{a_1 - a_2}{a_1^2 a_2^2} \prod_{k=1}^{n} a_k \cdot \left[a_1 a_2 \left(\sum_{k=1}^{n} \frac{1}{a_k} - \frac{n(n-3)}{\sum\limits_{k=1}^{n} a_k} \right) - (a_1 + a_2) \right]$$

$$= \frac{a_1 - a_2}{a_1^2 a_2^2} \prod_{k=1}^{n} a_k \cdot a_1 a_2 \left(\sum_{k=3}^{n} \frac{1}{a_k} - \frac{n(n-3)}{\sum\limits_{k=1}^{n} a_k} \right)$$

$$= \frac{a_1 - a_2}{a_1 a_2} \cdot \frac{\prod\limits_{k=1}^{n} a_k}{\sum\limits_{k=1}^{n} a_k} \left[\left(a_1 + a_2 + \sum_{k=3}^{n} a_k \right) \sum_{k=3}^{n} \frac{1}{a_k} - n(n-3) \right]$$

$$\geqslant \frac{a_1 - a_2}{a_1 a_2} \cdot \frac{\prod\limits_{k=1}^{n} a_k}{\sum\limits_{k=1}^{n} a_k} \left[(a_1 + a_2) \sum_{k=3}^{n} \frac{1}{a_k} + (n-2)^2 - n(n-3) \right]$$

最值定理与分析不等式

$$= \frac{a_1 - a_2}{a_1 a_2} \cdot \frac{\prod\limits_{k=1}^{n} a_k}{\sum\limits_{k=1}^{n} a_k} \left[(a_1 + a_2) \sum_{k=3}^{n} \frac{1}{a_k} - n + 4 \right]$$

其中的不等关系是由 Cauchy 不等式所致. 当 $a_1 = \max\limits_{1 \le i \le n} \{a_i\} > a_2 = \min\limits_{1 \le i \le n} \{a_i\} > 0$ 时

$$\frac{\partial f}{\partial a_1} - \frac{\partial f}{\partial a_2} \geqslant \frac{a_1 - a_2}{a_1 a_2} \cdot \frac{\prod\limits_{k=1}^{n} a_k}{\sum\limits_{k=1}^{n} a_k} \left[(a_1 + a_2) \frac{n-2}{a_1} - n + 4 \right] > 0$$

根据推论 4.1.3 知,对于 $\boldsymbol{a} \in (0, +\infty)^n$,都有 $f(\boldsymbol{a}) \geqslant f(\overline{A}(\boldsymbol{a}))$,即

$$3 - \prod_{k=1}^{n} a_k \left(\sum_{k=1}^{n} \frac{1}{a_k} - \frac{n(n-3)}{\sum\limits_{k=1}^{n} a_k} \right)$$

$$\geqslant 3 - \prod_{k=1}^{n} A(\boldsymbol{a}) \left(\sum_{k=1}^{n} \frac{1}{A(\boldsymbol{a})} - \frac{n(n-3)}{\sum\limits_{k=1}^{n} A(\boldsymbol{a})} \right)$$

$$3 - \prod_{k=1}^{n} a_k \left(\sum_{k=1}^{n} \frac{1}{a_k} - \frac{n(n-3)}{\sum\limits_{k=1}^{n} a_k} \right) \geqslant 3 - 3A^{n-1}(\boldsymbol{a})$$

由于 $A(\boldsymbol{a}) = 1$,则定理 4.9.6 得证.

用最值压缩定理我们还可以证明参考资料[169]中的第八章第 28 题,即参考资料[17]中的第九章第二节第 10 题;参考资料[169]中的第八章第 91 题,即参考资料[17]中的第九章第二节第 64 题. 现以下述两个定理的形式给出,详细证明过程在此略,有兴趣的读者不妨一试.

定理 4.9.7 设 $a, b, c \geqslant 0$,则
$$9(a^4 + 1)(b^4 + 1)(c^4 + 1) \geqslant 8(a^2 b^2 c^2 + abc + 1)^2$$

定理 4.9.8 设 $a, b, c > 0, abc = 1$,则
$$a^2 + b^2 + c^2 + 6 \geqslant \frac{3}{2} \left(a + b + c + \frac{1}{a} + \frac{1}{b} + \frac{1}{c} \right)$$

最值定位定理及其应用

5.1　最值定位定理

本节主要结论出自于参考资料[156].

引理 5.1.1　设区间 $I=[m,M]\subseteq\mathbb{R}$，$f:I^2\to\mathbb{R}$ 的偏导数存在且连续，集合 $D=\{(x_1,x_2)\mid m\leqslant x_2<x_1\leqslant M\}\subseteq I^2$，若 $\partial f/\partial x_1>(<)\partial f/\partial x_2$ 在 D 上恒成立，则对满足 $b<b+l\leqslant a-l<a$ 的任意 $a,b\in I$ 和 $l>0$，都有 $f(a,b)>(<)f(a-l,b+l)$.

证明　由 Lagrange 中值定理知，存在 $\xi_l(0<\xi_l<l)$，使得

$$f(a,b)-f(a-l,b+l)=-\big(f(a-l,b+l)-f(a,b)\big)$$

$$=-l\Big(-\frac{\partial f(a-\xi_l,b+\xi_l)}{\partial x_1}+\frac{\partial f(a-\xi_l,b+\xi_l)}{\partial x_2}\Big)$$

$$=l\Big(\frac{\partial f(a-\xi_l,b+\xi_l)}{\partial x_1}-\frac{\partial f(a-\xi_l,b+\xi_l)}{\partial x_2}\Big)$$

此时 $a-\xi_l>a-l\geqslant b+l>b+\xi_l$，故 $(a-\xi_l,b+\xi_l)\in D$. 由条件知

$$\frac{\partial f(a-\xi_l,b+\xi_l)}{\partial x_1}>\frac{\partial f(a-\xi_l,b+\xi_l)}{\partial x_2}$$

$$f(a,b)-f(a-l,b+l)>0$$

引理得证.

最值定理与分析不等式

定理 5.1.2(最大值定位定理) 设 $I \subseteq \mathbb{R}$ 为一个区间,$f: I^n \to \mathbb{R}$ 存在连续偏导数,记

$$D_l = \{\boldsymbol{b} = (b_1, \cdots, b_{n-1}, b_n) \in I^n \mid b_l = \max_{1 \leqslant k \leqslant n-1} \{b_k\} > b_n, l = 1, 2, \cdots, n-1\}$$

若对于每一个 $l = 1, 2, \cdots, n-1, \partial f(\boldsymbol{b})/\partial b_l > \partial f(\boldsymbol{b})/\partial b_n$ 在 D_l 上恒成立,则任取向量 $\boldsymbol{b} \in I^n$,存在向量 $\boldsymbol{c} \in I^n$,使得

$$c_n = \max_{0 \leqslant k \leqslant n}\{c_k\}, \max_{1 \leqslant k \leqslant n}\{b_k\} \geqslant \max_{1 \leqslant k \leqslant n}\{c_k\} \geqslant \min_{1 \leqslant k \leqslant n}\{c_k\} \geqslant \min_{1 \leqslant k \leqslant n}\{b_k\}$$

$$\sum_{k=1}^{n} b_k = \sum_{k=1}^{n} c_k \text{ 和 } f(\boldsymbol{b}) \geqslant f(\boldsymbol{c})$$

成立. 进一步,当 $b_n < \max_{1 \leqslant k \leqslant n}\{b_k\}$ 时,有 $f(\boldsymbol{b}) > f(\boldsymbol{c})$ 成立.

证明 任取向量 $\boldsymbol{b} \in I^n$,若 $b_n = \max_{1 \leqslant k \leqslant n}\{b_k\}$,则 $\boldsymbol{b} = \boldsymbol{c}$;若 $b_n \neq \max_{1 \leqslant k \leqslant n}\{b_k\}$,则存在 l,有 $b_n < b_l = \max_{1 \leqslant k \leqslant n-1}\{b_k\}$. 由于在 D_l 上有 $\partial f(\boldsymbol{b})/\partial b_l > \partial f(\boldsymbol{b})/\partial b_n$ 成立,由偏导数的连续性,可知存在 $\varepsilon > 0$,使得 $b_l - \varepsilon \geqslant b_n + \varepsilon$,且 $\partial f(\boldsymbol{b})/\partial b_l > \partial f(\boldsymbol{b})/\partial b_n$ 在

$$C_l(\boldsymbol{b}) = \{(b_1, b_2, \cdots, b_{l-1}, x, b_{l+1}, \cdots, b_{n-1}, y) \mid x \in [b_l - \varepsilon, b_l], y \in [b_n, b_n + \varepsilon]\}$$

上仍成立. 由引理 5.1.1 知 $f(\boldsymbol{b}) > f(\boldsymbol{d})$,其中向量 $\boldsymbol{d} = (b_1, \cdots, b_{l-1}, b_l - \varepsilon, b_{l+1}, \cdots, b_{n-1}, b_n + \varepsilon)$. 若此时 $b_n + \varepsilon$ 已为 $\boldsymbol{d}$ 的各分量的最大值,则 $\boldsymbol{c} = \boldsymbol{d}$ 满足定理的结论,命题得证. 若还不是 $\boldsymbol{d}$ 的各分量的最大值,继续上述调整工作(此时向量 $\boldsymbol{d}$ 的分量的最大值的位置也可能相应地改动),直至满足为止,或无限次地调整下去,则把前 $n-1$ 个分量的下确界和第 n 个分量的上确界组成的向量设为 $\boldsymbol{c}$,我们易用反证法证明此向量满足 $c_n = \max_{0 \leqslant k \leqslant n}\{c_k\}$, $\sum_{k=1}^{n} b_j = \sum_{k=1}^{n} c_j$ 且 $f(\boldsymbol{b}) \geqslant f(\boldsymbol{c})$. 在此调整过程中,在原向量 $\boldsymbol{b}$ 中,小于或等于 b_n 的分量一直没有改变,所以 $\min_{0 \leqslant k \leqslant n}\{c_k\} \geqslant \min_{0 \leqslant k \leqslant n}\{b_k\}$.

从以上调整的过程中,可以看出,当 $b_n < \max_{1 \leqslant k \leqslant n}\{b_k\}$ 时,有 $f(\boldsymbol{b}) > f(\boldsymbol{c})$ 成立. 定理证毕.

注 5.1.3 为了以下工作的展开,我们以 $b_1 \leqslant b_2 \leqslant \cdots \leqslant b_{n-1}$ 和 $b_{n-1} > b_n$ 为例,把以上调整过程中几个重要的步骤列出.

(1) 若 $\dfrac{b_n + b_{n-1}}{2} \geqslant b_{n-2}$,则

$$f(b_1, \cdots, b_{n-2}, b_{n-1}, b_n) > f\left(b_1, \cdots, b_{n-2}, \frac{b_{n-1} + b_n}{2}, \frac{b_{n-1} + b_n}{2}\right)$$

即向量 $\boldsymbol{c} = \left(b_1, \cdots, b_{n-2}, \dfrac{b_{n-1} + b_n}{2}, \dfrac{b_{n-1} + b_n}{2}\right)$,其分量也依次单调递增.

(2) 若 $\dfrac{b_n + b_{n-1}}{2} < b_{n-2}$,但 $\dfrac{b_n + b_{n-1} + b_{n-2}}{3} \geqslant b_{n-3}$,则有

$$f(b_1, \cdots, b_{n-2}, b_{n-1}, b_n)$$
$$> f(b_1, \cdots, b_{n-2}, b_{n-2}, b_n + b_{n-1} - b_{n-2})$$
$$> f\left(b_1, \cdots, b_{n-3}, \frac{b_n + b_{n-1} + b_{n-2}}{3}, \frac{b_n + b_{n-1} + b_{n-2}}{3}, \frac{b_n + b_{n-1} + b_{n-2}}{3}\right)$$

即向量

$$\boldsymbol{c} = \left(b_1, \cdots, b_{n-3}, \frac{b_n + b_{n-1} + b_{n-2}}{3}, \frac{b_n + b_{n-1} + b_{n-2}}{3}, \frac{b_n + b_{n-1} + b_{n-2}}{3}\right)$$

其分量也依次单调递增.

（3）若 $\dfrac{b_n + b_{n-1} + b_{n-2}}{3} < b_{n-3}$，但 $\dfrac{b_n + b_{n-1} + b_{n-2} + b_{n-3}}{4} \geqslant b_{n-4}$，则有

$$\frac{b_n + b_{n-1} + b_{n-2}}{3} < b_{n-3} \leqslant b_{n-2}, \frac{b_n + b_{n-1}}{2} < b_{n-2}$$

我们有

$$f(b_1, \cdots, b_{n-2}, b_{n-1}, b_n) > f(b_1, \cdots, b_{n-2}, b_{n-2}, b_n + b_{n-1} - b_{n-2})$$
$$> f(b_1, \cdots, b_{n-3}, b_{n-3}, b_{n-3}, b_n + b_{n-1} + b_{n-2} - 2b_{n-3})$$
$$> f\left(b_1, \cdots, b_{n-4}, \underbrace{\frac{b_n + b_{n-1} + b_{n-2} + b_{n-3}}{3}, \cdots, \frac{b_n + b_{n-1} + b_{n-2} + b_{n-3}}{3}}_{4 \text{个}}\right)$$

即向量

$$\boldsymbol{c} = \left(b_1, \cdots, b_{n-4}, \underbrace{\frac{b_n + b_{n-1} + b_{n-2} + b_{n-3}}{4}, \cdots, \frac{b_n + b_{n-1} + b_{n-2} + b_{n-3}}{4}}_{4 \text{个}}\right)$$

其分量也依次单调递增.

依此类推，当 $\dfrac{b_n + b_{n-1} + \cdots + b_2}{n-1} < b_1$ 时，有

$$\frac{b_n + b_{n-1} + \cdots + b_2}{n-1} < b_2, \frac{b_n + b_{n-1} + \cdots + b_3}{n-2} < b_2$$

和

$$\frac{b_n + b_{n-1} + \cdots + b_3}{n-2} < b_3, \frac{b_n + b_{n-1} + \cdots + b_4}{n-3} < b_3, \cdots, \frac{b_n + b_{n-1}}{2} < b_{n-2}$$

我们有

$$f(b_1, \cdots, b_{n-2}, b_{n-1}, b_n) > f(b_1, \cdots, b_{n-2}, b_{n-2}, b_n + b_{n-1} - b_{n-2})$$
$$> f(b_1, \cdots, b_{n-3}, b_{n-3}, b_{n-3}, b_n + b_{n-1} + b_{n-2} - 2b_{n-3})$$
$$> \cdots$$
$$> f\left(\frac{\sum\limits_{k=1}^{n} b_k}{n}, \frac{\sum\limits_{k=1}^{n} b_k}{n}, \cdots, \frac{\sum\limits_{k=1}^{n} b_k}{n}\right)$$

即向量

最值定理与分析不等式

$$c = \left(\frac{\sum\limits_{k=1}^{n} b_k}{n}, \frac{\sum\limits_{k=1}^{n} b_k}{n}, \cdots, \frac{\sum\limits_{k=1}^{n} b_k}{n} \right)$$

同时,我们可证关于最小值的类似结果.

定理 5.1.4(最小值定位定理) 设 $I \subseteq \mathbb{R}$ 为一区间,$f: I^n \to \mathbb{R}$ 存在连续偏导数,记

$$D_l = \{ \boldsymbol{b} = (b_1, \cdots, b_{n-1}, b_n) \in I^n \,|\, b_l = \min_{1 \leqslant k \leqslant n-1} \{b_k\} < b_n, l = 1, 2, \cdots, n-1 \}$$

若对于每一个 $l = 1, 2, \cdots, n-1$,$\partial f(\boldsymbol{b})/\partial b_l < \partial f(\boldsymbol{b})/\partial b_n$ 在 D_l 上恒成立,则任取 $\boldsymbol{b} \in I^n$,存在 $\boldsymbol{c} \in I^n$,使得

$$c_n = \min_{0 \leqslant k \leqslant n} \{c_k\}, \max_{1 \leqslant k \leqslant n} \{b_k\} \geqslant \max_{1 \leqslant k \leqslant n} \{c_k\} \geqslant \min_{1 \leqslant k \leqslant n} \{c_k\} \geqslant \min_{1 \leqslant k \leqslant n} \{b_k\}$$

$$\sum_{k=1}^{n} b_k = \sum_{k=1}^{n} c_k \text{ 和 } f(\boldsymbol{b}) \geqslant f(\boldsymbol{c})$$

成立. 进一步,当 $b_n > \min\limits_{1 \leqslant k \leqslant n} \{b_k\}$ 时,有 $f(\boldsymbol{b}) > f(\boldsymbol{c})$ 成立.

对定理 5.1.2,定理 5.1.4 中的函数略作变换,可得到不同表达形式的最值定位定理,如下述定理 5.1.5 和定理 5.1.7.

定理 5.1.5 设 $I \subseteq (0, +\infty)$ 为一区间,$f: I^n \to \mathbb{R}$ 存在连续偏导数,记

$$D_l = \{ \boldsymbol{b} = (b_1, \cdots, b_{n-1}, b_n) \in I^n \,|\, b_l = \max_{1 \leqslant k \leqslant n-1} \{b_k\} > b_n, l = 1, 2, \cdots, n-1 \}$$

若对于每一个 $l = 1, 2, \cdots, n-1$,有

$$b_l \cdot \frac{\partial f}{\partial b_l} > b_n \cdot \frac{\partial f}{\partial b_n} \tag{5.1.1}$$

在 D_l 上恒成立,则任取向量 $\boldsymbol{b} \in I^n$,存在向量 $\boldsymbol{c} \in I^n$,使得

$$c_n = \max_{0 \leqslant k \leqslant n} \{c_k\}, \max_{0 \leqslant k \leqslant n} \{b_k\} \geqslant \max_{0 \leqslant k \leqslant n} \{c_k\} \geqslant \min_{0 \leqslant k \leqslant n} \{c_k\} \geqslant \min_{0 \leqslant k \leqslant n} \{b_k\}$$

$$\prod_{k=1}^{n} b_k = \prod_{k=1}^{n} c_k \text{ 和 } f(\boldsymbol{b}) \geqslant f(\boldsymbol{c})$$

成立. 进一步,当 $b_n < \max\limits_{1 \leqslant k \leqslant n} \{b_k\}$ 时,有 $f(\boldsymbol{b}) > f(\boldsymbol{c})$ 成立.

证明 设

$$\ln I = \{ \ln x \,|\, x \in I \}$$

$$\ln D_l = \{ \ln \boldsymbol{b} = (\ln b_1, \cdots, \ln b_{n-1}, \ln b_n) \in (\ln I)^n \,|\, b_l = \max_{1 \leqslant k \leqslant n-1} \{b_k\} > b_n \}$$

$g: x \in \ln I \to f(\mathrm{e}^x)$,则对于每一个 $l = 1, 2, \cdots, n-1$,在 $\ln D_l$ 上有

$$\frac{\partial g}{\partial x_l} = \mathrm{e}^{x_l} f'_l(\mathrm{e}^x), \frac{\partial g}{\partial x_n} = \mathrm{e}^{x_n} f'_n(\mathrm{e}^x)$$

由式(5.1.1)知,对于任取 $\ln \boldsymbol{b} \in (\ln I)^n$,存在 $\ln \boldsymbol{c} \in (\ln I)^n$,使得

$$c_n = \max_{1 \leqslant k \leqslant n} \{c_k\}, \max_{1 \leqslant k \leqslant n} \{b_k\} \geqslant \max_{1 \leqslant k \leqslant n} \{c_k\} \geqslant \min_{1 \leqslant k \leqslant n} \{c_k\} \geqslant \min_{1 \leqslant k \leqslant n} \{b_k\}$$

$$\sum_{k=1}^{n} \ln b_k = \sum_{k=1}^{n} \ln c_k \text{ 和 } g(\ln \boldsymbol{b}) \geqslant g(\ln \boldsymbol{c})$$

成立. 此时知 $f(\boldsymbol{b}) \geqslant f(\boldsymbol{c})$ 成立, 命题得证.

注 5.1.6 为了以下工作的展开, 我们以 $b_1 \leqslant b_2 \leqslant \cdots \leqslant b_{n-1}$ 和 $b_{n-1} > b_n$ 为例, 把定理 5.1.5 中的调整过程的几个重要的步骤列出如下.

(1) 若 $\sqrt{b_n b_{n-1}} \geqslant b_{n-2}$, 则

$$f(b_1, \cdots, b_{n-2}, b_{n-1}, b_n) > f(b_1, \cdots, b_{n-2}, \sqrt{b_{n-1}b_n}, \sqrt{b_{n-1}b_n})$$

即向量 $\boldsymbol{c} = (b_1, \cdots, b_{n-2}, \sqrt{b_{n-1}b_n}, \sqrt{b_{n-1}b_n})$, 其分量也依次单调递增.

(2) 若 $\sqrt{b_{n-1}b_n} < b_{n-2}$, 但 $\sqrt[3]{b_{n-2}b_{n-1}b_n} \geqslant b_{n-3}$, 则有

$$f(b_1, \cdots, b_{n-2}, b_{n-1}, b_n) > f\left(b_1, \cdots, b_{n-2}, b_{n-2}, \frac{b_n b_{n-1}}{b_{n-2}}\right)$$

$$> f(b_1, \cdots, b_{n-3}, \sqrt[3]{b_{n-2}b_{n-1}b_n}, \sqrt[3]{b_{n-2}b_{n-1}b_n}, \sqrt[3]{b_{n-2}b_{n-1}b_n})$$

即向量

$$\boldsymbol{c} = (b_1, \cdots, b_{n-3}, \sqrt[3]{b_{n-2}b_{n-1}b_n}, \sqrt[3]{b_{n-2}b_{n-1}b_n}, \sqrt[3]{b_{n-2}b_{n-1}b_n})$$

其分量也依次单调递增.

(3) 若 $\sqrt[3]{b_{n-2}b_{n-1}b_n} < b_{n-3}$, 但 $\sqrt[4]{b_{n-3}b_{n-2}b_{n-1}b_n} \geqslant b_{n-4}$ 时, 则有

$$\sqrt[3]{b_{n-2}b_{n-1}b_n} < b_{n-3} \leqslant b_{n-2}, \sqrt{b_{n-1}b_n} < b_{n-2}$$

我们有

$$f(b_1, \cdots, b_{n-2}, b_{n-1}, b_n) > f\left(b_1, \cdots, b_{n-2}, b_{n-2}, \frac{b_n b_{n-1}}{b_{n-2}}\right)$$

$$> f\left(b_1, \cdots, b_{n-3}, b_{n-3}, b_{n-3}, \frac{\sqrt[3]{b_{n-2}b_{n-1}b_n}}{b_{n-3}^2}\right)$$

$$> f(b_1, \cdots, b_{n-4}, \underbrace{\sqrt[4]{b_{n-3}b_{n-2}b_{n-1}b_n}, \cdots, \sqrt[4]{b_{n-3}b_{n-2}b_{n-1}b_n}}_{4\text{个}})$$

即向量

$$\boldsymbol{c} = (b_1, \cdots, b_{n-4}, \underbrace{\sqrt[4]{b_{n-3}b_{n-2}b_{n-1}b_n}, \cdots, \sqrt[4]{b_{n-3}b_{n-2}b_{n-1}b_n}}_{4\text{个}})$$

其分量也依次单调递增.

依此类推, 当 $\sqrt[n-1]{b_2 \cdots b_{n-1}b_n} < b_1$ 时, 有

$$\sqrt[n-1]{b_2 \cdots b_{n-1}b_n} < b_2, \sqrt[n-2]{b_3 \cdots b_{n-1}b_n} < b_2$$

和

$$\sqrt[n-2]{b_3 \cdots b_{n-1}b_n} < b_3, \sqrt[n-3]{b_4 \cdots b_{n-1}b_n} < b_3, \cdots, \sqrt{b_{n-1}b_n} < b_{n-2}$$

我们有

$$f(b_1, \cdots, b_{n-2}, b_{n-1}, b_n) > f\left(b_1, \cdots, b_{n-2}, b_{n-2}, \frac{b_n b_{n-1}}{b_{n-2}}\right)$$

$$> f\left(b_1, \cdots, b_{n-3}, b_{n-3}, b_{n-3}, \frac{\sqrt[3]{b_{n-2}b_{n-1}b_n}}{b_{n-3}^2}\right)$$

最值定理与分析不等式

$$> f(b_1, \cdots, b_{n-4}, \underbrace{\sqrt[4]{b_{n-3}b_{n-2}b_{n-1}b_n}, \cdots, \sqrt[4]{b_{n-3}b_{n-2}b_{n-1}b_n}}_{4\uparrow})$$

$$> \cdots$$

$$> f\left(\sqrt[n]{\prod_{k=1}^{n}b_k}, \sqrt[n]{\prod_{k=1}^{n}b_k}, \cdots, \sqrt[n]{\prod_{k=1}^{n}b_k}\right)$$

即向量

$$\boldsymbol{c} = \left(\sqrt[n]{\prod_{k=1}^{n}b_k}, \sqrt[n]{\prod_{k=1}^{n}b_k}, \cdots, \sqrt[n]{\prod_{k=1}^{n}b_k}\right)$$

同理可证下述定理 5.1.7 成立.

定理 5.1.7 设 $I \subseteq (0, +\infty)$ 为一个区间, $f: I^n \to \mathbb{R}$ 存在连续偏导数, 记

$$D_l = \{\boldsymbol{b} = (b_1, \cdots, b_{n-1}, b_n) \in I^n \mid b_l = \min_{1 \leqslant k \leqslant n-1}\{b_k\} < b_n, l = 1, 2, \cdots, n-1\}$$

若对于每一个 $l = 1, 2, \cdots, n-1$, 有

$$b_l \cdot \frac{\partial f}{\partial b_l} < b_n \cdot \frac{\partial f}{\partial b_n}$$

在 D_l 上恒成立, 则任取 $\boldsymbol{b} \in I^n$, 存在 $\boldsymbol{c} \in I^n$, 使得

$$c_n = \min_{1 \leqslant k \leqslant n}\{c_k\}, \quad \prod_{k=1}^{n}b_k = \prod_{k=1}^{n}c_k$$

$$\max_{1 \leqslant k \leqslant n}\{b_k\} \geqslant \max_{1 \leqslant k \leqslant n}\{c_k\} \geqslant \min_{1 \leqslant k \leqslant n}\{c_k\} \geqslant \min_{1 \leqslant k \leqslant n}\{b_k\} \text{ 和 } f(\boldsymbol{b}) \geqslant f(\boldsymbol{c})$$

成立. 进一步, 当 $b_n > \min_{1 \leqslant k \leqslant n}\{b_k\}$ 时, 有 $f(\boldsymbol{b}) > f(\boldsymbol{c})$ 成立.

5.2 Carleman 不等式的新证法

本节主要结论出自于参考资料[156].

引理 5.2.1 设 $l, n \in \mathbb{N}, 1 \leqslant l < n$, 则

$$l! \, \mathrm{e}^l > (l+1)^l \tag{5.2.1}$$

$$\mathrm{e}\left(\frac{1}{l} - \frac{1}{n}\right) > \sum_{k=l}^{n-1} \frac{1}{k \, (k!)^{1/k}} \tag{5.2.2}$$

证明 (1) 设数列 $a(l) = l! \, \mathrm{e}^l / (l+1)^l$, 则有

$$\frac{a(l+1)}{a(l)} = \frac{(l+1)! \, \mathrm{e}^{l+1}}{(l+2)^{l+1}} \cdot \frac{(l+1)^l}{l! \, \mathrm{e}^l} = \frac{\mathrm{e}}{(1+1/(l+1))^{l+1}} > 1$$

则知对所有 $a(l) \geqslant a(1) = \mathrm{e}/2 > 1$, 式(5.2.1)得证.

(2) 对式(5.2.2)中的 n 用数学归纳法证明.

当 $n = l+1$ 时, 式(5.2.2)化为 $\mathrm{e}/[l(l+1)] > 1/[l \, (l!)^{1/l}]$, 此即式 (5.2.1), 命题为真.

假设式(5.2.2)对于 $n = m$ 成立, 则当 $n = m+1$ 时, 有

$$\mathrm{e}\left(\frac{1}{l}-\frac{1}{m+1}\right)-\sum_{k=l}^{m}\frac{1}{k\,(k!)^{1/k}}$$

$$=\mathrm{e}\left(\frac{1}{l}-\frac{1}{m}\right)-\sum_{k=l}^{m-1}\frac{1}{k\,(k!)^{1/k}}+\frac{\mathrm{e}}{m}-\frac{\mathrm{e}}{m+1}-\frac{1}{m\,(m!)^{1/m}}$$

$$>\frac{\mathrm{e}}{m(m+1)}-\frac{1}{m\,(m!)^{1/m}}$$

由式(5.2.1)知 $\mathrm{e}/[m(m+1)]-1/[m\,(m!)^{1/m}]>0$,从而引理对于 $n=m+1$ 也成立.

至此知式(5.2.2)为真.

引理 5.2.2　设 $\{b_k\}_{k=1}^{n}$ 为单调递增的正数列,则有

$$\mathrm{e}\sum_{k=1}^{n}\frac{b_k}{k}>\sum_{k=1}^{n}\frac{1}{\sqrt[k]{k!}}\Big(\prod_{j=1}^{k}b_j\Big)^{1/k}$$

利用式(5.2.1),可用数学归纳法证明引理 5.2.2,我们在此略.

定理 5.2.3(Carleman **不等式**)　设 $a_k>0,n\geqslant 1,n\in\mathbb{N},\sum_{k=1}^{+\infty}a_k$ 收敛,则

$$\sum_{k=1}^{\infty}\Big(\prod_{j=1}^{k}a_j\Big)^{1/k}<\mathrm{e}\sum_{k=1}^{\infty}a_k \tag{5.2.3}$$

其中这里常数 e 为最佳.

证明　设 $a_k=b_k/k$,则欲证式(5.2.3),只要证

$$\sum_{k=1}^{\infty}\frac{1}{\sqrt[k]{k!}}\Big(\prod_{j=1}^{k}b_j\Big)^{1/k}<\mathrm{e}\sum_{k=1}^{\infty}\frac{b_k}{k} \tag{5.2.4}$$

设 $\boldsymbol{x}=(x_1,x_2,\cdots),\sum_{k=1}^{\infty}\frac{x_k}{k}$ 和 $\sum_{k=1}^{\infty}\frac{1}{\sqrt[k]{k!}}\Big(\prod_{j=1}^{k}x_j\Big)^{1/k}$ 收敛

$$f(\boldsymbol{x})=\mathrm{e}\sum_{k=1}^{\infty}\frac{x_k}{k}-\sum_{k=1}^{\infty}\frac{1}{\sqrt[k]{k!}}\Big(\prod_{j=1}^{k}x_j\Big)^{1/k}$$

对于任意正整数 $n\geqslant 2$,现设

$$D_{l,n}=\{\boldsymbol{x}=(x_1,\cdots,x_l,\cdots,x_{n-1},x_n,\cdots)\mid x_l=\max_{1\leqslant k\leqslant n-1}\{x_k\}<x_n\}$$

其中,$l=1,2,\cdots,n-1$.

在 $D_{l,n}$ 上,易知 $\sum_{k=1}^{\infty}\frac{1}{k\sqrt[k]{k!}}$ 收敛,故可证 $\sum_{k=1}^{\infty}\frac{1}{k\sqrt[k]{k!}}\Big(\prod_{j=1}^{k}x_j\Big)^{1/k}$ 关于每一个 $x_i(i=1,2,\cdots)$ 在任意有限区间 $I\subseteq(0,+\infty)$ 内都为一致收敛,所以我们有

$$\frac{\partial f}{\partial x_l}=\frac{\mathrm{e}}{l}-\sum_{k=l}^{\infty}\frac{1}{k\sqrt[k]{k!}\,x_l}\Big(\prod_{j=1}^{k}x_j\Big)^{1/k}$$

$$\frac{\partial f}{\partial x_n}=\frac{\mathrm{e}}{n}-\sum_{k=n}^{\infty}\frac{1}{k\sqrt[k]{k!}\,x_n}\Big(\prod_{j=1}^{k}x_j\Big)^{1/k}$$

最值定理与分析不等式

和

$$x_l \frac{\partial f}{\partial x_l} - x_n \frac{\partial f}{\partial x_n} = \frac{\mathrm{e}}{l} x_l - \sum_{k=l}^{\infty} \frac{1}{k \sqrt[k]{k!}} \Big(\prod_{j=1}^{k} x_j \Big)^{1/k} - \frac{\mathrm{e}}{n} x_n +$$

$$\sum_{k=n}^{\infty} \frac{1}{k \sqrt[k]{k!}} \Big(\prod_{j=1}^{k} x_j \Big)^{1/k}$$

$$= \frac{\mathrm{e}}{l} x_l - \frac{\mathrm{e}}{n} x_n - \sum_{k=l}^{n-1} \frac{1}{k \sqrt[k]{k!}} \Big(\prod_{j=1}^{k} x_k \Big)^{1/k}$$

$$> x_l \Big[\frac{\mathrm{e}}{l} - \frac{\mathrm{e}}{n} - \sum_{k=l}^{n-1} \frac{1}{k \sqrt[k]{k!}} \Big]$$

由式(5.2.2)知,在 $D_{l,n}$ 上 $x_l \frac{\partial f}{\partial x_l} > x_n \frac{\partial f}{\partial x_n}$.

对于式(5.2.4)中的 $(b_1, b_2, \cdots, b_{n_1}, b_{n_1+1}, \cdots)$,设 n_1 为满足 $\{b_n\}_{n=1}^{n_1-1}$ 是单调递增数列而 $\{b_n\}_{n=1}^{n_1}$ 不是单调递增数列的自然数. 由于 $\sum_{k=1}^{\infty} \frac{b_k}{k}$ 收敛,知 $\{b_n\}_{n=1}^{\infty}$ 的下确界为 0,所以这样的 n_1 总是存在的. 对于每一个 $l = 1, 2, \cdots, n_1 - 1$,在 D_{l,n_1} 上都有 $x_l \frac{\partial f}{\partial x_l} > x_{n_1} \frac{\partial f}{\partial x_{n_1}}$,由注 5.1.6 知(此时把 $b_{n_1+1}, b_{n_1+2}, \cdots$ 看成常量),存在向量

$$\boldsymbol{c} = (c_1, c_2, \cdots, c_{n_1}, b_{n_1+1}, b_{n_1+2}, \cdots) \triangleq (c_1, c_2, \cdots, c_{n_1}, c_{n_1+1}, c_{n_1+2}, \cdots)$$

使得 $c_1 \leqslant c_2 \leqslant \cdots \leqslant c_{n_1}$ 和 $\prod_{k=1}^{n_1} c_k = \prod_{k=1}^{n_1} b_k$. 对于新的向量 $\boldsymbol{c}$,设 n_2 为满足 $\{c_n\}_{n=1}^{n_2-1}$ 是单调递增数列而 $\{c_n\}_{n=1}^{n_2}$ 不是单调递增数列的自然数,重复以上步骤,可知存在向量 $\boldsymbol{d}$,有

$$\boldsymbol{d} = (d_1, d_2, \cdots, d_{n_2}, c_{n_2+1}, c_{n_2+2}, \cdots) \triangleq (d_1, d_2, \cdots, d_{n_2}, d_{n_2+1}, d_{n_2+2}, \cdots)$$

使得 $f(\boldsymbol{b}) > f(\boldsymbol{c}) > f(\boldsymbol{d})$,$d_1 \leqslant d_2 \leqslant \cdots \leqslant d_{n_2}$ 且 $\prod_{k=1}^{n_2} d_k = \prod_{k=1}^{n_2} c_k$.

重复以上程序,下用反证法证明涉及的 f 的函数值都为正,若不然,当 f 的函数值为零,则调整程序后,f 的函数值必为负,所以存在正自然数 n_t(定义与上述 n_1, n_2 相类似)和单调递增的正数列 $p_1, p_2, \cdots, p_{n_t}$,满足

$$f(p_1, p_2, \cdots, p_{n_t}, b_{n_t+1}, b_{n_t+2}, \cdots) = -B < 0$$

由于 $\sum_{k=1}^{\infty} \frac{1}{\sqrt[k]{k!}} \Big(\prod_{j=1}^{k} b_j \Big)^{1/k}$ 收敛,对于正数 $\frac{B}{4}$,存在正自然数 N,使得当 $k \geqslant N$ 时,有 $\sum_{k=N}^{\infty} \frac{1}{\sqrt[k]{k!}} \Big(\prod_{j=1}^{k} b_j \Big)^{1/k} < \frac{B}{4}$ 成立. 现取充分大的 n_m(定义与上述 n_1, n_2 相类似),使得 $n_m \geqslant n_t$,$n_m > N$,其中 $q_1, q_2, \cdots, q_{n_m}$ 为单调递增的正数列且 $\prod_{k=1}^{n_m} q_k =$

211

$\displaystyle\prod_{k=1}^{n_m} b_k$，则有

$$f(q_1,q_2,\cdots,q_{n_m},b_{n_m+1},b_{n_m+2},\cdots)$$
$$\leqslant f(p_1,p_2,\cdots,p_{n_t},b_{n_t+1},b_{n_t+2},\cdots)$$
$$=-B<0$$

$$\mathrm{e}\sum_{k=1}^{n_m}\frac{q_k}{k}+\mathrm{e}\sum_{k=n_m+1}^{\infty}\frac{b_k}{k}-\sum_{k=1}^{n_m}\frac{1}{\sqrt[k]{k!}}\Big(\prod_{j=1}^{k}q_j\Big)^{1/k}-$$
$$\sum_{k=n_m+1}^{\infty}\frac{1}{\sqrt[k]{k!}}\Big(\prod_{j=1}^{n_m}q_j\cdot\prod_{j=n_m}^{k}b_j\Big)^{1/k}$$
$$\leqslant-B$$

即有

$$\mathrm{e}\sum_{k=1}^{n_m}\frac{q_k}{k}+\mathrm{e}\sum_{k=n_m+1}^{\infty}\frac{b_k}{k}-\sum_{k=1}^{n_m}\frac{1}{\sqrt[k]{k!}}\Big(\prod_{j=1}^{k}q_j\Big)^{1/k}-\sum_{k=n_m+1}^{\infty}\frac{1}{\sqrt[k]{k!}}\Big(\prod_{j=1}^{k}b_j\Big)^{1/k}\leqslant-B$$

$$\mathrm{e}\sum_{k=1}^{n_m}\frac{q_k}{k}-\sum_{k=1}^{n_m}\frac{1}{\sqrt[k]{k!}}\Big(\prod_{j=1}^{k}q_j\Big)^{1/k}-\frac{B}{4}\leqslant-B$$

$$\mathrm{e}\sum_{k=1}^{n_m}\frac{q_k}{k}-\sum_{k=1}^{n_m}\frac{1}{\sqrt[k]{k!}}\Big(\prod_{j=1}^{k}q_j\Big)^{1/k}\leqslant-\frac{3}{4}B<0 \qquad (5.2.5)$$

式(5.2.5)与引理 5.2.2 产生矛盾，所以在以上调整过程中，所有 f 的函数值都为正.

定理证毕.

注 5.2.4 本书提供的 Carleman 不等式的新证法不是很简洁，但本书的目的是研究 Carleman 不等式内在的一个性质，也揭示了此不等式为何成立. 下面用实例来说明：设

$$f(\boldsymbol{x})=\mathrm{e}\sum_{k=1}^{\infty}\frac{x_k}{k}-\sum_{k=1}^{\infty}\frac{1}{\sqrt[k]{k!}}\Big(\prod_{j=1}^{k}x_j\Big)^{1/k}$$

其中 $\boldsymbol{x}=(2,4,8,2,1,x_6,x_7,\cdots)$，$x_k>0(k=6,7,\cdots)$. 我们有 $A=\{4,5,\cdots\}$ 和

$$f(2,4,8,2,1,x_6,x_7,\cdots)$$
$$>f(2,4,4,4,1,x_6,x_7,\cdots)$$
$$>f(2,\sqrt[4]{64},\sqrt[4]{64},\sqrt[4]{64},\sqrt[4]{64},x_6,x_7,\cdots)$$

其中自变量的几何平均不变，前面的自变量会越来越小. 我们猜测：按以上步骤调整下去，这些自变量的极限为 $(0,0,\cdots,0,\cdots)$.

最值定理与分析不等式

5.3 Hardy 不等式的新证法

本节主要结论出自于参考资料[157].

引理 5.3.1 设 l, m 为正自然数,且 $l \leqslant m+1$,则有

$$\left(\frac{p}{p-1}\right)^p \left(\frac{1}{l-1/2} - \frac{1}{m+1/2}\right) - \frac{1}{(l-1/2)^{1/p}} \sum_{n=l}^{m+1} \frac{1}{n^p} \left(\sum_{i=1}^{n} \frac{1}{(i-1/2)^{1/p}}\right)^{p-1} +$$

$$\frac{1}{(m+1)^p (m+1/2)^{1/p}} \left(\sum_{i=1}^{m+1} \frac{1}{(i-1/2)^{1/p}}\right)^{p-1} \geqslant 0 \qquad (5.3.1)$$

用倒推数学归纳法证明. 本书在此略.

引理 5.3.2 设 $p > 1$,则有

$$\left(\frac{p}{p-1}\right)^p \frac{1}{n-1/2} > \left(\frac{1}{n} \sum_{i=1}^{n} \frac{1}{(i-1/2)^{1/p}}\right)^p$$

证明 由引理 5.3.1 和凸函数的 Hadamard 不等式知

$$\left(\frac{1}{n} \sum_{i=1}^{n} \frac{1}{(i-1/2)^{1/p}}\right)^p < \left(\frac{1}{n} \int_{\frac{1}{2}}^{n+\frac{1}{2}} \frac{1}{(x-1/2)^{1/p}} \mathrm{d}x\right)^p$$

$$= \left(\frac{p}{p-1}\right)^p \frac{1}{n} < \left(\frac{p}{p-1}\right)^p \frac{1}{n-1/2}$$

定理 5.3.3 设 $a_k > 0 (k=1,2,\cdots,n)$,$p > 1$,$B_N = \min\limits_{1 \leqslant n \leqslant N} \{(n-1/2)^{1/p} a_n\}$,则

$$\left(\frac{p}{p-1}\right)^p \sum_{n=1}^{N} a_n^p - \sum_{n=1}^{N} \left(\frac{1}{n} \sum_{i=1}^{n} a_i\right)^p$$

$$\geqslant B_N^p \left[\left(\frac{p}{p-1}\right)^p \sum_{n=1}^{N} \frac{1}{n-1/2} - \sum_{n=1}^{N} \frac{1}{n^p} \left(\sum_{i=1}^{n} \frac{1}{(i-1/2)^{1/p}}\right)^p\right] \qquad (5.3.2)$$

等号成立当且仅当 $(n-1/2)^{1/p} a_n$ 为常数.

证明 设 $a_n = \dfrac{b_n}{(n-1/2)^{1/p}} (n=1,2,\cdots,N)$,则式(5.3.2)化为

$$\left(\frac{p}{p-1}\right)^p \sum_{n=1}^{N} \frac{b_n^p}{n-1/2} - \sum_{n=1}^{N} \left(\frac{1}{n} \sum_{i=1}^{n} \frac{b_i}{(i-1/2)^{1/p}}\right)^p$$

$$\geqslant B_N^p \left[\left(\frac{p}{p-1}\right)^p \sum_{n=1}^{N} \frac{1}{n-1/2} - \sum_{n=1}^{N} \frac{1}{n^p} \left(\sum_{i=1}^{n} \frac{1}{(i-1/2)^{1/p}}\right)^p\right] \qquad (5.3.3)$$

其中 $B_N = \min\limits_{1 \leqslant n \leqslant N} \{b_n\}$. 下面用数学归纳法证明式(5.3.3).

当 $N=1$ 时,式(5.3.3)明显成立.

假设对于 $N=m$,式(5.3.3)成立. 下证 $N=m+1$ 的情形. 设

$$f : \boldsymbol{b} \in (0,+\infty)^{m+1} \to \left(\frac{p}{p-1}\right)^p \sum_{n=1}^{m+1} \frac{b_n^p}{n-1/2} - \sum_{n=1}^{m+1} \left(\frac{1}{n} \sum_{i=1}^{n} \frac{b_i}{(i-1/2)^{1/p}}\right)^p$$

和

$$D_l = \{ \boldsymbol{b} = (b_1, \cdots, b_m, b_{m+1}) \in I^{m+1} \mid b_l = \max_{1 \leqslant n \leqslant m} \{ b_n \} > b_{m+1} \}$$

有

$$\frac{\partial f}{\partial b_l} = p \left(\frac{p}{p-1} \right)^p \frac{b_l^{p-1}}{l-1/2} - \frac{p}{(l-1/2)^{1/p}} \sum_{n=l}^{m+1} \frac{1}{n^p} \left(\sum_{i=1}^{n} \frac{b_i}{(i-1/2)^{1/p}} \right)^{p-1}$$

和

$$\frac{\partial f}{\partial b_{m+1}} = p \left(\frac{p}{p-1} \right)^p \frac{b_{m+1}^{p-1}}{m+1/2} - \frac{p}{(m+1)^p (m+1/2)^{1/p}} \left(\sum_{i=1}^{m+1} \frac{b_i}{(i-1/2)^{1/p}} \right)^{p-1}$$

当 $\boldsymbol{b} \in D_l$ 时,我们有

$$\frac{1}{p} \left(\frac{\partial f}{\partial b_l} - \frac{\partial f}{\partial b_{m+1}} \right)$$

$$= \left(\frac{p}{p-1} \right)^p \left(\frac{b_l^{p-1}}{l-1/2} - \frac{b_{m+1}^{p-1}}{m+1/2} \right) - \frac{1}{(l-1/2)^{1/p}} \sum_{n=l}^{m} \frac{1}{n^p} \left(\sum_{i=1}^{n} \frac{b_i}{(i-1/2)^{1/p}} \right)^{p-1} -$$

$$\left(\frac{1}{(l-1/2)^{1/p}} - \frac{1}{(m+1/2)^{1/p}} \right) \frac{1}{(m+1)^p} \left(\sum_{i=1}^{m+1} \frac{b_i}{(i-1/2)^{1/p}} \right)^{p-1}$$

$$> \left(\frac{p}{p-1} \right)^p \left(\frac{b_l^{p-1}}{l-1/2} - \frac{b_l^{p-1}}{m+1/2} \right) - \frac{1}{(l-1/2)^{1/p}} \sum_{n=l}^{m} \frac{1}{n^p} \left(\sum_{i=1}^{n} \frac{b_l}{(i-1/2)^{1/p}} \right)^{p-1} -$$

$$\left(\frac{1}{(l-1/2)^{1/p}} - \frac{1}{(m+1/2)^{1/p}} \right) \frac{1}{(m+1)^p} \left(\sum_{i=1}^{m+1} \frac{b_l}{(i-1/2)^{1/p}} \right)^{p-1}$$

即

$$\frac{1}{p b_l^{p-1}} \left(\frac{\partial f}{\partial b_l} - \frac{\partial f}{\partial b_{m+1}} \right)$$

$$> \left(\frac{p}{p-1} \right)^p \left(\frac{1}{l-1/2} - \frac{1}{m+1/2} \right) -$$

$$\frac{1}{(l-1/2)^{1/p}} \sum_{n=l}^{m+1} \frac{1}{n^p} \left(\sum_{i=1}^{n} \frac{1}{(i-1/2)^{1/p}} \right)^{p-1} +$$

$$\frac{1}{(m+1)^p (m+1/2)^{1/p}} \left(\sum_{i=1}^{m+1} \frac{1}{(i-1/2)^{1/p}} \right)^{p-1}$$

由引理 $5.3.1$ 知,当 $\boldsymbol{b} \in D_l$ 时,有

$$\frac{1}{p b_l^{p-1}} \left(\frac{\partial f}{\partial b_l} - \frac{\partial f}{\partial b_{m+1}} \right) > 0 \text{ 和} \frac{\partial f}{\partial b_l} > \frac{\partial f}{\partial b_{m+1}}$$

根据最大值定位定理(定理 $5.1.2$),可知存在向量 $\boldsymbol{c} = (c_1, c_2, \cdots, c_m, c_{m+1})$,使得

$$c_n = \max_{0 \leqslant k \leqslant n} \{ c_k \}, \max_{0 \leqslant k \leqslant n} \{ b_k \} \geqslant \max_{0 \leqslant k \leqslant n} \{ c_k \} \geqslant \min_{0 \leqslant k \leqslant n} \{ c_k \} \geqslant \min_{0 \leqslant k \leqslant n} \{ b_k \}$$

$$\sum_{j=1}^{n} b_j = \sum_{j=1}^{n} c_j, f(\boldsymbol{b}) \geqslant f(\boldsymbol{c})$$

最值定理与分析不等式

成立. 若同理设 $C_N = \min\limits_{1 \leqslant n \leqslant N} \{c_n\}$,根据假设,我们有

$$f(\boldsymbol{b}) \geqslant \left(\frac{p}{p-1}\right)^p \sum_{n=1}^{m+1} \frac{c_n^p}{n-1/2} - \sum_{n=1}^{m+1} \left(\frac{1}{n} \sum_{i=1}^{n} \frac{c_i}{(i-1/2)^{1/p}}\right)^p$$

$$= \left(\frac{p}{p-1}\right)^p \sum_{n=1}^{m} \frac{c_n^p}{n-1/2} - \sum_{n=1}^{m} \left(\frac{1}{n} \sum_{i=1}^{n} \frac{c_i}{(i-1/2)^{1/p}}\right)^p +$$

$$\left(\frac{p}{p-1}\right)^p \frac{c_{m+1}^p}{m+1/2} - \left(\frac{1}{m+1} \sum_{i=1}^{m+1} \frac{c_i}{(i-1/2)^{1/p}}\right)^p$$

$$\geqslant C_m^p \left[\left(\frac{p}{p-1}\right)^p \sum_{n=1}^{m} \frac{1}{n-1/2} - \sum_{n=1}^{m} \left(\frac{1}{n} \sum_{i=1}^{n} \frac{1}{(i-1/2)^{1/p}}\right)^p\right] +$$

$$\left(\frac{p}{p-1}\right)^p \frac{c_{m+1}^p}{m+1/2} - \left(\frac{1}{m+1} \sum_{i=1}^{m+1} \frac{c_{m+1}}{(i-1/2)^{1/p}}\right)^p$$

根据引理 5.3.2,我们进一步有

$$f(\boldsymbol{b}) \geqslant C_m^p \left[\left(\frac{p}{p-1}\right)^p \sum_{n=1}^{m} \frac{1}{n-1/2} - \sum_{n=1}^{m} \left(\frac{1}{n} \sum_{i=1}^{n} \frac{1}{(i-1/2)^{1/p}}\right)^p\right] +$$

$$C_{m+1}^p \left[\left(\frac{p}{p-1}\right)^p \frac{1}{m+1/2} - \left(\frac{1}{m+1} \sum_{i=1}^{m+1} \frac{1}{(i-1/2)^{1/p}}\right)^p\right]$$

$$\geqslant C_{m+1}^p \left[\left(\frac{p}{p-1}\right)^p \sum_{n=1}^{m} \frac{1}{n-1/2} - \sum_{n=1}^{m} \left(\frac{1}{n} \sum_{i=1}^{n} \frac{1}{(i-1/2)^{1/p}}\right)^p\right] +$$

$$C_{m+1}^p \left[\left(\frac{p}{p-1}\right)^p \frac{1}{m+1/2} - \left(\frac{1}{m+1} \sum_{i=1}^{m+1} \frac{1}{(i-1/2)^{1/p}}\right)^p\right]$$

$$= C_{m+1}^p \left[\left(\frac{p}{p-1}\right)^p \sum_{n=1}^{m+1} \frac{1}{n-1/2} - \sum_{n=1}^{m+1} \left(\frac{1}{n} \sum_{i=1}^{n} \frac{1}{(i-1/2)^{1/p}}\right)^p\right]$$

$$\geqslant B_{m+1}^p \left[\left(\frac{p}{p-1}\right)^p \sum_{n=1}^{m+1} \frac{1}{n-1/2} - \sum_{n=1}^{m+1} \left(\frac{1}{n} \sum_{i=1}^{n} \frac{1}{(i-1/2)^{1/p}}\right)^p\right]$$

所以式(5.3.3)对于 $N = m+1$ 也成立.

从证明过程中易知式(5.3.2)等号成立当且仅当 $(n-1/2)^{1/p} a_n$ 为常数.
定理得证.

推论 5.3.4 设 $a_k > 0 (k=1,2,\cdots,n)$, $p > 1, B_N = \min\limits_{1 \leqslant n \leqslant N} \{(n-1/2)^{1/p} a_n\}$,则

$$\left(\frac{p}{p-1}\right)^p \sum_{n=1}^{N} a_n^p - \sum_{n=1}^{N} \left(\frac{1}{n} \sum_{i=1}^{n} a_i\right)^p$$

$$> \left(\frac{p}{p-1}\right)^p B_N^p \sum_{n=1}^{N} \frac{1}{n(2n-1)} \geqslant \left(\frac{p}{p-1}\right)^p B_N^p$$

证明 由式(5.3.2)知

$$\left(\frac{p}{p-1}\right)^p \sum_{n=1}^{N} a_n^p - \sum_{n=1}^{N} \left(\frac{1}{n} \sum_{i=1}^{n} a_i\right)^p$$

$$> B_N^p \left[\left(\frac{p}{p-1} \right)^p \sum_{n=1}^{N} \frac{1}{n-1/2} - \sum_{n=1}^{N} \frac{1}{n^p} \left(\int_{\frac{1}{2}}^{n+\frac{1}{2}} \frac{1}{(x-1/2)^{1/p}} \right)^p \right]$$

$$= \left(\frac{p}{p-1} \right)^p B_N^p \left(\sum_{n=1}^{N} \frac{1}{n-1/2} - \sum_{n=1}^{N} \frac{1}{n} \right)$$

$$= \left(\frac{p}{p-1} \right)^p B_N^p \sum_{n=1}^{N} \frac{1}{n(2n-1)}$$

$$\geqslant \left(\frac{p}{p-1} \right)^p B_N^p$$

推论证毕.

推论 5.3.5 设 $a_k > 0(k=1,2,\cdots,n)$，$p > 1$，$B_N = \min\limits_{1 \leqslant n \leqslant N} \{ (n-1/2)^{1/p} a_n \}$，则

$$\left(\frac{p}{p-1} \right)^p \sum_{n=1}^{N} a_n^p - \sum_{n=1}^{N} \left(\frac{1}{n} \sum_{i=1}^{n} a_i \right)^p \geqslant 2 B_N^p \left[\left(\frac{p}{p-1} \right)^p - 1 \right] \quad (5.3.4)$$

等号成立当且仅当 $N=1$.

证明 若设

$$T(m) \geqslant \left(\frac{p}{p-1} \right)^p \sum_{n=1}^{m} \frac{1}{n-1/2} - \sum_{n=1}^{m} \frac{1}{n^p} \left(\sum_{i=1}^{n} \frac{1}{(i-1/2)^{1/p}} \right)^p$$

由引理 5.3.2 易知 $\{T(m)\}_{m=1}^{\infty}$ 为严格单调递增数列. 再根据定理 5.3.3 知

$$\left(\frac{p}{p-1} \right)^p \sum_{n=1}^{N} a_n^p - \sum_{n=1}^{N} \left(\frac{1}{n} \sum_{i=1}^{n} a_i \right)^p \geqslant B_N^p \cdot T(N) \geqslant B_N^p \cdot T(1)$$

$$= 2 B_N^p \left[\left(\frac{p}{p-1} \right)^p - 1 \right]$$

显然式(5.3.4)等号成立当且仅当 $N=1$.

推论证毕.

在式(5.3.4)中，令 $N \to +\infty$，则得下述推论 5.3.6.

推论 5.3.6(Hardy 不等式) 设 $a_n > 0 (n=1,2,\cdots)$，$p > 1$，$\sum\limits_{n=1}^{\infty} a_n^p$ 收敛，则

$$\left(\frac{p}{p-1} \right)^p \sum_{n=1}^{\infty} a_n^p \geqslant \sum_{n=1}^{\infty} \left(\frac{1}{n} \sum_{i=1}^{n} a_i \right)^p \quad (5.3.5)$$

参 考 资 料

［1］ MITRINOVIC D S,PECARIC J E,FINK A M. Classical and New Inequalities in Analysis［M］. Holland：Kluwer Publishers,1993.

［2］ MITRINOVIC D S, VASIC P M. Analytic inequalities［M］. New York ：Springer-Verlag ,1970.

［3］ MARSHALL A W，OLKIN I. Inequalities：Theory of Majorization and Its Applications［M］. New York ：Academic Press,Inc. ,1979.

［4］ 王伯英.控制不等式基础［M］.北京：北京师范大学出版社,1990.

［5］ 匡继昌.常用不等式［M］.2 版.长沙：湖南教育出版社,1993.

［6］ 匡继昌.常用不等式［M］.3 版.济南：山东科学技术出版社,2004.

［7］ HARDY G H,LITTLEWOOD J E ， POLY A G. Inequalities(2nd. ed.)［M］. Cambridge：Cambridge University Press,1952.

［8］ PACHPATTE B G. Mathematical inequalities［M］. Holland：Elsevier B. V. ,2005.

［9］ 杨必成.算子范数与 Hilbert 型不等式［M］.北京：科学出版社,2009.

［10］ 胡克.解析不等式的若干问题［M］.武汉：武汉大学出版社,2007.

［11］ YANG B C. HilbertType Integral Inequalities［M］. Bentham Science Publishers Ltd,2009.

［12］ MITRINOVIC D S,PECARIC J E,FINK A M. Inequalities involving Functions and Their Integrals and Derivatives［M］. Boston：Kluwer Academic Publishers,1991.

［13］ 张小明.几何凸函数［M］.合肥：安徽大学出版社,2004.

［14］ 张小明,褚玉明.解析不等式新论［M］.哈尔滨：哈尔滨工业大学出版社,2009.

［15］ BULLEN P S. Handbook of means and their inequalities［M］. Boston：Kluwer Academic Publishers,2003.

［16］ BULLEN P S. A Dictionary of inequalities［M］. London：Chapman & Hall/CRC,1998.

［17］ 杨学枝.数学奥林匹克不等式研究［M］.哈尔滨：哈尔滨工业大学出版社,2009.

[18] WEL H. Singulare Intergral Gleichungen mit Besconderer Berucksichtigung des Fourier-schen Integral Theorems[M]. Gottingen: Inaugeral Dissertation,1908.

[19] ZHANG X M, CHU Y M. A New Method to Study Analytic Inequalities[J]. Journal of Inequalities and Applications,Vol. 2010(2010),Article ID 698012.

[20] ZHANG X M, CHU Y M, ZHANG X H. The Hermite-Hadamard Type Inequality of GA-convex functions and its application[J]. Journal of Inequalities and Applications,Vol. 2010(2010),Article ID 507560.

[21] ZHANG X M, ZHENG N G. Geometrically convex function and estimation of remainder terms in Taylor series expansion of some functions [J]. Journal of Mathematical Inequalities,2010,4(1):15-25.

[22] ZHANG X M, XI B Y,CHU Y M. A new method to prove and find analytic inequalities[J]. Abstract and Applied Analysis,Vol. 2010(2010), Article ID 128934.

[23] ZHANG X M, CHU Y M. A double inequality for Gamma function[J]. Journal of Inequalities and Applications, Vol. 2009 (2009), Article ID 503782.

[24] ZHANG X M, CHU Y M. Convexity of the integral arithmetic mean of a convex function[J]. Rocky Mountain Journal of Mathematics,2010,40 (3):1061-1068.

[25] ZHENG N G, ZHANG Z H, ZHANG X M. Schur-convexity of two types of one-parameter mean values in n variables[J]. Journal of Inequalities and Applications,Vol. 2007.

[26] ZHANG X M, CHU Y M. An inequality involving the Gamma function and the Psi function[J]. International Journal of Modern Mathematics, 2008,3(1):67-73.

[27] CHU Y M,ZHANG X M,WANG G D. The Schur Geometrical Convexity of the Extended Mean Values[J]. Journal of Convex Analysis,2008,15(4).

[28] 张小明. 关于几何凸函数的 Hadamard 不等式[J]. 数学的实践与认识, 2004,34(9):171-176.

[29] 张小明. 一类周期差分微分方程的解[J]. 高校应用数学学报,2002,17 (4): 401-410.

[30] 张小明,钱伟茂. Minc-Sathre 不等式的改进[J]. 高等数学研究,2009,12 (1):46-47,51.

最值定理与分析不等式

[31] WEDESTIG A. Some new Hardy type inequalities and their limiting inequalities[J]. Journal of Inequalities in Pure and Applied Mathematics, 2003,4(3),Article 61.

[32] YANG B C,DEBNATH L. Generalizations of Hardy's integral inequalities[J]. Internet J Math & Math Sci,1999,22(3):535-542.

[33] BEEASCK P R. Hardy inequality and its extensions[J]. Pacif J Math, 1961,11:39-61.

[34] YANG B C,ZENG Z H,DEBNATH L. On new generalizations of Hardy's integral inequalities[J].J Math Anal Appl. ,1998,217:321-327.

[35] CARLEMAN T. Sur les fonctions quasi-analytiques,Comptes rendus du Ve Congres des Mathematiciens Scandinaves[J]. Helsingfors,1922:181-196.

[36] ALZER H. On Carleman's inequality[J]. Portugal. Math. ,1993,50(3): 331-334.

[37] ALZER H. A Refinement of Carleman's Inequality[J]. J. Approx. Theory,1998,95(3):497-499.

[38] CIZMESIJA A,PECARIC J. Classical Hardy's and Carleman's inequalities and mixed means,Survey on Classical Inequalities. (Ed: Th. M. Rassias)[J]. Dordrecht,Boston,London,Kluwer Acad. Publ. ,2000:27-65.

[39] DEBRUIJN N G. Carleman's inequality for finite series[J]. Nederl. Akad. Wetensch. Proc. Ser. A,66(Indag. Math.),1963,25:505-514.

[40] PECARIC J, STOLARSKY K B. Carleman's inequality: History and new generalizations[J]. Aequationes Math. ,2001,61(1-2):49-62.

[41] SUNOUCHI G, TAKAGI N. A generalization of the Carleman's inequality theorem,Proc. Phys[J]. Math. Soc. Japan,1934,16(3):164-166.

[42] YANG B, DEBNATH L. Some inequalities involving the constant e and an application to Carleman's inequality[J]. J. Math. Anal. Appl. ,1998, 223(1):347-353.

[43] JOHANSSON M,PERSSON L E,WEDESTIG A. Carleman's inequality- history,proof and some new generalizations[J]. Journal of Inequalities in Pure and Applied Mathematics, 2003,4(3),Article 53.

[44] LIU H P, ZHU L. New strengthened Carleman's inequality and Hardy's inequality[J]. Journal of Inequalities and Applications,Vol. 2007, Article ID 84104,doi:10. 1155/2007/84104.

[45] THANH L N, DUY L N V. Note on the Carleman's inequality for a Negative Power Number[J]. J. Math. Anal. Appl. , 2001,259(1):219-225.

[46] HU Y. A strengthened Carleman's inequality[J]. Commun. Math. Anal. ,2006,1(2):115-119.

[47] TAKUYA H,TAKAHASI S E. On weighted extensions of Carleman's inequality and Hardy's inequality[J]. Math. Inequal. Appl. ,2003,6(4):667-674.

[48] VAN DER CORPUT J G,Generalization of Carleman's inequality[J]. Proc. Akad. Wet. Amsterdam(Kon. Akad. Wetensch. Proc.),1936,39:906-911.

[49] MERCER A MCD. Improved upper and lower bounds for the difference of An-Gn[J]. Rocky Mountain J. Math. ,2001,31:553-560.

[50] SCHUR I. Bernerkungen sur Theorie der beschrankten Bilinearformen mit unendlich vielen veranderlichen[J]. Journal of Math. ,1911,140:1-28.

[51] HSU L C,WANG Y J. A refinement of Hilbert's double series theorem [J]. J. Math. Res. Exp. ,1991,11(1):143-144.

[52] YANG B C. On a generalization of Hilbert's double series theorem[J]. Math. Ineq. Appl. ,2002,5(2):484-497.

[53] KUANG J C,DEBNATH L. On new generalization of Hilbert's inequality[J]. J Math. Anal. Appl. ,2000,245:248-265.

[54] 杨必成. 较为精密的 Hardy-Hilbert 不等式的一个加强[J]. 数学学报,1999,42(6):1103-1110.

[55] 高明哲,徐利治. Hilbert 不等式的各种精化与拓广综述[J]. 数学研究与评论,2005,25(2):227-243.

[56] 李广兴,陈计. 樊畿不等式的推广[J]. 湖南数学通讯,1989(4):37-39.

[57] 陈计,王振. 一个分析不等式的证明[J]. 宁波大学学报(理工版),1992,5(2):12-14.

[58] CARWRIGHT D I, FIELD M J. A refinement of the arithmetic-geometric mean inequality[J]. Proc. Amer. Math. Soc. ,1978,71:36-38.

[59] ALZER H. Anew refinement of the arithmetic mean-geometric mean inequality[J]. Rocky Mountain J. Math. ,1997,27(3):663-667.

[60] MERCER A MCD. Bounds for A-G,A-H,G-H,and a family of inequalities of Ky Fan's type,using a general method[J]. Jour. Math. Anal.

最值定理与分析不等式

Appl. ,2000,243(1):163-173.

[61] 陈计,李广兴. Erdos-Florian 不等式的加强[J]. 宁波大学学报(理工版),1989,2(4):12-14

[62] 王挽澜,林祖成. 加强琴生不等式的一个猜想[J]. 成都大学学报(自然科学版),1991,10(4): 9-13.

[63] JANOUS W,KUCZMA M E, KLAMKIN M S. Problem 1598[J]. Crux Math. , 1990,16:299; 1992,18:27-29.

[64] WEN J J,CHENG S S, GAO C B. Optimal sublinear inequalities involving geometric and power means[J]. Mathematica Bohemica,2009,134(2):133-149.

[65] 陈计,王振. 一个分析不等式的反向[J]. 宁波大学学报(理工版),1994,7(1):13-15.

[66] WU S H. Generalization and sharpness of the power means inequality and their applications[J]. J. Math. Anal. Appl. , 2005,312:637-652.

[67] 江永明,石焕南. Jensen-Janous-Klamkin 型不等式[J]. 成都大学学报(自然科学版),2009,28(3):208-214.

[68] 王挽澜. 对称函数的一些不等式及其应用[J]. 宁波大学学报(理工版),1995,8(3):27-29.

[69] 林亚庆. 函数单调性的应用[J]. 不等式研究通讯(全国不等式研究会主办),2006,13(2):159-162.

[70] CARTWRIGHT D I,FIELD M J. A refinement of the arithmetic-geometric mean inequality[J]. Proc. Amer. Math. Soc. ,1978,71:36-38.

[71] YANG B C,LI D C. A strengthened Carleman's inequality[J]. J. Math. for Technology,1998,14(1):130-133.

[72] 陈胜利. 均值不等式的加强及逆向[J]. 数学通讯,2000(17):30-31.

[73] 张小明,续铁权. 广义 S—几何凸函数的定义及其应用一则[J]. 青岛职业技术学院学报(自然科学版),2005,18(4):60-62.

[74] 杨必成,朱匀华. 关于 Hardy 不等式的一个改进[J]. 中山大学学报(自然科学版),1998,37(1):41-44.

[75] 黄启亮. 关于 Hardy 不等式在一个区间的改进[J]. 中山大学学报(自然科学版),2000,39(3):20-24.

[76] 文家金,张日新. 关于 Hardy 不等式的加强改进[J]. 数学实践与认识,2002,32(3):476-482.

[77] HU K. On Van der Corput's inequality[J]. Journal of Mathematics,2003,23(1):126-128.

[78] YANG B C. On an extension and a refinement of Van der Corput's inequality[J]. Chin. Quart. J. of Math. ,2007,22(1): 94-98.

[79] NIU D W,CAO J,QI F. A Refinement of Van der Corput's Inequality [J/OL], Journal of Inequalities in Pure and Applied Mathematics, 7 (2006), No. 4, Art. 127. http://www. emis. de/journals/JIPAM/images/136_06_JIPAM/136_06. pdf.

[80] 许谦,张小明. 对 Van Der Corput 不等式的加强[J]. 纯粹数学与应用数学,2010,26(6):895-904.

[81] 张小明,褚玉明,许谦. Van Der Corput 不等式较佳形式的再加强[J]. 不等式研究通讯(全国不等式研究会主办),2010,17(1):71-76.

[82] QI F,CAO J, NIU D W. A generalization of Van der Corput's Inequality[J]. Applied Mathematics and Computation,2008,203(2):770-777.

[83] YANG B C. On a Relation Between Carleman's Inequality and Van der Corput's Inequality[J]. Taiwanese Jour. of Math. ,2005(9):143-150.

[84] YANG B C. On Hardy's ineqauality[J]. J. Math. Anal. Appl. , 1999, 234(2):717-722.

[85] GAO P. On weighted remainder form of Hardy-type inequalities[J]. RGMIA. ,2009,12(3).

[86] YANG B C, GAO M Z. On a best value of Hardy-Hilbert's inequality [J]. Advances in Math. ,1998,26(2): 159-164.

[87] GAO M Z, YANG B C. On the extended Hilbert's inequality[J]. Proc. Amer. Math. soc. ,1998,126(3): 751-759.

[88] 杨必成. 较为精密的 Hardy-Hilbert 不等式的一个加强[J]. 数学学报, 1999,42(6):1103-1110.

[89] ALZER H. Sierpinski's inequality[J]. J. Belgian Math. Soc. B,1989, 41:139-144.

[90] 王挽澜. 关于平均值不等式的加强[J]. 成都大学学报(自然科学版), 1994,13(2):1-3.

[91] 王挽澜,文家金,石焕南. 幂平均不等式的最优值[J]. 数学学报,2004,47 (6):1-10.

[92] WEN J J, WANG W L. The optimizations for the inequalities of power means[J]. Journal of Inequalities and Applications. vol. 2006,Article ID 46782,25 pages, 2006. http://www. hindawi. com/GetArticle. aspx? doi = 10.1155/JIA/2006/46782&e=cta.

[93] 文家金,张勇. A-G-H 不等式的最优值[J]. 西南师范大学学报(自然科学

最值定理与分析不等式

版),2007,32(1):1-6.

[94] 石焕南,文家金,周步骏.关于幂平均值的一个不等式[J].数学实践与认识,2001,31(2):227-230.

[95] 杨克昌.平均值不等式的一个证明与加强[J].湖南数学通讯,1986(4):19-20.

[96] WILLIAMS K S. Problem[J]. Crux. Math. ,1977,3:131.

[97] WILLIAMS K S, BEESACK P R. Problem 395[J]. Crux. Math. ,1979,5:89-90,232-233.

[98] 张帆,钱伟茂. Van Der Corput 不等式的推广[J].湖州师范学院学报,2012(1):10-15.

[99] XU Q. On strengthened form of Copson's inequality[J/OL]. Journal of Inequalities and Applications. Vol. 2012. DOI:10. 1186/1029-242X-2012-305.

[100] 姚勇,徐嘉.广义多项式的 Descartes 符号法则及其在降维方法中的应用[J].数学学报,2009,52(4):625-630.

[101] 张小明,吴善和.几何凸函数的一个充要条件及其应用[J].湖南理工学院学报,2003,13(3):17-19.

[102] 张小明.几何凸函数的定义、性质及其应用[J].不等式研究通讯(中国不等式研究小组主办),2003 专利.

[103] 张小明,褚玉明.也谈 Carleman 不等式的加强[J].不等式研究通讯(中国不等式研究小组主办),2007,14(4):373-378.

[104] 张小明,石焕南. Gautschi 型不等式及其应用[J].不等式研究通讯(中国不等式研究小组主办),2007,14(2):179-191.

[105] 张小明.再谈最值压缩定理的应用[J].不等式研究通讯(中国不等式研究小组主办),2007,14(4):421-426.

[106] 张小明.最值单调性定理应用例举[J].不等式研究通讯(中国不等式研究小组主办),2008,15(2):239-244.

[107] 张小明.几何凸函数的几个积分不等式[J].不等式研究通讯(中国不等式研究小组主办),2003,10.

[108] 张小明.有关几何凹函数的积分的一个猜想[J].青岛职业技术学院学报,2004,17(1):34-36.

[109] 张小明,李世杰.若干凸函数不等式在几何凸函数中的移植[J].徐州师范大学学报(自然科学版),2004,22(2):25-28.

[110] 张小明. Gamma 函数的几何凸性[J].河北大学学报(自然科学版),2004,24(5):455-459.

[111] 张小明.几何凸函数的几个定理及其应用[J].首都师范大学学报（自然科学版）,2004,25(2):11-13.

[112] 张小明,胡英武.由几何凸函数生成的序列的单调性[J].北京联合大学学报（自然科学版）,2004,18(4):44-47.

[113] 张小明,郑宁国.与几何凸函数有关的一些单调函数的构造[J].成都大学学报（自然科学版）,2005,24(2):90-93.

[114] 张小明,续铁权.广义S—几何凸函数的定义及其应用一则[J].青岛职业技术学院学报（自然科学版）,2005,18(4):60-62.

[115] ZHANG X M, XU T Q, SITU L B. Geometric convexity of a function involving Gamma function and applications to inequality Theory[J]. Journal of Inequalities in Pure and Applied Mathematics,2007,8(1).

[116] 张小明,李世杰.两个与初等对称多项式有关的S—几何凸函数[J].四川师范大学学报（自然科学版）,2007,30(2):188-190.

[117] ZHANG X M. S-geometric convexity of a function involving Maclaurin's elementary symmetric mean[J]. Journal of Inequalities in Pure and Applied Mathematics,2007,8(2).

[118] 张小明,姜卫东.对数凸函数的性质及其应用[J].不等式研究通讯（中国不等式研究小组主办）,2007,14(2):144-153.

[119] 张小明,褚玉明.$p=-1$的Hardy型不等式的加强[J].不等式研究通讯（中国不等式研究小组主办）,2008,15(2):157-161.

[120] 张小明,褚玉明.压缩单调函数的定义及应用[J].不等式研究通讯（中国不等式研究小组主办）,2007,14(3):315-327.

[121] 张小明,褚玉明.从新的角度研究有限项Hilbert不等式[J].不等式研究通讯（中国不等式研究小组主办）,2008,15(1):53-64.

[122] 张小明.一个命题的纯人工思维证明[J].不等式研究通讯（中国不等式研究小组主办）,2006,13(3):285-287.

[123] 张小明,褚玉明.最值单调性定理及其应用[J].不等式研究通讯（中国不等式研究小组主办）,2008,15(1):1-8.

[124] CHU Y M,ZHANG X M. Necessary and sufficient conditions such that extend mean values are Schur-convex or Schur-concave[J].Journal of Mathematics of Kyoto University,2008,48(1):231-238.

[125] 褚玉明,张小明.双数列有限项Hilbert不等式的加强[J].不等式研究通讯（中国不等式研究小组主办）,2008,15(2):230-237.

[126] 张小明.一个平均不等式及其一个应用[J].不等式研究通讯（中国不等式研究小组主办）,2004,11(1):25-27.

最值定理与分析不等式

[127] 张小明.几何凹函数定积分的一个上界及其应用[J].不等式研究通讯（中国不等式研究小组主办）,2004,11(4):496-500.

[128] 张小明,褚玉明.两个有限项 Hilbert 不等式的加强[J].不等式研究通讯（中国不等式研究小组主办）,2008,15(2):176-184.

[129] 张小明.几何凸函数的上图像[J].不等式研究通讯（中国不等式研究小组主办）,2005,12(2):158-159.

[130] 续铁权,张小明.两个有关平均的不等式[J].不等式研究通讯（中国不等式研究小组主办）,2004,11(3):296-301.

[131] 张小明,续铁权,陈纪祖.一类函数的几何凸性及其应用[J].不等式研究通讯（中国不等式研究小组主办）,2006,13(1):38-48.

[132] 张小明.关于指数函数 e^x 的泰勒展开式之余项估计[J].不等式研究通讯（中国不等式研究小组主办）,2005,12(2):121-125.

[133] 张小明.利用几何凸函数的性质证几个积分不等式[J].不等式研究通讯（中国不等式研究小组主办）,2005,12(2):153-158.

[134] 张小明.几何凸函数定积分的另一个上界及其应用[J].不等式研究通讯（中国不等式研究小组主办）,2004,11(1):9-14.

[135] 张小明.一类 n 元单参数平均的另一表达形式[J].不等式研究通讯（中国不等式研究小组主办）,2008,15(3):364-369.

[136] 张小明.两个猜想与两个结果[J].不等式研究通讯（中国不等式研究小组主办）,2008,15(3):347-351.

[137] 褚玉明,张小明.二元广义平均的几何凸性[J].不等式研究通讯（中国不等式研究小组主办）,2008,15(4):420-428.

[138] 张小明.最值单调性定理应用再例举[J].不等式研究通讯（中国不等式研究小组主办）,2008,15(3):354-359.

[139] 张小明,褚玉明.最值定位定理和 Carleman 不等式的加强[J].不等式研究通讯（中国不等式研究小组主办）,2008,15(3):245-250.

[140] 张小明,褚玉明.Carleman 不等式下界的改进[J].不等式研究通讯（中国不等式研究小组主办）,2008,15(3):262-266.

[141] 张小明,褚玉明.有限项 Hardy 不等式的有条件加强[J].不等式研究通讯（中国不等式研究小组主办）,2008,15(3):299-307.

[142] 褚玉明,张小明.单调数列有限项的 Hilbert 不等式的加强[J].不等式研究通讯（中国不等式研究小组主办）,2007,14(1):35-43.

[143] 石焕南,张小明.一对互补对称函数的 Schur 凸性[J].湖南理工学院学报,2009,22(4):1-5.

[144] 褚玉明,张小明.也谈 Hilbert 不等式的加强[J].不等式研究通讯（中国

不等式研究小组主办),2008,14(4):373-379.

[145] 张小明,褚玉明. Hilbert 不等式的一种新加强[J]. 不等式研究通讯(中国不等式研究小组主办),2008,14(4):469-475.

[146] ZHANG X M,CHU Y M. The geometrical convexity and concavity of integral for convex and concave functions[J]. International Journal of Modern Mathematics, 2008, 3(3). http://ijmm. dixiewpublishing. com/.

[147] ZHANG X M ,CHU Y M. The Schur geometrical convexity of integral arithmetric mean[J]. International Journal of Pure and Applied Mathematics, 2007,41(7).

[148] 张小明,彭贵芝. 最值压缩定理与一类不等式的证明[D]. 基层电大远程教育和继续教育模式近探求(论文集),中央电大出版社,2009(4).

[149] 张小明. RDDE 点态退化的充要条件[J]. 安徽大学学报(自然科学版),2001,25(4):22-26.

[150] 张小明. 一类线性 N^* FDE 的解整体存在性[J]. 海南师范学院学报(自然科学版),2002,15(1):20-24.

[151] 张小明. 方程 $\dot{x}(t)=ax(t)+bx(t-\tau)+cx(t+\tau)$ 关于 $[-\tau,0]$ 上的初始函数解的存在性[J]. 内蒙古师范大学学报(自然科学版),2003,32(3).

[152] 张小明. 对称三角形不等式的一种新证法[J]. 中学数学,1999(9):43.

[153] 张小明. 三角形不等式的"B-C"证法[C]. 不等式研究(杨学枝主编),西藏人民出版社,2000,6.

[154] 张小明. 二次三角形量级大小的划分[C]. 不等式研究(杨学枝主编),西藏人民出版社,2000,6.

[155] 张小明. 一个猜想不等式的证明[C]. 不等式研究(杨学枝主编),西藏人民出版社,2000,6.

[156] 张小明,褚玉明. 最值定位定理与 Carleman 不等式的新证法[J]. 不等式研究通讯(中国不等式研究小组主办),2010,17(1):43-50.

[157] 褚玉明,张小明. 最值定位定理和有限项 Hardy 不等式[J]. 不等式研究通讯(中国不等式研究小组主办),2010,17(2):233-238.

[158] 张小明,褚玉明,许谦. 最值压缩定理与 Sierpinski 不等式的改进[J]. 不等式研究通讯(中国不等式研究小组主办),2010,17(1):58-62.

[159] 张小明. $[m,M]$ 上的 $A(w,a)-G(w,a)$ 的上下界及其类似[J]. 不等式研究通讯(中国不等式研究小组主办),2010,17(1):110-117.

[160] 张小明,何灯. $n-1$ 元最值压缩定理和一个含四个平均的不等式[J]. 不等式研究通讯(中国不等式研究小组主办),2009,16(4):415-420.

［161］张小明,许谦.也论 Carleman 不等式的一个加强式[J].不等式研究通讯（中国不等式研究小组主办）,2009,16(3):259-267.

［162］张小明.$-1 \leqslant p < 0$ 的 Hardy 不等式两个新形式[J].不等式研究通讯（中国不等式研究小组主办）,2009,16(3):295-305.

［163］张小明,何灯.$n-1$ 元的最值压缩定理应用例举[J].不等式研究通讯（中国不等式研究小组主办）,2009,16(3):322-326.

［164］张小明,许谦.关于 Hardy 不等式的一个加强式[J].不等式研究通讯（中国不等式研究小组主办）,2009,16(2):180-191.

［165］邵志华.若干解析不等式的统一证明——兼谈几个不等式的加强[J].湖南理工学院学报（自然科学版）,2010,23(3):9-13.

［166］邵志华,张小明.关于 A-H 上下界的几个结果[J].数学的实践与认识,2013,43(6):206-214.

［167］何晓红.平方平均与算术平均的差距估计[J].数学的实践与认识,2013,43(24):285-291.

［168］何晓红.关于 Hamy 平均的一个优化不等式[J].安徽大学学报（自然科学版）,2018(4):56-60.

［169］CIRTOAJE V . Algebraic Inequalities-Old and New Methods[M]. Ceh Silvaniel:GIL Publishing House,2006.

［170］周美秀,张小明.关于 A-G 的几个不等式[J].杭州师范大学学报（自然科学版）,2012,11(5):426-432.

刘培杰数学工作室
已出版(即将出版)图书目录——初等数学

书 名	出版时间	定 价	编号
新编中学数学解题方法全书(高中版)上卷(第2版)	2018−08	58.00	951
新编中学数学解题方法全书(高中版)中卷(第2版)	2018−08	68.00	952
新编中学数学解题方法全书(高中版)下卷(一)(第2版)	2018−08	58.00	953
新编中学数学解题方法全书(高中版)下卷(二)(第2版)	2018−08	58.00	954
新编中学数学解题方法全书(高中版)下卷(三)(第2版)	2018−08	68.00	955
新编中学数学解题方法全书(初中版)上卷	2008−01	28.00	29
新编中学数学解题方法全书(初中版)中卷	2010−07	38.00	75
新编中学数学解题方法全书(高考复习卷)	2010−01	48.00	67
新编中学数学解题方法全书(高考真题卷)	2010−01	38.00	62
新编中学数学解题方法全书(高考精华卷)	2011−03	68.00	118
新编平面解析几何解题方法全书(专题讲座卷)	2010−01	18.00	61
新编中学数学解题方法全书(自主招生卷)	2013−08	88.00	261
数学奥林匹克与数学文化(第一辑)	2006−05	48.00	4
数学奥林匹克与数学文化(第二辑)(竞赛卷)	2008−01	48.00	19
数学奥林匹克与数学文化(第二辑)(文化卷)	2008−07	58.00	36′
数学奥林匹克与数学文化(第三辑)(竞赛卷)	2010−01	48.00	59
数学奥林匹克与数学文化(第四辑)(竞赛卷)	2011−08	58.00	87
数学奥林匹克与数学文化(第五辑)	2015−06	98.00	370
世界著名平面几何经典著作钩沉——几何作图专题卷(共3卷)	2022−01	198.00	1460
世界著名平面几何经典著作钩沉(民国平面几何老课本)	2011−03	38.00	113
世界著名平面几何经典著作钩沉(建国初期平面三角老课本)	2015−08	38.00	507
世界著名解析几何经典著作钩沉——平面解析几何卷	2014−01	38.00	264
世界著名数论经典著作钩沉(算术卷)	2012−01	28.00	125
世界著名数学经典著作钩沉——立体几何卷	2011−02	28.00	88
世界著名三角学经典著作钩沉(平面三角卷Ⅰ)	2010−06	28.00	69
世界著名三角学经典著作钩沉(平面三角卷Ⅱ)	2011−01	38.00	78
世界著名初等数论经典著作钩沉(理论和实用算术卷)	2011−07	38.00	126
世界著名几何经典著作钩沉(解析几何卷)	2022−10	68.00	1564
发展你的空间想象力(第3版)	2021−01	98.00	1464
空间想象力进阶	2019−05	68.00	1062
走向国际数学奥林匹克的平面几何试题诠释.第1卷	2019−07	88.00	1043
走向国际数学奥林匹克的平面几何试题诠释.第2卷	2019−09	78.00	1044
走向国际数学奥林匹克的平面几何试题诠释.第3卷	2019−03	78.00	1045
走向国际数学奥林匹克的平面几何试题诠释.第4卷	2019−09	98.00	1046
平面几何证明方法全书	2007−08	35.00	1
平面几何证明方法全书习题解答(第2版)	2006−12	18.00	10
平面几何天天练上卷·基础篇(直线型)	2013−01	58.00	208
平面几何天天练中卷·基础篇(涉及圆)	2013−01	28.00	234
平面几何天天练下卷·提高篇	2013−01	58.00	237
平面几何专题研究	2013−07	98.00	258
平面几何解题之道.第1卷	2022−05	38.00	1494
几何学习题集	2020−10	48.00	1217
通过解题学习代数几何	2021−04	88.00	1301
圆锥曲线的奥秘	2022−06	88.00	1541

刘培杰数学工作室
已出版(即将出版)图书目录——初等数学

书　　名	出版时间	定　价	编号
最新世界各国数学奥林匹克中的平面几何试题	2007—09	38.00	14
数学竞赛平面几何典型题及新颖解	2010—07	48.00	74
初等数学复习及研究(平面几何)	2008—09	68.00	38
初等数学复习及研究(立体几何)	2010—06	38.00	71
初等数学复习及研究(平面几何)习题解答	2009—01	58.00	42
几何学教程(平面几何卷)	2011—03	68.00	90
几何学教程(立体几何卷)	2011—07	68.00	130
几何变换与几何证题	2010—06	88.00	70
计算方法与几何证题	2011—06	28.00	129
立体几何技巧与方法(第2版)	2022—10	168.00	1572
几何瑰宝——平面几何500名题暨1500条定理(上、下)	2021—07	168.00	1358
三角形的解法与应用	2012—07	18.00	183
近代的三角形几何学	2012—07	48.00	184
一般折线几何学	2015—08	48.00	503
三角形的五心	2009—06	28.00	51
三角形的六心及其应用	2015—10	68.00	542
三角形趣谈	2012—08	28.00	212
解三角形	2014—01	28.00	265
探秘三角形:一次数学旅行	2021—10	68.00	1387
三角学专门教程	2014—09	28.00	387
图天下几何新题试卷.初中(第2版)	2017—11	58.00	855
圆锥曲线习题集(上册)	2013—06	68.00	255
圆锥曲线习题集(中册)	2015—01	78.00	434
圆锥曲线习题集(下册·第1卷)	2016—10	78.00	683
圆锥曲线习题集(下册·第2卷)	2018—01	98.00	853
圆锥曲线习题集(下册·第3卷)	2019—10	128.00	1113
圆锥曲线的思想方法	2021—08	48.00	1379
圆锥曲线的八个主要问题	2021—10	48.00	1415
论九点圆	2015—05	88.00	645
近代欧氏几何学	2012—03	48.00	162
罗巴切夫斯基几何学及几何基础概要	2012—07	28.00	188
罗巴切夫斯基几何学初步	2015—06	28.00	474
用三角、解析几何、复数、向量计算解数学竞赛几何题	2015—03	48.00	455
用解析法研究圆锥曲线的几何理论	2022—05	48.00	1495
美国中学几何教程	2015—04	88.00	458
三线坐标与三角形特征点	2015—04	98.00	460
坐标几何学基础.第1卷,笛卡儿坐标	2021—08	48.00	1398
坐标几何学基础.第2卷,三线坐标	2021—09	28.00	1399
平面解析几何方法与研究(第1卷)	2015—05	18.00	471
平面解析几何方法与研究(第2卷)	2015—06	18.00	472
平面解析几何方法与研究(第3卷)	2015—07	18.00	473
解析几何研究	2015—01	38.00	425
解析几何学教程.上	2016—01	38.00	574
解析几何学教程.下	2016—01	38.00	575
几何学基础	2016—01	58.00	581
初等几何研究	2015—02	58.00	444
十九和二十世纪欧氏几何学中的片段	2017—01	58.00	696
平面几何中考.高考.奥数一本通	2017—07	28.00	820
几何学简史	2017—08	28.00	833
四面体	2018—01	48.00	880
平面几何证明方法思路	2018—12	68.00	913
折纸中的几何练习	2022—09	48.00	1559
中学新几何学(英文)	2022—10	98.00	1562

刘培杰数学工作室
已出版(即将出版)图书目录——初等数学

书　　名	出版时间	定　价	编号
平面几何图形特性新析.上篇	2019—01	68.00	911
平面几何图形特性新析.下篇	2018—06	88.00	912
平面几何范例多解探究.上篇	2018—04	48.00	910
平面几何范例多解探究.下篇	2018—12	68.00	914
从分析解题过程学解题:竞赛中的几何问题研究	2018—07	68.00	946
从分析解题过程学解题:竞赛中的向量几何与不等式研究(全2册)	2019—06	138.00	1090
从分析解题过程学解题:竞赛中的不等式问题	2021—01	48.00	1249
二维、三维欧氏几何的对偶原理	2018—12	38.00	990
星形大观及闭折线论	2019—03	68.00	1020
立体几何的问题和方法	2019—11	58.00	1127
三角代换论	2021—05	58.00	1313
俄罗斯平面几何问题集	2009—08	88.00	55
俄罗斯立体几何问题集	2014—03	58.00	283
俄罗斯几何大师——沙雷金论数学及其他	2014—01	48.00	271
来自俄罗斯的5000道几何习题及解答	2011—03	58.00	89
俄罗斯初等数学问题集	2012—05	38.00	177
俄罗斯函数问题集	2011—03	38.00	103
俄罗斯组合分析问题集	2011—01	48.00	79
俄罗斯初等数学万题选——三角卷	2012—11	38.00	222
俄罗斯初等数学万题选——代数卷	2013—08	68.00	225
俄罗斯初等数学万题选——几何卷	2014—01	68.00	226
俄罗斯《量子》杂志数学征解问题100题选	2018—08	48.00	969
俄罗斯《量子》杂志数学征解问题又100题选	2018—08	48.00	970
俄罗斯《量子》杂志数学征解问题	2020—05	48.00	1138
463个俄罗斯几何老问题	2012—01	28.00	152
《量子》数学短文精粹	2018—09	38.00	972
用三角、解析几何等计算解来自俄罗斯的几何题	2019—11	88.00	1119
基谢廖夫平面几何	2022—01	48.00	1461
数学:代数、数学分析和几何(10—11年级)	2021—01	48.00	1250
立体几何.10—11年级	2022—01	58.00	1472
直观几何学:5—6年级	2022—04	58.00	1508
平面几何:9—11年级	2022—10	48.00	1571
谈谈素数	2011—03	18.00	91
平方和	2011—03	18.00	92
整数论	2011—05	38.00	120
从整数谈起	2015—10	28.00	538
数与多项式	2016—01	38.00	558
谈谈不定方程	2011—05	28.00	119
质数漫谈	2022—07	68.00	1529
解析不等式新论	2009—06	68.00	48
建立不等式的方法	2011—03	98.00	104
数学奥林匹克不等式研究(第2版)	2020—07	68.00	1181
不等式研究(第二辑)	2012—02	68.00	153
不等式的秘密(第一卷)(第2版)	2014—02	38.00	286
不等式的秘密(第二卷)	2014—01	38.00	268
初等不等式的证明方法	2010—06	38.00	123
初等不等式的证明方法(第二版)	2014—11	38.00	407
不等式·理论·方法(基础卷)	2015—07	38.00	496
不等式·理论·方法(经典不等式卷)	2015—07	38.00	497
不等式·理论·方法(特殊类型不等式卷)	2015—07	48.00	498
不等式探究	2016—03	38.00	582
不等式探秘	2017—01	88.00	689
四面体不等式	2017—01	68.00	715
数学奥林匹克中常见重要不等式	2017—09	38.00	845

书　名	出版时间	定　价	编号
三正弦不等式	2018—09	98.00	974
函数方程与不等式:解法与稳定性结果	2019—04	68.00	1058
数学不等式.第1卷,对称多项式不等式	2022—05	78.00	1455
数学不等式.第2卷,对称有理不等式与对称无理不等式	2022—05	88.00	1456
数学不等式.第3卷,循环不等式与非循环不等式	2022—05	88.00	1457
数学不等式.第4卷,Jensen不等式的扩展与加细	2022—05	88.00	1458
数学不等式.第5卷,创建不等式与解不等式的其他方法	2022—05	88.00	1459
同余理论	2012—05	38.00	163
[x]与{x}	2015—04	48.00	476
极值与最值.上卷	2015—06	28.00	486
极值与最值.中卷	2015—06	38.00	487
极值与最值.下卷	2015—06	28.00	488
整数的性质	2012—11	38.00	192
完全平方数及其应用	2015—08	78.00	506
多项式理论	2015—10	88.00	541
奇数、偶数、奇偶分析法	2018—01	98.00	876
不定方程及其应用.上	2018—12	58.00	992
不定方程及其应用.中	2019—01	78.00	993
不定方程及其应用.下	2019—02	98.00	994
Nesbitt不等式加强式的研究	2022—06	128.00	1527
历届美国中学生数学竞赛试题及解答(第一卷)1950—1954	2014—07	18.00	277
历届美国中学生数学竞赛试题及解答(第二卷)1955—1959	2014—04	18.00	278
历届美国中学生数学竞赛试题及解答(第三卷)1960—1964	2014—06	18.00	279
历届美国中学生数学竞赛试题及解答(第四卷)1965—1969	2014—04	28.00	280
历届美国中学生数学竞赛试题及解答(第五卷)1970—1972	2014—06	18.00	281
历届美国中学生数学竞赛试题及解答(第六卷)1973—1980	2017—07	18.00	768
历届美国中学生数学竞赛试题及解答(第七卷)1981—1986	2015—01	18.00	424
历届美国中学生数学竞赛试题及解答(第八卷)1987—1990	2017—05	18.00	769
历届中国数学奥林匹克试题集(第3版)	2021—10	58.00	1440
历届加拿大数学奥林匹克试题集	2012—08	38.00	215
历届美国数学奥林匹克试题集:1972~2019	2020—04	88.00	1135
历届波兰数学竞赛试题集.第1卷,1949~1963	2015—03	18.00	453
历届波兰数学竞赛试题集.第2卷,1964~1976	2015—03	18.00	454
历届巴尔干数学奥林匹克试题集	2015—05	38.00	466
保加利亚数学奥林匹克	2014—10	38.00	393
圣彼得堡数学奥林匹克试题集	2015—01	38.00	429
匈牙利奥林匹克数学竞赛题解.第1卷	2016—05	28.00	593
匈牙利奥林匹克数学竞赛题解.第2卷	2016—05	28.00	594
历届美国数学邀请赛试题集(第2版)	2017—10	78.00	851
普林斯顿大学数学竞赛	2016—06	38.00	669
亚太地区数学奥林匹克竞赛题	2015—07	18.00	492
日本历届(初级)广中杯数学竞赛试题及解答.第1卷(2000~2007)	2016—05	28.00	641
日本历届(初级)广中杯数学竞赛试题及解答.第2卷(2008~2015)	2016—05	38.00	642
越南数学奥林匹克题选:1962—2009	2021—07	48.00	1370
360个数学竞赛问题	2016—08	58.00	677
奥数最佳实战题.上卷	2017—06	38.00	760
奥数最佳实战题.下卷	2017—05	58.00	761
哈尔滨市早期中学数学竞赛试题汇编	2016—07	28.00	672
全国高中数学联赛试题及解答:1981—2019(第4版)	2020—07	138.00	1176
2022年全国高中数学联合竞赛模拟题集	2022—06	30.00	1521
20世纪50年代全国部分城市数学竞赛试题汇编	2017—07	28.00	797

刘培杰数学工作室
已出版(即将出版)图书目录——初等数学

书　名	出版时间	定价	编号
国内外数学竞赛题及精解:2018~2019	2020—08	45.00	1192
国内外数学竞赛题及精解:2019~2020	2021—11	58.00	1439
许康华竞赛优学精选集.第一辑	2018—08	68.00	949
天问叶班数学问题征解100题.Ⅰ,2016—2018	2019—05	88.00	1075
天问叶班数学问题征解100题.Ⅱ,2017—2019	2020—07	98.00	1177
美国初中数学竞赛:AMC8准备(共6卷)	2019—07	138.00	1089
美国高中数学竞赛:AMC10准备(共6卷)	2019—08	158.00	1105
王连笑教你怎样学数学:高考选择题解题策略与客观题实用训练	2014—01	48.00	262
王连笑教你怎样学数学:高考数学高层次讲座	2015—02	48.00	432
高考数学的理论与实践	2009—08	38.00	53
高考数学核心题型解题方法与技巧	2010—01	28.00	86
高考思维新平台	2014—03	38.00	259
高考数学压轴题解题诀窍(上)(第2版)	2018—01	58.00	874
高考数学压轴题解题诀窍(下)(第2版)	2018—01	48.00	875
北京市五区文科数学三年高考模拟题详解:2013~2015	2015—08	48.00	500
北京市五区理科数学三年高考模拟题详解:2013~2015	2015—09	68.00	505
向量法巧解数学高考题	2009—08	28.00	54
高中数学课堂教学的实践与反思	2021—11	48.00	791
数学高考参考	2016—01	78.00	589
新课程标准高考数学解答题各种题型解法指导	2020—08	78.00	1196
全国及各省市高考数学试题审题要津与解法研究	2015—02	48.00	450
高中数学章节起始课的教学研究与案例设计	2019—05	28.00	1064
新课标高考数学——五年试题分章详解(2007~2011)(上、下)	2011—10	78.00	140,141
全国中考数学压轴题审题要津与解法研究	2013—04	78.00	248
新编全国及各省市中考数学压轴题审题要津与解法研究	2014—05	58.00	342
全国及各省市5年中考数学压轴题审题要津与解法研究(2015版)	2015—04	58.00	462
中考数学专题总复习	2007—04	28.00	6
中考数学较难题常考题型解题方法与技巧	2016—09	48.00	681
中考数学难题常考题型解题方法与技巧	2016—09	48.00	682
中考数学中档题常考题型解题方法与技巧	2017—08	68.00	835
中考数学选择填空压轴好题妙解365	2017—05	38.00	759
中考数学:三类重点考题的解法例析与习题	2020—04	48.00	1140
中小学数学的历史文化	2019—11	48.00	1124
初中平面几何百题多思创新解	2020—01	58.00	1125
初中数学中考备考	2020—01	58.00	1126
高考数学之九章演义	2019—08	68.00	1044
高考数学之难题谈笑间	2022—06	68.00	1519
化学可以这样学:高中化学知识方法智慧感悟疑难辨析	2019—07	58.00	1103
如何成为学习高手	2019—09	58.00	1107
高考数学:经典真题分类解析	2020—04	78.00	1134
高考数学解答题破解策略	2020—11	58.00	1221
从分析解题过程学解题:高考压轴题与竞赛题之关系探究	2020—08	88.00	1179
教学新思考:单元整体视角下的初中数学教学设计	2021—03	58.00	1278
思维再拓展:2020年经典几何题的多解探究与思考	即将出版		1279
中考数学小压轴汇编初讲	2017—07	48.00	788
中考数学大压轴专题微言	2017—09	48.00	846
怎么解中考平面几何探索题	2019—06	48.00	1093
北京中考数学压轴题解题方法突破(第7版)	2021—11	68.00	1442
助你高考成功的数学解题智慧:知识是智慧的基础	2016—01	58.00	596
助你高考成功的数学解题智慧:错误是智慧的试金石	2016—04	58.00	643
助你高考成功的数学解题智慧:方法是智慧的推手	2016—04	68.00	657
高考数学奇思妙解	2016—04	38.00	610
高考数学解题策略	2016—05	48.00	670
数学解题泄天机(第2版)	2017—10	48.00	850

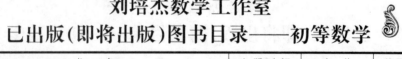

刘培杰数学工作室
已出版(即将出版)图书目录——初等数学

书　名	出版时间	定　价	编号
高考物理压轴题全解	2017—04	58.00	746
高中物理经典问题 25 讲	2017—05	28.00	764
高中物理教学讲义	2018—01	48.00	871
高中物理教学讲义：全模块	2022—03	98.00	1492
高中物理答疑解惑 65 篇	2021—11	48.00	1462
中学物理基础问题解析	2020—08	48.00	1183
2016 年高考文科数学真题研究	2017—04	58.00	754
2016 年高考理科数学真题研究	2017—04	78.00	755
2017 年高考理科数学真题研究	2018—01	58.00	867
2017 年高考文科数学真题研究	2018—01	48.00	868
初中数学、高中数学脱节知识补缺教材	2017—06	48.00	766
高考数学小题抢分必练	2017—10	48.00	834
高考数学核心素养解读	2017—09	38.00	839
高考数学客观题解题方法和技巧	2017—10	38.00	847
十年高考数学精品试题审题要津与解法研究	2021—10	98.00	1427
中国历届高考数学试题及解答.1949—1979	2018—01	38.00	877
历届中国高考数学试题及解答. 第二卷，1980—1989	2018—10	28.00	975
历届中国高考数学试题及解答. 第三卷，1990—1999	2018—10	48.00	976
数学文化与高考研究	2018—03	48.00	882
跟我学解高中数学题	2018—07	58.00	926
中学数学研究的方法及案例	2018—05	58.00	869
高考数学抢分技能	2018—07	68.00	934
高一新生常用数学方法和重要数学思想提升教材	2018—06	38.00	921
2018 年高考数学真题研究	2019—01	68.00	1000
2019 年高考数学真题研究	2020—05	88.00	1137
高考数学全国卷六道解答题常考题型解题诀窍：理科(全 2 册)	2019—07	78.00	1101
高考数学全国卷 16 道选择、填空题常考题型解题诀窍.理科	2018—09	88.00	971
高考数学全国卷 16 道选择、填空题常考题型解题诀窍.文科	2020—01	88.00	1123
高中数学一题多解	2019—06	58.00	1087
历届中国高考数学试题及解答：1917—1999	2021—08	98.00	1371
2000～2003 年全国及各省市高考数学试题及解答	2022—05	88.00	1499
2004 年全国及各省市高考数学试题及解答	2022—07	78.00	1500
突破高原：高中数学解题思维探究	2021—08	48.00	1375
高考数学中的"取值范围"	2021—10	48.00	1429
新课程标准高中数学各种题型解法大全.必修一分册	2021—06	58.00	1315
新课程标准高中数学各种题型解法大全.必修二分册	2022—01	68.00	1471
高中数学各种题型解法大全.选择性必修一分册	2022—06	68.00	1525

书　名	出版时间	定　价	编号
新编 640 个世界著名数学智力趣题	2014—01	88.00	242
500 个最新世界著名数学智力趣题	2008—06	48.00	3
400 个最新世界著名数学最值问题	2008—09	48.00	36
500 个世界著名数学征解问题	2009—06	48.00	52
400 个中国最佳初等数学征解老问题	2010—01	48.00	60
500 个俄罗斯数学经典老题	2011—01	28.00	81
1000 个国外中学物理好题	2012—04	48.00	174
300 个日本高考数学题	2012—05	38.00	142
700 个早期日本高考数学试题	2017—02	88.00	752
500 个前苏联早期高考数学试题及解答	2012—05	28.00	185
546 个早期俄罗斯大学生数学竞赛题	2014—03	38.00	285
548 个来自美苏的数学好问题	2014—11	28.00	396
20 所苏联著名大学早期入学试题	2015—02	18.00	452
161 道德国工科大学生必做的微分方程习题	2015—05	28.00	469
500 个德国工科大学生必做的高数习题	2015—06	28.00	478
360 个数学竞赛问题	2016—08	58.00	677
200 个趣味数学故事	2018—02	48.00	857
470 个数学奥林匹克中的最值问题	2018—10	88.00	985
德国讲义日本考题.微积分卷	2015—04	48.00	456
德国讲义日本考题.微分方程卷	2015—04	38.00	457
二十世纪中叶中、英、美、日、法、俄高考数学试题精选	2017—06	38.00	783

刘培杰数学工作室
已出版(即将出版)图书目录——初等数学

书　名	出版时间	定价	编号
中国初等数学研究　2009卷(第1辑)	2009—05	20.00	45
中国初等数学研究　2010卷(第2辑)	2010—05	30.00	68
中国初等数学研究　2011卷(第3辑)	2011—07	60.00	127
中国初等数学研究　2012卷(第4辑)	2012—07	48.00	190
中国初等数学研究　2014卷(第5辑)	2014—02	48.00	288
中国初等数学研究　2015卷(第6辑)	2015—06	68.00	493
中国初等数学研究　2016卷(第7辑)	2016—04	68.00	609
中国初等数学研究　2017卷(第8辑)	2017—01	98.00	712
初等数学研究在中国.第1辑	2019—03	158.00	1024
初等数学研究在中国.第2辑	2019—10	158.00	1116
初等数学研究在中国.第3辑	2021—05	158.00	1306
初等数学研究在中国.第4辑	2022—06	158.00	1520
几何变换(Ⅰ)	2014—07	28.00	353
几何变换(Ⅱ)	2015—06	28.00	354
几何变换(Ⅲ)	2015—01	38.00	355
几何变换(Ⅳ)	2015—12	38.00	356
初等数论难题集(第一卷)	2009—05	68.00	44
初等数论难题集(第二卷)(上、下)	2011—02	128.00	82,83
数论概貌	2011—03	18.00	93
代数数论(第二版)	2013—08	58.00	94
代数多项式	2014—06	38.00	289
初等数论的知识与问题	2011—02	28.00	95
超越数论基础	2011—03	28.00	96
数论初等教程	2011—03	28.00	97
数论基础	2011—03	18.00	98
数论基础与维诺格拉多夫	2014—03	18.00	292
解析数论基础	2012—08	28.00	216
解析数论基础(第二版)	2014—01	48.00	287
解析数论问题集(第二版)(原版引进)	2014—05	88.00	343
解析数论问题集(第二版)(中译本)	2016—04	88.00	607
解析数论基础(潘承洞,潘承彪著)	2016—07	98.00	673
解析数论导引	2016—07	58.00	674
数论入门	2011—03	38.00	99
代数数论入门	2015—03	38.00	448
数论开篇	2012—07	28.00	194
解析数论引论	2011—03	48.00	100
Barban Davenport Halberstam 均值和	2009—01	40.00	33
基础数论	2011—03	28.00	101
初等数论100例	2011—05	18.00	122
初等数论经典例题	2012—07	18.00	204
最新世界各国数学奥林匹克中的初等数论试题(上、下)	2012—01	138.00	144,145
初等数论(Ⅰ)	2012—01	18.00	156
初等数论(Ⅱ)	2012—01	18.00	157
初等数论(Ⅲ)	2012—01	28.00	158

刘培杰数学工作室

已出版(即将出版)图书目录——初等数学

书　名	出版时间	定　价	编号
平面几何与数论中未解决的新老问题	2013—01	68.00	229
代数数论简史	2014—11	28.00	408
代数数论	2015—09	88.00	532
代数、数论及分析习题集	2016—11	98.00	695
数论导引提要及习题解答	2016—01	48.00	559
素数定理的初等证明.第2版	2016—09	48.00	686
数论中的模函数与狄利克雷级数(第二版)	2017—11	78.00	837
数论:数学导引	2018—01	68.00	849
范氏大代数	2019—02	98.00	1016
解析数学讲义.第一卷,导来式及微分、积分、级数	2019—04	88.00	1021
解析数学讲义.第二卷,关于几何的应用	2019—04	68.00	1022
解析数学讲义.第三卷,解析函数论	2019—04	78.00	1023
分析·组合·数论纵横谈	2019—04	58.00	1039
Hall代数:民国时期的中学数学课本:英文	2019—08	88.00	1106
基谢廖夫初等代数	2022—07	38.00	1531
数学精神巡礼	2019—01	58.00	731
数学眼光透视(第2版)	2017—06	78.00	732
数学思想领悟(第2版)	2018—01	68.00	733
数学方法溯源(第2版)	2018—08	68.00	734
数学解题引论	2017—05	58.00	735
数学史话览胜(第2版)	2017—01	48.00	736
数学应用展观(第2版)	2017—08	68.00	737
数学建模尝试	2018—04	48.00	738
数学竞赛采风	2018—01	68.00	739
数学测评探营	2019—05	58.00	740
数学技能操握	2018—03	48.00	741
数学欣赏拾趣	2018—02	48.00	742
从毕达哥拉斯到怀尔斯	2007—10	48.00	9
从迪利克雷到维斯卡尔迪	2008—01	48.00	21
从哥德巴赫到陈景润	2008—05	98.00	35
从庞加莱到佩雷尔曼	2011—08	138.00	136
博弈论精粹	2008—03	58.00	30
博弈论精粹.第二版(精装)	2015—01	88.00	461
数学 我爱你	2008—01	28.00	20
精神的圣徒　别样的人生——60位中国数学家成长的历程	2008—09	48.00	39
数学史概论	2009—06	78.00	50
数学史概论(精装)	2013—03	158.00	272
数学史选讲	2016—01	48.00	544
斐波那契数列	2010—02	28.00	65
数学拼盘和斐波那契魔方	2010—07	38.00	72
斐波那契数列欣赏(第2版)	2018—08	58.00	948
Fibonacci数列中的明珠	2018—06	58.00	928
数学的创造	2011—02	48.00	85
数学美与创造力	2016—01	48.00	595
数海拾贝	2016—01	48.00	590
数学中的美(第2版)	2019—04	68.00	1057
数论中的美学	2014—12	38.00	351

刘培杰数学工作室
已出版(即将出版)图书目录——初等数学

书　　名	出版时间	定　价	编号
数学王者　科学巨人——高斯	2015—01	28.00	428
振兴祖国数学的圆梦之旅:中国初等数学研究史话	2015—06	98.00	490
二十世纪中国数学史料研究	2015—10	48.00	536
数字谜、数阵图与棋盘覆盖	2016—01	58.00	298
时间的形状	2016—01	38.00	556
数学发现的艺术:数学探索中的合情推理	2016—07	58.00	671
活跃在数学中的参数	2016—07	48.00	675
数海趣史	2021—05	98.00	1314
数学解题——靠数学思想给力(上)	2011—07	38.00	131
数学解题——靠数学思想给力(中)	2011—07	48.00	132
数学解题——靠数学思想给力(下)	2011—07	38.00	133
我怎样解题	2013—01	48.00	227
数学解题中的物理方法	2011—06	28.00	114
数学解题的特殊方法	2011—06	48.00	115
中学数学计算技巧(第2版)	2020—10	48.00	1220
中学数学证明方法	2012—01	58.00	117
数学趣题巧解	2012—03	28.00	128
高中数学教学通鉴	2015—05	58.00	479
和高中生漫谈:数学与哲学的故事	2014—08	28.00	369
算术问题集	2017—03	38.00	789
张教授讲数学	2018—07	38.00	933
陈永明实话实说数学教学	2020—04	68.00	1132
中学数学学科知识与教学能力	2020—06	58.00	1155
怎样把课讲好:大罕数学教学随笔	2022—03	58.00	1484
中国高考评价体系下高考数学探秘	2022—03	48.00	1487
自主招生考试中的参数方程问题	2015—01	28.00	435
自主招生考试中的极坐标问题	2015—04	28.00	463
近年全国重点大学自主招生数学试题全解及研究.华约卷	2015—02	38.00	441
近年全国重点大学自主招生数学试题全解及研究.北约卷	2016—05	38.00	619
自主招生数学解证宝典	2015—09	48.00	535
中国科学技术大学创新班数学真题解析	2022—03	48.00	1488
中国科学技术大学创新班物理真题解析	2022—03	58.00	1489
格点和面积	2012—07	18.00	191
射影几何趣谈	2012—04	28.00	175
斯潘纳尔引理——从一道加拿大数学奥林匹克试题谈起	2014—01	28.00	228
李普希兹条件——从几道近年高考数学试题谈起	2012—10	18.00	221
拉格朗日中值定理——从一道北京高考试题的解法谈起	2015—10	18.00	197
闵科夫斯基定理——从一道清华大学自主招生试题谈起	2014—01	28.00	198
哈尔测度——从一道冬令营试题的背景谈起	2012—08	28.00	202
切比雪夫逼近问题——从一道中国台北数学奥林匹克试题谈起	2013—04	38.00	238
伯恩斯坦多项式与贝齐尔曲面——从一道全国高中数学联赛试题谈起	2013—03	38.00	236
卡塔兰猜想——从一道普特南竞赛试题谈起	2013—06	18.00	256
麦卡锡函数和阿克曼函数——从一道前南斯拉夫数学奥林匹克试题谈起	2012—08	18.00	201
贝蒂定理与拉姆贝克莫斯尔定理——从一个拣石子游戏谈起	2012—08	18.00	217
皮亚诺曲线和豪斯道夫分球定理——从无限集谈起	2012—08	18.00	211
平面凸图形与凸多面体	2012—10	28.00	218
斯坦因豪斯问题——从一道二十五省市自治区中学数学竞赛试题谈起	2012—07	18.00	196

刘培杰数学工作室
已出版(即将出版)图书目录——初等数学

书　名	出版时间	定　价	编号
纽结理论中的亚历山大多项式与琼斯多项式——从一道北京市高一数学竞赛试题谈起	2012—07	28.00	195
原则与策略——从波利亚"解题表"谈起	2013—04	38.00	244
转化与化归——从三大尺规作图不能问题谈起	2012—08	28.00	214
代数几何中的贝祖定理(第一版)——从一道IMO试题的解法谈起	2013—08	18.00	193
成功连贯理论与约当块理论——从一道比利时数学竞赛试题谈起	2012—04	18.00	180
素数判定与大数分解	2014—08	18.00	199
置换多项式及其应用	2012—10	18.00	220
椭圆函数与模函数——从一道美国加州大学洛杉矶分校(UCLA)博士资格考题谈起	2012—10	28.00	219
差分方程的拉格朗日方法——从一道2011年全国高考理科试题的解法谈起	2012—08	28.00	200
力学在几何中的一些应用	2013—01	38.00	240
从根式解到伽罗华理论	2020—01	48.00	1121
康托洛维奇不等式——从一道全国高中联赛试题谈起	2013—03	28.00	337
西格尔引理——从一道第18届IMO试题的解法谈起	即将出版		
罗斯定理——从一道前苏联数学竞赛试题谈起	即将出版		
拉克斯定理和阿廷定理——从一道IMO试题的解法谈起	2014—01	58.00	246
毕卡大定理——从一道美国大学数学竞赛试题谈起	2014—07	18.00	350
贝齐尔曲线——从一道全国高中联赛试题谈起	即将出版		
拉格朗日乘子定理——从一道2005年全国高中联赛试题的高等数学解法谈起	2015—05	28.00	480
雅可比定理——从一道日本数学奥林匹克试题谈起	2013—04	48.00	249
李天岩—约克定理——从一道波兰数学竞赛试题谈起	2014—06	28.00	349
整系数多项式因式分解的一般方法——从克朗耐克算法谈起	即将出版		
布劳维不动点定理——从一道前苏联数学奥林匹克试题谈起	2014—01	38.00	273
伯恩赛德定理——从一道英国数学奥林匹克试题谈起	即将出版		
布查特—莫斯特定理——从一道上海市初中竞赛试题谈起	即将出版		
数论中的同余数问题——从一道普特南竞赛试题谈起	即将出版		
范·德蒙行列式——从一道美国数学奥林匹克试题谈起	即将出版		
中国剩余定理:总数法构建中国历史年表	2015—01	28.00	430
牛顿程序与方程求根——从一道全国高考试题解法谈起	即将出版		
库默尔定理——从一道IMO预选试题谈起	即将出版		
卢丁定理——从一道冬令营试题的解法谈起	即将出版		
沃斯滕霍姆定理——从一道IMO预选试题谈起	即将出版		
卡尔松不等式——从一道莫斯科数学奥林匹克试题谈起	即将出版		
信息论中的香农熵——从一道近年高考压轴题谈起	即将出版		
约当不等式——从一道希望杯竞赛试题谈起	即将出版		
拉比诺维奇定理	即将出版		
刘维尔定理——从一道《美国数学月刊》征解问题的解法谈起	即将出版		
卡塔兰恒等式与级数求和——从一道IMO试题的解法谈起	即将出版		
勒让德猜想与素数分布——从一道爱尔兰竞赛试题谈起	即将出版		
天平称重与信息论——从一道基辅市数学奥林匹克试题谈起	即将出版		
哈密尔顿—凯莱定理:从一道高中数学联赛试题的解法谈起	2014—09	18.00	376
艾思特曼定理——从一道CMO试题的解法谈起	即将出版		

刘培杰数学工作室
已出版(即将出版)图书目录——初等数学

书 名	出 版 时 间	定 价	编号
阿贝尔恒等式与经典不等式及应用	2018－06	98.00	923
迪利克雷除数问题	2018－07	48.00	930
幻方、幻立方与拉丁方	2019－08	48.00	1092
帕斯卡三角形	2014－03	18.00	294
蒲丰投针问题——从2009年清华大学的一道自主招生试题谈起	2014－01	38.00	295
斯图姆定理——从一道"华约"自主招生试题的解法谈起	2014－01	18.00	296
许瓦兹引理——从一道加利福尼亚大学伯克利分校数学系博士生试题谈起	2014－08	18.00	297
拉姆塞定理——从王诗宬院士的一个问题谈起	2016－04	48.00	299
坐标法	2013－12	28.00	332
数论三角形	2014－04	38.00	341
毕克定理	2014－07	18.00	352
数林掠影	2014－09	48.00	389
我们周围的概率	2014－10	38.00	390
凸函数最值定理:从一道华约自主招生题的解法谈起	2014－10	28.00	391
易学与数学奥林匹克	2014－10	38.00	392
生物数学趣谈	2015－01	18.00	409
反演	2015－01	28.00	420
因式分解与圆锥曲线	2015－01	18.00	426
轨迹	2015－01	28.00	427
面积原理:从常庚哲命的一道CMO试题的积分解法谈起	2015－01	48.00	431
形形色色的不动点定理:从一道28届IMO试题谈起	2015－01	38.00	439
柯西函数方程:从一道上海交大自主招生的试题谈起	2015－02	28.00	440
三角恒等式	2015－02	28.00	442
无理性判定:从一道2014年"北约"自主招生试题谈起	2015－01	38.00	443
数学归纳法	2015－03	18.00	451
极端原理与解题	2015－04	28.00	464
法雷级数	2014－08	18.00	367
摆线族	2015－01	38.00	438
函数方程及其解法	2015－05	38.00	470
含参数的方程和不等式	2012－09	28.00	213
希尔伯特第十问题	2016－01	38.00	543
无穷小量的求和	2016－01	28.00	545
切比雪夫多项式:从一道清华大学金秋营试题谈起	2016－01	38.00	583
泽肯多夫定理	2016－03	38.00	599
代数等式证题法	2016－01	28.00	600
三角等式证题法	2016－01	28.00	601
吴大任教授藏书中的一个因式分解公式:从一道美国数学邀请赛试题的解法谈起	2016－06	28.00	656
易卦——类万物的数学模型	2017－08	68.00	838
"不可思议"的数与数系可持续发展	2018－01	38.00	878
最短线	2018－01	38.00	879
幻方和魔方(第一卷)	2012－05	68.00	173
尘封的经典——初等数学经典文献选读(第一卷)	2012－07	48.00	205
尘封的经典——初等数学经典文献选读(第二卷)	2012－07	38.00	206
初级方程式论	2011－03	28.00	106
初等数学研究(Ⅰ)	2008－09	68.00	37
初等数学研究(Ⅱ)(上、下)	2009－05	118.00	46,47
初等数学专题研究	2022－10	68.00	1568

刘培杰数学工作室
已出版(即将出版)图书目录——初等数学

书　名	出版时间	定　价	编号
趣味初等方程妙题集锦	2014—09	48.00	388
趣味初等数论选美与欣赏	2015—02	48.00	445
耕读笔记(上卷):一位农民数学爱好者的初数探索	2015—04	28.00	459
耕读笔记(中卷):一位农民数学爱好者的初数探索	2015—05	28.00	483
耕读笔记(下卷):一位农民数学爱好者的初数探索	2015—05	28.00	484
几何不等式研究与欣赏.上卷	2016—01	88.00	547
几何不等式研究与欣赏.下卷	2016—01	48.00	552
初等数列研究与欣赏·上	2016—01	48.00	570
初等数列研究与欣赏·下	2016—01	48.00	571
趣味初等函数研究与欣赏.上	2016—09	48.00	684
趣味初等函数研究与欣赏.下	2018—09	48.00	685
三角不等式研究与欣赏	2020—10	68.00	1197
新编平面解析几何解题方法研究与欣赏	2021—10	78.00	1426
火柴游戏(第2版)	2022—05	38.00	1493
智力解谜.第1卷	2017—07	38.00	613
智力解谜.第2卷	2017—07	38.00	614
故事智力	2016—07	48.00	615
名人们喜欢的智力问题	2020—01	48.00	616
数学大师的发现、创造与失误	2018—01	48.00	617
异曲同工	2018—09	48.00	618
数学的味道	2018—01	58.00	798
数学千字文	2018—10	68.00	977
数贝偶拾——高考数学题研究	2014—04	28.00	274
数贝偶拾——初等数学研究	2014—04	38.00	275
数贝偶拾——奥数题研究	2014—04	48.00	276
钱昌本教你快乐学数学(上)	2011—12	48.00	155
钱昌本教你快乐学数学(下)	2012—03	58.00	171
集合、函数与方程	2014—01	28.00	300
数列与不等式	2014—01	38.00	301
三角与平面向量	2014—01	28.00	302
平面解析几何	2014—01	38.00	303
立体几何与组合	2014—01	28.00	304
极限与导数、数学归纳法	2014—01	38.00	305
趣味数学	2014—03	28.00	306
教材教法	2014—04	68.00	307
自主招生	2014—05	58.00	308
高考压轴题(上)	2015—01	48.00	309
高考压轴题(下)	2014—10	68.00	310
从费马到怀尔斯——费马大定理的历史	2013—10	198.00	I
从庞加莱到佩雷尔曼——庞加莱猜想的历史	2013—10	298.00	II
从切比雪夫到爱尔特希(上)——素数定理的初等证明	2013—07	48.00	III
从切比雪夫到爱尔特希(下)——素数定理100年	2012—12	98.00	III
从高斯到盖尔方特——二次域的高斯猜想	2013—10	198.00	IV
从库默尔到朗兰兹——朗兰兹猜想的历史	2014—01	98.00	V
从比勃巴赫到德布朗斯——比勃巴赫猜想的历史	2014—02	298.00	VI
从麦比乌斯到陈省身——麦比乌斯变换与麦比乌斯带	2014—02	298.00	VII
从布尔到豪斯道夫——布尔方程与格论漫谈	2013—10	198.00	VIII
从开普勒到阿诺德——三体问题的历史	2014—05	298.00	IX
从华林到华罗庚——华林问题的历史	2013—10	298.00	X

刘培杰数学工作室
已出版(即将出版)图书目录——初等数学

书　名	出版时间	定　价	编号
美国高中数学竞赛五十讲.第1卷(英文)	2014—08	28.00	357
美国高中数学竞赛五十讲.第2卷(英文)	2014—08	28.00	358
美国高中数学竞赛五十讲.第3卷(英文)	2014—09	28.00	359
美国高中数学竞赛五十讲.第4卷(英文)	2014—09	28.00	360
美国高中数学竞赛五十讲.第5卷(英文)	2014—10	28.00	361
美国高中数学竞赛五十讲.第6卷(英文)	2014—11	28.00	362
美国高中数学竞赛五十讲.第7卷(英文)	2014—12	28.00	363
美国高中数学竞赛五十讲.第8卷(英文)	2015—01	28.00	364
美国高中数学竞赛五十讲.第9卷(英文)	2015—01	28.00	365
美国高中数学竞赛五十讲.第10卷(英文)	2015—02	38.00	366
三角函数(第2版)	2017—04	38.00	626
不等式	2014—01	38.00	312
数列	2014—01	38.00	313
方程(第2版)	2017—04	38.00	624
排列和组合	2014—01	28.00	315
极限与导数(第2版)	2016—04	38.00	635
向量(第2版)	2018—08	58.00	627
复数及其应用	2014—08	28.00	318
函数	2014—01	38.00	319
集合	2020—01	48.00	320
直线与平面	2014—01	28.00	321
立体几何(第2版)	2016—04	38.00	629
解三角形	即将出版		323
直线与圆(第2版)	2016—11	38.00	631
圆锥曲线(第2版)	2016—09	48.00	632
解题通法(一)	2014—07	38.00	326
解题通法(二)	2014—07	38.00	327
解题通法(三)	2014—05	38.00	328
概率与统计	2014—01	28.00	329
信息迁移与算法	即将出版		330
IMO 50年.第1卷(1959—1963)	2014—11	28.00	377
IMO 50年.第2卷(1964—1968)	2014—11	28.00	378
IMO 50年.第3卷(1969—1973)	2014—09	28.00	379
IMO 50年.第4卷(1974—1978)	2016—04	38.00	380
IMO 50年.第5卷(1979—1984)	2015—04	38.00	381
IMO 50年.第6卷(1985—1989)	2015—04	58.00	382
IMO 50年.第7卷(1990—1994)	2016—01	48.00	383
IMO 50年.第8卷(1995—1999)	2016—06	38.00	384
IMO 50年.第9卷(2000—2004)	2015—04	58.00	385
IMO 50年.第10卷(2005—2009)	2016—01	48.00	386
IMO 50年.第11卷(2010—2015)	2017—03	48.00	646

刘培杰数学工作室
已出版(即将出版)图书目录——初等数学

书　　　名	出版时间	定　价	编号
数学反思(2006—2007)	2020—09	88.00	915
数学反思(2008—2009)	2019—01	68.00	917
数学反思(2010—2011)	2018—05	58.00	916
数学反思(2012—2013)	2019—01	58.00	918
数学反思(2014—2015)	2019—03	78.00	919
数学反思(2016—2017)	2021—03	58.00	1286
历届美国大学生数学竞赛试题集.第一卷(1938—1949)	2015—01	28.00	397
历届美国大学生数学竞赛试题集.第二卷(1950—1959)	2015—01	28.00	398
历届美国大学生数学竞赛试题集.第三卷(1960—1969)	2015—01	28.00	399
历届美国大学生数学竞赛试题集.第四卷(1970—1979)	2015—01	18.00	400
历届美国大学生数学竞赛试题集.第五卷(1980—1989)	2015—01	28.00	401
历届美国大学生数学竞赛试题集.第六卷(1990—1999)	2015—01	28.00	402
历届美国大学生数学竞赛试题集.第七卷(2000—2009)	2015—08	18.00	403
历届美国大学生数学竞赛试题集.第八卷(2010—2012)	2015—01	18.00	404
新课标高考数学创新题解题诀窍:总论	2014—09	28.00	372
新课标高考数学创新题解题诀窍:必修1~5分册	2014—08	38.00	373
新课标高考数学创新题解题诀窍:选修2−1,2−2,1−1,1−2分册	2014—09	38.00	374
新课标高考数学创新题解题诀窍:选修2−3,4−4,4−5分册	2014—09	18.00	375
全国重点大学自主招生英文数学试题全攻略:词汇卷	2015—07	48.00	410
全国重点大学自主招生英文数学试题全攻略:概念卷	2015—01	28.00	411
全国重点大学自主招生英文数学试题全攻略:文章选读卷(上)	2016—09	38.00	412
全国重点大学自主招生英文数学试题全攻略:文章选读卷(下)	2017—01	58.00	413
全国重点大学自主招生英文数学试题全攻略:试题卷	2015—07	38.00	414
全国重点大学自主招生英文数学试题全攻略:名著欣赏卷	2017—03	48.00	415
劳埃德数学趣题大全.题目卷.1:英文	2016—01	18.00	516
劳埃德数学趣题大全.题目卷.2:英文	2016—01	18.00	517
劳埃德数学趣题大全.题目卷.3:英文	2016—01	18.00	518
劳埃德数学趣题大全.题目卷.4:英文	2016—01	18.00	519
劳埃德数学趣题大全.题目卷.5:英文	2016—01	18.00	520
劳埃德数学趣题大全.答案卷:英文	2016—01	18.00	521
李成章教练奥数笔记.第1卷	2016—01	48.00	522
李成章教练奥数笔记.第2卷	2016—01	48.00	523
李成章教练奥数笔记.第3卷	2016—01	38.00	524
李成章教练奥数笔记.第4卷	2016—01	38.00	525
李成章教练奥数笔记.第5卷	2016—01	38.00	526
李成章教练奥数笔记.第6卷	2016—01	38.00	527
李成章教练奥数笔记.第7卷	2016—01	38.00	528
李成章教练奥数笔记.第8卷	2016—01	48.00	529
李成章教练奥数笔记.第9卷	2016—01	28.00	530

书　名	出版时间	定　价	编号
第19~23届"希望杯"全国数学邀请赛试题审题要津详细评注(初一版)	2014—03	28.00	333
第19~23届"希望杯"全国数学邀请赛试题审题要津详细评注(初二、初三版)	2014—03	38.00	334
第19~23届"希望杯"全国数学邀请赛试题审题要津详细评注(高一版)	2014—03	28.00	335
第19~23届"希望杯"全国数学邀请赛试题审题要津详细评注(高二版)	2014—03	38.00	336
第19~25届"希望杯"全国数学邀请赛试题审题要津详细评注(初一版)	2015—01	38.00	416
第19~25届"希望杯"全国数学邀请赛试题审题要津详细评注(初二、初三版)	2015—01	58.00	417
第19~25届"希望杯"全国数学邀请赛试题审题要津详细评注(高一版)	2015—01	48.00	418
第19~25届"希望杯"全国数学邀请赛试题审题要津详细评注(高二版)	2015—01	48.00	419
物理奥林匹克竞赛大题典——力学卷	2014—11	48.00	405
物理奥林匹克竞赛大题典——热学卷	2014—04	28.00	339
物理奥林匹克竞赛大题典——电磁学卷	2015—07	48.00	406
物理奥林匹克竞赛大题典——光学与近代物理卷	2014—06	28.00	345
历届中国东南地区数学奥林匹克试题集(2004~2012)	2014—06	18.00	346
历届中国西部地区数学奥林匹克试题集(2001~2012)	2014—07	18.00	347
历届中国女子数学奥林匹克试题集(2002~2012)	2014—08	18.00	348
数学奥林匹克在中国	2014—06	98.00	344
数学奥林匹克问题集	2014—01	38.00	267
数学奥林匹克不等式散论	2010—06	38.00	124
数学奥林匹克不等式欣赏	2011—09	38.00	138
数学奥林匹克超级题库(初中卷上)	2010—01	58.00	66
数学奥林匹克不等式证明方法和技巧(上、下)	2011—08	158.00	134,135
他们学什么:原民主德国中学数学课本	2016—09	38.00	658
他们学什么:英国中学数学课本	2016—09	38.00	659
他们学什么:法国中学数学课本.1	2016—09	38.00	660
他们学什么:法国中学数学课本.2	2016—09	28.00	661
他们学什么:法国中学数学课本.3	2016—09	38.00	662
他们学什么:苏联中学数学课本	2016—09	28.00	679
高中数学题典——集合与简易逻辑·函数	2016—07	48.00	647
高中数学题典——导数	2016—07	48.00	648
高中数学题典——三角函数·平面向量	2016—07	48.00	649
高中数学题典——数列	2016—07	58.00	650
高中数学题典——不等式·推理与证明	2016—07	38.00	651
高中数学题典——立体几何	2016—07	48.00	652
高中数学题典——平面解析几何	2016—07	78.00	653
高中数学题典——计数原理·统计·概率·复数	2016—07	48.00	654
高中数学题典——算法·平面几何·初等数论·组合数学·其他	2016—07	68.00	655

刘培杰数学工作室
已出版(即将出版)图书目录——初等数学

书　名	出版时间	定　价	编号
台湾地区奥林匹克数学竞赛试题.小学一年级	2017—03	38.00	722
台湾地区奥林匹克数学竞赛试题.小学二年级	2017—03	38.00	723
台湾地区奥林匹克数学竞赛试题.小学三年级	2017—03	38.00	724
台湾地区奥林匹克数学竞赛试题.小学四年级	2017—03	38.00	725
台湾地区奥林匹克数学竞赛试题.小学五年级	2017—03	38.00	726
台湾地区奥林匹克数学竞赛试题.小学六年级	2017—03	38.00	727
台湾地区奥林匹克数学竞赛试题.初中一年级	2017—03	38.00	728
台湾地区奥林匹克数学竞赛试题.初中二年级	2017—03	38.00	729
台湾地区奥林匹克数学竞赛试题.初中三年级	2017—03	28.00	730
不等式证题法	2017—04	28.00	747
平面几何培优教程	2019—08	88.00	748
奥数鼎级培优教程.高一分册	2018—09	88.00	749
奥数鼎级培优教程.高二分册.上	2018—04	68.00	750
奥数鼎级培优教程.高二分册.下	2018—04	68.00	751
高中数学竞赛冲刺宝典	2019—04	68.00	883
初中尖子生数学超级题典.实数	2017—07	58.00	792
初中尖子生数学超级题典.式、方程与不等式	2017—08	58.00	793
初中尖子生数学超级题典.圆、面积	2017—08	38.00	794
初中尖子生数学超级题典.函数、逻辑推理	2017—08	48.00	795
初中尖子生数学超级题典,角、线段、三角形与多边形	2017—07	58.00	796
数学王子——高斯	2018—01	48.00	858
坎坷奇星——阿贝尔	2018—01	48.00	859
闪烁奇星——伽罗瓦	2018—01	58.00	860
无穷统帅——康托尔	2018—01	48.00	861
科学公主——柯瓦列夫斯卡娅	2018—01	48.00	862
抽象代数之母——埃米·诺特	2018—01	48.00	863
电脑先驱——图灵	2018—01	58.00	864
昔日神童——维纳	2018—01	48.00	865
数坛怪侠——爱尔特希	2018—01	68.00	866
传奇数学家徐利治	2019—09	88.00	1110
当代世界中的数学.数学思想与数学基础	2019—01	38.00	892
当代世界中的数学.数学问题	2019—01	38.00	893
当代世界中的数学.应用数学与数学应用	2019—01	38.00	894
当代世界中的数学.数学王国的新疆域(一)	2019—01	38.00	895
当代世界中的数学.数学王国的新疆域(二)	2019—01	38.00	896
当代世界中的数学.数林撷英(一)	2019—01	38.00	897
当代世界中的数学.数林撷英(二)	2019—01	48.00	898
当代世界中的数学.数学之路	2019—01	38.00	899

书　名	出版时间	定　价	编号
105 个代数问题:来自 AwesomeMath 夏季课程	2019－02	58.00	956
106 个几何问题:来自 AwesomeMath 夏季课程	2020－07	58.00	957
107 个几何问题:来自 AwesomeMath 全年课程	2020－07	58.00	958
108 个代数问题:来自 AwesomeMath 全年课程	2019－01	68.00	959
109 个不等式:来自 AwesomeMath 夏季课程	2019－04	58.00	960
国际数学奥林匹克中的 110 个几何问题	即将出版		961
111 个代数和数论问题	2019－05	58.00	962
112 个组合问题:来自 AwesomeMath 夏季课程	2019－05	58.00	963
113 个几何不等式:来自 AwesomeMath 夏季课程	2020－08	58.00	964
114 个指数和对数问题:来自 AwesomeMath 夏季课程	2019－09	48.00	965
115 个三角问题:来自 AwesomeMath 夏季课程	2019－09	58.00	966
116 个代数不等式:来自 AwesomeMath 全年课程	2019－04	58.00	967
117 个多项式问题:来自 AwesomeMath 夏季课程	2021－09	58.00	1409
118 个数学竞赛不等式	2022－08	78.00	1526
紫色彗星国际数学竞赛试题	2019－02	58.00	999
数学竞赛中的数学:为数学爱好者、父母、教师和教练准备的丰富资源.第一部	2020－04	58.00	1141
数学竞赛中的数学:为数学爱好者、父母、教师和教练准备的丰富资源.第二部	2020－07	48.00	1142
和与积	2020－10	38.00	1219
数论:概念和问题	2020－12	68.00	1257
初等数学问题研究	2021－03	48.00	1270
数学奥林匹克中的欧几里得几何	2021－10	68.00	1413
数学奥林匹克解题新编	2022－01	58.00	1430
图论入门	2022－09	58.00	1554
澳大利亚中学数学竞赛试题及解答(初级卷)1978～1984	2019－02	28.00	1002
澳大利亚中学数学竞赛试题及解答(初级卷)1985～1991	2019－02	28.00	1003
澳大利亚中学数学竞赛试题及解答(初级卷)1992～1998	2019－02	28.00	1004
澳大利亚中学数学竞赛试题及解答(初级卷)1999～2005	2019－02	28.00	1005
澳大利亚中学数学竞赛试题及解答(中级卷)1978～1984	2019－03	28.00	1006
澳大利亚中学数学竞赛试题及解答(中级卷)1985～1991	2019－03	28.00	1007
澳大利亚中学数学竞赛试题及解答(中级卷)1992～1998	2019－03	28.00	1008
澳大利亚中学数学竞赛试题及解答(中级卷)1999～2005	2019－03	28.00	1009
澳大利亚中学数学竞赛试题及解答(高级卷)1978～1984	2019－05	28.00	1010
澳大利亚中学数学竞赛试题及解答(高级卷)1985～1991	2019－05	28.00	1011
澳大利亚中学数学竞赛试题及解答(高级卷)1992～1998	2019－05	28.00	1012
澳大利亚中学数学竞赛试题及解答(高级卷)1999～2005	2019－05	28.00	1013
天才中小学生智力测验题.第一卷	2019－03	38.00	1026
天才中小学生智力测验题.第二卷	2019－03	38.00	1027
天才中小学生智力测验题.第三卷	2019－03	38.00	1028
天才中小学生智力测验题.第四卷	2019－03	38.00	1029
天才中小学生智力测验题.第五卷	2019－03	38.00	1030
天才中小学生智力测验题.第六卷	2019－03	38.00	1031
天才中小学生智力测验题.第七卷	2019－03	38.00	1032
天才中小学生智力测验题.第八卷	2019－03	38.00	1033
天才中小学生智力测验题.第九卷	2019－03	38.00	1034
天才中小学生智力测验题.第十卷	2019－03	38.00	1035
天才中小学生智力测验题.第十一卷	2019－03	38.00	1036
天才中小学生智力测验题.第十二卷	2019－03	38.00	1037
天才中小学生智力测验题.第十三卷	2019－03	38.00	1038

刘培杰数学工作室
已出版(即将出版)图书目录——初等数学

书　名	出版时间	定　价	编号
重点大学自主招生数学备考全书:函数	2020—05	48.00	1047
重点大学自主招生数学备考全书:导数	2020—08	48.00	1048
重点大学自主招生数学备考全书:数列与不等式	2019—10	78.00	1049
重点大学自主招生数学备考全书:三角函数与平面向量	2020—08	68.00	1050
重点大学自主招生数学备考全书:平面解析几何	2020—07	58.00	1051
重点大学自主招生数学备考全书:立体几何与平面几何	2019—08	48.00	1052
重点大学自主招生数学备考全书:排列组合·概率统计·复数	2019—09	48.00	1053
重点大学自主招生数学备考全书:初等数论与组合数学	2019—08	48.00	1054
重点大学自主招生数学备考全书:重点大学自主招生真题.上	2019—04	68.00	1055
重点大学自主招生数学备考全书:重点大学自主招生真题.下	2019—04	58.00	1056
高中数学竞赛培训教程:平面几何问题的求解方法与策略.上	2018—05	68.00	906
高中数学竞赛培训教程:平面几何问题的求解方法与策略.下	2018—06	78.00	907
高中数学竞赛培训教程:整除与同余以及不定方程	2018—01	88.00	908
高中数学竞赛培训教程:组合计数与组合极值	2018—04	48.00	909
高中数学竞赛培训教程:初等代数	2019—04	78.00	1042
高中数学讲座:数学竞赛基础教程(第一册)	2019—06	48.00	1094
高中数学讲座:数学竞赛基础教程(第二册)	即将出版		1095
高中数学讲座:数学竞赛基础教程(第三册)	即将出版		1096
高中数学讲座:数学竞赛基础教程(第四册)	即将出版		1097
新编中学数学解题方法1000招丛书.实数(初中版)	2022—05	58.00	1291
新编中学数学解题方法1000招丛书.式(初中版)	2022—05	48.00	1292
新编中学数学解题方法1000招丛书.方程与不等式(初中版)	2021—04	58.00	1293
新编中学数学解题方法1000招丛书.函数(初中版)	2022—05	38.00	1294
新编中学数学解题方法1000招丛书.角(初中版)	2022—05	48.00	1295
新编中学数学解题方法1000招丛书.线段(初中版)	2022—05	48.00	1296
新编中学数学解题方法1000招丛书.三角形与多边形(初中版)	2021—04	48.00	1297
新编中学数学解题方法1000招丛书.圆(初中版)	2022—05	48.00	1298
新编中学数学解题方法1000招丛书.面积(初中版)	2021—07	28.00	1299
新编中学数学解题方法1000招丛书.逻辑推理(初中版)	2022—06	48.00	1300
高中数学题典精编.第一辑.函数	2022—01	58.00	1444
高中数学题典精编.第一辑.导数	2022—01	68.00	1445
高中数学题典精编.第一辑.三角函数·平面向量	2022—01	68.00	1446
高中数学题典精编.第一辑.数列	2022—01	58.00	1447
高中数学题典精编.第一辑.不等式·推理与证明	2022—01	58.00	1448
高中数学题典精编.第一辑.立体几何	2022—01	58.00	1449
高中数学题典精编.第一辑.平面解析几何	2022—01	68.00	1450
高中数学题典精编.第一辑.统计·概率·平面几何	2022—01	58.00	1451
高中数学题典精编.第一辑.初等数论·组合数学·数学文化·解题方法	2022—01	58.00	1452
历届全国初中数学竞赛试题分类解析.初等代数	2022—09	98.00	1555
历届全国初中数学竞赛试题分类解析.初等数论	2022—09	48.00	1556
历届全国初中数学竞赛试题分类解析.平面几何	2022—09	38.00	1557
历届全国初中数学竞赛试题分类解析.组合	2022—09	38.00	1558

联系地址:哈尔滨市南岗区复华四道街 10 号　哈尔滨工业大学出版社刘培杰数学工作室
网　　址:http://lpj.hit.edu.cn/
邮　　编:150006
联系电话:0451—86281378　　13904613167
E-mail:lpj1378@163.com